普通高等教育农业农村部“十三五”规划教材

“大国三农”系列规划教材

普通高等教育“十四五”规划教材

作物田间技术与生物学观察

Field Practical Techniques and Biological Investigation of Crops

张明才　主编

中国农业大学出版社

· 北京 ·

内 容 简 介

作物生产实验实践教学是高等农业院校农学专业培养学生农事操作技能、基础理论认知和创新意识的重要过程，是提升大学生综合素质和创新能力的关键实践环节。本书编写以大田作物为对象，以作物形态类型、器官发生时序性与生长发育特征和生育进程为主线，系统介绍作物认知与生物学特征观察的鉴别标准；以播前准备、田间生产诊断与管理技术、测产与收获为田间技术的编写主线，重点介绍农事操作的原理、技术要点和操作方法。此外，介绍了作物田间研究方法与现代农业技术，突出研究方法和技术的科学性、实用性和先进性。

本书为普通高等教育农业农村部"十三五"规划教材，是专为全国农林院校农学及其相关专业本科、专科学生设计的专业实践课教材，也可用作非农学专业学生以及从事农业科研、管理及推广人员的参考书。

图书在版编目(CIP)数据

作物田间技术与生物学观察／张明才主编．—北京：中国农业大学出版社，2020.10(2024.1 重印)

ISBN 978-7-5655-2441-7

Ⅰ.①作…　Ⅱ.①张…　Ⅲ.①作物-田间管理　Ⅳ.①S505

中国版本图书馆 CIP 数据核字(2020)第 203443 号

书　　名　作物田间技术与生物学观察

作　　者　张明才　主编

策划编辑　张　蕊　　**责任编辑**　杜　琴

封面设计　郑　川

出版发行　中国农业大学出版社

社　　址　北京市海淀区圆明园西路 2 号　　**邮政编码**　100193

电　　话　发行部 010-62733489，1190　　读者服务部 010-62732336

编辑部 010-62732617，2618　　出　版　部 010-62733440

网　　址　http://www.caupress.cn　　**E-mail**　cbsszs@cau.edu.cn

经　　销　新华书店

印　　刷　涿州市星河印刷有限公司

版　　次　2021 年 3 月第 1 版　　2024 年 1 月第 2 次印刷

规　　格　787×1 092　　16 开本　　22 印张　　530 千字

定　　价　63.00 元

编 写 人 员

主　编　张明才（中国农业大学）

副主编　杨佑明（中国农业大学）
谭伟明（中国农业大学）
张英华（中国农业大学）
孟庆锋（中国农业大学）

编　者　（按姓氏拼音排序）
陈德华（扬州大学）
杜明伟（中国农业大学）
顾万荣（东北农业大学）
黄收兵（中国农业大学）
李润枝（北京农学院）
龙　攀（湖南农业大学）
毛　芬（中国农业大学）
孟庆锋（中国农业大学）
孙振才（中国农业大学）
谭伟明（中国农业大学）
王友华（南京农业大学）
吴洪洪（华中农业大学）
杨佑明（中国农业大学）
张明才（中国农业大学）
张英华（中国农业大学）
张钰石（中国农业大学）
周于毅（中国农业大学）
邹晓霞（青岛农业大学）

主　审　郭玉海（中国农业大学）
王铭伦（青岛农业大学）

前言

党的二十大报告指出，“加快建设农业强国，扎实推动乡村产业、人才、文化、生态、组织振兴。”培养新时代知农爱农新型人才，是新农科建设的人才培养目标。

农学专业具有很强的实践性、应用性和综合性，培养的人才应该具备作物生产、作物遗传育种等方面扎实的理论知识和专业技能，以及较强的分析问题能力、解决问题能力和创新思维能力。农学专业实践教学对培养学生的实践能力、创新能力和创业能力，提升教学质量与人才培养质量发挥了极其重要的作用。

作物田间技术与生物学观察（现名为植物田间技术）是植物生产类专业的一门专业基础性实践课程。教学内容主要包括“作物田间技术”和“作物生物学观察”两个方面，并按作物生产季节安排教学进度和教学内容，以田间管理、作物生长发育观察和调查等实践操作为主，辅之以讲授基本原理。学生在“责任田”进行小麦、玉米、棉花等作物从种到收全部农事操作和田间管理，同时在作物生长发育过程中，进行室内和田间作物生育期时序性观察与调查，以及学习定株调查、考苗、考种和测产等基本技能和方法。通过本课程教学，培养学生对作物及其管理的感性认识，使学生学会在作物生产过程中的基本农事操作以及生物学观察和调查技能，激发学生“知农、学农、爱农”的意识，为进一步学习专业课打好基础。

基于本课程近 40 年的教学经验和教改成果，以新形势下“培养学生的实践能力和创新意识”为实践教学指导思想，在自编教材的基础上，我们编写了这本《作物田间技术与生物学观察》教材。教材编写以大田作物为主要对象，作物种类选择遵循代表性和地域性原则，选择了分蘖成穗的小麦与水稻，雌雄异位的玉米，地上开花、地下结果的花生，块根、块茎类的甘薯与马铃薯，无限生长特性的棉花和粮油兼用的大豆为代表性作物，同时根据作物分类原则和生产中的重要性选择了部分作物。编写时，以作物类别→生育进程→器官发生与建成→生物学特征为主线介绍作物认知，系统介绍作物出苗→收获整个生育期内器官发生与发育特征的时序性观察与诊断；以作物播前准备→田间播种→田间管理→测产与收获为主线介绍农事实践，重点介绍农事操作的原理、技术要点和操作方法；同时，简要介绍作物田间研究方法与现代农业技术，突出研究方法和技术的科学性、实用性和先进性。教材内容上，力求突出实践性、科学性和前瞻性，结构体系上，体现出渐进性和系统性。

本教材由中国农业大学牵头组织了国内8所涉农高等学校的18位教师共同完成。教材编写是结合各参编者的专长与特色，以作物种类为依据进行了分工：小麦与麦类作物由张英华和孙振才编写，玉米与粟类作物由孟庆锋和黄收兵编写，水稻与其他禾谷类作物由谭伟明、毛芬和龙攀编写，棉花和纤维类作物由杜明伟、王友华和陈德华编写，大豆和食用豆类作物由张明才、顾万荣和张钰石编写，油菜、甘薯和薯类作物由杨佑明编写，马铃薯、花生和油料作物由周于毅和邹晓霞编写，特用作物、饲料绿肥作物由黄收兵、张明才和李润枝编写，作物田间研究方法与现代农业技术由张明才、吴洪洪、黄收兵和孙振才编写。全书由主编和副主编负责统稿与修改，中国农业大学郭玉海教授和青岛农业大学王铭伦教授担任本教材的主审，他们对全书的编写进行了精心的指导，提出了很多宝贵的修改意见，在此深表谢意！

本书是中国农业大学农学院植物田间技术教学团队多年教学成果的结晶，也是国内从事作物生产实践教学一线教师协作的结果。在本书的编写过程中，得到了郭玉海、李连禄、翟志席等老师的关心和鼓励，他们热情参与了书稿讨论和审阅。课程教辅人员和研究生助教在教材图片采集、影像制作等方面做了大量辛苦的工作。中国农业大学出版社的编辑对本书的出版付出了大量辛勤的劳动。在此一并表示衷心的感谢！

本书是专为全国农林院校农学及其相关专业本科、专科学生设计的专业实践课教材，也可作为非农学专业学生以及从事农业科研、教育、管理和推广人员的参考书。

由于编者水平有限，书中疏漏或不妥之处在所难免，敬请广大师生和同行提出批评与建议。

编　者

2023.9

目 录

第一章　作物形态特征与类型识别

第一节　作物与作物的分类

一、作物的概念

作物是指野生植物经过人类不断地选择、驯化、利用、演化而来的具有经济价值的栽培植物。地球上已记载的39万种植物中，被人类利用的在2 500种以上。目前世界栽培种植的植物约1 500多种，其中粮、棉、油、麻、烟、糖、茶、桑、蔬、果、药和杂等这些人工栽培的植物均可称为作物。广义的作物概念，指对人类有利用价值而被栽培的植物，即所谓的栽培植物，包括农作物、蔬菜作物、果树、观赏植物和林木等。狭义的作物概念主要指农田大面积栽培的农作物，一般称为大田作物，俗称庄稼。世界上主要的栽培作物有100多种，其中我国常见的栽培作物有50多种。

二、作物的分类

大田作物种类很多，常见的有100多种，分属于20多个科。每种作物由于人类的长期培育和选择，形成众多的类型和品种。为了更好地研究和利用，人们常根据作物的某些特征或特性进行分类。常用的分类方法有如下几种。

(一)根据植物学系统分类

一般用双名法对植物进行命名，称为学名，为国际通用。例如，玉米属于被子植物门单子叶植物纲禾本科玉蜀黍属，其学名为*Zea mays* L.，第一个字为属名，第二个字为种名，第三个字为命名者的姓氏缩写。另外，按植物学系统分类可明确作物所属科、属、种、亚种。如籼稻属于禾本科、水稻属、水稻种、籼稻亚种。有些作物的名称是多个植物种的合称，如小麦、棉花和油菜等。个别植物种如黍稷，按我国传统包含黍子和糜子(稷子)。

(二)根据作物生物学特征和生理生态特性分类

1. 根据作物对温度条件的要求分类

根据作物对温度条件的要求，可将作物分为喜温作物和喜凉作物(耐寒作物)。喜温作物生长发育要求温度较高，生物学下限温度一般在10 ℃左右，在我国北方大部分地区4月下旬到5月初播种，9—10月收获，如玉米、水稻、大豆、棉花、甘薯、花生、谷子和高粱等。喜凉作物生长发育要求的温度较低，苗期能忍耐一定程度低温(在0 ℃以下)，能够利用北方晚秋和早春喜温作物不能利用的温度条件生长，一般秋种、翌年夏收或早春播种、夏季收获，如小麦、大麦、燕麦、油菜、豌豆、蚕豆和亚麻等。

2. 根据作物对光周期的反应分类

根据作物对光周期的反应，可将作物分为长日照作物、短日照作物和中日照作物。长日照作物在生长发育过程中，必须有一段时间处于较长日照或较短的黑暗条件下，否则不能开花结实，麦类作物、油菜、甜菜、豌豆、马铃薯、草木樨和三叶草等属于此类。短日照作物则必须经过一段较短日照或较长的黑暗条件才能开花结实，谷子、黍稷、水稻、玉米、高粱、大豆、棉花、麻、烟草和紫苏等属于此类。中日照作物的花芽分化受日照长度影响较小，只要其他条件适宜，一年四季都能开花，这类作物有菜豆、荞麦和豌豆等。

3. 根据作物对 CO_2 的同化途径分类

根据作物对 CO_2 的同化途径，可将作物分为 C_3 作物、C_4 作物和景天酸代谢（crassulacean acid metabolism，CAM）作物。C_3 作物一般光合作用低，光呼吸作用强，物质生产潜力没有 C_4 作物高，常见的 C_3 作物有小麦、水稻、棉花和大豆等。C_4 作物光合效能高，没有光呼吸现象，物质生产能力强，常见的 C_4 作物有玉米、谷子、甘蔗和苋菜等。CAM 作物有凤梨和仙人掌等。

4. 根据作物对光照强度的反应分类

根据作物对光照强度的反应，可将作物分为喜光作物、耐阴作物和喜阴作物。耐阴作物和喜阴作物可在作物复合种植或立体种植中与高秆作物搭配种植。

5. 根据作物对水分的反应及需水等级分类

根据作物对水分的反应及需水等级，可将作物分为水生作物、水田作物、耐涝作物和耐旱作物。水生作物有菱角、水葫芦和水花生等，水田作物有水稻和莲藕等，耐涝作物有高粱等，耐旱作物有谷子和黍稷等。

6. 根据作物根系的形态特征分类

根据作物根系的形态特征，可将作物分为直根系作物、须根系作物、块根作物、深根作物和浅根作物等。

（三）根据农业生产特点分类

1. 根据作物播种的季节分类

我国作物按播种季节可分为春播作物、夏播作物、秋播作物和冬播作物。由于不同播期会使作物处于不同的生态环境条件下，所以不同播种季节应选用不同作物或不同品种类型。

2. 根据作物播种密度和管理需求分类

生产上根据作物播种密度和管理情况，将作物分为密植作物和中耕作物。密植作物行株距小，种植密度大，群体大，植株个体小，单株产量潜力小，如小麦和水稻等。中耕作物一般对土壤通气性要求高，田间种植需多次中耕松土，以利于生长发育，如玉米、马铃薯和甘薯等。

3. 根据作物种植方式和目的分类

作物按种植方式和目的可分为套播作物、填闲作物和覆盖作物。填闲作物和覆盖作物多为生育期短的豆科或其他作物。我国北方作物套播主要有冬小麦套种玉米或冬小麦套种棉花等。

(四)根据作物用途和植物学系统相结合分类

我国传统上按用途和植物学系统分类相结合的方法可将作物分成三大类。

1.粮食作物

粮食作物也称为食用作物,是以生产人类所需的基本食物(食粮)为主要栽培目的作物的总称,主要包含:

(1)禾谷类作物。亦称为谷类作物,是以生产籽实、为人类提供食粮的一类作物,多属于禾本科,如玉米、稻、小麦、大麦、燕麦、黑麦、高粱、粟、黍稷、薏苡、栽培稗和蜡烛稗等。但有例外,如蓼科的荞麦、苋科的籽粒苋、藜科的藜麦等也被划归为禾谷类作物。

(2)豆类作物。即食用豆类作物,它们是以收获籽粒供食用的一类作物,均属于豆科蝶形花亚科,包括大豆、蚕豆、豌豆、小豆、绿豆、普通菜豆、鹰嘴豆、豇豆、蔓豆、扁豆、利马豆、小扁豆、刀豆和四棱豆等。

(3)薯类作物。又称为薯芋类作物或根茎类作物。这类作物具有可供食用的块根或块茎,在植物学分类中科属不一,常见的有甘薯、马铃薯、薯蓣(山药)、木薯、芋、魔芋和豆薯等。

2.经济作物

经济作物又称为工业原料作物,主要是指为轻工业生产提供原料的作物,主要包含:

(1)油料作物。是指生产种子或果实以榨取油脂为主要用途的一类作物,包括油菜、花生、芝麻、胡麻、向日葵、红花和蓖麻等。

(2)纤维作物。是以生产植物纤维(种子纤维、韧皮纤维和叶纤维)作为纺织等工业原料的一类作物。其中种子纤维,如棉花;韧皮纤维,如苎麻、亚麻、红麻、黄麻和苘麻等;叶纤维,如剑麻(龙舌兰麻)、蕉麻和菠萝麻等。

(3)糖料作物。是为制糖工业提供原料的作物,主要有甘蔗、甜菜、糖用高粱和甜菊等。

(4)特用作物。除油料作物、纤维作物和糖料作物以外,其他为工业生产提供原料的作物合称为特用作物。按其制成品的不同用途可分为嗜好作物(如烟草、茶和啤酒花等)、药用作物(如菘蓝、白芷、紫菀、甘草、牛蒡、枸杞、沙参、黄芪、荆芥、知母和紫苏等)、香料作物(如薰衣草、洋薄荷和鼠尾草等)、能源作物(如柳枝稷和菊芋等)、调料作物(如生姜、豆蔻和辣根等)、染料作物(如茜草、红花、苏木、栀子、蓼蓝和紫草等)、漆料作物(如油桐)和橡胶作物(如橡胶树)等。

3.饲料与绿肥作物

绿肥和饲料作物的整株或部分器官可以用作饲料或绿肥,包括旱生的豆科饲料与绿肥作物、禾本科饲料与绿肥作物及水生型饲料与绿肥作物。其中豆科中常见的绿肥和饲料作物有苜蓿、三叶草、苕子、紫云英、草木樨、田青和沙打旺等;禾本科中常见的有苏丹草、黑麦草和雀麦草等;水生型饲料绿肥作物如红萍、水葫芦、水花生和水浮莲等。

此分类方法的依据是作物的用途,但每种作物的用途并不是单一的,因而,往往以其传统的主要用途作为分类依据。例如,玉米传统的主要用途是食用,现在主要用作饲料、油用以及用于生产淀粉、燃料乙醇和木糖醇等,但仍按传统的主要用途将其归于禾谷类作物。大豆和棉花是我国食用植物油的重要来源,但仍按传统的主要用途进行归类,将大豆归于豆类作物,棉花归于纤维作物。

第二节　禾谷类作物形态特征与类型识别

禾谷类作物亦称"谷类作物"，多属于禾本科，是以籽实为人们提供食粮和为牲畜提供饲料的作物。粮食作物主要包括稻、小麦、大麦、黑麦、燕麦、玉米、高粱、粟和黍稷等。其中，籽粒称"谷物"，为食用对象；带壳或稃的称"谷"，去壳的叫"米"。禾谷类作物的籽实中含有大量的淀粉以及一定比例的蛋白质和脂肪等营养物质。

一、禾谷类作物共性的形态特征

（一）根为须根系

禾谷类作物（除荞麦、籽粒苋和藜麦等非禾本科作物以外，下同）的根系均为须根系，主根生长优势不明显，而其不定根生长快，且健壮，整个根系无明显的主、侧根之分。依据根发生早晚和发生部位的不同，又把禾谷类作物的须根系分为初生根和次生根 2 种根群。

1. 初生根

初生根也称为种子根，包括胚根和次生胚根。胚根是种子萌发时最先长出的一条根，次生胚根是继胚根之后，由下胚轴基部长出的若干条根。各种作物的初生根数有一定差异，如水稻、高粱和谷子等仅有 1 条，小麦有 3～5 条，玉米有 3～7 条，黑麦有 4～7 条，大麦有 5～9 条。

2. 次生根

次生根也称为节根、不定根或冠根，是构成禾谷类作物根系的主要部分。次生根是出苗后，由基部茎节上不断长出的根，一般地下节的各层均能长出次生根，次生根首先由胚芽鞘节或第一真叶节开始发生，以后由下位节到上位节依次发生。一般作物地上茎节不发生次生根，但玉米、高粱和谷子的近地面茎节上也发生一至数轮次生根（即支持根，也称为气生根）。

初生根和次生根均可再发生较细的支根，因而，也有人把初生根和次生根称为一次根，一次根上发生的根叫二次根，二次根上发生的根叫三次根，依此类推。通常小麦可发生 4 次，水稻 3 次，玉米 5 次。

（二）茎为圆柱形并有分蘖和地中茎

禾谷类作物的茎均为圆柱形，且由明显的节和节间组成。茎内中空（如麦和稻等）或充满髓（如玉米、高粱和甘蔗等）。幼苗期各节间密集于茎基部 ，拔节后通过顶端生长和居间生长，才伸长形成茎的地上部，节间长度自下而上逐节加长。小麦、水稻等主茎的地上部一般有 4～6 个伸长节间，而玉米和高粱等可达 15 个以上。

禾谷类作物茎基部有数个节的节间不伸长，密集于地下，其上腋芽（侧芽）在适宜的条件下，可以自下而上顺次萌发形成新枝，称为分蘖。分蘖是禾谷作物特有的分枝形式，发生分蘖的部位即分蘖节。麦和稻等作物的分蘖力比玉米和高粱的分蘖力要强，它们的单株可发生许多蘖。有些蘖能够成穗，称为有效分蘖；而另一些不能成穗的蘖，称为无效蘖。

禾谷类作物在种子根和第一层节根之间还有一段茎，即地中茎或根茎，它是由胚轴伸长形成的。其长度主要随播种深度的变化而变化，播种越深，地中茎越长；反之，地中茎越短。

(三)叶片条形并有叶鞘

禾谷类作物的叶均为单叶,由叶片和叶鞘组成。叶片条形,叶脉平行纵列,叶鞘狭长抱茎,叶鞘具有保护、支持和输导作用。除了叶片和叶鞘外,在叶片和叶鞘连接处有一个叶环(又称为叶枕或叶颈)。叶环的内侧有一个膜状薄片,称为叶舌,具有防止水分、尘土和昆虫进入叶鞘内的作用。有的禾谷类作物在叶环两端外侧各有一个薄的耳状物,称为叶耳。

此外,禾谷类作物的胚芽鞘、分蘖鞘是不完全叶。

(四)花序主要为穗状花序和圆锥花序

禾谷类作物的花序是小穗集合而成,称之为“穗”。基本呈现为2类花序:一类是圆锥花序,如稻、高粱、黍、粟和燕麦等的穗;另一类是复穗状花序或穗状花序,如大麦、小麦和黑麦等的穗。玉米的花序较为特殊,其雄穗为圆锥花序,雌穗为肉穗花序。

禾谷类作物的穗由众多小穗组成,每一小穗有2个颖片(护颖)和1至数朵花组成,而每朵花通常有内、外稃各1枚,雄蕊3～6枚,浆片(或鳞片)2枚。

(五)果为颖果

禾谷类作物的籽粒均为颖果(又称为种子),表现为果皮薄,并和种皮黏合在一起,不易分离。小麦、裸大麦、裸燕麦和玉米等作物脱粒后的籽粒即颖果。皮大麦、皮燕麦、粟和黍等作物的颖果外面还包被颖壳(即内、外稃),而水稻的颖果除包被颖壳外,还有颖片包被。颖果除“皮”外,内由胚和胚乳2部分组成,胚位于颖果凸起面(即背面)的基部,其余部分为胚乳。麦类作物种子的腹面均有1条深浅不一的纵沟,称为腹沟。

二、麦类作物形态特征与类型识别

(一)麦类作物共性的形态特征

麦类作物属禾本科的一年生或越年生草本植物,包括小麦(冬小麦、春小麦)、大麦(裸大麦、皮大麦)、燕麦(皮燕麦、裸燕麦即莜麦)、黑麦及人工繁育的小黑麦。按植物学分类系统,它们分别属于小麦属、大麦属、燕麦属、黑麦属和小黑麦属。麦类作物在形态学和生物学上有许多共同性状。

1.营养器官的形态特征

(1)根。麦类作物的根系均属须根系,由种子根(初生根)和次生根(不定根或节根)组成根群。种子根指发芽时由胚部生出的所有根。次生根指在分蘖发生以后,从分蘖节上发生的根。一般在发芽时,小麦的种子根数为3～5条(多的可达8条),大麦为5～9条,燕麦为3～5条,黑麦为4～7条。在次生根群中,地下部节根数目很多,是作物根系的主要部分。

(2)茎。麦类作物的茎可分为地上茎和地下茎,地上茎一般称为秆,秆上有明显的节,两节之间为节间,节间中空。茎秆直立,圆筒形。地上部节数因作物而异,同一作物因品种熟期早晚不同,节数也不同,早熟品种节数少于晚熟品种。地下茎除地中茎外,其余各节密集在一起,节间并不伸长,此部分为地下节根和分蘖发生之处,称为分蘖节。

(3)叶。包括完全叶、不完全叶和变态叶。变态叶如盾片,是胚的一部分,一般认为是子叶。胚芽鞘是第一片不完全叶,是保护幼苗出土的器官。当第一片真叶达到正常大小时,胚芽鞘就皱缩枯萎。分蘖鞘是包围在腋芽外面的管状叶,其功能与胚芽鞘相似。完全叶是正常的绿叶，互生于茎上，每节1叶，可分为叶片、叶鞘、叶舌、叶耳和叶枕。叶鞘位于叶片之下，呈鞘状，包围节间，基部着生于茎节上。叶片呈长披针形，叶脉平行，中脉明显。然而，叶舌和叶耳并非所有麦类作物都有，如燕麦无叶耳。

麦类作物如小麦、大麦、黑麦和燕麦幼苗的根与叶片形态特征的异同，详见表1-1。

表1-1　麦类作物幼苗形态

部位	小麦	大麦	黑麦	燕麦
胚根数目	3～5条(多的可达8条)	5～9条	4～7条	3～5条
胚芽鞘颜色	淡绿、紫绿、无色	淡绿	紫或褐	淡绿
叶片大小、颜色及夹角	中，窄，绿，夹角中	大，宽，黄绿，夹角大	小，窄，深绿或灰绿，夹角小	中，宽，绿，夹角中
叶上有无茸毛	有短茸毛	无茸毛	有长茸毛	无茸毛
叶舌	较短小，小圆形，有毛	较大，三角形	短，圆形，有缺刻	最长
叶耳	中等大，尖端有茸毛	宽大，无茸毛	最小，无毛，易落	无叶耳

2. 结实器官的形态特征

(1)花与花序。麦类作物的花序因其结构形式的不同，可分为2种，即穗状花序(如小麦、大麦和黑麦等)和圆锥花序(如燕麦)。穗状花序的小穗生于节片顶端，圆锥花序的小穗生于分枝顶端。构成穗的基本单位为小穗和穗轴，小穗由护颖和小花构成。每1朵小花有内、外稃各1枚，浆片2枚，雄蕊3枚和雌蕊1枚(包括子房、花柱和柱头)。穗轴包括主穗轴和各级分枝轴。

麦类作物如小麦、大麦、黑麦和燕麦植株穗部形态特征的异同，详见表1-2。

表1-2　麦类作物穗部形态

部位	小麦	大麦	黑麦	燕麦
花序	穗状	穗状	穗状扁平	圆锥
每穗轴节上着生小穗数	1	3	1	1
每小穗结实小花数	1～3	1(0)	2	1
颖片	宽大，多脉，有龙骨，顶齿	狭小，无龙骨	狭窄，有明显龙骨	宽大，能包住花部
外颖	光滑，无龙骨	具有明显龙骨	龙骨明显，有茸毛	光滑，无龙骨
芒着生位置	外颖顶端	外颖顶端	外颖顶端	外颖背部顶端下方1/3处

(2)果实与种子。麦类作物果实为颖果，外层为果皮，内层为种皮。颖果的腹面往往纵向内凹陷成沟，称为腹沟。成熟时小麦、裸大麦、黑麦和裸燕麦的种子裸露，而皮大麦和皮燕麦的种子与颖壳密接不易分开。种子由胚和胚乳组成，胚位于种子背部下端，富含脂肪、糖、卵磷脂和蛋白质。胚乳重量占种子重量的绝大部分，内含大量淀粉。胚乳的最外一层细胞为糊粉层，内部充满糊粉粒。

麦类作物如小麦、大麦、黑麦和燕麦种子形态特征的异同，详见表1-3。

表 1-3　麦类作物种子形态

项目	小麦	大麦	黑麦	燕麦
是否带壳	不带壳或少量带壳（如二粒小麦）	带壳（内、外颖与种子紧密粘连）或不带壳	不带壳	一般带壳，但内、外颖与种子不粘连
顶端茸毛有无	有或少	无	有茸毛	有茸毛
籽粒表面	光滑	光滑或有皱纹	稍有皱纹	有茸毛易擦去
形状	椭圆、长圆、卵圆	长椭圆，两头尖	较圆长，顶端平齐，扁平	长圆形，顶端尖
颜色	白、红	白、紫、黄、棕	青灰、黄褐	白、黄、灰、褐

（二）主要麦类作物的形态特征

1. 小麦

小麦又名麸麦、浮麦、浮小麦、空空麦或麦等，属于禾本科小麦属的越年生植物，起源于西亚的新月沃土地带。在我国主要有 5 个亚种：普通小麦（*Triticum aestivum* L.）、密穗小麦（*Triticum compactum* Host.）、硬粒小麦（*Triticum durum* Desf.）、圆锥小麦（*Triticum turgidum* L.）、波兰小麦（*Triticum polonium* L.），其主要特征见表 1-4。

表 1-4　小麦栽培种的主要形态特征

项目	普通小麦	密穗小麦	硬粒小麦	圆锥小麦	波兰小麦
穗	疏松，长	紧密，很短	紧密	紧密或疏松	紧密或疏松
芒	有或无，短，密或分散	有芒或无芒，短，分散	有，很长，平行	有，很长，平行	有，长或短
护颖	草质，约与花颖等长，上部龙骨微突，下部则无	草质，上部龙骨等长，中部龙骨微突，下部则无	草质，约与花颖等长，龙骨明显，直达基部	草质，为花颖长 1/3～1/2，有明显的龙骨，直达基部	膜质，较花颖长或等长
籽粒	裸粒，圆形，茸毛明显，断面粉质，很少角质	裸粒，圆形，茸毛明显，断面粉质，很少角质	裸粒，有棱角，茸毛不很明显，断面角质	裸粒，短厚，通常断面粉质	裸粒很长，一般断面角质
茎秆	中空	中空	上部（穗下茎）充实或有空隙	上部（穗下茎）充实或有空隙	充实或中空
冬春性	冬性和春性	冬性或春性	春性	冬性	冬性

（1）营养器官的形态特征。小麦幼苗的组成见二维码 1-1。

①根。小麦的根包括初生根和次生根。

初生根也叫种子根，位于地中茎下面或种子（盾片）附近，一般为 3～5 条，多的可达 8 条。种子萌发时首先长出胚根，2～3 d 后，从胚轴基部、靠近种子处长出成对的不定根，小麦出苗时初生根的数目不再增加。初生根细而坚韧，褐色，上下粗细差异不大，趋于向下生长，入土深度可达 2～3 m。初生根的功能是早期吸收水分和矿质营养，因入土深，其对旱地小麦生育后期吸水抗旱发挥着重要的作用。

二维码 1-1

次生根是从主茎和分蘖的地下茎节上长出的不定根，主要从分蘖节发生，也有个别从胚芽鞘节发生。次生根与主茎叶的出生呈 $n-3$ 的同伸规律，即主茎 n 叶出生时，$n-3$ 节的次生根长出，每节一般长出 1～3 条次生根；分蘖的次生根发生规律与主茎相同，分蘖长至二叶一心时开始长自己的节根。次生根比初生根粗壮，白色，入土较浅，最深虽可达 1 m 左右，但多集于 20～30 cm 的耕层内。因其根量大，可充分吸收耕层中的养分和水分，且其功能期长(从三叶期到成熟)，在小麦生长发育中起着决定性作用。

②茎。小麦幼苗的茎包括地中茎和分蘖节。

地中茎是胚芽鞘和第一叶之间的节间伸长形成的，其作用是将分蘖节推至近地表处。地中茎长短取决于播种深度，播种越深，地中茎越长，出苗过程中消耗种子中的营养物质越多，麦苗生长越细弱，分蘖少，不利于冬前形成壮苗。分蘖节位于地中茎上方，是由地下茎节、节间和腋芽组成的缩节群，节间不伸长，一般有 3～7 个节或更多。分蘖节是小麦最活跃的部位，它可长分蘖、长不定根，还具有贮存养分、保护麦苗安全越冬的作用。

进入拔节后，位于分蘖节上方的节间开始伸长，地上能伸长形成茎秆的节有 4～6 节，节间由下向上依次伸长，以第一节间最短，穗下节最长，节间直径以第一节间较细，第二、三节间较粗，上部节间又逐渐变细。茎基部节间长短与茎秆抗倒伏性有关，特别第一、二节间过长，易发生倒伏；穗下节间长短与穗部性状有关，一般穗下节间长，麦穗也大。

二维码 1-2

③叶。小麦的叶包括不完全叶、退化叶和完全叶 3 种类型。

小麦胚中的盾片是一个退化的内子叶，位于地中茎下方，呈光滑的褐色盘状。它具有吸收胚乳养分供给种子发芽和生长的作用。

小麦的不完全叶即鞘叶，包括胚芽鞘和分蘖鞘。胚芽鞘为管状变态叶，顶端有小孔，通常为无色透明体，也有呈白色、淡绿色、粉红色或淡黄色，颜色因品种而异。主要功能是保护第一真叶出土，出苗过程胚芽鞘见光即停止伸长。分蘖鞘只有叶鞘，具有保护分蘖出土的作用，每个分蘖出生前均有一片分蘖鞘，且其朝向与分蘖的第一片真叶相反。

小麦的真叶即为完全叶，由叶片、叶鞘、叶枕、叶耳和叶舌 5 个部分构成(二维码 1-2)。小麦第一叶的尖端较钝，叶片上下几乎同宽，第二叶以后的叶顶端均尖锐。茎生叶的叶鞘包于茎秆外面，有保护节的组织不受损害和加强茎秆强度的作用，还有运输水分和养分的作用，此外，还能进行光合作用。叶片和叶鞘相连处有叶枕，叶枕内侧有叶耳和叶舌。

根据初生时间的不同，可将冬小麦叶片分为冬前叶和春生叶。冬前叶指越冬以前长出的叶片，一般适期播种的小麦冬前叶数一般为 6～7 片。春生叶指春季长出的叶片，可根据春生叶数这一外部形态指标诊断小麦的幼穗分化进程。

小麦的主茎和分蘖的叶片数目，因品种、播期、气候条件和栽培条件等影响而有差异，但在一定地区的生态条件下，主茎叶片数比较稳定。在正常条件下，小麦主茎的叶片数为 11～15 片，冬性和半冬性品种的主茎叶片数比春性品种的多。

二维码 1-3

④分蘖。分蘖是一种特殊分枝，它是小麦的重要生物学特性之一(二维码 1-3)。

a. 分蘖的作用。第一，分蘖是构成产量的重要组成部分，分蘖穗一般占总穗数的 30%～50%。第二，分蘖是壮苗的标志，蘖多、蘖大，则分蘖成穗率高。第三，分蘖是小麦群体与环境条件的缓冲者，种植密度低，分蘖增加；反之，分蘖的发生会受到抑制。另外，分蘖具有再生性，当麦株主茎遭受损害时，只要条件适宜，可产生新的分蘖，用以弥补因主茎受害而造成的产量损失。第四，分蘖是冬小麦安全越冬的条件，健壮的分蘖节里面贮存很多糖类，特别是果聚糖，有利于冬小麦安全越冬。

b. 分蘖的顺序性。一般情况下，小麦分蘖的发生有严格的顺序性，主茎或分蘖上的腋芽都循着由低位向高位的规律发生，并且各级分蘖的出现与主茎叶的初生有一定的对应关系，也称为“同伸关系”。

(a)分蘖发生的顺序：分蘖在分蘖节上严格按自下而上进行，逐个出现。出现早、位置低的蘖为低位蘖；出现晚、位置较高的蘖为高位蘖。由主茎上直接发生的分蘖(包括胚芽鞘分蘖)，均称为一级分蘖。凡是从一级分蘖上长出的分蘖，均为二级分蘖；同理，从二级分蘖上产生的分蘖为三级分蘖，依此类推。

(b)分蘖与叶片的同伸关系($n-3$)：当主茎出现第三片叶时(3/0)，水肥条件好，种子饱满，浅播条件下，在胚芽鞘腋中长出一个胚芽鞘蘖(C)，即胚芽鞘蘖的第一叶与主茎第三叶(3/0)同伸；当主茎出现第四叶时(4/0)，在第一叶叶腋处长出第一个一级分蘖，也即第一个一级分蘖的第一片叶(1/Ⅰ)与4/0同伸；当主茎第五叶(5/0)出现时，从主茎第二叶的叶腋里同时长出第二个一级分蘖的第一叶和第一个分蘖的第二叶，也即2/Ⅰ、1/Ⅱ与5/0同伸；同理，1/Ⅲ、3/Ⅰ、2/Ⅱ与6/0同伸。依次类推，以后只要条件适宜，主茎每增加一片叶，从下往上就新增加一个二级分蘖，已出现的分蘖也增加一片叶。每个分蘖长出三叶后和主茎一样，在基部也会出现第一个次级分蘖。凡是与主茎某一叶同时长出的分蘖称为主茎某叶的同伸蘖(图1-1)。

理论上用数列表示主茎叶片数和分蘖数的关系如下。

主茎叶：3/0，4/0，5/0，6/0，7/0，8/0……

分蘖数：1，2，3，5，8，13……

由上式主茎叶和分蘖数(不包括胚芽鞘分蘖)的变化可以得出：主茎某一叶片出现时可能出现的总分蘖(包括主茎)为其前2个叶龄时发生的总分蘖之和。如主茎6叶龄的总分蘖数等于主茎4叶龄的总分蘖数加上主茎5叶龄的总分蘖数，即2＋3＝5。然而，生产上因品种特性、播期、播量、播种深度、水、土温、光和肥等条件的影响，分蘖常发生“缺位”现象，典型的就是

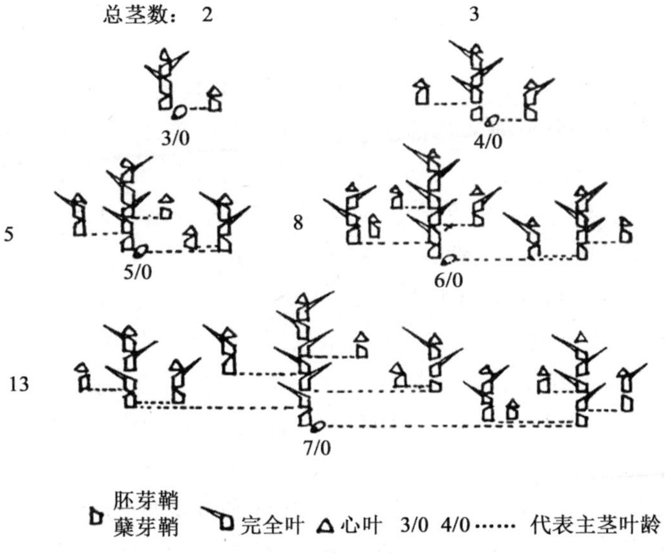

图1-1 小麦叶蘖同伸规律

胚芽鞘蘖不发生。

(c)分蘖消长特点:以华北地区冬小麦为例,分蘖的增长和消亡过程,一般表现出“两个盛期,一个高峰,集中死亡”的特点。“两个盛期”即一个是冬前分蘖盛期(出苗后 15～20 d 至气温降至 2～3 ℃以下),这一时期的分蘖数占总分蘖数的 70%～80%,另一个盛期是春季分蘖盛期(返青后气温回升到 10 ℃以上至拔节前期或起身期),此期的分蘖数占总分蘖数的 20%～30%。“一个高峰”是指小麦的分蘖达到高峰,也即总茎数达到最大值,这个高峰一般出现在起身期至拔节期。“集中死亡”是指小麦的无效分蘖消亡的时间比较集中,即起身拔节后的两极分化期,表现为主茎、大蘖(有效蘖)迅速生长,最终成穗;而晚蘖、高位蘖(无效蘖)生长逐渐停止,大量集中死亡。此期的死亡率占无效分蘖的 70%～80%。

无效蘖消亡的顺序表现为由外向内,由上至下,即位置高、出现晚的蘖先死,位置较低、出现较早的蘖后死。无效蘖在消亡过程中有 2 种形态表现,一种是心叶(同伸叶)迟迟不伸出,甚至顶叶已展开,心叶仍未长出,形成喇叭口状的“空心蘖”;另一种是虽有心叶,但心叶枯黄,形成枯心苗状的“缩心蘖”,最终全蘖枯黄、死亡。无效蘖的内部幼穗分化进程多止于小花分化期至雌雄蕊分化期。

c. 分蘖类型。由于生育条件的不同,可使麦苗出现各种不同的分蘖类型,根据分蘖的着生部位和入土深度,通常分为 4 个类型。

(a)普通分蘖型:在适宜的播深条件下,一般多数带有地中茎的分蘖植株,这是最常见的一种分蘖类型。

(b)无地中茎分蘖型:在浅播的情况下,地中茎不伸长,形成地中茎未伸长的分蘖,分蘖节在种子的入土深度处形成。

(c)胚芽鞘分蘖型:在种子大、播深适宜并且水肥充足的条件下,易出现胚芽鞘分蘖类型。

(d)多层分蘖型:此种类型常出现在肥水条件良好,播种过深的松软地上或畦埂上。主茎第一叶与第二叶,甚至第二叶与第三叶间的节间伸长,补偿地中茎伸长能力的不足,但主茎低位叶分蘖仍然能正常发生。

二维码 1-4

(2)结实器官的形态特征。小麦的穗、小穗、小花和籽粒的形态特征见二维码 1-4。

①穗的结构。小麦的穗(花序)属复穗状花序,由穗轴和小穗组成,穗轴由若干个小穗节片曲折相接而成,在穗轴两侧曲折部位的节片上着生小穗。

小穗是麦穗的基本组成单位,由 2 片颖片和若干朵小花所组成。一般每小穗有 3～9 朵小花,其中能结实的小花多为 2～3 个。每穗结实粒数一般为 30～40 粒,多者可达 60～70 粒,少者有 10～20 粒。

每朵小花又包括内稃和外稃、3 枚雄蕊、1 枚雌蕊和 2 枚浆片(鳞片)。外稃质地较硬,位于小穗外侧,有芒品种在外稃顶端着生芒;内稃呈软膜状,位于小穗内侧;内、外稃间包被着 3 枚雄蕊和 1 枚雌蕊。雄蕊由花药和花丝组成,花药有 4 个花粉室;雌蕊由子房和柱头组成,子房倒卵形,顶端有茸毛,柱头羽状二裂。外稃和子房间有 2 个浆片,开花时可吸水膨胀,促使内、外稃张开或闭合,授粉后浆片即收缩。

②种子的形态构造。小麦种子(籽粒)由胚、胚乳和籽实皮组成。胚位于种子背面的基部,由胚芽、胚轴和胚根组成,子叶只有 1 片内子叶,形似盾状,又称为盾片。种子腹部有腹沟,一般同一品种,饱满的种子腹沟浅,不饱满的种子腹沟深些。

种子的大部分为胚乳，占种子重量的90%～93%，包括糊粉层和淀粉层，糊粉层位于胚乳的最外层，由蛋白质颗粒组成。糊粉层以内为淀粉层，多由淀粉粒组成。

籽实皮是种子的外层，由果皮和种皮组成，两者不易分开，果皮在外，种皮在内，占麦粒重量的5%～7.5%。

2. 大麦

大麦（*Hordeum aestivum* L.）又名牟麦、饭麦或赤膊麦，属于禾本科大麦属的一年生草本植物。与小麦的营养成分近似，但纤维素含量略高，起源于西亚地中海沿岸。大麦的类型及器官特征（二维码 1-5）如下：

二维码 1-5

大麦的根系没有小麦发达，初生根为5～9条，次生根数量不少于小麦，但较纤细。茎秆具5～8节，有时可达13节，穗下节的长短因品种差异较大。分蘖比小麦早，分蘖力强，而拔节常迟于小麦。叶片比小麦略宽厚，但较短，叶色较淡，叶耳、叶舌较大，叶耳上无茸毛。花序为筒穗状，穗轴坚韧挺直，穗轴上着生小穗之处有明显的水平垫状物。穗轴每节着生3个小穗，排成一行呈"三联小穗"，每个小穗仅有1朵小花。护颖细长，形如针状。多数品种有芒，有的品种芒为帽状钩芒。外稃宽，背圆，包住内稃，顶端伸长为具有锐齿的长芒。内稃基部有一退化小穗轴，称为基刺。大麦因三联小穗着生的疏密不一致，以及旁侧小穗孕或不孕，最终为2行、4行和6行的排列，即一般所称的二棱、四棱和六棱大麦。大麦的籽实两端尖，中间宽。有白、紫、蓝、红、棕和黑等多种颜色。籽实皮在成熟时可分泌黏性物质，使内、外稃黏合在一起，不易脱粒，常称有壳大麦。裸大麦呈四棱形，成熟时籽粒为黄棕色或紫色。颖果成熟后肥大，籽实与内、外稃分离，易脱落，也称为无壳大麦。

大麦包括有稃壳大麦（皮大麦）和不带稃壳裸大麦（裸麦）。通常所指的大麦是皮大麦。裸大麦在江浙一带被称为元麦，在青藏等地被称为青稞。

3. 黑麦

黑麦（*Secale cereale* L.）又名粗麦、蕾麦或洋麦，属于禾本科黑麦属的一年或越年生草本植物，起源于西南亚。黑麦的器官特征（二维码 1-6）如下：

二维码 1-6

黑麦根系分枝多，比小麦和大麦根系发达，适应能力比小麦强。黑麦的茎秆比其他麦类高大坚韧，抗倒伏性强，秆壁厚，有髓腔。一般为5～6节，未成熟前呈紫绿色。叶与小麦叶相似，有膜质，叶舌短，叶耳窄小，呈白色。黑麦穗一般比大、小麦穗大，且黑麦穗狭长，穗轴节有20～30个，每节上着生1个小穗，每小穗有2朵小花，个别为3朵，结实2粒。护颖窄，披针形，边缘有锯齿。内、外稃等长，外稃宽有隆背，内稃薄而钝，具二隆背。浆片小，花药大，花丝长。籽实狭长，与内、外稃分离，胚端较尖。色泽暗褐或青灰色，制成的面包常被称为黑面包。

4. 燕麦

燕麦（*Avena sativa* L.）又名莜麦、油麦、玉麦或香麦，属于禾本科燕麦属的一年生草本植物。燕麦起源于地中海沿岸。普通燕麦中有带壳燕麦和裸燕麦之分，前者颖长而硬，后者颖短而软，通常所说的莜麦即裸燕麦。燕麦的类型及器官特征（二维码 1-7）如下：

二维码 1-7

初生根一般有3～5条，次生根数量多，分枝也多。茎秆直立，柔软，一般有 4～8 节，髓腔较大，茎壁厚。分蘖发生的特点类似于小麦，但发生数量少于小麦。燕麦叶形似其他麦类，但更富有营养，汁多而嫩，适合青饲或干饲。叶片稍宽于小麦，顶端细尖，叶缘及叶背有细毛。叶舌阔卵形，顶端有浅锯齿。一般无叶耳或叶耳不明显，叶环发达，叶鞘闭合。圆锥花序（或复总状花序），穗轴直立或稍下垂。每小穗有 2～5 朵小花，一般为 3 朵，其中顶生小花为不完全花，不结实。小花的外稃光滑，披针形，坚硬革质，基部有一膨大的盘，称为基盘，其上着生许多刚毛，内稃薄膜质，比外稃短，具二齿。裸燕麦的小穗着生的小花数比带壳燕麦多，一般有 3～5 朵，有花梗，各小花间间距大，小花常突出于颖外，内、外稃均为软膜质。籽实有内、外稃形成的“谷壳”包被，长纺锤形，表面有细长毛。籽实有白、黄、灰、褐和黑等多种颜色，裸燕麦几乎没有谷壳，裸露，易落粒。

三、玉米形态特征与类型识别

玉米（*Zea mays* L.）又名苞谷、苞米棒子和玉蜀黍或珍珠米等，属于禾本科玉蜀黍属的一年生草本植物。原产于中南美洲，是世界上重要的粮食作物之一。

（一）营养器官的形态特征

1. 根

玉米根系为须根系，由初生根和次生根组成（二维码 1-8）。

二维码 1-8

（1）初生根（胚根或种子根）。其在种子胚胎发育时已形成。种子萌发过程中，突破胚根鞘最先伸出的根叫主胚根（初生胚根）；随后在中胚轴基部，盾片节的上面又陆续长出 3～7 条次生胚根。主胚根和次生胚根组成玉米的初生根系。

（2）次生根（节根或不定根）。着生在茎的节间居间分生组织基部。次生根包括地下节根和地上节根。着生在地下节上的称为地下节根（次生根），着生在地上节上的称为地上节根（气生根、支持根和支柱根）。节根在植物学上称为不定根。当玉米幼苗长出 2～3 片可见叶时，在胚芽鞘节上开始发生第一层节根，以后随着茎节的形成及加粗，节根层次不断发生，节根条数增加，根长逐层变短，粗度逐层增加，根层间距离逐渐加长。节根层数一般为 6～9 层，多者可达 10 层以上，地下节根 4～7 层，至大喇叭口期完成；地上节根 2～3 层，至开花期全部完成。

2. 茎

玉米的地中茎是由中胚轴伸长形成的，它随播种深度变化而变化，具调节作用。玉米茎秆直立、高大、粗壮，直径为 2～4 cm，株高因品种以及栽培条件不同而明显不同。生产上通常称株高 2 m 以下的为矮秆型，2～2.7 m 的为中秆型，2.7 m 以上的为高秆型。

玉米茎秆由节和节间组成。节数因品种类型而不同，一般有 15～24 节，少的仅 8 节，最多可达 48 节，其中 3～7 节密集在地下部，地上的节间长度自下而上逐节伸长，通常以最上面的第一个节间最长。在正常条件下，节间粗度自茎基部向顶端逐渐变细。

玉米茎基部几个节上的腋芽也会长成分枝，即分蘖。分蘖出现多少，因品种、地力和种植密度等的不同有所不同。一般硬粒型和甜质型品种，在高产田中稀植时，产生的分蘖多，反之则少。玉米茎的类型与形态特征见二维码 1-9。

二维码 1-9

3. 叶

玉米的叶为互生，呈 2 行排列。每列着生 1 叶，一般 13～25 叶，少者仅 8 叶，多者可达 48 片。

玉米的叶为完全叶，包括叶片、叶鞘、叶舌和叶枕 4 个部分（二维码 1-10）。叶片狭长，主脉纵贯中央，主脉两侧有许多平行侧脉。除基部有几叶光滑外，多数叶片正面有茸毛，叶缘波浪状。叶鞘包被节间，质地坚硬，有保护茎秆和防倒防折等作用。叶片与叶鞘交界处有一个环状而加厚的叶枕（叶环）。两者交界处内侧还有一个薄膜状叶舌，可防止雨水、病菌和害虫等进入叶鞘。

二维码 1-10

玉米最初几个叶片（早熟品种约 5 片，中熟品种约 6 片，晚熟品种约 7 片）在种胚发育时即已形成，叶面光滑无毛，故称“胚叶”或“光叶”。玉米以后的叶片由茎尖不断分化形成，叶片正面有茸毛。这一特征可以作为判断叶位的参考。

玉米一生主茎各节叶面积的大小也不同，以“棒三叶”（果穗叶及果穗上、下两叶）最大，“棒三叶”上、下部各叶逐渐变小。根据叶片一生中的生理功能，可把整株上的叶片分为以下 3 种。

①根叶组（基部叶组）：苗期的几片叶，一般为基部 1～6 叶，这组叶光合产物供应中心为根系；

②茎、穗叶组（中、下部叶组）：拔节期到孕穗期的伸出叶，一般为 7～12 片展开叶，这组叶的光合产物供应中心为茎秆和雌雄穗；

③粒叶组（上部叶组）：孕穗期以后，13 片（含）以后的展开叶，这组叶的光合产物供应中心为雌穗，其对粒数和粒重有重要作用。

（二）生殖器官的形态特征

玉米的花序为雌雄同株、异花异位，雄花序着生于茎顶端，雌花序着生叶腋穗柄顶部。

1. 雄花序

雄花序（二维码 1-11）又名雄穗，为圆锥花序，雄穗由主轴和分枝等组成，分枝数一般为 15～25 个，多者可达 40 个左右。主轴和分枝上都着生成对小穗。主轴较粗，周围着生 4～11 行成对排列的小穗。分枝较细，一般着生 2 行成对排列的小穗。

二维码 1-11

每一成对小穗，位于上方的为有柄小穗，位于下方的是无柄小穗。每一雄小穗基部两侧各有 1 个护颖（颖片），两颖间为 2 朵雄小花，结构相似，但上部的第一朵小花先成熟。

每朵雄小花，由内、外稃（颖）各 1 枚和 3 枚雄蕊组成，雌蕊退化。雄蕊由花丝和花药组成，雄蕊未成熟时花丝较短。开花时，花丝伸长，外颖张开，花药外露并散出花粉。

开花顺序先从主轴中、上部开始，而后向上向下同时进行。各分枝的开花顺序与主轴开花顺序相同。

2. 雌花序

雌花序（二维码 1-12）又名雌穗，为肉穗花序，授精结实后为果穗。玉米雌穗由叶腋中的腋芽发育而成，且着生于穗柄的顶端。除植株上部的 4～6 节的叶腋外，其他叶腋中均有腋芽形成。通常茎基部几个节的腋芽发育成

二维码 1-12

分蘖或不发育。最上部的 1～2 个腋芽优先获得营养，能发育成果穗，多穗品种也可有 3～4 个果穗。其余腋芽停留在分化的早期阶段，不能成穗。

玉米果穗为一种变态且缩短的侧茎，果穗柄为缩短的茎秆，节数随品种而异，各节上有 1 片仅有叶鞘而无叶片的变态叶，即苞叶。苞叶包着果穗，具保护作用。果穗的穗轴由侧茎顶芽形成，呈白色或红色，穗轴粗大(因品种不同也有不同)，中央充满髓质，边缘厚壁组织中分布有许多维管束。

穗轴节密集，每节着生 2 个无柄小穗，成对排列成行。每一小穗内着生 2 朵小花，其中上位花结实，下位花退化不能结实，所以果穗的籽粒行数常呈偶数。偶见有些果穗籽粒行数不呈偶数或粒行不整齐，这是由于成对小穗的某一个小穗发育不良或一个穗内 2 朵小花都能结实所致。

雌小穗的基部有 2 个护颖(颖片)，2 个颖片内有 2 朵小花，结实的上位花包括内、外稃和 1 枚雌蕊及退化的雄蕊，而退化不结实的下位花仅留有膜质的内、外稃和退化的雌、雄蕊痕迹。雌蕊由 2 个心皮组成，每一心皮包括子房、花柱和柱头 3 部分，花柱和柱头合称花丝，花丝实心，顶端分叉，呈绿、红、棕和紫等颜色。

3. 叶片与穗分化期的对应关系

玉米根、茎、叶和穗等器官的生长发育都有自身的规律。同时，在玉米生长发育过程中不同器官间也存在一定的同伸关系。所谓器官的同伸关系是指在同一时间内某些器官间有对应关系的生长或伸长，这些同时生长(或伸长)的器官称为同伸器官。叶片展开过程贯穿根层形成，叶片、叶鞘、节间伸长及雌雄穗分化的全过程。展开叶的标志明显，易观察。

通过叶片判断穗分化进程对指导玉米栽培管理十分重要。目前常用的方法是叶龄指数法。这种方法用叶龄指数来判断穗分化的进程。叶龄指数是玉米某一时期的展开叶数占主茎总叶数的百分数(%)，即

$$\text{叶龄指数}=\frac{\text{主茎叶龄(即主茎展开叶片数)}}{\text{主茎总叶片数}}\times 100\%$$

采用叶龄指数判断玉米穗分化时期和生育进程，必须要了解品种的总叶片数，掌握展开叶的标准和确定展开叶序。确定展开叶序的方法很多，可结合使用。例如，①标记叶序法；②数节根层次推断叶序法；③数光毛叶位法，如 6 光 7 毛；④数叶脉法。在植株第 2～9 叶序内，数其主脉一侧叶片内的叶脉数为 n，$n-2$ 即等于该叶片的叶序。

玉米穗分化进程与叶龄指数的关系，见表 1-5。

表 1-5　玉米穗分化进程与叶龄指数的关系　　%

雄穗		叶龄指数	雌穗	叶龄指数
初生期		25		
伸长期	伸长	30		
小穗分化期	小穗原基	37		
	小穗			

续表 1-5

雄穗		叶龄指数	雌穗		叶龄指数
小花分化期	小花始期	47	初生期		42
			伸长期	伸长	47
	雄长雌退		小穗分化期	小穗	55
性器官形成期	四分体	60	小花分化期	小花始期	60
	花粉粒形成	67		雌长雄退（雌、雄蕊）	
	花粉粒成熟		性器官形成期	花丝始伸	80
抽雄期	抽雄			果穗伸长	
开花期	开花		吐丝期	吐丝	

4.种子的形态构造

玉米种子的形状，因品种类型不同而不同，如硬粒型玉米的种子接近圆形，顶部平滑，而马齿型玉米的种子长扁形，顶部凹陷。种子色泽有黄、白、紫、红和花斑等多种颜色。

二维码 1-13

玉米的种子（二维码 1-13）为果实，植物学上称为颖果。成熟的种子由种皮、胚乳和胚构成。种皮由子房壁发育的果皮和种皮紧紧连在一起，似一层角质薄膜，习惯上均称种皮。胚乳位于种皮的下面，占种子全重的 80%～85%，胚乳最外层是糊粉层（富含蛋白糊粉粒），其余部分为粉质胚乳和角质胚乳。粉质胚乳含淀粉多，蛋白质少，而角质胚乳除含有淀粉外，还含有较多的蛋白质。种子大小不一，千粒重一般为 250～300 g，最小的仅为 50 g，最大的可达 400 g 以上。每个果穗的种子占果穗重量的百分比（籽粒出产率）因品种而异，一般是 75%～85%。

胚位于种子一侧的基部，仅占种子重量的 10%～15%。胚由胚芽、胚根、胚轴和子叶（盾片）组成。胚的上端为胚芽（外包胚芽鞘），下端为胚根（外包胚根鞘），胚芽与胚根间为胚轴，胚轴上面向胚乳的一面有一片大的内子叶，即为盾片。在盾片节与胚芽鞘节之间的胚轴部分为中胚轴。此外，在种子的下端有一尖形的果柄，既可以使种子附在穗轴上，又具保护胚的作用。

（三）玉米的类型

1.籽粒特征分类

通常根据籽粒形状、胚乳淀粉的结构分布，以及籽粒外部稃壳的有无等性状，将玉米划分为九大类型（亚种），具体特征如下（二维码 1-14）。

二维码 1-14

（1）硬粒型。圆锥形果穗，籽粒前端为圆形，外皮坚硬，具有光泽。籽粒顶部和四周的胚乳都是角质胚乳，胚乳中心一小部分为粉质胚乳。多为黄色，也有白色或紫红色，品质较好。

（2）马齿型。圆筒形果穗，籽粒扁平，方形或长方形。中央和顶端为粉质胚乳，两侧为角质胚乳。籽粒顶端凹槽似马齿状，故而得名。籽粒多为黄色或白色，品质不如硬粒型。

（3）半马齿型。籽粒形状居于马齿型和硬粒型之间，又称为中间型。籽粒顶端凹槽不明显,较马齿型浅。乳白色的圆顶,角质胚乳多于马齿型,少于硬粒型。顶部的粉质胚乳较马齿型少,但比硬粒型多,种皮较厚。品质也介于马齿型和硬粒型之间,籽粒颜色多样。

(4)粉质型。胚乳几乎全部由粉质组成,籽粒乳白色,内部松软无光泽,其他性状与硬粒型相似。

(5)甜质型。胚乳富含糖分,成熟时种子脱水皱缩,坚硬,呈透明状。多为角质胚乳,胚较大。

(6)甜粉型。籽粒上部约 1/3 为角质胚乳,含糖质淀粉多,下部约 2/3 为粉质胚乳,籽粒长町形。

(7)爆裂型。籽粒小而坚硬,尖形或圆形,多为角质胚乳,干燥的籽粒遇高温易爆裂,胀开如花。

(8)蜡质型。胚乳全由角质组成,胚乳不透明如蜡状。胚乳水解后易形成胶黏状糊膏,俗称黏玉米。

(9)有稃型。籽粒外面由稃壳包裹,有的稃壳上有芒。籽粒外皮坚硬,角质胚乳环生外层,有色泽,脱粒难。

2.特用玉米

特用玉米也称为专用玉米,是指除普通玉米以外品质或用途特用的各种玉米,一般包括食用型特用玉米(甜玉米、糯玉米、笋玉米、爆裂玉米)、工业特用玉米(高赖氨酸玉米、高油玉米、高淀粉玉米)及饲用玉米(青饲青贮)三大类型。

(1)甜玉米。因其籽粒在乳熟期含糖量高而得名。它的用途和食用方法类似于蔬菜和水果的性质,可蒸煮后直接食用,又被称为蔬菜玉米和水果玉米。它还可加工制成各种风味的罐头、加工食品和冷冻食品,也有人称之为罐头玉米。

(2)糯玉米。又名黏玉米。糯玉米籽粒中的淀粉全是支链淀粉,籽粒中的水溶性蛋白和盐溶性蛋白的含量都较高,醇溶蛋白比较低,其消化率可达 85%。而普通玉米籽粒中,支链淀粉仅占 72%,消化率仅为 69%。糯玉米具有较高的经济价值,既可以为市场提供鲜食、速冻或罐装玉米,又可生产籽粒供粮用、饲用或用作工业原料。

(3)笋玉米。这类玉米以采收幼嫩果穗为目的,食用部分为雌穗轴以及轴上一串串珍珠小花。它营养丰富、清脆可口、别具风味,是一种高档蔬菜。根据消费者的需要,通过添加各种佐料,可制成不同风味的罐头。

(4)爆裂玉米。这类玉米的籽粒富含蛋白质、淀粉、纤维素、无机盐、维生素 B_1 和维生素 B_2 等多种营养物质。因此,食用爆裂玉米花不仅可获得丰富的营养,而且常进食有利于牙齿保健,增加胃肠的蠕动,促进食物的消化吸收。

(5)高赖氨酸玉米。又称为优质蛋白玉米,因籽粒中氨基酸含量高得名。一般普通玉米的赖氨酸含量仅为 0.20%,色氨酸为 0.06%,而高赖氨酸玉米中赖氨酸和色氨酸含量分别可达到 0.48%和 0.13%,比普通玉米高一倍以上。此外,高赖氨酸玉米籽粒中组氨酸、精氨酸、天门冬氨酸、甘氨酸和蛋氨酸等氨基酸的含量略高于普通玉米,其氨基酸在种类和数量上更为均衡。高赖氨酸玉米可制成饼干或蛋糕等食品,籽粒也是畜禽优质的高营养饲料。

(6)高油玉米。这类玉米的籽粒含油量比普通玉米高 50%以上的玉米类型。普通玉米的含油量一般在 4%～5%,而高油玉米的含油量高达 7%～10%,有的高达 20%以上。其价值主要表现在由玉米胚芽榨出的玉米油,主要成分是为脂肪酸甘油酯。高油玉米和普通玉米相比，具有高能、高蛋白、高赖氨酸、高色氨酸和高维生素 A、维生素 E 等优点。

(7)高淀粉玉米。是指籽粒淀粉含量达 70%以上的专用型玉米，而普通玉米只含有 60%～69%的淀粉。发展高淀粉玉米生产，不仅可以为淀粉工业提供含量高、质量佳和纯度好的淀粉，加工淀粉后的废料还可用于提取或制作玉米油、玉米蛋白粉、胚芽饼和粗饲料。

(8)青饲青贮玉米。是指专门用于饲养家畜的玉米品种。按其植株类型，可分为单秆大穗型和分枝多穗型。按其用途，可分为青贮专用型和粮饲兼用型。分枝多穗类型的青贮玉米分蘖性强，茎叶丛生，单株生物学产量高，并且多穗，植株的青穗比例高，蛋白质含量也高。单秆大穗类型的玉米基本上没有分蘖，一般植株高大，叶片繁茂，茎秆粗壮，着生 1～2 个果穗活秆成熟。作为饲粮兼用的玉米，必须具有适宜的生育期和较高的籽粒、茎叶产量及活秆成熟等特性，以保证在果穗籽粒达到完熟期进行收获时，仍能收获到保持青绿状态的茎叶以供青贮。

四、粟类作物形态特征与类型识别

粟类作物是指禾本科中籽粒较小，茎叶繁茂，籽粒饲用，并且和谷子有类似性状的一年生作物的合称。除谷子(粟)外，目前世界上仍有栽培的粟类作物有黍稷、食用稗、龙爪稷和蜡烛稗等，其栽培种有 5 种。

(一)粟

粟[*Setaria italica* (L.)Beaurv.]属于禾本科黍族狗尾草属的一年生草本植物，在中国北方通称“谷子”，南方常称为粟谷、狗尾粟或小米。谷子耐旱、耐贫瘠，抗逆性强，适应性广，是我国主要栽培粮饲作物之一。粟的植株形态特征(二维码 1-15)如下：

二维码 1-15

根为须根系，由初生根和次生根组成。茎秆直立，圆柱形，基部数节可生出分蘖，少数品种上部的节能生出分枝。叶为长披针形，由叶片、叶舌、叶枕和叶鞘组成，无叶耳。顶生穗状圆锥花序，由穗轴、分枝、小穗、小花和刚毛组成。主轴上着生 1～3 级分枝，小穗着生在第三级分枝上，小穗基部有刚毛 3～5 根。每个小穗有 2 个颖片，内有 2 朵小花，上位花为完全花，下位花退化。雌蕊柱头羽状分叉，雄蕊 3 枚，子房基部侧生 2 个浆片。籽粒为颖果，千粒重 2～4 g。成熟后稃壳呈白、黄、红、杏黄、褐黄或黑等颜色。包在内、外稃中的籽粒俗称谷子，籽粒去稃壳后称为小米，有黄、白、青等颜色。

粟可以分为食用粟和饲用粟，它们在生态学和生物学方面有很多不同。

(1)食用粟。植株较高，穗长而下垂，小穗群明显，各部分发育旺盛，生长期长。

(2)饲用粟。植株较矮，穗短而粗，小穗群不明显。成熟时，穗稍垂，生长期短，抗旱性强。

(二)黍稷

黍稷(*Panicum miliaceum* L.)属于禾本科黍属的一年生草本植物，是具有早熟、耐瘠和耐旱特性的粮饲作物。米粒有粳、糯两类，粳类古代中国称稷、穄、糜或糜；糯类称黍，黍也常常作为粳、糯两类的共同名称。现代中国西北地区称粳性者为糜子，东北或南方部分地区称为稷子。糯性类型北方称黍子、黏糜子或软糜子，南方称黍子、夏小米、黄粟或大粟。黍稷的植株形态特征(二维码 1-16)如下：

二维码 1-16

茎秆圆柱形，直立，单生或丛生。叶为长披针形，由叶片、叶鞘、叶舌和叶枕组成，叶互生，无叶耳。叶片的上、下表皮及叶鞘表面都有浓密的茸毛，边缘粗糙。圆锥花序，由主轴和分枝组成。主轴直立或弯向一侧，成熟后下垂，分枝呈螺旋形排列或基部轮生。分枝上部形成小穗，小穗呈卵圆形，颖壳无毛。小穗是由护颖和数朵小花组成，有 2 片护颖，呈膜状，护颖包被着 2 朵小花，其中只有 1 朵花能正常结实。结实小花由内、外稃各 1 枚，2 个浆片，3 枚雄蕊和 1 枚雌蕊组成。种子有球形、长圆形和卵圆形 3 种。果实为颖果，千粒重为 3～10 g。粒色有黄、红、白、褐、灰和复色等，米色有深黄、浅黄等颜色。因种子胚乳中淀粉种类不同而划分为粳、糯两大类，糯米为不透明粉质，粳米为半透明角质。

粟和黍(稷)在形态上的主要区别如表 1-6 所示。

表 1-6 粟和黍(稷)在形态上的差异

性状		粟	黍(稷)
幼苗		叶片、叶鞘较窄长，叶色较浅，茸毛短少，茎基部多呈扇形，直立性较强	叶长，叶鞘较宽短，叶色绿，密生灰白色长茸毛，茎基部多呈圆形、节间短，匍匐性较强
茎		直立，一般较高，茎中空稍有髓，稍细，分蘖节以上无分枝	倾斜或直立，一般较低，节间中空，节上生短毛，较粗，分蘖节以上可以产生分枝
叶	叶鞘	有短茸毛或光滑	密生长茸毛
	叶片	叶窄，色较深，茸毛少而短	叶宽，色较淡，茸毛多而长
花序及果实		枝梗密集，呈穗状，籽粒较小，不光滑	枝梗松散，籽粒较大，有光泽，且光滑

(三)食用稗

食用稗[*Echinochloa crusgalli*(L.)Beauv. var. *frumentacea*(Roxb.)Wright.]属于禾本科稗属的一年生草本植物，是谷类中颖果淀粉最精白的一种粮食作物，其茎叶是优良饲草。食用稗适应性广，抗性强，因此，自古就将其作为救荒作物。食用稗的植株形态特征(二维码 1-17)如下：

二维码 1-17

根为须根系。茎秆光滑粗壮多汁，直立或倾斜，中空有节，分蘖力强。叶片阔线形，背部有脊，无叶舌和叶耳。花序为圆锥花序，直立或弯曲。总轴较粗，有棱，分枝有 5～15 个。下部分枝长而稀，向上渐短增密。下部分枝可再生小分枝，呈复总状，枝上密被茸毛。小穗上有芒或无芒。小穗有颖片 1 对，其中有 2 朵小花，下位花为退化花，上位花为完全花。颖果椭圆而尖，正面隆起，反面平滑。果实灰黄或紫色，种子扁圆，呈灰黄或紫色。

(四)龙爪稷

龙爪稷[*Eleusine coracana*(L.)Gaertn]又名穇子、龙爪粟、龙爪稗和鸡爪粟等，属于禾本科穇属的一年生粗壮簇生草本植株。适应性强，在海拔 500～2 400 m 的地方均能生长，具有耐旱、耐盐碱地等特性。龙爪稷的植株形态特征(二维码 1-18)如下：

二维码 1-18

根为须根系。茎秆直立，扁三棱形，粗壮坚韧，表面光滑。分蘖性强，可分蘖多达 10～20 个。叶片较宽，中脉明显，叶片背轴面光滑，向轴面粗糙或有茸毛。叶鞘扁平光滑，叶舌短，密生柔毛。花为穗状花序，有 3～7 枚呈指状簇生于茎的顶端。小穗扁形无柄，在穗轴上呈二行排列。小穗内含5～6朵可育小花，自花授粉。果实属于囊果，小球状，茶褐色。籽粒颜色有红、黄色之分，千粒重为1.5～2.5 g。根据籽粒的性质可划分为粳性和糯性，依据花序的数目及其弯曲的程度又可划分为直立型和拳状型。

(五)蜡烛稗

蜡烛稗[*Pennisetum ameicana*(L.) Leeke]又名珍珠稗、御谷、非洲粟或猫尾粟等，禾本科狼尾草属，一年生草本植物。蜡烛稗具有较强的耐热、耐旱、耐贫瘠和耐盐碱的特性。蜡烛稗的植株形态特征(二维码1-19)如下：

二维码1-19

根为须根系。茎圆柱形、直立，茎表皮坚硬，表皮有蜡质。地上茎节亦可分枝结穗。叶片平展披针形，叶缘有细小锯齿，叶面被稀疏茸毛。叶鞘多与节间等长，上部边缘有细毛。叶舌膜质，具有纤毛，叶呈绿或紫色。穗较紧密，为圆柱形、圆锥形或纺锤形，其中圆锥花序的穗轴周围密生小穗，小穗由2朵小花组成，一个是完全花，另一个是不完全花。籽粒近球形、圆锥形或圆柱形，颜色多为灰色、灰褐色或紫色，千粒重为3～15 g。

分类检索表

以上5种粟类作物，可从花序形态上加以区别，分类检索表如下：

(1)花序为总状或复穗状，即小穗长在中轴的短分枝上，外形似穗状，实为复总状，每个小穗柄的下部着生许多刺毛；

(2)单穗，每个小穗内具有1个完全花；

(3)穗型较疏，成熟时刺毛和小穗一同脱落，种子包在内、外颖壳之内的为粟；

(4)穗型较密，成熟时刺毛与小穗一同脱落，种子与内、外颖容易分离的为蜡烛稗；

(5)复穗，伞形，每小穗内具有2～10个完全花，种子成熟时容易与内、外颖分离的为龙爪稷；

(6)花序为复总状，即穗轴分枝在一次以上，分枝较长，小穗长在分枝上，每小穗下部无刺毛；

(7)穗散开下垂，护颖无芒的为黍稷；

(8)穗较短，不散开，护颖无芒的为食用稗。

五、水稻形态特征与类型识别

水稻(*Oryza sativa* L.)属于禾本科稻属的一年生草本植物，世界上稻属植物有20多种，但栽培的只有2种，即亚洲稻和非洲稻。普通栽培稻又称为亚洲栽培稻，叶片及颖壳上有茸毛，叶舌长而尖。非洲栽培稻叶舌短而圆，叶片及颖壳上无茸毛，称为光身稻。普通栽培稻丰产性好，类型多，世界各地均有栽培。非洲栽培稻耐贫瘠，但丰产性差，只限于非洲一带栽培。

(一)营养器官的形态特征

1. 根

二维码1-20

水稻根系(二维码1-20)属须根系，初生胚根(又称为种子根)只有1条，在种子萌发时由胚根向下延伸形成，一般次生胚根长出后即枯死。次生根（又称为不定根、节根或冠根）从胚轴上的芽鞘节、不完全叶节和完全叶节等茎基部节上长出，每节发根5～20条不等，以真叶节根较多，单株发根数为200～300条。水稻发根与出叶保持着一定的同伸关系，第二叶长出时，胚芽鞘节上长出5条不定根（又称为“鸡爪根”）。第三叶长出时，不完全叶节上长出不定根。根毛少，通气组织发达，新生根呈白色，老根变为红褐色。次生根上可再产生一级枝根、二级枝根，甚至可达到五级枝根。根在三叶期时形成通气组织，与茎、叶的气腔相通形成上下贯通的通气组织。

2. 茎和分蘖

二维码 1-21

水稻茎与分蘖的形态特征见二维码1-21。茎由节和节间组成，一般主茎有12～19个节。茎呈圆筒形，节间无髓、中空。基部茎节密集，节上生有不定根，称为根节或分蘖节。一般地上伸长节间4～6个，约占全部节间的1/3，自下而上长度逐节增加。

茎基部分蘖节上的各节叶腋均有1个腋芽，适宜条件下长成分蘖，一般伸长茎的节上不长分蘖。与小麦不同，水稻胚芽鞘一般不发生分蘖，不完全叶极少发生分蘖。自第一叶起遵循$n-3$的蘖叶同伸规律发生分蘖。各次分蘖的名称和小麦相同，各分蘖的名称实际上是用这一分蘖在母茎上所处的叶位表示，称为蘖位。水稻分蘖在主茎的节上，自下而上依次发生。由主茎上发生的分蘖称为第一次分蘖，从第一次分蘖上长出的分蘖称为第二次分蘖，以此类推。同一茎上的同次分蘖，根据其着生节位的高低，由下而上依次称为第一位分蘖、第二位分蘖、第三位分蘖，以此类推。

同伸蘖是否发生取决于品种和栽培环境。常规稻一次分蘖占多数，杂交稻一、二次分蘖多，还有少数三次分蘖。然而，在一般生产条件下，因秧苗素质和管理不同，分蘖缺位较多，且各叶位间差异较大。插秧对水稻分蘖有影响，往往返青后长出第二片叶开始分蘖。因此，两叶期前插秧管理好时，插秧不会引起分蘖缺位，2～3叶后插秧会缺一位蘖。群体的茎蘖消长曲线是大田生产重要的群体诊断指标。分蘖开始后很快进入茎蘖快速增长期，至拔节开始达最高分蘖期，以后分蘖的消亡大于发生，直到稳定为有效穗数。

分蘖的两极分化是以能否成为有效穗为标准，把分蘖分为有效分蘖和无效分蘖。最高分蘖期后出叶速度和主茎一致或超主茎的分蘖多是有效的，生育渐渐滞后的分蘖为无效分蘖。由于分蘖出现3片叶时分蘖鞘节根伸出，才具有独立生活能力，当群体中个体间竞争激烈时，4片叶2层根的分蘖更具竞争优势。因此，拔节穗分化开始时，不到3叶或4叶的分蘖便可能转入滞后群。田间诊断时从以下4个方面综合判断：

①叶片数为3～4片，根为4～5条；

②株高相当于主茎的2/3；

③出叶速度与主茎同步；

④心叶和下位展开叶之间的叶尖距大于1/2展开叶。

在田间调控中，欲控制某节位分蘖的发生，必须在它伸出前2个叶龄期施加影响。

3. 叶

二维码 1-22

水稻叶（二维码1-22）有前出叶（胚芽鞘和分蘖鞘）、不完全叶和完全叶

3 种。胚芽鞘和分蘖鞘是叶的变形，无叶绿素。种子萌发时，胚芽鞘伸出。不完全叶仅可见叶鞘，肉眼不可见叶片，含叶绿素，是第一真叶。第一片完全叶从不完全叶中抽出，是水稻的第二真叶，具有叶片、叶鞘、叶枕、叶耳和叶舌，其后各完全叶顺次抽出。分蘖伸出时先出现分蘖鞘，然后是第一叶及其他各叶伸出，无不完全叶。茎部最上一片叶呈剑形，因此称为剑叶。主茎叶龄是考察水稻生育过程最常用的方法之一，我国自第一完全叶算起，n 叶展开时的生育时期叫 n 叶期。

(二)结实器官的形态特征

1. 花序

水稻穗的形态特征与颖花结构见二维码 1-23。稻穗为圆锥花序，其主梗叫穗轴，轴上节叫穗节，穗颈节位于基部。穗轴上着生一次枝梗，一次枝梗上着生二次枝梗，杂交稻还可能有三次枝梗。通常穗轴下部的一次枝梗为轮生，中、上部的一次枝梗为互生。各次枝梗上着生小穗梗，小穗梗顶端着生小穗。开花时，穗子顶端枝梗颖花先开，然后顺序向下，基部枝梗最后开。一次和二次枝梗上的颖花也是顶端先开，其次基部颖花，再顺序向上，倒数第二个颖花最后开。

二维码 1-23

颖花实际是小穗，植物学上每个小穗有 3 朵小花，其中 2 朵退化，各留下外稃，一般称颖片，小穗基部的 2 个小突起是退化的颖片，称为副护颖。留下的可孕花仅 1 朵，有内、外稃，6 个雄蕊，1 个雌蕊，2 个浆片，受精结实后成为稻谷。内、外稃表面生有稃毛，粳稻比籼稻毛多而长，没有稃毛的类型叫光壳稻。有芒的品种在外稃上着生有芒。

2. 果实

水稻果实的形态特征见二维码 1-24。颖花受精结实成谷粒。谷粒一般内部含 1 粒糙米，即颖果。糙米外部有内、外颖包被的谷壳，其边缘互相钩合，钩合的缝线在扁形稻粒的中间而不在两边，此为稻属的分类特征。颖的表面有钩状或针状茸毛，颖的顶端为颖尖，有黄、褐、淡黑褐和紫黑褐等颜色，为品种重要特征。

二维码 1-24

米粒与谷粒形状近似，有椭圆形、阔卵形、短圆形、直背形和新月形等。米粒构造分果皮、种皮、糊粉层、胚乳和胚等部分，其中胚乳占米粒最大部分，由含淀粉的细胞组织构成。胚由胚芽、胚轴、胚根、盾片和胚芽鞘组成。米的色素在种皮内，有白、乳白、红和紫等颜色。

(三)栽培稻种的类型

栽培稻可分为籼亚种[*Oryza sativa*(L.)Subsp hsien Ting]和粳亚种[*Oryza sativa*(L.)Subsp keng Ting]两大类。其主要形态特征及生理生态特性差异见表 1-7，彩图见二维码 1-25。

二维码 1-25

籼稻与粳稻是由许多变种所组成的，各自依其胚乳的性质不同，又可分为糯性(糯稻)和非糯性(黏稻)。两者在植物学形态上差异很小，主要区别在于米质黏性的大小不同。黏稻的米质黏性小，糯稻的米质黏性大。两者的区别见表 1-8。

表 1-7　籼稻与粳稻的主要区别

性状	形态特征	籼稻	粳稻
植株形态	叶形、叶色	叶片较宽，色淡绿	叶片较窄，色深绿
	剑叶开度	小	大
	叶毛	多	少或无毛
	芒	多数无芒或短芒	从长芒到无芒，略呈弯曲状
	颖壳	颖毛短而稀，壳较薄	颖毛长而密，壳较厚
	谷粒形状	细而长，稍扁平	短而宽，较厚
	穗型	穗形较小，着粒较稀	穗形较大，着粒较密
	穗颈	一般较长	一般较短
	株型	植株高，秆软，株形松散	植株矮，秆韧，株形紧凑
经济性状	谷粒对石炭酸反应	能被石炭酸染色较深	不被石炭酸染色或染色较浅
	脱粒性	易脱粒	难脱粒
	出米率	出米率低，碎米多	出米率高，碎米少
	米质	米质黏性小，胀性大	黏性强，胀性小
生理生态特性	耐寒性	不耐寒	较耐寒
	发芽	12 ℃以上发芽，发芽较快	10 ℃以上发芽，发芽较慢
	分蘖力	分蘖力强，易繁茂	分蘖力弱，不易繁茂
	耐肥性	不耐肥，易倒伏	耐肥，不易倒伏
生育期		短	长

表 1-8　黏稻与糯稻的区别

项目	黏稻	糯稻
胚乳颜色	亮白色，透明，有光泽	乳白色，不透明或半透明，无光泽
米质黏性	黏性小	黏性大
胚乳成分	含 70%～80% 支链淀粉，20%～30% 直链淀粉	只含支链淀粉，不含直链淀粉或极少
对 I-KI 液的反应	吸碘性大，呈蓝色	吸碘性小，呈棕色、紫红色

稗草为水稻生产中的主要杂草之一，由于稻和稗同属于禾本科且形态近似，幼苗较难区别，故增加其防除上的难度。二者的区分见表 1-9。

表 1-9　水稻与稗草的形态差别

性状	稻	稗
叶耳、叶舌	有	无
中脉	不明显，色淡绿	宽而明显，色较白
叶形	短、窄、厚	长、宽、薄
叶色	黄绿	浓绿
茸毛	有	无
叶片着生角度	斜直，角度小	斜平，角度大

六、其他禾谷类作物形态特征与类型识别

禾谷类作物除了上述介绍的麦类作物、粟类作物和水稻外，还有禾本科的高粱和薏苡，蓼科的荞麦，苋科的籽粒苋以及藜科的藜麦等。

(一)高粱

高粱[*Sorghum bicolor*(L.)Moench]属于禾本科高粱属的一年生草本植物，喜温、喜光。原产于非洲，现分布于全世界热带、亚热带和温带地区，中国南北各省区均有栽培。

1.高粱的形态特征

高粱的植株形态特征见二维码 1-26。根为须根系，由初生根和次生根组成。茎秆由节和节间组成，直立，圆筒形，表面光滑。节间的多少和长短因品种和栽培条件而异。一般地上部茎有伸长节间 10～18 个，地下部茎有 5～8 个不伸长的节间。茎秆实心、多汁，茎基部产生分蘖。在生育中后期，茎秆表面形成白色的蜡粉，可防止体内水分蒸发和外部水分渗入，是高粱增强耐旱耐涝能力的重要生理结构之一。

二维码 1-26

叶由叶片、叶鞘和叶舌组成。叶片被有蜡质，多成披针形，有明显主脉(中脉)，中脉颜色因品种而异，多呈白、黄和暗绿 3 种颜色，可作为田间去杂鉴别的依据。

圆锥花序，有明显主轴，穗轴具棱。小穗成对着生在枝梗上，其中较大的为无柄小穗(可育)，较小的是有柄小穗(雄性可育或不育)。无柄小穗外有 2 枚护颖，中间着生 2 朵小花，其中上位花能结实，由内、外颖，3 枚雄蕊和 1 枚雌蕊组成。另一朵是下位花，为退化花，一般只有 1 枚膜状外颖。

籽粒属颖果，种子呈卵形或椭圆形，呈褐色、橙色、白色或淡黄色。小粒种子的千粒重一般在 15 g 以下，中粒种的千粒重为 15～26 g，大粒种的千粒重为 26 g 以上。

2.高粱的类型

(1)根据穗形构造分类。普通高粱分为 2 个亚种。

①散穗高粱：穗型松散。因穗轴及侧枝的长短不同可分为 2 种，即直散穗型(具有长的穗轴和较短的分散侧枝)和下垂散穗型(具有短的穗轴和长的分散侧枝)。

②密穗高粱：穗型紧密，分枝很短，且密集在一起。在这个亚种中，根据穗颈的直立与弯曲情况，又可分为穗颈直立型和穗颈下弯型。

(2)根据栽培目的分类。通常按用途将高粱品种分为5种类型。

①食用高粱：包括所有为食用而栽培的品种。这类高粱植株高矮不等，分蘖力较弱，茎中的髓质呈干燥或半干燥状态，成长的植株叶片中脉呈黄色或白色，节间比叶鞘短。籽粒通常为颖片所包被或稍裸露，易落粒。

②糖用高粱：植株高大，分蘖力强，茎髓多汁而甜，含糖分8%～19%，叶片中脉绿色，节间比叶鞘长，籽粒通常为颖片所包被或稍露出，不易脱粒，可供制糖浆或饲料用。

③牧草用高粱(高丹草)：分蘖力强，茎细，生长势旺盛，收获产量较高，可作为青饲、干草、青贮和牧草之用。

④帚用高粱：又称为工艺用高粱。茎秆大多柔韧，色泽鲜艳。穗大而散，通常无穗轴或极短，侧枝发达而长，穗下垂，籽粒着生在分枝顶端，并有护颖包被，不易脱落。茎内髓部干燥，叶中脉白色。茎秆压扁取皮用于编织，穗可扎制扫帚或炊帚。

⑤兼用高粱：籽粒品质较佳，分蘖力强，茎秆中含有较多的汁液，收获后可供食用、饲用及其他多种用途。

(二)荞麦

荞麦(*Fagopyrum esculentum* Moench)又名净肠草、乌麦或三角麦，属于蓼科荞麦属的一年生草本植物，但在作物分类上按用途，将其归于禾谷类作物。荞麦可加工制成多种食用和药用产品。多数学者认为荞麦起源于中国，其中甜荞起源于北方，苦荞起源于西南地区。我国有几千年种植荞麦的历史。荞麦的植株形态特征(二维码1-27)如下：

二维码1-27

根系属直根系，由种子根和次生根组成。茎直立，圆形，稍有棱角，绿色或红色。节处膨大，略弯曲。生育前期茎中部有髓，生长中后期逐渐变空并木质化。主茎节叶腋处长出的分枝为一级分枝，一级分枝叶腋处长出的分枝叫二级分枝。叶有子叶(胚叶)、真叶和花絮上的苞片。子叶出土，对生于子叶节上。真叶为完全叶，由叶片、叶柄和托叶组成。下部叶具长叶柄，上部较小近无梗，托叶鞘膜质，短筒状。甜荞叶片顶端渐尖，基部心形或剑形；苦荞叶片顶端急尖，基部心形。

花序是一种混合花序，既有聚伞花序类(有限花序)的特征，也有总状花序(无限花序)的特征。花序顶生或腋生，花序梗一侧具小突起。荞麦花属于单被花，具有5个花被片；雄蕊8枚，外轮5枚，内轮3枚，基部有蜜腺8个。雌蕊1枚，三叉柱头。甜荞花较大，异花授粉，花型有2种：一种植株上的花为长花柱、短雄蕊；另一种植株上的花为短花柱、长雄蕊。在同一种植株上只有1种花型。在同一群体中，长花柱花和短花柱花比例大致相等。只有同型花之间授粉才能结实。苦荞花较小，为同型花，雌、雄蕊等长，自花授粉。果实为三棱卵圆形瘦果，银灰褐至褐色或黑色，种皮薄，胚乳占大部分。种子呈淡褐色。千粒重为18～32 g。

荞麦喜凉爽、湿润的气候，不耐高温、干旱和大风等，喜日照，需水较多。我国栽培的荞麦主要有2种：普通荞麦或称甜荞，籽实品质好，可食用，为我国各地栽培最多的一种；鞑靼荞麦或称苦荞，籽实味苦，食用或饲用。两者形态上的主要区别见表 1-10。

表 1-10　甜荞与苦荞形态区别

性状	甜荞	苦荞
幼苗	子叶大，常有花青素色泽	子叶小，色由淡绿到浓绿
茎	细长，常有棱角，浅红绿色	粗短，常光滑，绿色
根系	无菌根	有菌根
叶	三角形或戟形，基部有或无不太明显的花青素的斑点	形状与普通荞麦相同，但较圆，基部常有明显的花青素斑点
花序	总状花序，短而密集成簇，上部果枝为伞形花序	在所有果枝上有疏松的总状花序
花	较大，有香味，白色为主，也有红色，两性花，异花授粉	较小，紫色为主，也有淡黄绿色，无气味，有等长的雌、雄蕊，自花授粉
果实	瘦果，较大，呈三棱形，棱角短，表面光滑	瘦果，较小，表面较粗糙，三棱形，棱不明显，有的棱呈波纹，两棱间有深凹陷

（三）薏苡

薏苡（*Coix lacryma-jobi* L.）又名薏米仁、药玉米、六谷子、川谷、菩提子或草珠子等，属于禾本科薏苡属的一年生粗壮草本植物。薏苡种仁是中国传统的食品资源之一，可做成粥、饭以及各种面食供人们食用或药用。薏苡的植株形态特征（二维码 1-28）如下：

二维码 1-28

根为须根系，初生根 4 条，茎基各节均能萌发次生根，形成多层蔸状的强大根系，地上 5～6 节也产生支持根。茎直立，圆形，基部茎节充实，具 10 多节，节多分枝。基部茎节均能产生分蘖 3～5 个，分蘖成穗率很高。叶互生，线状披针形，叶片扁平、宽大，叶两面光滑，边缘粗糙，叶脉平行，中脉白色、粗厚、明显，叶舌短。

花序为总状花序。花单性，雌雄同株异花。雄小穗覆瓦状排列于花序上部穗梗上；雌小穗位于花序基部即雄小穗下方，并被包于壳质总苞（为变形的叶鞘）内。雄蕊常退化，雌蕊具细长柱头，从总苞顶端伸出。果实为颖果，果壳为雌小穗基部鞘叶变态而来。果壳有 2 种：一种是厚壳坚硬，似珐琅质，外表光滑无脉纹，内含米仁（颖果）不饱满，野生类型多属此种；另一种是薄壳易破碎，多数壳表有脉纹，内含米仁饱满，栽培类型多属此种。野生类型薏米百粒重为 10～30 g，栽培类型薏米百粒重为 6～15 g。栽培类型薏苡果壳的颜色有浅黄、淡褐、深褐和紫黑等；野生类型薏苡果壳为灰蓝、白、花褐、深褐、浅褐和浅蓝黑等颜色。

（四）籽粒苋

籽粒苋（*Amaranthus hypochondriacus* L.）又名千穗谷、西黏谷、仁青菜、玉芝麻或绿穗苋等，属于苋科苋属的一年生草本植物，原产于东南亚与中美洲热带和亚热带地区，是一种粮食、饲料和蔬菜兼用作物。籽粒苋的植株形态特征（二维码 1-29）如下：

二维码 1-29

根为直根系，植株高大，茎表面光滑，具有明显的沟棱，呈淡绿色、浅绿色或红色，部分品种茎表面有紫色条纹。叶互生，椭圆或长圆形，基部渐窄，先尖，叶缘无锯齿，网状脉，叶色多为紫红色或绿色。花序为圆锥花序，顶生。穗形直立或下垂，穗绿色或紫红色。单性花，雌雄同株。雄花中 5 个雄蕊，雌蕊退化，雌花中 1 个雌蕊，雄蕊退化。种子扁圆形，有粳、糯之分，粒色有黄、白、黑或紫色，有光泽，千粒重为 0.5～1.2 g。

籽粒苋属于喜温短日照作物，是一种适应性广、抗逆性强、光合能力强并且生物产量高的 C_4 作物。

(五)藜麦

藜麦(*Chenopodium quinoa* Willd.)属于藜科藜属的一年生双子叶植物，原产于南美洲安第斯山脉的哥伦比亚、厄瓜多尔和秘鲁等中高海拔山区。藜麦具有一定的耐旱、耐寒和耐盐性，生长范围为海平面到海拔 4 500 m 左右的高原上，最适的高度为海拔 3 000～4 000 m 的高原或山地地区。藜麦的植株形态特征(二维码 1-30)如下：

二维码 1-30

根为直根系，庞大但分布较浅，须根多。茎在近地表处呈圆柱形，分枝呈尖形，茎为绿色、黄色、紫色或黑红色，有的具有斑纹。叶片呈掌状分裂，一般具有短绒毛，叶缘分为全缘型与锯齿缘型，单叶互生。

花序呈圆锥花序，分枝较多，着生在植株顶部或基部叶腋处。藜麦有 1 个主花枝，并着生二级至三级分枝，花序为有限生长型，两性花出现后分枝终止，花序生长主要是花茎的节间生长。藜麦的花序形状一般有以下 2 种：苋属植物花序，花簇着生在次级枝上；团伞状花序，小花球着生在三级花枝上。藜麦的花没有花瓣，有雌花和完全花。完全花有 5 个萼片、5 个花药及 1 个上位子房，子房上柱头有 2 或 3 个分枝等，在雌蕊原基上也有发现有 4 个柱头分枝的情况。

果实为胞果，由外到内分别为花被、果皮及种皮。果实为圆柱形、圆锥形或椭圆形。藜麦种子发芽快，暴露在潮湿环境中数小时即可发芽。种子形状差异很大，由圆锥形、圆柱形到椭圆形，种子大小差异也很大，千粒重为 1.4～3 g。

第三节　食用豆类作物形态特征与类型识别

食用豆类作物是籽粒可供食用的豆类作物的统称，均属豆科蝶形花亚科，多为一年生或越年生。食用豆类作物的种类较多，在我国栽培的主要有大豆、蚕豆、豌豆、绿豆、小豆、普通菜豆、鹰嘴豆、扁豆、豇豆、饭豆、四棱豆、刀豆、利马豆和木豆等。

一、食用豆类作物共性的形态特征

1. 植株形态特征

根为直根系，有明显的主根与侧根，根上着生根瘤。茎上有节，节生分枝。成株的叶为复叶，叶片基部具有托叶。花为蝶形花，包括花萼、花瓣各 5 片(旗瓣 1 片，翼瓣 2 片，龙骨瓣 2 片)，雌蕊 1 个，雄蕊 10 枚(9 个连在一起，1 个离生，成为二体雄蕊)，花序为腋生总状花序(二维码 1-31)。

二维码 1-31

2. 种子形态特征

种子没有胚乳，种皮一般光滑，有的有皱褶，如甜豌豆。种子有种脐（是珠柄与胚珠相连的痕迹），其大小、颜色、形状以及在种子上的位置因作物而异（表 1-11，彩图见二维码 1-32）。紧靠种脐处的小孔为珠孔（萌芽孔），在种脐的附近，珠孔相对的一端有一突起，即合点。去种皮后，可见种子内部构造有胚芽、胚轴、胚根和 2 片肥厚的子叶。子叶是豆类作物贮存养分的器官，含有丰富的蛋白质、脂肪及淀粉等。

二维码 1-32

表 1-11 食用豆类作物种子形态特征

名称	种子			种脐		
	直径/mm	形状	色泽	着生位置	形状	色泽
大豆	6～13	球形、椭圆形至长筒形	黄、绿、褐、黑，单色或杂色	偏于种子合点一端	长椭圆形，合点凸起不明显	淡白色、褐色、黑色等
蚕豆	22～30	扁平、扁椭圆形	褐色、黑色，单色	在种子末端凹槽上	长椭圆形	褐色、褐色等
豌豆	4～9	球形、圆中带棱，光滑或有小皱褶	白、黄、绿、灰、褐、黑色，常带花纹	居于种子中间	圆形	淡褐或黑色
扁豆	3～8	圆形、扁平，边缘锐利或较钝厚	绿、黄褐至黑色，单色或有花纹	在种子棱上	细长形	多与种子同色
绿豆	3～5	圆至圆柱形	黄、绿、黑，略带有斑点	居于种子中间	椭圆，合点凸起明显	白色
菜豆	8～15	半肾脏形或肾脏形	单或杂各种色，种皮有光泽	居于种子中间凸处	椭圆形，合点凸起明显	
豇豆	6～13	肾脏形与长椭圆形	有单、复色两种，红、白、黑褐色，白斑、红斑褐底花	偏于种子合点一端	三角形	白色、黑色
小豆	3～7	斜圆柱形，靠合点端为平面，珠孔端为倾斜面	红色为主，有黑、白、浅绿、花灰等	靠近种子合点端	长椭圆，种脐不凸出	白色

豆类作物的种皮较厚而硬，种皮的最外层被角质层包裹（胚处无角质），其内依次为栅状细胞、柱状细胞和薄壁细胞。由于上述结构，豆类作物种子发芽时只能从种脐和珠孔吸进水分。有的种子（如绿豆）由于厚壁细胞排列过于密集，导致水分难于渗入，形成硬实种子。

3. 幼苗生长

种子吸水萌发后，胚根自珠孔伸出。在根生长的同时，主茎（胚芽）亦伸长，先拱成膝状，出土后逐渐伸直。一些豆类作物属于下胚轴伸长，在发芽后胚轴伸长时将子叶带出土面，称为子叶出土型。出土后，子叶逐渐展开，长出幼芽，这类如大豆、菜豆、豇豆和绿豆等。另一些豆类作物则属于上胚轴伸长，子叶不露出地面，称为子叶留土型，这类如豌豆、蚕豆和小豆等。出苗后，陆续长出真叶，其中三出复叶类的豆类作物先长出一对单叶，然后长出其所具有的典型复叶；而羽状叶类的豆类作物直接长出复叶，先长出的复叶小叶数略少，后长出的复叶小叶数较多。食用豆类作物叶片形态特征见表 1-12，彩图见二维码 1-33。

二维码 1-33

表 1-12　食用豆类作物叶片形态特征

名称	子叶出土与否	初生真叶		复叶				
		结构	形状	类型	小叶形状	叶面茸毛性状	卷须	托叶
大豆	出土变绿，存留长	单	长心脏形至卵圆形	三出	卵形至尖卵形	被密毛	无	披针形
蚕豆	不出土	复	倒卵形至椭圆	偶数羽状	椭圆至矩形	光滑，但被蜡粉	针状窄长	半箭头状
豌豆	不出土	复	卵圆形或倒卵圆形	偶数羽状	椭圆至矩形	光滑、被白蜡粉	有	大小卵形
扁豆	不出土	复	倒卵形或椭圆形	偶数羽状	阔卵至椭圆形	被稀毛，无白粉	有	披针形
绿豆	出土，脱落早	单	窄，披针形	三出	阔卵至菱卵形	光滑，稍有茸毛	无	三角卵形
菜豆	出土变绿，脱落早	单	宽，披针形	三出	卵形、心脏形	光滑，稍有茸毛	无	卵圆、披针形
豇豆	出土变绿，脱落早	单	宽，披针形	三出	斜阔卵形至棱形	光滑	无	三角卵形
蔓豆	不出土	单	窄，披针形	三出	三角卵形	光滑或被有毛	无	卵披针形

二、主要食用豆类作物的形态特征

(一)大豆

大豆[*Glycine max*(L.)Merrill]又名黄豆、毛豆、青豆或黑豆等，属于豆科大豆属的一年生草本植物，起源于中国，我国大豆古名为“菽”。

1.营养器官的形态特征

(1)根和根瘤(二维码 1-34)。根为圆锥形直根系，主根入土可达 1 m 以上，侧根水平方向伸展可达 40～50 cm，纵向入土也可达 1 m。根和根瘤菌共生可形成根瘤，根瘤内部呈肉红色时，开始固氮；呈青灰色时，固氮作用减弱或停止。

二维码 1-34

(2)主茎和分枝(二维码 1-35)。株高一般为 30～150 cm，有 12～20 节，多的可达 25 节以上。嫩茎有绿色和紫色 2 种，前者开白花，后者开紫花。主茎上腋芽产生分枝，分枝上可再产生次级分枝，但主茎上部分枝少或没有分枝。株型受分枝着生方式和发育状况影响较大。

二维码 1-35

以主茎和分枝间的夹角大小可分为 3 种类型。

①开张型：分枝角度 45°以上，上下均较散。

②收敛型：下部分枝与主茎角度小，在 15°以内，上下均紧凑。

③中间型或半开张型：介于上述两者之间。

以分枝的多少，可分为 3 种类型。

①主茎型：分枝极少。

②分枝型：5 个分枝以上，且有二次和三次分枝。

③中间型：介于前两者之间。

还有，以茎枝生长习性和发育状况可分为 4 类型。

①直立型：植株生长较健壮，茎秆直立向上、节间短。栽培品种多属于直立型。

②半直立型：植株生长较健壮，茎杆上部略呈现波状弯曲。

③蔓生型：植株生长较弱，茎细，节间长，分枝多，缠绕性强，叶小，籽小，匍匐地面。野生或半野生大豆多为蔓生型。

④半蔓生型：茎细软，轻度匍匐缠绕。

(3)叶。包括子叶、真叶和先出叶，真叶又包括单叶和复叶(二维码 1-36)。

①子叶：两片，出土。

②真叶：初生叶即第一节上的叶，为单叶对生。以后各节上的叶为三出复叶，由托叶、叶柄和三小叶组成。三出复叶也对生，顶端小叶明显大于两侧小叶。叶片卵形、长卵形或披针形。

二维码 1-36

③先出叶(前叶)：即在分枝基部两侧和花序基部两侧各有一对极小的尖叶。

2. 生殖器官的形态特征

(1)花和花序。花为蝶形花，由 2 个苞片、5 枚花萼、5 枚花瓣(旗瓣 2 枚、翼瓣 2 枚和龙骨瓣 1 枚)、9+1 二体雄蕊和雌蕊组成。柱头为球形，子房基部有腺体。雌蕊子房 1 室，自花授粉。花序为总状花序，大多着生于第 4 节以上的叶腋间或茎顶端。一个花序上一般有 2～35 朵花，通常是簇生的，俗称花簇。花序根据长度可分为 3 种类型。

①长轴型：花轴长 10～15 cm，簇生 10～40 朵花。

②中轴型：花轴长 3～10 cm，簇生 8～10 朵花。

③短轴型：花轴长小于 3 cm，簇生 3～10 朵花。

(2)荚果。荚果有葫芦形、弯镰形和扁平形，呈草黄、灰褐或黑等多种颜色。一般每个荚果有 1～4 粒种子，个别为 5 粒。根据大豆的结荚习性，可把其分为有限结荚型、无限结荚型和亚有限结荚型(或中间型)，见表 1-13，彩图见二维码 1-37。

二维码 1-37

表 1-13　大豆植株结荚习性

结荚习性	无限结荚型	有限结荚型	亚有限结荚型
开花结荚顺序	由下而上	由中上部向上和下	由下而上
花序特点	花序短，结荚分散，集中在中部、中下部，每节着生 2～5 荚，向上荚越少越小，主茎顶端 1～2 个荚	花序长，结荚密集，豆荚多分布于主茎中、上部，主茎顶端结荚成簇	花序中等，结荚介于无限与有限之间，主茎结荚较多，主茎顶端 3～4 个荚
花期	始花期早，花期长，花期 30～40 d	始花期较晚，花期较短，花多集中于 15～20 d 内开放	处于二者之间
株型	分枝细长而坚韧，植株高，节间较长，易倒伏	主茎粗，节间短，叶柄长，叶片肥大	植株较高大，分枝性较差
产量和营养特性	产量比较稳定，对肥力反应迟钝，适应力较强	对肥水敏感，稳产性较差，在肥水充足条件下，易旺长，易倒伏	与无限结荚型品种相比要求水肥条件比较高

(3)种子(二维码 1-38)。有球形、椭圆形、长椭圆形、扁椭圆形和肾脏形,种色有黄、黑、青、褐和双色。根据百粒重大小可将不同的品种分为小粒型、中粒型和大粒型 3 类。

二维码 1-38

①小粒型:百粒重 14 g 以下。

②中粒型:百粒重 14～20 g。

③大粒型:百粒重 20 g 以上。

(二)蚕豆

二维码 1-39

蚕豆(*Vicia faba* L.)又名胡豆、佛豆或罗汉豆等,属于豆科野豌豆属(巢菜豆属、蚕豆属)的一年生或二(越)年生草本植物,起源于中亚的中心地区。蚕豆的器官特征(二维码 1-39)如下:

子叶留土。真叶互生,羽状复叶,其由小叶、叶柄和托叶组成。小叶数目有二叶型(4～5 张)、三叶型……九叶型,三叶以上复叶 17～18 张。托叶很小,似三角形。

茎草质,外表光滑,无毛,四棱形,中空,分枝性强。总状花序,腋生。1 朵至数朵着生在极短的总花梗上。花白色带红,有紫色的斑块。萼钟形,萼齿 5 个,披针形。常异花授粉,花果期 4—5 月。

荚果大而肥厚,扁平筒形。一般每个荚果有 2～4 粒种子,多达 6～7 粒。未成熟的荚果呈绿色,成熟的荚果呈黑色。种子卵圆形,略扁。种子有青绿、灰白、肉红、褐、紫、绿和乳白等颜色。种脐明显,是鉴定品种的依据之一。

(三)豌豆

二维码 1-40

豌豆(*Pisum sativum* L.)又名麦豌豆、寒豆、麦豆或荷兰豆(软荚豌豆),属于豆科豌豆属的一年生或二(越)年生草本植物。豌豆的器官特征(二维码 1-40)如下:

子叶留土。豌豆茎的第一、二节着生小苞叶,而第三节及以上节着生偶数羽状复叶,互生。复叶由叶柄、1～3 对小叶和托叶组成。小叶长圆形至卵圆形,长 3～5 cm,宽 1～2 cm,全缘,顶端小叶变为卷须。托叶心形,基部耳状包围叶柄。叶片表面常有一层蜡质,呈浅灰绿色或银灰色。

茎草质,柔软,表面被白色蜡粉,多蔓生。全株无毛。根据蔓的长度将豌豆品种区分为矮生类型(15～90 cm)、中间类型(90～150 cm)和高大类型(150 cm 以上)。其中矮生类型植株仅产生几条分枝,中间类型和高大类型分枝较多。另外,根据茎的生长习性,将豌豆株型分为直立型、半直立(半匍匐)型和匍匐型。

花序为总状花序,每个花轴上一般着生 1～3 朵花。蝶形花,白、紫或红色。自花授粉,但自然杂交率可达 10%。荚果呈圆筒或扁圆筒形,侧面呈马刀形、剑形或念珠形,每个荚果含种子 4～8 粒。种子有圆、皱、凹圆和扁圆等不同形状,呈黄白、绿、粉红、褐和黑等色。根据百粒重可分为小粒型(＜15.0 g)、中粒型(15.0～25.0 g)和大粒型(＞25.0 g)。

(四)绿豆

二维码 1-41

绿豆[*Vigna radiata* (L.) Wilczek]属于豆科豇豆属的一年生草本植物。绿豆的器官特征(二维码 1-41)如下:

子叶出土即脱落。初生叶单叶，宽，披针形，2 片对生。除初生叶外的真叶为三出复叶，小叶全缘或浅裂。

茎高 30～150 cm。茎有直立、半蔓和蔓生 3 种类型。全株被有茸毛。花序为腋生和顶生总状花序，蝶形花，黄色。自花授粉。每个花序一般结荚 3～4 个。

成熟荚黑色或褐色，细长，圆筒形，外被短毛。种子常为绿色，也有黄色、褐色和黑色等。根据百粒重可以分为：小粒型（<4 g）、中粒型（4～6 g）和大粒型（>6 g）。种子珠孔端顶略平，脐背之棱不明显，种脐长小于种子长的 1/2。

（五）小豆

小豆（*Vigna angularis* Willd Ohwi & Ohashi）又名红豆、红小豆、赤豆或赤小豆等，属于豆科豇豆属的一年生直立或缠绕草本植物，起源于中国。小豆的器官特征（二维码 1-42）如下：

二维码 1-42

根为圆锥状根系，由主根、侧根、须根、根毛和根瘤组成。根瘤菌一般在幼苗展现三出复叶时从根毛侵入，并形成根瘤。茎圆筒形，多数品种的茎为绿色，少数紫红色。叶有子叶、单叶和复叶 3 种类型。幼苗出土时，子叶不出土。第一对真叶为对生单叶，多圆形，叶柄短。其余叶均为三出复叶，互生，叶卵圆形、剑头形或中间形，边缘有浅裂，基部有小托叶。叶表光滑，背面有稀疏茸毛。

总状花序，着生于叶腋间及茎的顶部。在花梗顶端着生 2～6 朵小花。花柄短小，花蝶形，黄色，旗瓣上部有浅缺刻，中部具突起，翼瓣和龙骨瓣左右不对称，龙骨包围雄蕊，向左弯曲呈钩状。雄蕊 10 枚，二体（9+1）。雌蕊 1 枚，密被短硬毛，花柱线形，包被在雄蕊中间。小豆属自花授粉作物，自然杂交率不超过 1%。荚长圆筒形，先端稍尖，略弯曲，无毛。每荚有种子 4～11 粒，一般 6～10 粒。种子有短圆柱、长圆柱和球形 3 种。种皮多单色，有红黄、白、绿、褐或黑等颜色，也有双色或三色的。种子可分为小粒、中粒和大粒。百粒重 6 g 以下为小粒，6～12 g 为中粒，12 g 以上为大粒。种子寿命比较长，在一般条件下贮藏 4 年，发芽率仍可达 95%。贮藏 5 年以上，发芽率明显降低。

小豆依生长习性分为直立、蔓生和半蔓生型 3 种。直立型植株主茎直立；蔓生型主茎和分枝都有缠绕性，左旋，无攀缘物时匍匐蔓生；半蔓生型介于上述二者之间，主茎蔓状但不长，植株斜生不卧。生长习性一般与熟性有关，直立型早熟，半蔓生型中熟，蔓生型多晚熟。依结荚习性可分为有限型和无限型 2 种，有限结荚习性植株的顶端生长点为花序代替，蔓生和半蔓生类型属于无限结荚习性。

（六）普通菜豆

普通菜豆（*Phaseolus vulgaris* L.）又名芸豆、四季豆或唐豆等，属于豆科菜豆属的一年生、缠绕或近直立草本植物，原产于美洲。普通菜豆籽粒含蛋白质 16%～31%，还含有各种必需矿物质和维生素。茎叶中含蛋白质 8%～15%，是优质的饲料原料。普通菜豆的器官特征（二维码 1-43）如下：

二维码 1-43

根为圆锥根系，由主根、侧根、次生根、根毛和根瘤组成。普通菜豆根瘤菌与菜豆族和豇豆族根瘤菌共生。通常情况下，普通菜豆出苗后 10 d 便开始形成球形或不规则形根瘤。茎为草质茎蔓，横切面近正方形或不规则形，被有短茸毛。株型分为矮生直立，半蔓生和蔓生 3 种类型。叶有子叶、真叶和三出复叶 3 种。子叶 2 枚，乳白色，椭圆形。初生真叶为1对心脏形单叶,对生。以后随着茎的伸长、每个节上长出1片三出复叶,有托叶和叶枕,托叶为卵圆状披针形。

花着生在叶间和茎的顶部,为总状花序。花由苞片、花萼、花冠、雄蕊和雌蕊组成。花冠形,长10～15mm。花色有白、乳黄、浅紫(浅红)、紫或紫红色。雄蕊10枚(9+1),为二体雄蕊。雌蕊1枚,位于雄蕊中间,子房上位,子房无柄,内含多个胚球。花柱细长,顶端变曲,柱头珠形有尖缘,密生茸毛。自花授粉,天然杂交率较低,一般小于1%。

果实为荚果,称豆荚,由荚柄、荚皮和种子组成。荚有圆筒形、长扁圆形、镰刀形或弓形,每荚种子3～10粒。普通菜豆籽粒有扁圆、卵圆、椭圆、肾形或长筒等形状。种子可分为小粒、中粒和大粒3种类型。百粒重小于30 g为小粒类型,30～50 g为中粒类型,50～80 g为大粒类型。

(七)鹰嘴豆

鹰嘴豆(*Cicer arietinum* L.)属于豆科鹰嘴豆属的一年生草或多年生攀缘草本植物,起源于亚洲西部和地中海沿岸,是世界上栽培面积较大的食用豆类作物。根据形态特征,可分为4个亚种,即地中海亚种(C. *arietinum subsp mediterraneum*)、欧亚亚种(C. *arietinum subsp eurasiatic*)、东方亚种(C. *arietinum subsp orientale*)和亚洲亚种(C. *arietinum subsp asiaticum*)。前面2个亚种的种子大,种皮白色,通常称为卡布尔(Kabuli)类型。后2个亚种的种子小,种皮褐色、黑色或浅红色,统称为德赛(Desi)类型。鹰嘴豆的器官特征(二维码1-44)如下:

二维码 1-44

根为直根系,主根上生有4纵排一级侧根,其上着生较短而细的二级侧根。根瘤通常生长在主根上,植株生育后期也可在侧根上发现根瘤。茎圆形,从基部产生分枝。茎分直立和匍匐2种类型。叶为奇数羽状复叶,小叶椭圆形,边缘呈锯齿形,对生,少互生。叶上均被茸毛和疣腺毛,能分泌含苹果酸和草酸的苦酸味汁液,有防虫作用。

花为单花序,腋生。每朵小花由花梗、小苞叶、花萼、花冠和雌、雄蕊组成。蝶形花,二体雄蕊(9+1),花药二室,子房上位。自花授粉。花一般在上午7～11时开放,下午关闭,每朵花可连续开2～3 d。荚果呈偏菱形至椭圆形,每荚有1～2粒种子。种子形如鹰头或鸡头,在种脐的附近有嘴形突起,鹰嘴豆因此得名。种皮有白、黄、褐、黑和绿色。种皮光滑或皱褶。种脐小,脐环呈白、红或黑色。多数品种的百粒重在30～32 g。

第四节　薯类作物形态特征与类型识别

薯类作物又称为根茎类作物,是以生产富含淀粉和其他多糖类物质的膨大块根或块茎为目的而栽培的一类作物,如旋花科的甘薯、茄科的马铃薯、大戟科的木薯、天南星科的芋和豆科的豆薯等,其中甘薯和马铃薯都是我国主要粮食作物之一。根茎类作物地下根茎膨大,主要由薄壁细胞组成,以贮存淀粉为主。除豆薯用种子繁殖外,其余均用根、茎繁殖。根茎类作物可作为食用、饲料或工业原料等。

一、甘薯的形态特征

甘薯[*Ipomoea batatas*(L.)Lam]又名红薯、甜薯、番薯、白薯、红苕或地瓜等,属于旋花科甘薯属的一年生或多年生蔓生草本作物。

(一)营养器官的形态特征

1. 根

薯苗或茎蔓上均可产生不定根,这些不定根可分化形成 3 种类型的根(二维码 1-45)。

二维码 1-45

(1)纤维根。又称为须根或细根。形状细长,有许多分枝和根毛,其主要功能是吸收水分和养分,主要分布在 30 cm 左右的土层内。纤维根的入土深度(可达 1 m 以上)对于提高甘薯抗旱能力十分重要。

(2)梗根。也称为牛蒡根或柴根。梗根为肉质,上下粗细均匀(粗约 1 cm),细长如鞭(长 30～100 cm),无利用价值。不定根在膨大形成块根的过程中,遇不良条件(如土壤板结和雨涝等)而停止膨大,并迅速木质化,最终形成梗根。

(3)块根。是不定根幼根在适宜的条件下膨大而形成的,多生长于 5～25 cm 的土层内。块根为贮藏根(变态根),主要贮藏碳水化合物、蛋白质、维生素和矿质营养等,是甘薯的产品器官。块根上有根眼,具有出芽和出根的特性,因此,甘薯的块根也是繁殖器官。

块根的形状有纺锤形、圆形、圆筒形和块状等;皮色有黄色、白色、黄白色、红色和紫色等;肉色有黄色、白色、橘黄色、橘红色和紫色等。

2. 茎

茎又称为蔓或藤。蔓为圆形或有棱,蔓表面光滑或有茸毛,呈绿色、淡紫色或紫色等,茎内有乳汁管(切断茎后有白色乳液流出)。蔓上每节着生 1 片叶,叶腋有腋芽,可形成侧蔓;茎节两侧有根原基,栽插后或接触湿润的土壤后可产生不定根。

蔓的长度因品种而异。短蔓型品种的蔓长不足 1 m;中蔓型品种的蔓长为 1～1.5 m;长蔓型品种的蔓长为 2～3 m,甚至达到 3.5～7 m。多数品种的蔓为伏地生长,即株型为匍匐型;也有品种的蔓能直立生长到一定长度后才伏地生长,其株型为半直立型。

3. 叶

叶为单叶,互生。有叶柄和叶片,而无托叶。叶形有心脏形、三角形、戟形和掌状形等,叶形因品种、生长阶段和着生部位不同而不同。叶缘缺刻深浅不一,有全缘、带齿、浅或深的单、复缺刻。叶色有绿、绿带紫和紫色等。

甘薯茎蔓与叶的形态特征见二维码 1-46。

二维码 1-46

(二)生殖器官的形态特征

甘薯在大田生产条件下,一般不会开花结实,但在短日照条件下及遗传育种研究中,可以开花结实。甘薯的花、蒴果和种子的形态特征(二维码 1-47)如下:

1. 花

花为单生或 3～15 朵丛聚成聚伞花序,着生于叶腋或茎顶。花冠蕾期卷旋,开花时呈漏斗状,花冠直径和花筒长 2.5～3.5 cm,淡红色或紫红色,个别白色。花萼 5 枚/片,长约 1 cm。雄蕊 5 枚,长短不一。雌蕊 1 枚,柱头似头状,子房上位,2～4 室。

二维码 1-47

2. 蒴果和种子

蒴果球形或扁圆形，每果有种子 1～4 粒；种子较小，红色或褐色，梨形或不规则多角形。种皮坚硬，表面有角质层。

二、马铃薯的形态特征

马铃薯（*Solanum tuberosum* L.）又名土豆、洋芋、山药蛋或荷兰薯等，属于茄科茄属的一年生草本植物。块茎富含淀粉，主要用作粮食、蔬菜和饲料，也是轻工业、化学工业和食品工业的原料之一。

（一）营养器官的形态特征

1. 根

由种子繁殖的马铃薯实生苗，其根系属于直根系。马铃薯一般采用块茎繁殖，所形成的根系无明显的主根，为须根系。马铃薯的须根系包括芽眼根（初生根）和匍匐根（次生根）（二维码 1-48）。芽眼根是指在初生芽的基部 3～4 节上发生的不定根；匍匐根是在地下茎的上部各节上陆续发生的不定根。

二维码 1-48

2. 茎

实生苗只有地上茎，无地下茎，其匍匐茎由近地表叶腋处抽出，伸入地下后形成块茎。无性繁殖的马铃薯植株的茎包括地上茎、地下茎、匍匐茎和块茎 4 类，但其形态特征和功能均不同（二维码 1-49）。

二维码 1-49

（1）地上茎。块茎芽眼萌发形成幼芽，由幼芽形成的枝条位于地上的部分即地上茎。地上茎直立，绿色、紫色或红色，被有茸毛。茎的横断面节处为圆形，节间为三棱或四棱形。在茎棱上由于组织增生而形成突起的茎翅（翼）。茎翅分直翅和波状翅两种，是识别品种的特征之一。

（2）地下茎。即种薯发芽所形成的枝条位于地下的部分，是马铃薯的结薯部位。地下茎下部白色，靠近地表处稍有绿色或褐色，老时多变为褐色。其上着生根系（芽眼根和匍匐根）、匍匐茎和块茎。地下茎节间非常短，一般有 6～8 个节，在节上长有匍匐根和匍匐茎。地下茎长度因播种深度和生长期培土厚度的不同而不同。

（3）匍匐茎。由地下茎节上的腋芽长成，颜色为白色。1 个主茎上一般能长出 4～8 个匍匐茎。匍匐茎一般在地下土壤表层水平方向生长，长度为 3～10 cm。匍匐茎停止生长后，其顶端膨大形成块茎。如果种得浅，培土薄，或者土壤湿度大，它就会露出地面，长出叶片，变成普通分枝，这种现象叫作“窜箭”。

（4）块茎。位于匍匐茎末端，为一膨大的变态茎。膨大初期，块茎上有鳞片小叶，块茎变大后，鳞片小叶即凋萎，残留的月牙状叶痕，称为芽眉，芽眉向内凹陷，即成为芽眼。芽眼叶序与地上茎叶序相同，呈 2/5 螺旋状排列，也有 3/8 或 5/13 排列的。一般块茎顶部的芽眼密，下部稀。每 1 个芽眼有 3 个或 3 个以上的芽，中央的芽为主芽，其他芽为副芽。发芽时，一般主芽萌发，副芽呈休眠状态。块茎形状常见的有椭圆形、长筒形、球形和卵形等，块茎表面有许多气孔，称为皮孔，可进行气体交换。薯皮颜色呈白、黄、粉、红、紫和黑等颜色，薯肉呈白、黄、浅红、紫、青、黑和紫黑等颜色。马铃薯块茎的解剖结构自外向内，包括周皮、皮层、维管束环、外髓和内髓。

3. 叶

无论用种子或块茎繁殖，最初发生的几片叶均为单叶，以后逐渐长出奇数羽状复叶。复叶互生，以 2/5、3/8 或 5/13 叶序螺旋状排列。每个复叶由顶生小叶和 3～7 对侧生小叶、侧生小叶之间的小裂叶、侧生小叶叶柄上的小细叶和复叶叶柄基部的托叶构成，顶生小叶较侧生小叶略大，其形状和侧生小叶的对数是品种的特征（二维码 1-50）。叶的两面均被疏茸毛和腺毛。

二维码 1-50

（二）生殖器官的形态特征

1. 花

花序为分枝型聚伞花序，有些品种花梗分枝短缩，形成简单的伞形花序。花柄细长，其上有一圈突起的环称为离层环，也称为花柄节，是花果脱落处。花冠合瓣，基部合成管状，顶端五裂，并有星形色轮。雄蕊 5 枚，抱合中央的雌蕊。雌蕊 1 枚，柱头呈头状或棒状，二裂或三裂，子房上位，中轴胎座，内含多枚胚珠（二维码 1-51）。

二维码 1-51

2. 果实与种子

果实为浆果，圆形或椭圆形，绿色、褐色或紫绿色。每个果实有 100～300 粒种子。种子的胚弯曲，有胚乳。种子极小，千粒重一般 0.4～0.6 g。种子呈扁平卵圆形，多为浅褐色，也有土黄色。刚收获的种子，一般有 6 个月左右的休眠期。

三、其他薯类作物的形态特征

（一）薯蓣

薯蓣（*Dioscorea oppositifolia* L.）又名山药、怀山药、淮山药、土薯、山薯、玉延、山芋、野薯或白山药等，属于薯蓣科薯蓣属的多年生蔓生草本植物。薯蓣的植株形态特征（二维码 1-52）如下：

二维码 1-52

根着生于茎基部节上和块茎上，行使吸收功能的器官主要是由种块的不定芽基部产生的须根。地上茎属草质藤本，右旋缠绕，下部腋芽可发育成侧枝。块茎是由地上主茎蔓基部维管束周围的薄壁细胞生长发育而来。地上茎和块茎之间有一段较细的茎相接，称“山药栽子”，长 10～35 cm，食用品质差，可作为栽植的种块。栽子下端是粗细基本均匀、可食用的块茎主体，也可将其切成小段作种块，称“山药段子”。有些品种地上部叶腋间还可产生小的鳞茎，属气生块茎，称“零余子”或“山药豆”，可食用，也可用来繁殖，以更新老山药栽子。单叶，在茎下部互生，中部以上为对生，很少 3 叶轮生；叶片变异大，成熟叶片形状为卵状三角形至宽卵形或戟形，顶端渐尖，基部深心形、宽心形或近戟形；幼苗时一般叶片为宽卵形或卵圆形，基部深心形。雌雄异株。穗状花序，着生在叶腋，雄花序直立，雌花序下垂。蒴果三棱状扁圆形或三棱状圆形，外面有白粉。

薯蓣是短日照、喜温作物，比较耐旱，但不耐涝，不宜种在地下水位太高或过分潮湿的土壤中。沙土和壤土含水量以 18%左右为宜。

（二）魔芋

魔芋（*Amorphophallus rivieri* Durieu）又名鬼芋、花麻蛇、南星头、蛇头草、灰草或山豆腐等，属于天南星科魔芋属的多年生宿根草本单子叶植物。原产于印度和斯里兰卡，主要分布在亚洲和非洲的热带地区。魔芋的植株形态特征（二维码1-53）如下：

二维码 1-53

魔芋为缩短膨大的块茎，生长在地下，扁球形，顶部中央稍下凹，暗红褐色。二年生以上的块茎，在其上部可以发生根状茎，呈棒状，长 10～20 cm。块茎基部周围多生肉质根及纤维状须根。魔芋一年中只发生一片叶，为大型复叶，通常三全裂，裂片羽状分裂或二次羽状分裂，由圆柱状叶柄支持，并与块茎相连。魔芋在良好的条件下生长到第三年可开花（不长叶），佛焰花序，裸花，虫媒，单性，同一花序的下部为雌花，上部为雄花。胚珠极短，无柄，球形或扁球形浆果，成熟时黄绿色。种子形成非常独特，受精后发育成胚，继续分化发育成块茎原始体，最终在子房壁内形成完整的块茎。

块茎含有高的营养物质，尤其富含葡甘露聚糖，可以降低人体胆固醇含量，又能促进肠蠕动，提高对食物的吸收能力，对心血管疾病、肥胖病和糖尿病等有一定疗效。在工业上可成黏合剂、柔软剂和净水剂。魔芋块茎含有大量的生物碱，味辛，有毒，须经石灰水漂煮后方可食用。

（三）木薯

木薯（*Manihot esculenta* Crantz）又名树薯，属于大戟科木薯属的多年生亚灌木植物，原产于巴西，为热带和亚热带地区重要的粮食和饲料作物，与马铃薯和甘薯并称为世界三大薯类作物。随着木薯产业的发展，木薯用途逐渐多样化，可作为工业上制作的淀粉和燃料乙醇等的原料。木薯的植株形态特征（二维码 1-54）如下：

二维码 1-54

茎木质，直立，一般有分枝。叶为单叶，互生，按 2/5 叶序着生于茎（枝）上；叶片为掌状深裂，裂片 3～7 片，倒披针形至狭椭圆形，顶端渐尖，全缘；托叶三角状披针形，全缘或具 1～2 条刚毛状细裂。圆锥花序顶生或腋生，雌雄异花。雄花着生于花序上部，雌花着生于花序下部。蒴果椭圆形，三室，每室有种子 1 粒。种子扁长圆形，但发芽率较低，一般不用种子繁殖，而用茎繁殖。切口处、叶痕、腋芽基部都可以发生不定根，这些根分化发育形成须根、粗根和块根。块根圆柱状，贮藏大量淀粉，是主要的产品器官。

新鲜的木薯根茎含有一种生氰糖苷，名为亚麻苦苷，当根茎损坏或破碎成小块时，其中的亚麻苦苷就会在亚麻苦苷酶的作用下被水解为葡萄糖和氢氰酸。鲜薯中的氢氰酸含量一般为 30～100 mg/kg，但在食用品种的木薯中，毒素的含量是极低的。人如果食用了氢氰酸含量高的木薯，容易发生中毒，轻度中毒发生呕吐，严重的会危及生命安全。

（四）凉薯

凉薯[*Pachyrhizus erosus*（L.）Urban]又名豆薯，属于豆科豆薯属的草质藤本植物，原产于墨西哥、中北美洲。凉薯的主要食用部位是肥大的块根，肉质洁白，脆嫩多汁，含有丰富的维生素 C。既可生食，又可熟食。老熟块根淀粉含量达 20%，可制淀粉，也可作饲料。种子和茎、叶含鱼藤酮，可以制成杀虫剂。凉薯的植株形态特征（二维码 1-55）如下：

二维码 1-55

主根膨大形成块根，侧根分枝形成强大的吸收根群。块根呈纺锤形或扁球形，肉质。茎蔓生，坚韧，呈右旋性，茎下部的节间短，上部长，被褐色茸毛。除子叶和初生叶以外，为三出复叶，小叶略呈扁纺锤形，浓绿色。从茎蔓的基部第5节开始，每个叶腋发生1个总状花序，着生10朵淡蓝色的蝶形花。花序下端的花结荚结籽，每荚结8～10粒种子，种子扁平略呈方形，成熟的种子为棕褐色，种皮坚硬，水和空气不易透入，故发芽较慢。种子有剧毒，忌食。

当植株生长到一定的发育阶段后，主根逐渐膨大成为纺锤形或扁圆形的肉质根。如果植株主根被损伤，往往由较大的侧根形成几个较小的肉质根。发育良好的肉质根肥短，每个重约0.5 kg，大的可达1.5～2 kg。肉质根外表淡黄，皮薄而坚韧，易剥。肉白、脆、甜，宜生食。

（五）菊芋

菊芋（*Helianthus tuberosus* L.）又名洋姜或鬼子姜，属于菊科向日葵属多年生宿根性草本植物，原产北美洲。其地下块茎富含淀粉和菊糖等果糖多聚物，可以食用，或作为制作淀粉和酒精的原料。菊芋的植株形态特征（二维码1-56）如下：

二维码 1-56

根系发达。根茎部能生出许多地下匍匐茎，匍匐茎可膨大形成块茎。块茎有梨形、纺锤形或不规则瘤形，其结构和马铃薯相同，有许多芽眼，是主要的繁殖器官。茎直立，有分枝，被白色短糙毛或刚毛。叶有叶柄。下部叶通常对生，为卵圆形或卵状椭圆形，有长柄，基部宽，楔形或圆形，顶端渐细尖，边缘有粗锯齿，上面被白色短粗毛，下面被柔毛，叶脉上有短硬毛；上部叶互生，为长椭圆形至阔披针形，基部渐狭，下延成短翅状，顶端渐尖，短尾状。头状花序较大，少数或多数，单生于枝端，有1～2个线状披针形的苞叶，直立，舌状花通常12～20个，舌片黄色，开展，长椭圆形，管状花，花冠黄色。瘦果小，楔形，上端有2～4个有毛的锥状扁芒，千粒重为7～9 g。

第五节　油料作物形态特征与类型识别

油料作物是种子中含有大量脂肪，用来提取油脂供食用或作工业、医药原料等的一类作物，主要有大豆、花生、油菜、芝麻、蓖麻、向日葵、苏子和油莎豆等。其中，种子含油量为20%～60%。纤维作物如棉花和亚麻等种子中也含有大量油分，是油脂工业的重要原料。多年生的木本油料植物中有椰子、油茶、油棕和核桃等。榨油所剩的油粕中含有大量的蛋白质和其他营养物质，既可用来生产副食品，又是良好的精饲料和肥料。

一、花生形态特征与类型识别

花生（*Arachis hypogaea* L.）又名“长生果”“泥豆”等，属于豆科落花生属的一年生草本植物。目前，生产上所有栽培的花生品种均属于栽培种。

（一）营养器官的形态特征

1. 根与根瘤

花生的根为直根系，根系呈圆锥形，由主根和各级侧根组成（二维码1-57）。入土深度可达2 m左右，一级侧根在主根上呈十字形排列，横向分布范围可达100～120 cm。在主根及侧根上共生近似球形的根瘤，其主要集中在20 cm以内土层的主根及侧根上。

二维码 1-57

2. 主茎和分枝

花生的下胚轴又称为胚茎，是连接茎枝和根系的器官。花生的下胚轴近圆柱形，其长度受幼苗出土过程中见光早晚的影响。

二维码 1-58

主茎只有 1 条，其余均为侧枝（分枝、侧茎）（二维码 1-58）。主茎直立，下部圆柱形，实髓，中、上部呈瘴角状，中空。主茎一般有 15～25 节，中部节间长，上、下部短，茎上有白色茸毛。胚芽的顶芽长成主茎，子叶叶腋的 2 个侧芽长成一对侧枝，对生，称第一对侧枝，其余侧枝互生。从主茎第一、第二真叶叶腋生出的第三、四条侧枝，因其节间较短，看似对生，所以也把第三、第四条侧枝称为第二对侧枝。第一、第二对侧枝及其发生的二次分枝构成花生茎的主体，也是结果的主要部位。主茎一般可着生 4～12 个侧枝。一般把主茎上着生的分枝称为一级分枝，一级分枝上着生的分枝称为二级分枝，以此类推。根据分枝的着生和生长情况，可将花生分为直立型、半蔓生型和蔓生型。

①直立型：第一对侧枝与主茎之间角度小于 45°角（在生育中期观察），株型指数（第一对侧枝平均长度与主茎高度之比）为 1.2～1.5。

②半蔓生型：第一对侧枝近基部与地面呈 30°角，中间向上翘起，翘起部分大于匍匐部分，株型指数为 1.5～2.0。

③蔓生型：侧枝几乎贴地生长，仅前端向上翘起，其翘起部分小于匍匐部分，株型指数大于 2。

主茎及侧枝的叶腋处着生花序或分枝，其花序连续着生或与分枝间隔着生的特性是花生分类的依据，据此可将花生分为连续开花型（分枝各节均可着生花序，主茎可直接着生花序）和交替开花型（分枝第一、第二节着生分枝，第三、第四节着生花序，如此交替发生，主茎不直接着生花序）。单株的分枝数变化很大，连续开花型的品种分枝少，一般为 6～10 条，稀植的可达 20 余条；交替开花型的品种一般在 10 条以上，其中蔓生型品种可达 100 余条。

3. 叶

叶可分为真叶、子叶和鳞叶 3 种，后两种为不完全叶（二维码 1-59）。真叶互生于茎节上，由小叶、叶柄、叶枕和托叶组成，正常的真叶一般为偶数羽状复叶，由 2 对小叶组成。小叶一般有 4 片，两两对生，着生于叶柄顶部，小叶的形状有椭圆形、长椭圆形和倒卵圆形等，其大小、形状和颜色因类型和品种不同而不同。叶柄为连接茎和小叶的部分，每个小叶有小叶柄，连接叶柄和小叶。叶枕位于叶柄与托叶分离处的背面，似透明，在小叶基部也有小叶枕，叶枕是控制叶片感夜运动的"关节"。托叶着生于叶柄基部，其 2/3 与叶柄合生。子叶 2 片，对生于子叶节上，在出苗过程中，子叶半出土或不出土。分枝基部第一节或第一、第二节着生鳞叶，其叶形小，呈长桃形。

二维码 1-59

由于各类型品种的叶形较稳定，故常以叶形作为区分品种性状的依据之一。同一植株上不同部位叶片的大小有变化，鉴别叶片时应以中部叶形为准。

(二)生殖器官的形态特征

1. 花序

花生的花属总状花序(二维码 1-60),由分枝变态而成。在花序轴的每节苞叶腋中着生一朵花,每一花序一般有小花 2～7 朵,多者可达 15 朵。依花序轴的长短,可分为短花序(1～3 朵花,花序轴短)、长花序(4～7 朵花或 7 朵以上,花序轴长)和复总状花序(侧枝基部有几个短花序丛生在一起)。

二维码 1-60

2. 花器

花器自外向内由苞叶、花萼、花冠、雄蕊和雌蕊组成。苞叶 2 片,其中一个为较短的长桃形苞叶,称外苞叶;另一个为较长的二叉状苞叶,称为内苞叶。花萼联合成管状,花萼管上部可见 5 枚萼片,其中 4 枚联合在一起,1 枚分离。花萼管黄绿色,被有茸毛,萼片绿色或紫绿色。蝶形花冠,由 5 片花瓣组成,包括 1 片旗瓣、2 片翼瓣和 2 片龙骨瓣。每朵花有雄蕊 10 枚,其中 2 枚退化,8 枚形成花药,花药长形和圆形各 4 枚,相间而生。花丝基部也联合成雄蕊管。雌蕊 1 枚,花柱细长,由花萼管中伸出,柱头略弯曲顶生。子房上位,1 个心皮,胚珠数一至数个不等。

3. 果针

花生果针的形态特征见二维码 1-61。果针由子房柄及其先端的子房组成。果针尖端表皮木质化,形成帽状物,可保护子房入土。花生果针具有向地生长习性,果针伸长入土的过程称为下针。

二维码 1-61

4. 果实和种子

(1)果实。为荚果,果壳坚硬,成熟时不开裂,多数荚果具有 2 室,也有 3 室以上者。各室间无横隔膜,但具深浅不一的缩缢,称果腰。果壳内侧光滑,外部具有纵横网纹,纵向网纹 12 条。果荚的先端突出似鸟喙状,称果喙。果壳网纹的深浅,每荚所含种子数以及果腰明显与否,均为鉴定品种的主要特征。荚果大小和形状,因品种的不同而不同。大体上可分为以下 7 种类型(二维码 1-62)。

二维码 1-62

①普通形:荚果多具 2 粒种子,果腰较浅。

②斧头形:荚果多具 2 粒种子,前端平,后室与前室成折角。

③葫芦形:荚果多具 2 粒种子,果腰深,形似葫芦。

④蜂腰形:荚果多具 2 粒种子,果腰较深,果形稍细长,形似细腰蜂。

⑤茧形:荚果多具 2 粒种子,果腰极浅,果喙不明显。

⑥曲棍形:荚果多具 3 粒以上种子,各室间有果腰,果壳腹缝方面形成几个突起,前室向内弯曲,似拐棍,果喙突出。

⑦串珠形:荚果多具 3 粒以上种子,排列似一串珠,各室间果腰不明显,果喙也不明显。

(2)种子。俗称花生籽仁或花生米。种子着生在荚果腹缝线上,有椭圆形、圆锥形和三角形等形状。种皮颜色有深红、红、淡红、褐、黄、白、紫黑及花色等。种子无胚乳,由种皮和胚组成,胚由胚芽、胚根、胚轴和子叶组成。花生百仁重一般为 50～100 g,重者达 120 g 以上。

(三)花生类型

根据花生形态特征和生物学特性,可把我国花生分为普通型、龙生型、珍珠豆型和多粒型4种(表1-14)。其中普通型和龙生型属于密枝亚种,珍珠豆型和多粒型为疏枝亚种。

(1)普通型。一般通称大花生,交替开花,果形较大,多为2室,果壳厚,网纹浅。

(2)龙生型。交替开花,果形较小,荚果为曲棍形,多为3～4室,网纹深,壳薄,果喙明显。

(3)珍珠豆型。通称小花生,连续开花,果形较小,多为2室,网纹浅,果壳薄。

(4)多粒型。连续开花,果形中等,荚果为串珠形,多为3～4室,网纹浅,果壳厚。

我国生产上大面积栽培的品种类型不一,多为珍珠豆型和普通型,或是二者杂交育成的品种,此类品种不属于上述4种类型,通称中间型。

表1-14　花生四大类型的形态特征

性状	普通型	龙生型	珍珠豆型	多粒型
果型	普通形,大,多2粒荚,果喙小至大	曲棍形,小,多3～4粒荚,果喙大	葫芦形,中至小,多2粒荚,果喙小	串球形,中,多3～4粒荚,果喙不明显
果壳	厚,网纹浅	薄,网纹深	较薄,网纹浅	厚,网纹浅平
种皮颜色	淡红	淡褐	粉红,易生裂纹	深红,易生裂纹
粒型	大,椭圆至长椭圆形	小,瘦长,椭圆形、三角形、圆锥形	中至小,近圆形、桃形	中,短柱形、三角形或不规则形
开花习性	交替	交替	连续	连续
分枝习性	分枝多,直立、半直立或蔓生	分枝多,有3次以上分枝,蔓生,茸毛密长	分枝少,直立	分枝少,直立,茎粗,较高大,红种皮或有花青素
株型指数	直立1.2;半蔓生1.6;蔓生2～3	5.5	1.1～1.5	1.2
叶片	倒卵形,叶中等大小,色浓绿	短扇形至倒卵形,叶较小,灰绿色,茸毛密	近圆形,叶较大,色淡绿	长椭圆形,叶较大
开花、成熟	中至晚	晚	早	早

二、油菜形态特征与类型识别

油菜是籽粒用于榨油的十字花科芸薹属作物的统称,我国习惯将油菜分为3个类型,即白菜类型[南方油白菜(*Brassica chinensis* var. *oleifera* Mak)和北方小油菜(*Brassica campestris* L.)]、芥菜类型{大叶芥油菜[*Brassica juncea*(L.)Coss]和细叶芥油菜(*Brassica juncea* Var. *gracilis* Tsen et Lee)}和甘蓝类型(*Brassica napus* L.),其形态特征见表1-15。

表1-15　油菜三大类型的形态特征

项目	白菜型	芥菜型	甘蓝型
株型	矮小	高大,松散	中等、较高大
分枝	部位较低,分枝性弱或中等	均匀分布,分枝性强,分枝纤细	部位较高,分枝性中等,枝叶繁茂

续表 1-15

项目		白菜型	芥菜型	甘蓝型
根系	主根	肉质,入上浅	不膨大,木质化,入土深	肉质,入土浅
	侧、支根	发达	稀少	密集
叶	子叶	心形	杈形	肾形
	基生叶	叶柄有或无。叶片椭圆、卵圆或长卵形,绿色,有刺毛,蜡粉有或无	有叶柄。叶片披针形,叶面皱缩,多灰绿、暗绿色,有刺毛和蜡粉	叶柄长。叶片椭圆或匙形,有缺刻,蓝绿色,有蜡粉,成长叶无刺毛
	茎生叶	无柄,全抱茎	有明显短叶柄,叶面皱缩	短柄,有叶翅,半抱茎
	薹生叶	无柄,全抱茎	有明显短叶柄,叶面皱缩	无柄,半抱茎或全抱茎
花	花瓣	较大,圆形,两侧重叠或呈覆瓦状	小,窄长,两侧分离	大,两侧重叠
	花蕾位置	低于新开花	高于新开花	高于新开花
角果	角果形态	肥大,果喙显著	细而短小	长而大
	果柄与果轴夹角	中等	小	多垂直
种子	大小	大小不一,千粒重约 3 g	小,千粒重 2～3 g	大,千粒重 3～4 g
	种皮网纹	较浅	明显	浅
	辛辣味	无	有	无

(一)营养器官的形态特征

1.根

油菜的根为直根系,由主根和各级侧根组成。主根入土深 50～100 cm,侧根水平扩展 40～50 cm(二维码 1-63)。

二维码 1-63

2.根颈

油菜的下胚轴,也就是从子叶节到根茎转换区这一段称为根颈。从植物学上讲,是茎的一部分(二维码 1-63)。

二维码 1-64

3.主茎和分枝

(1)主茎。直立,高度 1～2 m。茎色有绿色、淡紫色和紫色等。表面被有蜡粉。幼茎肉质,而后木质化。

冬油菜的主茎冬天一般不伸长,翌年春天才开始伸长并抽薹。以甘蓝型油菜为例,可将主茎分为 3 个茎段(二维码 1-64)。

①缩茎段:位于主茎基部,基生叶莲座状着生于其上,茎节密集,节间短。

②伸长茎段:位于主茎中部,节上着生短柄叶,节间自下而上增长。

③薹茎段:位于主茎上部,节上着生无柄叶,节间自下而上缩短。

(2)分枝。分枝由叶腋的腋芽长成,一般有 1～2 次分枝,多则有 3～4 次分枝,甚至 6 次分枝。根据第一次分枝在主茎上的分布,可将油菜分为 3 种株型(二维码 1-64)。

①下生分枝型：分枝主要集中于主茎下部，分枝多，主花序（主轴）不发达，株型筒状或丛生状。

②上生分枝型：主花序（主轴）发达，分枝较少，且集中于主茎上部，中、下部没有分枝或仅有个别分枝，株型为帚状。

③中生分枝型：分枝较多，均匀分布在主茎上，株型为纺锤形。

4. 叶

油菜的子叶有 2 片，对生，其形态为肾脏形、心脏形或杈形，这是区分油菜 3 个类型（甘蓝型、白菜型、芥菜型）的依据之一（二维码 1-65）。

其真叶的形态因类型和着生部位的不同而有很大的差异，以甘蓝型油菜为例，可分为长柄叶、短柄叶和无柄叶（二维码 1-65）。

①长柄叶：着生于缩茎段。无托叶，叶柄较长，叶柄基部无叶翅，叶片主脉明显，呈椭圆或匙形，有缺刻，蓝绿色，叶面光滑，有蜡粉。

二维码 1-65

②短柄叶：着生于伸长茎段。无托叶，叶柄不明显，叶柄两侧有明显的叶翅，叶片形态类似于长柄叶。

③无柄叶：着生于薹茎段。无托叶，叶片无柄，基部两侧向下延伸成耳状，半抱茎，叶片呈楔形、戟形或长三角形。

（二）生殖器官的形态特征

1. 花序和花

油菜的花序和花见二维码 1-66。油菜花为总状花序，着生在主茎和分枝顶端。花序由花序轴（谢花后称之为果轴）和其上着生的许多朵花组成。

二维码 1-66

花由花柄（谢花后称之为果柄）、花萼、花冠、雄蕊和雌蕊组成，有花萼 4 枚，花瓣 4 片，呈十字形，黄色或乳白色，雄蕊 6 枚（4 枚长，2 枚短），雌蕊 1 枚。子房上位，两心皮构成两室，室间有假隔膜，胚珠着生于侧膜胎座上。花基部有绿色球形蜜腺 4 枚。

2. 角果

角果由果喙、果柄和果身组成（二维码 1-67）。角果的长短及粗细因类型、品种和栽培条件而异，一般长度为 4～14 cm，宽度为 3～10 mm。每个角果一般有 20～40 粒种子。

二维码 1-67

3. 种子

种子小，千粒重为 2～4 g。多为球形、近球形或不规则棱形。种皮有黄色、褐色和黑色等，芥菜型油菜的种皮有明显的网纹（二维码 1-67）。

三、其他油料作物的形态特征

（一）芝麻

芝麻（*Sesamum indicum* L.）又名胡麻、脂麻或油麻等，属于胡麻科胡麻属的一年生草本作物，原产于埃塞俄比亚。芝麻是我国主要油料作物之一，种子含油量高达 55%。芝麻的器官特征长（二维码 1-68）如下：

二维码 1-68

根为直根系，入土可深达 1 m 以上，但 90%的根分布在 0～17 cm 的土层,属于浅根性作物。茎秆直立,有 20～40 节。茎秆基部及顶部略呈圆形,中、上部和分枝为四棱形、中空,密生茸毛,有腺体分泌特殊香味。株型分为单秆型和分枝型,其中分枝型又分为少枝型(2～3 个分枝)、普通分枝型(4～6 个分枝)和多枝型(7 个分枝甚至多达 16 个分枝以上)。子叶 2 片,对生,扁卵圆形,子叶出土。真叶由叶柄和叶片组成,无托叶。下部真叶对生,上部真叶互生。多数品种为单叶;少数品种单叶、复叶混生,一般下部和上部为单叶,中部为复叶。叶片形状有披针形、椭圆形、卵圆形和掌状裂叶等,即使同一植株,不同部位的叶形也不尽相同。叶缘有全缘、锯齿或缺刻等。

芝麻为无限开花习性,二歧聚伞花序着生于叶腋间,花序轴极短,依其着生的花数,可分为单花型(3 朵花中有 2 朵退化,1 朵正常)、三花型和多花型。同一植株上不同部位花序的花数也不一致。每朵花由花梗、苞叶、花萼、花冠、雄蕊和雌蕊组成。花梗短,苞叶小、披针形,花萼 5 裂、基部联合。花冠由 5 瓣联合成筒状,在其先端分成 5 裂,下裂较大,具单唇或双唇,白色、浅紫色或深紫色。雄蕊 4 或 6 枚,雌蕊 1 枚,子房上位,具 2～4 个心皮,形成 2～4 室。有一假隔膜将每室分为两假室,每假室有一列胚珠,着生于中轴胎座上。芝麻开花顺序为先主茎、后分枝,同一茎枝则自下向上渐次开花,自花授粉。

果实为蒴果,矩圆形,有纵棱,直立,被毛。有 4 棱、6 棱、8 棱,棱数与假室数、种子列数相等。每个蒴果一般有 40～130 粒种子。种子扁平,卵形。种皮有白、黄、紫、褐、黑等色,一般皮色愈浅,含油量愈高。千粒重为 1～4 g,但多为 2～3 g。

(二)向日葵

向日葵(*Helianthus annuus* L.)又名朝阳花,属于菊科向日葵属的一年生草本作物,起源于北美洲。向日葵是重要油料作物之一,其籽实含油率为 35%～40%,油品质好,不饱和脂肪酸含量高。向日葵的器官特征(二维码 1-69)如下:

二维码 1-69

根为直根系,由主根、侧根及其分支根组成。茎直立,圆形,表面粗糙,被有粗短刚毛,茎内充满海绵状的髓。一般食用品种不分枝或仅上部有分枝,油用品种有分枝。子叶 2 片、对生,长椭圆形,子叶出土。基部 1～3 节或第 4 节的真叶对生,以后的真叶则互生,呈螺旋状排列。真叶的叶柄长,叶片较大,多为心脏形,也有椭圆形和披针形,叶片顶端尖,叶缘有缺刻或锯齿,叶面密被刺毛。

花为头状花序(称之为花盘),顶生,花盘基部为花托(变态茎),其外部为数层绿色苞叶组成的总苞。总苞内侧的花托上着生花,呈螺旋形排列。向日葵的花有 2 种,一种是舌状花,位于花盘外缘,一般 1～3 层,舌片长卵圆形或长圆形,橙黄、淡黄和紫红色,属于单性不孕花(无雄蕊,偶见雌蕊)。另一种是管状花,位于舌状花内侧,占花盘的绝大部分,管状花为两性结实花,具花萼 2～4 片,花冠 5 裂、齿状,雄蕊 5 枚,雌蕊 1 枚,子房下位,单室。开花顺序从外向内逐轮进行,每天 2～4 轮,每盘开花天数需 1 周左右。

果实为瘦果,扁楔形,有棱或无棱。果皮坚硬,果皮色有灰白至黑色或白黑条纹。食用种瘦果长而窄,油用种瘦果宽而短。种子白色,外部为一薄膜状种皮,2 片子叶储藏油脂。

(三)红花

红花(*Carthamus tinctorius* L.)又名红蓝花或刺红花,属于菊科红花属的一年或二年生草本作物,原产于中亚地区。红花是一种油、药兼用的作物,红花子含油量为 40%～47%。栽培红花可分为两大类型，油用型和花用型。红花的器官特征（二维码 1-70）如下：

二维码 1-70

根为直根系，由主根、侧根及其分枝根组成。茎直立，主茎上部多有分枝，除有一次分枝，还有二次分枝。全部茎枝白色或淡白色，光滑无毛。现蕾后，茎木质化。子叶 2 片、对生，卵圆形，子叶出土。真叶互生，叶的质地坚硬，革质，有光泽，无柄或具短柄。中下部叶披针形、卵状披针形或长椭圆形，边缘大锯齿、重锯齿、小锯齿以至无锯齿而全缘，极少有羽状深裂的，齿顶有针刺。上部叶逐渐变小，披针形直至成苞片状，边缘有锯齿，齿顶针刺较长。

花为头状花序（又称为花球），着生在茎、枝顶端。花球的最外面有多列总苞片，总苞片椭圆形或卵状披针形，边缘有刺或无刺。花序全都由管状花组成，20～150 朵管状花聚生在圆形稍扁平的花托上。红花为两性花，基部的花托上密生刺状刚毛。花冠先端 5 裂，初呈黄色（有白花品种），渐变成橘红色或深红色。雄蕊 5 枚，花丝基部联合成管。雌蕊 1 枚，子房下位，花柱细长，柱头 2 裂，裂片短，舌状。红花为自花授粉作物，结实率约 50%。

果实为瘦果，椭圆形或倒卵形，具 4 棱。棱在果顶伸出，侧生着生面。无冠毛或冠毛呈鳞片状。果皮乳白色、黑色或具条纹，稍有光泽。百粒重为 2～8 g。

（四）蓖麻

蓖麻（*Ricinus communis* L.）又名大麻子、老麻子或草麻，属于大戟科蓖麻属的一年生或多年生草本植物，热带或南方地区常成多年生灌木或小乔木。原产地在非洲东北部的肯尼亚或索马里，广泛分布于世界热带地区。蓖麻既是重要的油料作物，也是一种特殊的工业原料作物。蓖麻种子含油量为 46%～55%。蓖麻油为重要工业用油，可制表面活性剂、脂肪酸甘油酯、酯二醇、干性油、癸二酸、聚合用的稳定剂、增塑剂、泡沫塑料及弹性橡胶等，也是高级润滑油的原料。蓖麻的器官特征（二维码 1-71）如下：

二维码 1-71

根为直根系，由主根、侧根及其分支根组成。主茎圆形，幼嫩时柔韧，多汁液；成熟时中空，通常呈绿色、青灰色或紫红色。节有分枝，全株光滑，上被白色蜡粉。子叶 2 片，对生，长卵圆形，较薄，子叶出土。真叶为单叶，互生，大而有长叶柄，叶片掌状，有 5～12 个裂片，裂口几乎至中部。裂片卵状长圆形或披针形，顶端急尖或渐尖，边缘具锯齿。

蓖麻为总状花序或圆锥花序，着生于茎、枝顶端，或与叶对生。单性花，雌花着生于花序上部，雄花位于花序下部，偶有两性花混合排列，或只有单生雌花的植株。一个花序上雌花先于雄花开花。雌花萼片卵状披针形；子房卵状，密生软刺或无刺；花柱淡红至深色，顶部 2～3 裂，密生乳头状突起。雄花花萼裂片卵状三角形，雄蕊多数，黄色，花丝多分支。

果实为蒴果，卵球形或近球形，果表有 3 条纵沟，果皮呈绿色或紫色，果皮上多有刺，个别无刺。每果一般有 3 室，每室 1 粒种子。种子为椭圆形，微扁平，种皮硬而脆，表面光滑，种阜大。

（五）紫苏

紫苏[*Perilla frutescens* var. *frutescens*（L.）Britt.]又称为桂荏、白苏或赤苏等，属于唇形科紫苏属的一年生草本植物，具有特异的芳香，原产于亚洲东部。紫苏是耐旱、耐瘠且高产的油料作物，籽实含油率为 45%～55%。紫苏的器官特征（二维码 1-72）如下：

二维码 1-72

根为直根系，侧根分层着生，一般 3～4 层。茎直立，四棱形，绿色或紫色，多分枝，被茸毛。叶对生，阔卵形或圆卵形，先端渐尖或突尖，基部圆形或阔楔形，边缘在基部以上有粗锯齿，膜质或草质，两面绿色或紫色，或仅下面紫色，上面被疏柔毛，下面被贴生柔毛。

花为轮伞花序，由 2 花组成，并偏向一侧成假总状花序，顶生和腋生，花序密被长柔毛。苞片宽卵圆形或近圆形，先端具短尖，外被红褐色腺点，无毛，边缘膜质。花梗密被柔毛，花萼钟形，花冠唇形，具 5 裂，紫红色至白色。雄蕊 4 枚，花药 2 室，室平行，其后略叉开或极叉开。雌蕊 1 枚，子房 4 裂，花柱基底着生，柱头 2 裂。小坚果倒卵形，呈棕褐色或白色，具网纹。种子卵圆形，千粒重为 1.8 g 左右。

第六节　纤维作物形态特征与类型识别

纤维作物是指利用作物组织中的纤维作为工业原料的一类作物，主要作物有棉花和麻类等。按其形成纤维的组织或器官不同而分为：种子纤维，如棉花，是主要的纤维原料。韧皮纤维，如苎麻和亚麻等，可纺织麻织品；黄麻、红麻及苘麻等，可制作粗麻布、麻袋、地毯和麻绳等。叶纤维，如剑麻和蕉麻等，可编制各种粗绳索；席草、芦苇等，可用于编织。所有纤维均可作造纸原料。

一、棉花形态特征与类型识别

棉花（*Gossypium* spp.）属于锦葵科棉属的一年生亚灌木、多年生灌木或小乔木，是种子纤维作物。

（一）棉花的形态特征

1. 根

根为圆锥形直根系，由主根和侧根组成（二维码 1-73）。一级侧根上又可长二、三级侧根。一级侧根呈 4 列，向周围辐射，上层侧根长，向下愈短，呈倒圆锥形。

二维码 1-73

2. 茎和分枝

顶芽单轴生长形成棉花的主茎，直立，中实，节数增多和节间伸长使主茎增高，嫩茎横断面为五边形，老茎逐渐变为圆柱形。嫩茎为绿色，后因皮层细胞中色素累积而变成红褐色，正在生长的植株一般为下红上绿。茎枝上有茸毛和黑色油腺（二维码 1-73）。

茎上有节和节间，每节着生 1 片叶，叶腋间有正、副芽。在一般情况下，茎下部正芽发育成叶枝，副芽潜伏。中上部的副芽发育成果枝，正芽潜伏。棉花叶枝与果枝的区别见表 1-16。

果枝依其果节的多少，可分为零式果枝（无果节，铃柄着生于主茎叶腋内）、一式果枝（仅具一个果节，铃常丛生于果枝顶端）和二式果枝（具多节，条件适合可不断增节）。前两者称为有限果枝型，后者称为无限果枝型。无限果枝型又可分为紧凑型（节间短，株型紧凑）、松散型（果枝长，节间也长，棉株松散，棉铃着生空间大）和中间型（果枝长度和节间距介于前二者之间）。

表 1-16 棉花叶枝和果枝的形态区别

性状	叶枝	果枝
来源	主茎叶腋的叶枝芽	主茎叶腋的果枝芽
发生部位	一般在主茎 5～7 节以下	多在主茎 5～7 节以上
与主茎夹角	较小,斜向生长	较大,近水平向生长
分枝类型	单轴式	多轴(合轴)式
蕾铃着生方式	间接着生在二级果枝	直接着生
叶的着生方式	螺旋形互生	左右对生
节间伸长	第一节间不伸长,其余节间均伸长	奇数节间不伸长,偶数节间伸长
先出叶和真叶分布	第一叶为先出叶,之后各叶均为真叶	各果节第一、二分别为先出叶和真叶
顶端生长锥分化	只分化叶和腋芽	分化出二叶后,即发育成花序

根据分枝在棉株上的分布特点,又分为 4 种株型,即塔形(叶枝少,下部果枝长,上部果枝短)、倒塔形(叶枝少,下部果枝短,上部果枝长)、筒形(无叶枝,上下部果枝近等长)及丛生形(主茎矮,下部叶枝多而壮)。

二维码 1-74

3. 叶

叶可分为子叶、先出叶、真叶 3 种(二维码 1-74)。两子叶出土,肾形,对生绿色,基点呈红色,子叶无托叶,为不完全叶。先出叶为不完全叶,多无叶柄和托叶,为披针形或长椭圆形等。先出叶发生于每个枝条和枝轴前的叶腋内,因其着生节间不伸长,发生部位和形态均与托叶相近,故易与托叶混淆。

真叶为完全叶,主茎子叶节以上所有的节以及分枝每节上均长 1 片真叶。主茎叶互生,呈 3/8 叶序,叶柄基部两侧各生 1 枚托叶。主茎叶的托叶为镰刀形,而果枝叶的托叶近似三角形。典型的棉叶叶缘为掌状缺刻,裂片 3～5 个,多者为 7 个奇数对生,但棉株不同部位主茎真叶的叶缘也不一致,第一片叶全缘,第二片叶为三裂片,中部叶裂片数最多,上部叶裂片数又减少。果枝叶的裂片数以靠近主茎节位上的叶最多,其余渐少。多有茸毛,叶背中脉上有蜜腺(凹窝),侧脉上也有蜜腺。

二维码 1-75

4. 蕾和花

蕾是花的雏形,长大后花器各部分成熟时成为花(二维码 1-75)。单花,一般为无限花序,花梗(花柄)长短依品种而异。花器由苞叶、花萼、花冠、雄蕊和雌蕊等组成。苞叶(副萼)位于花的最外层,有 3 片,三角形,绿色,上缘锯齿状。苞片基部外侧有凹陷的蜜腺。花萼 5 片,联合成五突起杯状,黄绿色,在其外侧和内侧有蜜腺。花冠有 5 个花瓣,近似倒三角形,乳白色,见光后变红色。雄蕊一般 60～90 个,花丝基部联合成管状,称雄蕊管。花丝在雄蕊管上排成五棱状,并与花瓣对生,每棱有 2 对花丝,花药 4 室。雌蕊由 3～5 个心皮组成,子房 3～5 室。每室 1 个心皮,内有两列胚珠,7～11 个不等。柱头上端有纵沟,干性无黏液。

5. 棉铃

棉铃也称为棉桃，由子房发育而成，蒴果（二维码 1-76）。形状多为卵圆形，表皮层下面有油腺，铃面光滑，初为绿色，后变为红褐色，成熟时褐色，铃的室数一般 3～5 个。

二维码 1-76

6. 种子和纤维

种子由胚珠受精后发育而成，每室 7～11 粒种子，排成 2 列。种子为不规则梨形，基部钝圆，顶端尖，胚乳退化，种皮为黑色或棕褐色，坚硬。胚由 2 片子叶、胚根、胚芽和胚轴组成。棉花种子外部有密集着生的纤维，它是由外珠被表皮细胞的单个细胞发育伸长形成的（二维码 1-77）。

二维码 1-77

棉纤维可分为两大类：一类是长纤维（也称为长绒），即轧花机易轧掉的部分，大量用于纺织工业；另一类是短纤维（也称为短绒），即轧花不易轧掉，仍保留在种子上的纤维。单根棉花纤维，基部圆锥形，中部呈扭曲状，顶部短棒形，纤维长度一般为 25～35 mm。

（二）棉花的栽培种

在棉属的 30 多个种里，生产上有经济价值的栽培种只有 4 个，即陆地棉、海岛棉、亚洲棉（中棉）和草棉（非洲棉），它们的主要性状特征见表 1-17，彩图见二维码 1-78。

二维码 1-78

表 1-17　棉花四大栽培种的主要性状特征

性状	四倍体种 $2n=4x=52$		二倍体种 $2n=2x=26$	
	陆地棉	海岛棉	亚洲棉（中棉）	非洲棉（草棉）
叶	较大，3～5 裂，裂口浅	较大，3～5 裂，裂口浅	小，5～7 裂，裂口深	小，3～7 裂，裂口浅
花冠	较大，乳白色，无红心	大，深黄色，有红心	小，黄色、白色或红色	小，黄色，有红心
铃	大，卵圆形，4～5 室，较光滑	较大，长卵圆形，3 室，较粗糙	较小，圆锥形，3 室，粗糙	小，近圆形，3～4 室，较光滑
种子	中等大小，一般为毛子	较大，多为光子或端毛子	小，毛子或光子	小，毛子
纤维长度/mm	21～31	33～45	15～25	17～23
纤维细度/(m/g)	4 500～7 000	6 500～9 000	2 500～4 000	3 000～4 500
单纤维强度/mN	35～44	45～60	45～70	45～60

1. 陆地棉

陆地棉（*Gossypium hirsutum* L.）原产于中美洲墨西哥的高地和加勒比海地区。目前，棉花生产上所栽培的品种绝大多数属陆地棉（又称为细绒棉）。植株较大，茎较粗，茎、叶多数有长茸毛。叶片较大，多为 3～5 裂，裂口一般较浅。花冠乳白色，基部多无红斑。棉铃大，多 4～5 室，铃面平滑，油腺深藏于铃面之下。种子大，多数被有短绒，衣分高，纤维较长，品质优良，商品上称为细绒棉，适纺日用纱。由于陆地棉铃大，衣分高，皮棉产量高，适应性广，现已成为世界及我国种植最广、最多的棉种，其产量占世界各棉花栽培种总产量的 90%以上。

2. 海岛棉

海岛棉(*Gossypium barbadense* L.)又称为长绒棉,原产于南美洲,本种为小灌木或小乔木,枝松散,茎叶多无茸毛。叶片较大,3～5 裂口,缺刻较陆地棉深,叶柄长。花较大,苞片心脏形,长宽几乎相等,边缘具 10～15 个深锯齿。花瓣鲜黄色,基部有红心。雄蕊管较长,花丝短。棉铃较陆地棉小,为 3～4 室,表面粗糙,有凹点和油腺。种子较大,轧花后多为无短绒光子或只在两端有短绒。纤维细长,一般超过 34 mm,长者可达 50 mm 以上。果实卵圆形,两侧有突起的棱角,顶端有喙,有光泽,浅灰色或浅褐色,表面有网状花纹。海岛棉品质优良,商品上称为长绒棉,可纺高档纱,为特纺原料,在 4 个栽培种中纤维品质最优。

3. 亚洲棉

亚洲棉(*Gossypium arboreum* L.)历史上曾称为中棉,原产于印度次大陆。亚洲棉茎秆细软,嫩枝及嫩叶上被有或多或少的茸毛。叶片 5～7 裂,裂片矛头形。花冠比陆地棉小,色黄,也有少数是白色、红色或紫色的,基部有红斑或白斑。棉铃为圆锥形,铃柄下垂,铃面有明显凹点,内藏油腺,通常 3 室,4 室的极少,纤维粗短,商品上称粗绒棉。亚洲棉的纤维品质不适宜用于中支纱以上的机纺,产量低,国内已很少栽培,但它抗旱、抗病和抗虫能力较强,可作为较好的种质资源。

4. 草棉

草棉(*Gossypium herbaceun* L.)原产于非洲南部,一年生草本至亚灌木,疏被柔毛。叶掌状 5 裂,通常宽超过长,裂片宽卵形,深裂不到叶片的中部,先端短尖,基部心形,上面被星状长硬毛,下面被细绒毛,沿脉被长柔毛。叶柄被长柔毛,托叶线形,早落。花单生于叶腋,花梗被长柔毛,小苞片阔三角形,宽超过长,先端具 6～8 齿,沿脉被疏长毛。花萼杯状,5 浅裂,花黄色,内面基部紫色。蒴果卵圆形,具喙,通常为 3～4 室,种子斜圆锥形,被白色长棉毛和短棉毛。非洲棉产量低,品质差,目前在我国已完全被陆地棉和海岛棉代替,但它具有极早熟和抗旱等特性,可作为种质资源加以利用。

二、麻类作物形态特征与类型识别

(一)苎麻

苎麻[*Boehmeria nivea*(L.) Gand.]属于荨麻科苎麻属的多年生宿根植物,原产于中国西南地区。在各种麻类纤维中,苎麻纤维最长、透气性好、传热快、吸水多、散湿快、有丝光、强力大,不易受菌腐蚀和虫蛀,比棉花轻 20%。苎麻及其混纺产品具有独特风格,可用于制作高档衣料。此外,苎麻叶是蛋白质含量较高、营养丰富的饲料。苎麻的器官特征(二维码 1-79)如下:

二维码 1-79

宿根性苎麻的地下部分包括根和地下茎,称为根蔸或麻蔸。用种子繁育的根发育成主根、支根和细根;无性繁殖的长不定根,部分肥大成为长纺锤形的肉质根,俗称“萝卜根”,其内部贮藏有淀粉。空气和土壤湿度过大时,在茎基部长气生根。茎分为地下茎(有龙头根、扁担根、跑马根)和地上茎。地下茎有节、鳞叶和芽,可再生成地上茎,俗称“种根”。地上茎丛生,多被茸毛,成熟茎为褐色。苎麻为单叶互生,椭圆形、近圆形或心脏形,叶缘有粗锯齿,叶色为淡绿、绿或深绿。叶柄长,有 2 片托叶。

苎麻雌雄同株异花。雄花序着生在茎中、下部。雌花序着生在梢部，花序均为复穗状。雄花簇中有雄花5～9朵，每朵花雄蕊4枚，花粉粒球形。雌花簇中有雌花100朵左右，花被筒状，尖端2～4裂。柱头尖细，白色。果实为瘦果，深褐色，扁平，短纺锤形，有毛。种子千粒重为0.05～0.11 g。

(二)亚麻

亚麻(*Linum usitatissimum* L.)属于亚麻科亚麻属的一年生草本植物。起源于近东、地中海沿岸，现全世界均有分布，其中种植亚麻面积最大的国家是印度。亚麻的植株形态特征(二维码1-80)如下：

二维码1-80

根据不同的用途和需要，亚麻可分为以下3种类型。

(1)油用亚麻。俗称胡麻，植株较矮，分枝多，单株结果多，蒴果大，种子产量高，千粒重8～10 g。工艺长度<40 cm，纤维产量低，品质差，栽培目的为供榨油用。

(2)纤维用亚麻。茎长而光滑，下部无分枝，上部分枝也少，工艺长度55 cm以上。单株结果少，千粒重为3～5 g，种子产量低。纤维强韧，柔软，色泽好，栽培目的主要为获取纤维。

(3)兼用亚麻。株高中等，下部分枝少或无，蒴果数和茎的工艺长度均中等，千粒重为5～8 g。栽培目的主要为油用，也兼收纤维。由于其既收油又收麻，经济价值较高。

根为直根系，主侧根较纤细。这3种类型中，油用亚麻的根系比其他2种类型的根系发达。纤维亚麻正常密度下分枝较少，仅梢部有个别分枝；油用亚麻分枝多而节位低，种子产量高；兼用亚麻分枝习性介于二者之间。叶全缘，有蜡质，无叶柄和托叶，下部叶互生，匙状。中部叶大，长纺锤形，在茎上螺旋状排列。一株有叶片50～120片，中部少，上、下部多。纤维用亚麻的叶片数少于其他2种。

花为总状伞形花序，着生在分枝的顶端。花为漏斗状，有蓝、浅蓝和白等色。花器的各部分都呈5枚，子房球形，由5个心皮组成，5室，每室有胚珠2个。亚麻为自花授粉作物。蒴果呈球形，顶端略尖，每果有种子6～7粒，多者可达10粒以上。不同类型的亚麻其单株蒴果数差异较大，纤维亚麻1～10个，油用亚麻40～100个，兼用亚麻10～40个。种子扁卵形，尖端弯曲，棕褐色或金黄色，个别为白色。

(三)苘麻

苘麻(*Abutilon avicennae* Gaertn.)又称为青麻，属于锦葵科苘麻属的一年生草本植物。苘麻主要利用次生纤维，次生纤维色黄白，较粗，脆硬，易磨损，多与黄、红麻混合纺织成麻布或麻袋。其纤维耐湿性强。种子含油量为15%～19%，供制肥皂、油漆和工业用润滑油等。全草可药用。苘麻的植株形态特征(二维码1-81)如下：

二维码1-81

根为直根系。茎表面有茸毛，梢端有分枝，茎色多为青色，也有紫红色。心脏形叶，大而薄，互生，叶缘具锯齿有茸毛，叶柄较长，披针形小托叶。叶腋间的假轴分枝着生花，每叶腋1朵花。花萼基部联合，上部5个裂片。花冠钟状5瓣，橙黄色，雄蕊40～50枚，花丝联合成管状。雌蕊1枚，柱头分裂成10多个，子房室数也10多个，每室有胚珠3个，属自花授粉作物。果实为蒴果，呈半磨形，被短而细的茸毛，开裂较浅。种子肾形，灰褐色，表皮有细毛，千粒重为9～18 g。

（四）红麻

二维码 1-82

红麻（*Hibiscus connabinus* L.）又名洋麻或槿麻，属于锦葵科木槿属的一年生草本植物。红麻是纺织原料之一，具有吸湿性强的特性，纤维较粗糙，用于纯纺或与黄麻混织，可用于麻袋、麻布和麻绳的织造。茎秆可用于造纸业或建筑业。红麻的植株形态特征（二维码 1-82）如下：

根为圆锥直根系，由主根和各级侧根组成。茎圆柱形或有棱，自下而上渐次变细。茎色有青绿、黄绿、红和紫红等颜色，一般 70～80 节。子叶 2 片，肾形，叶由叶片和叶柄组成，叶脉网状分布，叶柄较大具有刺，叶缘有锯齿。叶型有掌状裂叶和全叶 2 种。基部叶心脏形不分裂，中部叶自下向上渐次出现 3～7 裂掌状叶，上部叶裂口数逐渐减少，顶端叶已变成披针形。

花大而鲜艳，单生或丛生于叶腋间，由苞叶、花萼、花冠、雄蕊和雌蕊等组成。苞叶顶端有 7～12 个浅裂口，花萼 5 片，在苞片和萼片的相接处有紫色花眼或红色花眼。花冠淡黄色，边缘白色，基部有红色或紫色心，有 5 个花瓣。红麻为常异花授粉作物。蒴果，桃形，熟时黄褐色，表面密生刺毛。心皮联合成 5 室，每室有种子 4～5 粒。种子三角形，灰黑色，种皮坚硬，种脐极小。无胚乳，2 片子叶发达。种子千粒重为 25 g 左右。

（五）黄麻

二维码 1-83

黄麻（*Corchorus* L.）属于椴树科黄麻属的一年生草本植物。黄麻纤维吸湿性强，散水快，是麻袋、麻布和地毯等纺织工业的主要原料。在黄麻属的 40 多个种中，长果种黄麻和圆果种黄麻是 2 个主要的可采纤维栽培种。黄麻的植株形态特征（二维码 1-83）如下：

根为直根系，有主根和侧根之分。长果种黄麻主根较长，侧根较少。圆果种主根短，侧根较多。茎为圆柱形，自下而上渐变小，有 40～100 节。2 片子叶圆形，边缘光滑。完全单叶，螺旋互生，表面有蜡质，卵圆披针形至披针形，先端尖边缘有锯齿，叶柄两侧各有尖狭的小托叶。

花为聚伞花序，常簇生在叶腋的侧面、对面以及梢上部的节间。长果种一般 1～3 朵花簇生在一起，以 2 朵居多；圆果种一般 2～6 朵花簇生在一起，但以 3 朵花居多。自花授粉，花萼和花冠均为 5 片，长果种也有 6～8 片的。长果种子房圆柱形，而圆果种为球形。圆果种的蒴果为球形，圆果种每果 5～8 室，内有种子 2 列，每列有 4～8 粒，每果含种子 30～40 粒，千粒重为 3 g 左右；长果种的蒴果为长圆筒形，顶端有尖喙，长果种每果 5 室，每室种子单行排列，每行 20～40 粒种子，每果有 100～200 粒种子，千粒重为 2 g 左右。长果种子小于圆果种子，前者黑绿色，后者暗褐色，黄麻的种子为不规则锥形，有棱角，外壁凹陷。

第七节　糖料作物形态特征与类型识别

糖料作物是为制糖工业提供原料的作物，主要有甘蔗、甜菜以及糖用高粱等。我国北方以甜菜为主，南方以甘蔗为主。这类作物加工后的副产品，可分别作为酒精、造纸和纤维等工业原料，也可作为家畜饲料。

一、甜菜的形态特征

甜菜（*Beta vulgaris* L.）又名莙菜或红菜头，属于藜科甜菜属的二年生草本植物，原产于欧洲西部和南部沿海，中国主要分布在新疆、黑龙江和内蒙古等地。甜菜属包括14个野生种和1个栽培种，栽培种有5个变种，即糖用甜菜、叶用甜菜、饲用甜菜、根用甜菜和观赏用甜菜。糖用甜菜按经济性状又可分为高产型、标准型和高糖型甜菜3种。

甜菜是喜温作物，具有耐低温、耐旱和耐盐碱等特性。两年生作物，第一年形成肥大的直根、短缩茎和基生叶，第二年在其植株发育所必需的条件下形成花茎，然后开花结实。

（一）营养器官的形态特征

1. 根

根为块根，属于直根系的一种变态型，即肉质根，由主根和侧根组成。主根基部肥大而成肉质，称为块根。用于榨糖时叫原料根，用于繁殖种子时叫母根。

二维码 1-84

甜菜块根可分为根头、根颈和根体3部分（二维码1-84）。

（1）根头。块根最上部的根头，实际是缩短的茎，是着生叶柄和芽的部位，又叫青头。根头下部与根颈相接，其界限是最下层叶的着生处。根头含糖分低，杂质多。

（2）根颈。位于根头和根体之间，上部以根头下端的叶痕为界，下部至根沟的顶端。根颈是块根膨大最宽的部分，不长叶也不长侧根。

（3）根体。是块根的主要部分，由根颈的下端至主根直径约1 cm处之间的部分为根体，是由胚根发育而来。直径1 cm以下的主根为根尾。制糖所需要的是根颈和根体2个部分，根头和根尾在收获时要切去。根体两侧各生有一条根沟（腹沟），根沟内产生大量侧根。根沟的方向常与子叶展开的方向一致。根体的含糖量最高，根颈次之，根头和根尾最低。

块根形态以楔形、圆锥形、纺锤形或锤形居多。一般纺锤形根多趋于丰产，而楔形根含糖量较高。

从根的横切面来看，由外向内依次为皮层、维管束环、环间薄壁组织和星状木质部髓。同一个品种在同一个地区栽培，其维管束环的数目相对稳定，一般为8～12个，其中心是由初生木质部构成的星状髓。一般高糖型品种维管束环的数目多，密度大；丰产型品种维管束环数目少，密度小，环间薄壁组织带较宽。

从根体横断面看，中层含糖最高，内层次之，外层最少。由块根中心至皮层3/4的部位含糖量最高，糖分主要分布在维管束筛管旁边的薄壁细胞内，环间薄壁组织含量少。因此，榨糖用的原料根不易过大，过大含糖量反而减少。

2. 叶

叶分为子叶和真叶。子叶2片，椭圆形。单生叶，包括叶片和叶柄，由根头的叶芽长成，呈螺旋状簇生在一起。叶柄肋骨状，长短不一。叶形有多种，常见的有心脏形、扇形、柳叶形、舌形等（二维码1-85）。叶脉显著，中脉下部粗，上部渐细。叶表一般皱褶，个别光滑。甜菜叶丛可分为3种类型：叶柄与地面成70°角的称直立型；叶柄与地面成30°以下角度的称匍匐型；居于二者间的称斜立型（中间型）。

二维码 1-85

(二)生殖器官的形态特征

甜菜生殖器官的形态特征(二维码 1-86)如下：

二维码 1-86

1. 花枝

生产上制种常用甜菜母根进行繁殖。母根(种块根)经过春化阶段，次年插入土壤后，地下根体根沟产生入土较浅的根系，而根头上的顶、侧芽则形成较多的再生叶和花枝。顶芽发育成主枝，侧芽发育成侧枝。主枝上一般产生 1～2 次花枝，主枝产生的花枝为第一次花枝，第一次花枝上产生的花枝为第二次花枝，花枝高度 1 m 左右。根据其发生状况，可分为单枝型、多枝型和混合型 3 种株型。其中单枝型主枝发达，无侧枝；多枝型一般主枝不明显，侧枝多且与主枝等粗；混合枝型介于二者之间，下部有侧枝，主枝较明显，分枝少数。

2. 花

花是两性花，由花萼、雌雄蕊组成，花萼 5 片着生在子房基部，雄蕊 5 枚，与花萼对生，柱头 3 裂，子房中位 1 室，子房内有弯曲的胚珠。蜜腺绕于子房基部。

花序为穗状花，无限花序，虫媒花，通常由 3～5 朵花聚生于花枝上，其中 1 朵为主花(正对苞叶的花)，其余为副花。开花时主花先开，副花后开。甜菜几乎是自花不孕，需要接受外来花粉才能结实。

3. 种球和种子

每一簇花最终形成聚花果，称为种球。种球介于坚果和蒴果之间，种球外部已为木质化的萼包被，每一果实有果皮和种子构成。每个种球内一般有 3～5 个果实，每个果实含 1 粒种子，植物学上称为聚合果。

种子藏于果壳内，果中有 3～5 粒或 7～8 粒种子，称为多粒形种球；单生的花形成单果，果中有 1 粒种子，称为单粒形种球。种子呈肾形，外面包围着红褐色的种皮，较扁平。种子极小，种子重量为种球重量的 1/4～1/3，种球千粒重为 15～25 g。

二、甘蔗的形态特征

甘蔗(*Saccharum* spp.)属于禾本科甘蔗属的多年生草本植物。甘蔗是世界上重要的糖料作物之一，我国是甘蔗的原产地之一，也是世界上甘蔗的主产国。植株由根、茎和叶构成。在一定条件下，顶端生长锥可分化为有性繁殖器官，可孕穗、抽穗、开花和结实。

(一)营养器官的形态特征

1. 根

甘蔗根为须根系(二维码 1-87)，分为种根(临时根)和苗根(永久根)。种根从种苗节上的根点萌发生长，较纤细，分枝较多，寿命不长。下种后第一个月全靠种根，第二个月一般为过渡阶段。苗根在幼苗长出 3 片真叶时开始发生，是由新蔗株基部节上的根点长出的根，生长粗壮，色白，富肉质，分枝少，生长旺盛。下种后第三个月种根基本消失，靠苗根为幼苗提供所需的养分和水分。

二维码 1-87

2. 茎

茎有紫、红或黄绿等颜色，分主茎和分蘖茎，由节和节间组成（二维码 1-88）。茎圆柱形，实心，内部为维管束和薄壁细胞。蔗糖贮藏于薄壁细胞的液泡内。一般有 20～40 节，节上有芽和根点。节间实心，下部节间较短而粗大，外被有蜡粉。生产上根据节间的粗度可把品种分为 3 种类型，即大茎种（茎径＞3 cm）、中茎种（茎径 2.5～3 cm）和细茎种（茎径＜2.5 cm）。

二维码 1-88

3. 叶

叶由叶片、叶鞘、叶耳和叶舌组成（二维码 1-89）。每节 1 叶，互生。叶鞘自叶痕处长出，叶舌、叶耳、叶喉和肥厚带等部分构成叶环。肥厚带位于叶环上方的两旁，具有弹性和伸缩性，主要功能是调节叶片伸展的角度。叶片着生于叶环上方，展布于空中，因肥厚带的大小、厚薄、形状和叶片中脉的发达程度而呈疏散、弯曲、斜集、挺直和下垂等姿态。

二维码 1-89

（二）生殖器官的形态特征与类型识别

甘蔗生殖器官的形态特征（二维码 1-90）如下：

1. 花

花为复总状花序。花序形状有圆锥形、箭嘴形和扫帚形，每一个花序由主轴、支轴、小支轴及小穗组成。每个花轴节上着生 2 个小穗，1 个有柄，1 个无柄。小穗即为小花，每个小穗有第一颖、第二颖、外稃、内稃、3 枚雄蕊、2 枚鳞片和 1 枚雌蕊。

二维码 1-90

2. 果实

果实为颖果，成熟时为棕褐色，长卵圆形。从颖果的纵切面可见到果皮、种皮、胚乳和胚。胚由胚芽、胚根、胚轴和子叶组成。

三、其他糖料作物的形态特征

（一）糖用高粱

糖用高粱又名甜高粱或芦粟。形态特征与类型识别见第一章第二节其他禾谷类作物形态特征与类型识别。

（二）甜叶菊

甜叶菊（*Stevia rebaudiana* Bertoni Hemsl.）又名甜菊或糖草，属于菊科甜菊属的多年生草本植物。原产于南美巴拉圭和巴西交界的阿曼拜山脉。整株含有甜菊糖甙，甜度为蔗糖的 200～350 倍，热量却只有蔗糖的 1/300，故其是一种低热量、高甜度的天然甜味剂，是食品及药品工业的原料之一。甜叶菊的植株形态特征（二维码 1-91）如下：

二维码 1-91

根由初生根和次生根组成，初生根包括主根和侧根，均细小、不发达，生存时间短，功能弱，很快被次生根代替。次生根发生于根基部，由粗根和细根组成。茎直立，一年生一般为单株型；两年生或多年生为多茎丛生型。茎秆上有 20～30 个节，呈丛生状。茎为绿色，密生茸毛，中实质脆，极易折断。叶有子叶、真叶和苞叶。真叶对生，个别互生，由叶柄、叶片组成。叶片正反面均有茸毛，茸毛由表皮毛和腺毛构成。

花是由 4～6 朵小花集成的头状花序，着生在茎和枝的顶端，呈伞房花序排列。苞叶为披针形，密生茸毛。小花为两性花，有雌蕊和雄蕊，聚药雄蕊。花冠细长犹如针状，顶端 5 瓣，呈白色，基部联合，呈淡紫色或白色，管状花。瘦果，黑色或黑褐色，顶端有冠毛，成熟后易随风飘扬。种子由种皮、胚及子叶构成，千粒重为 0.2～0.5 g。种子无休眠期，果皮组织疏松，易透水、透气而丧失发芽力，常温下寿命不超过一年。

第八节　特用作物形态特征与类型识别

特用作物是指栽培面积较小，具有特殊用途和经济价值的作物，用于嗜好类产品、生物质能源、药材、调料、香料、染料、漆料和橡胶等生产原料的一类作物。

一、烟草形态特征与类型识别

烟草（*Nicotiana tabacum* L.）是属于茄科烟草属的一年生草本植物，起源于中南美洲。烟草有 50 多个种，其中绝大部分是野生种，有经济价值且栽培最多的只有普通烟草（*Nicotiana tabacum* L.），又名红花烟草和黄花烟草（*Nicotiana rastica* L.）。世界上主要的烟草类型有烤烟、晒烟、晾烟、白肋烟、香料烟和雪茄烟等都属于普通烟草种。

（一）形态特征

烟草的植株形态特征（二维码 1-92）如下：

二维码 1-92

根为圆锥根系，由主根、侧根和不定根组成。烟草在不断产生侧根的同时，还可以在主根和茎基部发生许多不定根。根系是烟碱合成的主要场所，烟碱合成后再转运到地上部各器官中。茎直立、圆形，表面有黏性的茸毛。茎幼嫩时髓部松软，老熟时中空且木质化。茎每个叶腋有腋芽，可长出分枝（烟杈）。在植株和顶芽生长旺盛时，下部腋芽通常不萌发，一旦打顶后，腋芽便自上而下陆续发生。因此，烟株打顶后要及时抹杈。

烟叶大小因品种而异，在同一植株上、中部叶片最大，下部次之，上部最小。多数烟草品种无叶柄，只有黄花烟和少数晒烟品种具有明显叶柄。无柄叶基部同茎秆连接处呈耳状的部分叫作侧翼，俗称叶耳，常向下延伸至节间部位。叶片中间有 1 条主脉，俗称烟筋或烟梗。主脉两侧有 9～12 对侧脉。叶形有宽椭圆形、椭圆形、长椭圆形、宽卵圆形、卵圆形、长卵圆形、心脏形和披针形等。叶面被有腺毛，能分泌树脂、芳香油及蜡质。烟叶成熟时腺毛脱落。一般每株有叶 20～35 片，少的有 10 多片，多的可达 100 多片。

花序为有限聚伞花序，完全两性花。在烟株的顶端长着 1 个单花，在花柄的基部，以分枝的形式长出 3 个花茎。花冠为漏斗形或圆筒形等，呈粉红或淡黄色。花瓣为五角形突起，花萼管状或钟状，雄蕊 5 枚，4 长 1 短，雌蕊 1 枚，柱头 2 裂，自花授粉，天然杂交率 5%左右。

果实为蒴果，卵形或圆球形，每株有蒴果 100～300 个，每果内有 2 000～3 000 粒种子。种子千粒重为 60～90 mg，呈褐色或暗褐色等。烟草的种子种皮厚而坚硬，表面有角质层，通透性差，播种前要搓种，并适当催芽。

(二)烟草类型

1. 根据植物学性状分类

目前被人们栽培利用的只有普通烟草和黄花烟草 2 个类型,其形态特征见表 1-18。

普通烟草又称为红花烟草,是一年生或二、三年生草本植物,宜种植于较温暖地带。黄花烟草又称为堇烟草,是一年生或二年生草本植物,耐寒能力较强,适宜在低温地区栽培。我国所栽培的烟草除了北方有少量黄花烟草之外,大部分是红花烟草。

表 1-18　红花烟草和黄花烟草主要形态特征比较

性状	红花烟草	黄花烟草
生长习性	生长期长,耐寒性较差,宜于温暖地区种植	生长期短、耐寒性强,宜于较冷凉地区种植
根系	根系发达,入土深,可达 50～60 cm	根系不很发达,入土浅,30～40 cm
茎	植株高大,茎 100～300 cm,圆柱形,外被茸毛	植株不高,茎 60～130 cm,多呈棱形,茸毛较多,分枝性较强
叶	有叶柄或无柄,边缘有短翼,叶形多呈披针形或长卵圆形,叶片大,较薄,叶色较淡。每株 20～30 片,亦有多达 100 片的,尼古丁含量较少,1.5%～3%	有明显的叶柄,无短翼,叶多呈心脏形,叶片较小,叶色深。每株 10～15 片,尼古丁含量高,为 2%～15%
花	花大,花冠淡红色,喇叭状	花冠小,花冠黄绿色,呈圆筒形
果实种子	蒴果,卵形,较大而长,种子小,褐色,千粒重为 50～90 mg	蒴果,圆球形,较小而短,种子较大,暗褐色,千粒重为 200～250 mg

2. 根据烟草调制方法分类(商品类型)

根据烟草调制方法的不同,可将烟草分为烤烟、晒烟和晾烟三大类型。

(1)烤烟。利用烤房火管加温,使叶片干燥,烤后叶片金黄色,烟味醇厚,其化学成分表现为含糖量高,蛋白质和烟碱含量适中,叶片厚薄适中,是卷烟的主要原料。

(2)晒烟。利用太阳光的热能晒干。晒烟的尼古丁含量高,含糖量低,叶厚,味浓香气重。由于晒制方法不同,又分为晒黄烟和晒红烟 2 种。晒烟部分作为卷烟原料,也作为雪茄烟和斗烟等原料。叶子烟、香料烟和黄花烟等都属于此类型。

(3)晾烟。将烟叶悬挂在绳索上,放在晾房或荫蔽处,利用通风让其自然干燥的缓慢调制过程称为晾烟。晾烟具有尼古丁含量低、含糖量低的特点,具有特殊香气,叶片较薄。主要用于制混合卷烟、雪茄烟、雪茄外包皮和斗烟等,白肋烟也属于此类型。

二、药用作物形态特征与类型识别

药用植物是指医学上用于防治疾病的植物。其植株的全部或一部分供药用或作为制药工业的原料。广义可包括用作营养剂、某些嗜好品、调味品、色素添加剂,以及农药和兽医用药的植物资源。药用植物种类繁多,按药用部分可分为根和根茎类、全草类、花类、果实及种子类等。

(一)根和根茎类

根与根茎类药用植物的药用部位为地下根茎、鳞茎、球茎、块茎或块根等,如甘草、菘蓝(板蓝根)、人参、三七、牛膝、桔梗、黄芩、柴胡、半夏、紫菀、黄芪、党参、黄连、白术、白芷、射干、百合、知母、玉竹、麦冬、当归、地黄、乌头(附子)和川芎等。

1. 甘草

二维码 1-93

甘草(*Glycyrrhiza uralensis* Fisch.)又名甜草、乌拉尔甘草或甜根子等,属于豆科甘草属的多年生宿根草本植物。其以根和根状茎入药,药材名为甘草。我国以乌拉尔甘草的分布范围最广,药材品质最优,目前引种栽培的基本上为乌拉尔甘草。甘草的植株形态特征(二维码 1-93)如下:

根茎圆柱状,多横生茎。主根长而粗大,外皮红棕色至暗褐色,有甜味。茎直立,下部木质化,多分枝,密被鳞片状腺点、刺毛状腺体及白色或褐色的绒毛。叶互生,奇数羽状复叶,小叶 5～17 枚,倒卵形或阔椭圆形,全缘,两面具腺鳞及白短毛。

花为总状花序,腋生。花萼钟形,花冠蝶形,紫红色或蓝紫色,二体雄蕊。子房无柄,上部渐细呈短花柱。荚果呈镰刀状或环状弯曲。多数密集排列成球状,褐色,密被刺状腺毛。内有种子 6～8 粒。种子扁卵形,褐色或墨绿色,千粒重为 8～14 g。

2. 菘蓝

二维码 1-94

菘蓝(*Isatis indigotica* Fort.)属于十字花科菘蓝属的二年生草本植物,以干燥根或叶入药。干燥根药材名为板蓝根,干燥叶药材名为大青叶。菘蓝的植株形态特征(二维码 1-94)如下:

主根长圆柱形,肉质肥厚,灰黄色,支根少,外皮浅黄棕色。茎直立略有棱,顶部多分枝,植株光滑无毛,带白粉霜。基生叶莲座状,呈蓝绿色,长圆形至宽倒披针形,顶端钝或尖,基部渐狭,全缘或略有锯齿,具柄。茎生叶无柄,叶片卵状披针形或披针形,有白粉,先端尖,基部耳垂形,半抱茎,近全缘。

花为复总状花序,萼片宽卵形或宽披针形,花瓣黄白,花梗细弱,花后下弯成弧形。短角果近长圆形,扁平,无毛,边缘有翅。种子长圆形,淡褐色。

3. 人参

二维码 1-95

人参(*Panax ginseng* C. A. Mey.)属于五加科人参属的多年生宿根草本植物,以其干燥根入药,茎、叶、花、果可作为人参茶及用于提取人参皂苷。人工栽培人参称“园参”,野生人参称“山参”;园参经晒干或烘干称生晒参,蒸制后干燥称红参。人参的植株形态特征(二维码 1-95)如下:

根为短根状茎(芦头)短,直立或斜上。主根肥大,纺锤形或圆柱形,越冬芽呈鸽嘴状。茎直立,地上茎单生,1～6 年生植株株高变化范围在 7～60 cm。叶为掌状复叶,3～6 枚轮生茎顶,小叶片 3～5 枚,中央小叶片长椭圆形,最外一对侧生小叶片卵形,先端长渐尖,基部阔楔形,下延,边缘有锯齿。

花为伞形花序,单个顶生,有花 30～50 朵,总花梗通常较叶长,有纵纹。花淡黄绿色,萼无毛,边缘有 5 个三角形小齿。花瓣 5 片,卵状三角形。雄蕊 5 枚,花丝短,子房 2 室。花柱 2 枚,离生。果实扁球形,鲜红色。种子肾形,乳白色。

4. 牛膝

牛膝(*Achyranthes bidentata* Bl.)又名怀牛膝、牛髁膝或山苋菜,属于苋科牛膝属的多年生草本植物,以干燥肉质根入药。药材名为牛膝,产于河南者称为怀牛膝,其茎叶亦供药用。

始载于《神农本草经》，为传统常见中药材。牛膝的植株形态特征（二维码1-96）如下：

主根粗壮，圆柱形，黄白色或红色，肉质。茎直立，四棱形或方形，茎节略膨大，似牛膝状，疏被柔毛，每个节上有对生分枝。叶对生，叶片椭圆形或倒卵圆形，全缘，两面被柔毛。

二维码 1-96

穗状花序顶生或腋生，花向下折贴近总花梗，总花梗被柔毛花小，黄绿色。胞果长圆形，种子 1 枚，黄褐色。

5. 白术

白术（*Atractylodes macrocephala* Koidz.）又名冬术、冬白术、于术、山精、山连、山姜或山蓟等，属于菊科苍术属多年生草本植物。以干燥根茎入药，药材名为白术。白术为常用中药，有“北参南术”之誉。白术的植株形态特征（二维码 1-97）如下：

二维码 1-97

根茎粗大，略呈拳状。茎直立，上部分枝，基部木质化，具不明显纵槽。单叶互生。茎下部叶有长柄，叶片 3 深裂，偶为 5 深裂，中间裂片较大，椭圆形或卵状披针形，两侧裂片较小，通常为卵状披针形，基部不对称。茎上部叶的叶柄较短，叶片不分裂，椭圆形或卵状披针形，先端渐尖，基部渐狭下延呈柄状，叶缘均有刺状齿，叶脉突起显著。

花为头状花序顶生，总苞钟状，总苞片 7～8 列，膜质，覆瓦状排列。基部叶状苞片 1 轮，羽状深裂，包围总苞。花冠管状，下部细，淡黄色，上部稍膨大，紫色，先端 5 裂，裂片披针状，外展或反卷。雄蕊 5 枚，花药线形，花丝离生。雌蕊 1 枚，子房下位，密被淡褐色茸毛，花柱细长，柱头顶端中央有一浅裂缝。瘦果椭圆形，微扁，被黄白色茸毛，顶端有冠毛残留的圆形痕迹。

6. 白芷

白芷（*Angelica dahurica* Fisch. ex Hoffm. Benth. et Hook.）属于伞形科当归属的草本植物，以干燥根入药，药材名为白芷。白芷的植株形态特征（二维码 1-98）如下：

二维码 1-98

根为直根系，由肉质根、侧根和纤维根组成。肉质根粗大长圆锥形，顶端有凹陷的茎痕，具多数环状纹理，外表皮黄褐色至褐色，有浓烈气味。幼苗时，主茎节间不伸长，抽薹后主茎节间伸长，茎直立，主茎上部多分枝，各级分枝上均能抽生花薹。茎圆柱形，中空，常带紫色，有纵沟纹。茎生叶互生，叶柄基部扩大成半圆形叶鞘，叶鞘无毛茎，亦带紫色，为二至三回羽状复叶，边缘有锯齿，小叶片披针形至长圆形。幼苗时，白芷的叶簇生，呈莲座状。抽薹后主茎上的叶分为上、中、下 3 部分，茎下部叶羽状分裂，有长柄；茎中部叶二至三回羽状分裂，叶柄下部呈囊状膨大的膜质鞘；茎上部叶无柄仅有叶片，有膨大的囊状鞘。

花为复伞形花序，总苞片常缺，或有 1～2 枚，长卵形，膨大成鞘状。夏季开白色小花，花小，无萼齿，花瓣 5 枚，先端内凹。双悬果扁平，长椭圆形，黄棕色，有时带紫色，无毛。分果具 5 棱，侧棱有宽翅，棱槽中有油管 1 个，合生面有油管 2 个。种子千粒重为 2.5～3.7 g。

7. 桔梗

桔梗[*Platycodon grandiflorum* (Jacq.) A. DC.]又名铃铛花、四叶菜或道拉基等，属于桔梗科桔梗属的多年生草本植物。以干燥根入药，为常用中药，药材名为桔梗。桔梗的植株形

态特征(二维码 1-99)如下:

二维码 1-99

全株光滑无毛,体内有白色乳汁。主根长圆锥形或纺锤形,肉质粗壮,疏生侧根。表皮土黄白色,易剥离,内面白色。茎直立,通常单一生长,上部有分枝。叶近无柄,着生在茎中、下部为对生、互生或 3～4 叶轮生,茎上部叶互生。叶片卵状披针形,边缘有不整齐的锐锯齿。

花单生于茎顶,或数朵生于枝端成假总状花序。花萼无毛,有白粉,裂片 5 枚。花冠阔钟状,紫色或蓝紫色。裂片 5 枚,雄蕊 5 枚,离生,花丝基部变宽呈片状,密生白色细毛。雌蕊 1 枚,子房半下位,5 室,柱头 5 裂。蒴果倒卵形或近球形,熟时顶端 5 瓣裂,成熟时外皮黄色。种子多数,狭卵形,有 3 棱,黑褐色有光泽,一侧有褐色狭窄的薄翼,千粒重约 1.4 g。

8. 黄芩

二维码 1-100

黄芩(*Scutellaria baicalensis* Georgi.)又名山茶根、土金茶根或黄芩茶等,属于唇形科黄芩的多年生草本植物。以根入药,药材名为黄芩。喜温和气候,耐严寒较耐高温。黄芩的植株形态特征(二维码 1-100)如下:

主根粗壮,略呈圆锥形,外皮褐色,断面黄色。茎钝四棱形,具细条纹,无毛或被上曲至开展的微柔毛,绿色或常带紫色,自基部分枝,多而细。叶对生,无柄或几乎无柄,叶片披针形至线状披针形,先端钝,基部近圆形,全缘,上面深绿色,无毛或微有毛,下面淡绿色,沿中脉被柔毛,密被黑色下陷的腺点。

花为总状花序,顶生或腋生,偏向一侧。苞片叶状,卵圆状披针形至披针形,近无毛。花萼二唇形,紫绿色,上唇背部有盾状附属物,膜质。花冠二唇形,蓝紫色或紫红色,上唇盔状,先端微缺,下唇宽,稍露出。子房褐色,无毛,4 深裂,生于环状花盘上,花柱细长,先端微裂。小坚果,三棱状椭圆形,表面粗糙,黑褐色,果内含种子 1 枚。

9. 黄芪

二维码 1-101

黄芪有 2 种原植物,即蒙古黄芪[*Astragalus membranaceus* (Fisch.) Bge. var *mongholicus* (Bge.) Hsiao]和膜荚黄芪[*Astragalus membranaceus* (Fisch.) Bge.],均属豆科黄芪属的多年生草本植物。蒙古黄芪又名白皮芪(陕西)或混其日(蒙药音译),膜荚黄芪又名山爆仗(山东)或箭秆花(陕甘宁地区),均以干燥的根入药,其药材名为黄芪,原名黄耆,始载于《神农本草经》。黄芪的植株形态特征(二维码 1-101)如下:

蒙古黄芪主根长而粗壮,茎直立。奇数羽状复叶,小叶 12～18 对,小叶片小,宽椭圆形、椭圆形或长圆形,两端近圆形,上面无毛,下面被柔毛,托叶披针形。花为总状花序,腋生,常比叶长,具花 5～20 朵。花萼钟状,密被短柔毛,具 5 萼齿。花冠黄色至淡黄色,旗瓣长圆状倒卵形,翼瓣及龙骨瓣均有长爪。二体雄蕊,子房光滑无毛。荚果膜质,膨胀,半卵圆形,先端有短喙,基部有长的子房柄,均无毛。

膜荚黄芪多年生草本,主根肥厚,木质,分枝灰白色。茎直立,上部多分枝有细棱,被白色柔毛。叶片也为奇数羽状复叶,小叶 6～13 对,先端钝、圆或微凹,有时具小刺尖,有托叶。总状花序稍密,有 10～20 朵花。花萼钟状,被黑色或白色短毛。花冠黄色至淡黄色,或有时稍带淡紫红色。子房有柄,被柔毛。荚果薄膜质,稍膨胀,半椭圆形,被黑色或黑白相间的短伏毛。

果茎超出萼外，种子 3～8 枚。

(二)全草类

全草类药用植物的药用部位为植物的茎叶或全株，如广藿香、薄荷、荆芥、益母草、酸模、细辛、肉苁蓉、紫苏、艾蒿、鱼腥草、车前、蒲公英和紫花地丁等。

1. 藿香

藿香是一味用途很广的芳香化湿药，能芳香化浊，开胃止呕，解表解暑，凡湿浊内停无论寒热虚实或兼表与否皆可选用。目前市场上藿香的主流商品药材有 2 种，即广藿香和藿香。藿香的植株形态特征(二维码 1-102)如下：

二维码 1-102

①藿香(*Agastache rugosa* Fisch. et Mey. O. Ktze.)：又名合香、苍告或山茴香等，属于唇形科藿香属的多年生草本植物，干燥地上部分可入药，俗称“土藿香”。全国各地均产，主产于四川、江苏、浙江、湖南和广东等地。茎直立，四棱形，上部被极短的细毛，下部无毛，在上部具能育的分枝。叶对生，呈心状卵形至长圆状披针形，边缘具粗齿，叶上面近无毛，下面被微柔毛及点状腺体。轮伞花序，在主茎或侧枝上组成顶生密集的圆筒形穗状花序，花序基部的苞叶披针状线形，长渐尖；轮伞花序具短梗，被腺微柔毛。花萼管状倒圆锥形，被腺微柔毛及黄色小腺体。花冠淡紫蓝色。雄蕊伸出花冠，花丝细，扁平，无毛。花柱与雄蕊近等长，丝状，先端相等 2 裂。成熟小坚果卵状长圆形。气香，味微辛、苦。

②广藿香(*Pogostemon cablin* Blanco. Benth.)：又名刺蕊草、枝香、南香或藿香等，属于唇形科刺草属的多年生草本或半灌木植物，以干燥地上部分入药。原产亚洲菲律宾等亚热带地区，我国主产于广东、海南。茎略呈方柱形，多分枝，表面被柔毛，质脆，易折断，断面中部有髓，老茎类圆柱形，被灰褐色栓皮。叶对生，皱缩成团，展平后叶片呈卵形或椭圆形，两面均被灰白色茸毛。先端短尖或钝圆，基部楔形或钝圆，边缘具大小不规则的钝齿。叶柄细，被柔毛。轮伞花序，10 朵花，下部的稍疏离，向上密集，排列成穗状花序，顶生及腋生，密被长绒毛，具总梗，密被绒毛。苞片及小苞片线状披针形，比花萼稍短或与其近等长，密被绒毛。花萼筒状，外被长绒毛，内被较短的绒毛，齿钻状披针形，长约为萼筒 1/3。花冠紫色，裂片外面均被长毛。雄蕊 4 枚，外伸，具髯毛。花柱先端近相等 2 浅裂。小坚果椭圆形，平滑。气香特异，味微苦。

2. 薄荷

薄荷(*Mentha haplocalyx* Briq.)又名香薷草、鱼香草、土薄荷或水薄荷等，属于唇形科薄荷属的多年生草本植物，干燥全草入药，是一种有特种经济价值的芳香作物。薄荷的植株形态特征(二维码 1-103)如下：

二维码 1-103

茎直立，下部数节具纤细的须根及水平匍匐根状茎，呈锐四棱形，有对生分枝，表面紫棕色或淡绿色，棱角处具茸毛，质脆，断面白色，髓部中空。叶对生，有短柄。叶片皱缩卷曲，完整者展平后呈宽披针形、长椭圆形或卵形，上表面深绿色，下表面灰绿色，稀被茸毛，有凹点状腺鳞。

花为轮伞花序，腋生，轮廓球形，具梗或无梗，被微柔毛或近于无毛。花萼管状钟形，外被微柔毛及腺点，萼齿 5 枚。花冠淡紫，外面略被微柔毛。雄蕊 4 枚，均伸出于花冠之外。花柱略超出雄蕊，先端近相等 2 浅裂，裂片钻形。花盘平顶。小坚果卵珠形，黄褐色，具小腺窝。揉搓后有特殊清凉香气，味辛凉。

3. 肉苁蓉

二维码 1-104

肉苁蓉(*Cistanche deserticola* Y. C. Ma)又名寸芸或苁蓉,属于列当科肉苁蓉属的多年生专性寄生植物,以干燥带鳞片的肉质茎入药。其寄主为柽柳属植物,肉苁蓉从寄主中吸取养分及水分。其素有“沙漠人参”之美誉,具有极高的药用价值,是中国传统的名贵中药材。肉苁蓉的植株形态特征(二维码 1-104)如下:

茎呈扁圆柱形,稍弯曲,不分枝或自基部分 2～4 枝。表面棕褐色或灰棕色,密被覆瓦状排列的肉质鳞叶,通常鳞叶先端已断。

花序穗状,花序下半部或全部苞片较长,与花冠等长或稍长,卵状披针形、披针形或线状披针形,连同小苞片和花冠裂片外面及边缘疏被柔毛或近无毛。小苞片 2 枚,卵状披针形或披针形,与花萼等长或稍长。花萼钟状,顶端 5 浅裂,裂片近圆形。花冠筒状钟形,顶端 5 裂,裂片近半圆形,边缘常稍外卷,颜色有变异,淡黄白色或淡紫色,干后常变棕褐色。雄蕊 4 枚,花丝着基部被皱曲长柔毛,花药长卵形,密被长柔毛,基部有骤尖头。子房椭圆形,基部有蜜腺,花柱比雄蕊稍长,无毛,柱头近球形。蒴果卵球形,顶端常具宿存的花柱,2 瓣开裂。种子椭圆形或近卵形,外面网状,有光泽。

4. 荆芥

二维码 1-105

荆芥(*Nepeta cataria* L.)又名荆荠、线荠、四棱杆蒿或假苏等,属于唇形科荆芥属的多年生植物,以干燥的地上部分入药。荆芥为发汗、解热药,是中华常用草药之一。荆芥的植株形态特征(二维码 1-105)如下:

茎直立,方柱形,上部有分枝,表面淡黄绿色或淡紫红色,被短柔毛。叶对生,卵状至三角状心脏形,3～5 羽状分裂,上面黄绿色,被极短硬毛,下面略发白,被短柔毛但在脉上较密。叶片裂片细长。

花为穗状轮伞花序,顶生。花冠多已脱落,宿萼钟形,顶端 5 齿裂,淡棕色或黄绿色,被短柔毛;雄蕊内藏,花丝扁平,无毛。花柱线形,先端 2 等裂。花盘杯状,裂片明显。子房无毛。小坚果卵形,矩圆状三棱形,灰褐色。气芳香,味微涩而辛凉。

5. 艾蒿

二维码 1-106

艾蒿(*Artemisia argyi* Levl. et Van)又名家艾、艾叶或陈艾等,属于菊科蒿属的多年生草本或略成半灌木状植物,植株有浓烈香气。艾蒿的植株形态特征(二维码 1-106)如下:

主根明显,略粗长,侧根多,常有横卧地下根状茎及营养枝。茎单生或少数,有明显纵棱,褐色或灰黄褐色,基部稍木质化,上部草质,并有少数短的分枝,被柔毛。叶厚纸质,上面被灰白色短柔毛,并有白色腺点与小凹点,背面密被灰白色密绒毛。基生叶具长柄,花期萎谢;茎下部叶近圆形或宽卵形,羽状深裂,每侧具裂片 2～3 枚;中部叶卵形、三角状卵形或近菱形,一(至二)回羽状深裂至半裂,每侧裂片 2～3 枚,基部通常无假托叶或极小的假托叶;上部叶与苞片叶羽状半裂、浅裂或 3 深裂或 3 浅裂,或不分裂,为椭圆形、长椭圆状披针形、披针形或线状披针形。

花为头状花序,椭圆形,无梗或近无梗,每数枚至 10 余枚在分枝上排成小型的穗状花序或复穗状花序,并在茎上通常再组成狭窄、尖塔形的圆锥花序,花后头状花序下倾。瘦果长卵形或长圆形。

6. 益母草

益母草(*Leonurus japonicus* Houtt.)又名益母蒿、坤草或茺蔚等,属于唇形科益母草属的一年生或二年生草本植物,以新鲜或干燥地上部分入药。鲜品春季幼苗期至初夏花前期采割;干品夏季茎叶茂盛、花未开或初开时采割,整株晒干或切段晒干。益母草的植株形态特征(二维码 1-107)如下:

二维码 1-107

茎直立,单一或有分枝,四棱形,四面凹下成纵沟,断面中部有白色髓,表面灰绿色或黄绿色,被微毛。叶形多种,茎中部叶交互对生,有柄。叶片灰绿色,多皱缩和破碎,易脱落。完整者下部叶掌状 3 裂,上部叶羽状深裂或 3 浅裂,最上部的叶不分裂,线形,近无柄。

花为轮伞花序,腋生,小花淡紫色,花冠多脱落,花萼筒状,上端 5 个尖齿,小苞片针刺状,无花梗。小坚果褐色,三棱形,上端较宽而平截,基部楔形。

(三)花类

花类其药用部位为植物的花、花蕾或花柱,如忍冬(金银花)、红花、番红花或菊花等。

1. 忍冬(金银花)

忍冬(*Lonicera japonica* Thunb.)属于忍冬科忍冬属的多年生半常绿缠绕灌木,别名金银花,可作观赏植物,也可入药。常作中药使用的金银花为植物忍冬(*Lonicera japonica* Thunb.)、华南忍冬(*Lonicera confuse* Sweet DC.)、菰腺忍冬(*Lonicera hypoglauca* Miq.)和黄褐毛忍冬(*Lonicera fulvotomentosa* Hsu et S. C. Cheng)的花蕾。带叶的茎枝名为忍冬藤,也可供药用。忍冬的植株形态特征(二维码 1-108)如下:

二维码 1-108

半常绿藤本,幼枝橘红褐色,密被黄褐色并开展的硬直糙毛、腺毛和短柔毛,下部常无毛。叶卵形至矩圆状卵形,极少有 1 至数个钝缺刻,顶端尖或渐尖,基部圆或近心形,有糙缘毛,小枝上部叶通常两面均密被短糙毛。叶柄密被短柔毛。

总花梗通常单生于小枝上部叶腋,与叶柄等长或稍较短,密被短柔毛,并夹杂腺毛。苞片大,叶状,卵形至椭圆形。萼筒无毛,萼齿卵状三角形或长三角形,顶端尖而有长毛,外面和边缘都有密毛。花冠白色,有时基部向阳面呈微红,后变黄色,唇形。雄蕊和花柱均高出花冠。果实圆形,熟时蓝黑色,有光泽。种子卵圆形或椭圆形,褐色,中部有凸起的脊,两侧有浅的横沟纹。

2. 红花

红花(*Carthamus tinctorius* L.)又名红蓝花或刺红花,属于菊科红花属的一年生草本植物。干燥的管状花可入药,其具特异香气,味微苦,以花片长、色鲜红、质柔软者为佳。

二维码 1-109

其形态特征(二维码 1-109)与类型识别见第一章第五节油料作物形态特征观察与类型识别红花。

3. 菊花

菊花(*Dendranthema morifolium* Ramat. Tzvelev)又名寿客、金英、黄华、秋菊或隐逸花等,属于菊科菊属的多年生宿根草本植物。以干花入药,尤以色黄无梗、完整、味苦且花未全开者为佳。菊花的植株形态特征(二维码 1-110)如下:

二维码 1-110

茎直立,分枝或不分枝,被柔毛。单叶互生,柄下两侧有托叶或退化,叶卵形至长圆形,边缘有缺刻及锯齿。

头状花序单生或数个集生于茎枝顶端。花序上着 2 种形式的花:一种为筒状花,俗称"花心",花冠连成筒状,两性花,中心生 1 枚雌蕊,柱头 2 裂,子房下位 1 室,围绕花柱 5 枚聚药雄蕊。另一种为舌状花,生于花序边缘,俗称"花瓣",花内雄蕊退化,雌蕊 1 枚。瘦果(一般称为"种子"),上端稍尖,呈扁平楔形,表面有纵棱纹,褐色,果内结 1 粒无胚乳的种子,千粒重约 1 g。

(四)果实及种子类

果实及种子类药用植物的药用部位为成熟或未成熟的果皮、果肉、果核或种仁,如枸杞、栝楼、山茱萸、五味子、木瓜、酸橙、酸枣仁、砂仁、使君子和罗汉果等。

1. 枸杞

枸杞是茄科枸杞属的多年生灌木或小乔木植物。枸杞是商品枸杞子、植物宁夏枸杞(*Lycium barbarum* L.)和中华枸杞(*Lycium chinense* Mill.)等枸杞属物种的统称。人们日常食用和药用的枸杞子多为宁夏枸杞的果实"枸杞子"。宁夏枸杞是唯一载入《2010 年版中国药典》的品种。枸杞的植株形态特征(二维码 1-111)如下:

二维码 1-111

中华枸杞为多分枝灌木,枝条细长,幼枝有棱角,外皮灰色,无毛,通常具短棘,生于叶腋。叶互生或数片丛生。叶片卵状菱形至卵状披针形,先端尖或钝,基部狭楔形,全缘,两面均无毛。花腋生,通常单生或数花簇生,花萼钟状,先端 3～5 裂。花冠漏斗状,管之下部明显细缩,然后向上逐渐扩大,先端 5 裂,裂片长卵形,与管部几乎等长,紫色,边缘具疏纤毛,管内雄蕊着生处稍上方具柔毛一轮。雄蕊 5 枚,着生花冠内,花药丁字形着生,2 室,花丝通常伸出。雌蕊 1 枚,子房长圆形,花柱细。浆果卵形或长圆形,深红色或橘红色。种子多数,肾形而扁,棕黄色。

宁夏枸杞灌木或经栽培后而成小乔木状,主枝数条,粗壮,果枝细长。外皮淡灰黄色,刺状枝短而细,生于叶腋。叶互生,或数片丛生于短枝上,叶柄短,叶片狭倒披针形、卵状披针形或卵状长圆形,先端尖,基部楔形或狭楔形而下延成叶柄,全缘,上面深绿色,下面淡绿色,无毛。花腋生,通常 1～2 朵簇生,或 2～5 朵簇生于短枝上。花萼钟状,先端 2～3 深裂;花冠漏斗状,先端 5 裂,裂片卵形;粉红色或淡紫红色,具暗紫色脉纹,管内雄蕊着生处之上方有一轮柔毛。雄蕊 5 枚,雌蕊 1 枚,子房长圆形,2 室,花柱线形。浆果卵圆形、椭圆形或阔卵形,红色或橘红色。种子多数近圆肾形而扁平。

2. 栝楼

栝楼(*Trichosanthes kirilowii* Maxim.)属于葫芦科栝楼属的多年生攀缘草本。其中以干燥果实(即全栝楼、栝楼种子和栝楼皮)入药,干燥的栝楼根又名天花粉。栝楼的植株形态特征

(二维码 1-112)如下:

攀援藤本,茎较粗,多分枝,具纵棱及槽,被白色伸展柔毛。块根圆柱状,粗大肥厚,富含淀粉,淡黄褐色。叶近圆形,常 3～5(7)浅裂至中裂,上表面深绿色,粗糙,背面淡绿色,两面沿脉被长柔毛状硬毛,基出掌状脉 5 条,细脉网状。叶柄具纵条纹,被长柔毛。卷须 3～7 歧,被柔毛。

二维码 1-112

花为雌雄异株。雄总状花序单生,或与一单花并生,或在枝条上部者单生,顶端有 5～8 朵花,小苞片倒卵形或阔卵形,中上部具粗齿,基部具柄,被短柔毛。花萼筒状,被短柔毛,裂片披针形,全缘。花冠白色,裂片倒卵形,顶端中央具 1 个绿色尖头,两侧具丝状流苏,被柔毛。花药靠合,花丝分离,粗壮,被长柔毛。雌花单生,花梗被短柔毛。花萼筒圆筒形,裂片和花冠同雄花。子房椭圆形,绿色,柱头 3 枚。果实椭圆形或圆形,成熟时黄褐色或橙黄色。种子卵状椭圆形,淡黄褐色,近边缘处具棱线。

三、能源作物形态特征与类型识别

能源作物是各种以提供制取燃料原料或提供燃料油为目的的栽培植物总称。能源作物是再生能源,取之不尽,用之不竭,除了具有无限的能源开发前景,可以解决能源的需求危机外,还可以减少工业废弃物的产生,有利于环境保护。已知的能源作物有柳枝稷、甜高粱和甘蔗等。

(一)柳枝稷

柳枝稷(*Panicum virgatum* L.)属于禾本科黍属的多年生草本植物,原产北美,中国引种栽培。其种植成本低,生长迅速,对环境适应性强。柳枝稷既可作为饲草,又可作为水土保持和风障植物,还可作为生物燃料和生产替代能源的原材料。柳枝稷的植株形态特征(二维码 1-113)如下:

二维码 1-113

根茎被鳞片,秆直立,质较坚硬,高 1～2 m。叶片线形,两面无毛或上面基部具长柔毛,叶鞘无毛,上部的短于节间。叶舌短小,顶端具睫毛。

圆锥花序开展,分枝粗糙,疏生小枝与小穗。小穗椭圆形,无毛,绿色或带紫色,第一颖长为小穗的 2/3～3/4,顶端尖至喙尖,具 5 脉。第二颖与小穗等长,顶端喙尖。第一外稃与第二颖同形但稍短,顶端喙尖,其内稃较短,内包 3 枚雄蕊。第二外稃长椭圆形,顶端稍尖,平滑,光亮。

(二)甜高粱

糖用高粱别名甜高粱或芦粟。其形态特征(二维码 1-114)与识别见第一章第二节其他禾谷类作物形态特征与类型识别。

(三)甘蔗

甘蔗形态特征与识别见第一章第七节糖料作物形态特征与类型识别。

二维码 1-114

四、香料作物形态特征与类型识别

香料植物是能分泌和积累具有芳香气味物质的一类植物,如薰衣草和白苏子等。香料植物不仅在香料工业和食品工业中有重要的作用,而且在医药、皮革、塑料等日用工业中也有广泛的用途。

（一）薰衣草

二维码 1-115

薰衣草（*Lavandula angustifolia* Mill.）又名香水植物、灵香草、香草或黄香草等，属于唇形科薰衣草属的多年生芳香植物，原产地为地中海地区。薰衣草油的主要成分为乙酸芳樟酯和芳樟醇，香气成分为薰衣草醇和乙酸薰衣草酯。薰衣草主要用于香水和香皂工业，医药上则用作兴奋祛风剂和药物矫味剂，也可用作在瓷器工业上描绘时的调色剂，同时也是优良的蜜源植物。薰衣草的植株形态特征（二维码 1-115）如下：

半灌木或矮灌木，分枝，被星状绒毛，在幼嫩部分较密。老枝灰褐色或暗褐色，皮层作条状剥落，具有长的花枝及短的更新枝。叶条形或披针状条形，被或疏或密的灰色星状绒毛，干时灰白色或橄榄绿色，全缘而外卷。

花为轮伞花序，通常具 6～10 朵花，多数在枝顶聚集成间断或近连续的穗状花序，花序梗密被星状绒毛。苞片菱状卵圆形，先端渐尖成钻状，具 5～7 脉，干时常带锈色，被星状绒毛，小苞片不明显。花具短梗，蓝色，密被灰色、分枝或不分枝绒毛。花萼卵状管形或近管形，内面近无毛，二唇形。花冠长约为花萼的 2 倍，具 13 条脉纹，3 裂，裂片较小。雄蕊 4 枚，花药被毛。花柱被毛，在先端压扁，卵圆形。花盘 4 浅裂，裂片与子房裂片对生。坚果，椭圆形，光滑，有光泽。全株略带木头甜味的清淡香气，因花、叶和茎上的绒毛均藏有油腺，轻轻碰触油腺即破裂而释出香味。

（二）白苏

二维码 1-116

白苏[*Perilla frutescens*（L.）Britt.]属于唇形科紫苏属植物的一年生草本植物。紫苏（*Perilla frutescens var. crispa*）是白苏的变种。

其形态特征（二维码 1-116）与识别见第一章第五节油料作物形态特征与类型识别中的紫苏。

第九节　饲料与绿肥作物形态特征与类型识别

饲料与绿肥作物是以供畜禽饲用和直接肥田为目的而种植的作物。在我国的饲用与绿肥作物中，以饲用为主的作物有 13 个科、81 个属、177 个种。其中，主要栽培种有 81 个，可在生产上利用的其他栽培种有 96 个。以生产绿肥为主的作物有 8 个科、19 个属、33 个种，其中，主要栽培种有 13 个，可在生产上利用的其他栽培种有 20 个。按其用途和植物学系统相结合的方法，饲料与绿肥作物主要分为旱生的豆科饲料与绿肥作物、禾本科饲料与绿肥作物及水生型饲料与绿肥作物。

一、豆科饲料与绿肥作物形态特征与类型识别

豆科饲料与绿肥作物主要有苜蓿、草木樨、田菁、沙打旺、紫云英、三叶草和苕子等。

（一）苜蓿

苜蓿（*Medicago Sativa* L.）属于豆科苜蓿属的多年生草本植物，原产于中亚细亚和伊朗一带，是世界分布最广的栽培牧草。苜蓿以“牧草之王”著称，不仅产量高，而且草质优良，各种

畜禽均喜食。苜蓿的植株形态特征(二维码 1-117)如下：

根为直根系，主根粗而长。根与茎相接处略膨大，称为根颈，是越冬芽及分枝的着生处。茎直立或半直立，多分枝，一般有 25～40 个。三出羽状复叶，互生，托叶部分与叶柄合生，全缘或齿裂，小叶边缘通常具锯齿，侧脉直伸至齿尖。

二维码 1-117

花为总状花序，由 20～30 朵小花组成，蝶形花，腋生，有时呈头状或单生。苞片小或无。萼片钟形或筒形，萼齿 5 枚。花冠黄色，紫苜蓿及其他杂交种常为紫色、褐色等。雄蕊两体，花丝顶端不膨大，花药同型。花柱短，锥形或线形，两侧略扁，无毛，柱头顶生，子房线形，无柄或具短柄，胚珠 1 至多枚。异花授粉，虫媒为主。荚果螺旋形转曲、肾形、镰形或近于挺直，背缝常具棱或刺，有种子 1 至多枚。种子小，通常平滑，多少呈肾形，无种阜，千粒重为 2～3 g。

(二)草木樨

草木樨[*Melilotus officinalis* (L.) Pall.]属于豆科草木樨属的一年生和二年生草本植物，原产于欧亚接壤地区，现在是我国北方的主要绿肥与饲料作物。草木樨的植株形态特征(二维码 1-118)如下：

二维码 1-118

主根肥大并多侧根。茎直立，圆形，中空，具分枝，腋芽分化早，刈割后易再生分枝。羽状三出复叶，叶缘有锯齿，叶片肥厚，有苦味。

花为总状花序，花小，蝶形，腋生。苞片刺毛状，花梗与苞片等长或稍长。萼钟形，萼齿三角状披针形。花冠黄色或白色，蜜腺发达，开花期长达 50 d 以上。荚卵圆形或椭圆形，有皱纹。黄花草木樨荚内含褐色矩形种子 1 粒，白花草木樨荚内含黄褐色肾形种子 1～2 粒。千粒重为 2～2.2 g，硬子率高，生活力可保持数年。

具有经济价值的草木樨栽培种主要有 6 种。

①白花草木樨：产草量和产种量高，是主要栽培品种。

②黄花草木樨：产草量低，抗干旱，耐瘠，耐盐碱。

③香花草木樨：抗逆性强，产草少，饲料质量差。

④细齿草木樨：植株中香豆素含量低，饲用适口性好，耐盐碱，但苗期抗旱性差。

⑤印度草木樨：抗热，早熟。

⑥伏尔加草木樨：耐旱，耐寒，产量低，干草比较柔软。

(三)田菁

田菁(*Sesbania cannabina* Retz. Poir.)又名碱草或涝豆，属于豆科田菁属的一年生或多年生草本植物，原产于热带和亚热带地区。田菁适应性强，耐盐、耐涝、耐瘠、耐旱，性喜温暖、湿润。田菁的茎和叶均可作绿肥及牲畜饲料。田菁的植株形态特征(二维码 1-119)如下：

二维码 1-119

主根粗大，根深可达 1 m 以上，侧根发达。在浇水条件下，根的淹水部分形成白色海绵状组织开口于水面上。根瘤集中在根基部，其上的根瘤菌仍有固氮能力。茎光滑，绿色或红色，多分枝。开花前茎渐趋木质化，质脆易断。偶数羽状复叶，小叶 20～30 对，对生或近对生，线状长圆形，上面无毛，下面幼时疏被柔毛，两面被紫色小腺点。对光敏感，昼开夜合。

花黄色，3～8 朵小蝶形花，排列成疏松的总状花序，腋生。荚果细长，老熟时呈黄褐色，内结种子 15～30 粒。种子短圆柱状，黄褐色，表面有蜡质光泽，千粒重为 14～16 g。

（四）沙打旺

二维码 1-120

沙打旺（*Astragalus adsurgens* Pall.）又名直立黄芪、麻豆秧、薄地犟、苦草或地丁等，属于豆科黄芪属的多年生草本植物，原产中国，是饲用、绿肥、固沙及水土保持兼用作物。沙打旺的植株形态特征（二维码 1-120）如下：

茎丛生，主茎常不明显，分枝多。主根粗长，侧根较多，具大量根瘤。奇数羽状复叶，小叶 7～25 片，长椭圆形。

花为长总状花序，蝶形花，蓝紫色。总花梗很长，每个花序有 17～79 朵小花。荚果竖立，矩形或椭圆形，顶端有向下弯的喙，2 室，内含黑褐色种子 4～10 粒。种子圆形，千粒重为 1.5～2 g。

（五）紫云英

二维码 1-121

紫云英（*Astragalus sinicus* L.）又名翘摇、红花草或红花草子等，属于豆科黄芪属的一年生或越年生草本植物，原产于中国，常作为重要的蜜源植物、绿肥作物和牧草。紫云英的植株形态特征（二维码 1-121）如下：

主根肥大，侧根发达，根上有短棒状和球状根瘤。茎直立或匍匐，中空，多分枝。奇数羽状复叶，叶柄较叶轴短，小叶 7～13 片。托叶离生，小叶倒卵形或椭圆形，先端钝圆或微凹，基部宽楔形，上面近无毛，下面散生白色柔毛。

花为总状花序，呈伞形，总花梗腋生，苞片三角状卵形，花梗短。花萼钟状，萼齿披针形。花冠紫红色或橙黄色，旗瓣倒卵形，瓣片长圆形。荚果线状长圆形，顶端喙状，每荚内结 5～10 粒种子。种子肾形，黄绿色，具有光泽，千粒重为 3.2～3.4 g。

（六）三叶草

二维码 1-122

三叶草（*Trifolium* L.）又名车轴草，属于豆科三叶草属的一年生或多年生草本植物。目前，我国栽培较多的为红三叶草、白三叶草和杂三叶草等。三叶草草质柔嫩，营养丰富，是优良的牧草和绿肥作物。可青饲，亦可晒制干草或放牧。三叶草的植株形态特征（二维码 1-122）如下：

红三叶草、白三叶草和杂三叶草的植物学性状比较如表 1-19。

表 1-19　3 种三叶草植物学性状比较

性状	红三叶草	白三叶草	杂三叶草
学名	*Trifolium hybridum* L.	*Trifolium repens* L.	*Trifolium pratense* L.
寿命	2～4 年	10 年以上	4～5 年
根	根系入土 60～90 cm，大多集中在 0～30 cm	主根短，侧根发达，根多集中在 10 cm 土层	侧根发达，根茎粗壮
茎	圆形，中空，直立或斜生，茎上有茸毛	茎实心，光滑匍匐生长，茎节上有不定根	茎细弱，斜生或匍匐

续表 1-19

性状	红三叶草	白三叶草	杂三叶草
叶	三出复叶，小叶卵形或椭圆，叶表面有“V”形白斑	三出复叶，小叶倒卵形，叶面有“V”形白斑或无	三出复叶，小叶卵形或椭圆形，叶面无“V”形白斑
花	头形总状花序，生于茎顶或腋生，红色	头形总状花序，腋生，淡红或白色	头形总状花序，腋生，花梗长于叶柄，花白色或粉红色
荚及种子	荚果小，横裂，每荚含种子 1 粒，椭圆形或肾形，千粒重为 1.5 g	荚果小，细长，内含种子 3～4 粒，呈心脏形，千粒重为 0.5～0.7 g	结荚下垂，内含种子 1～3 粒，呈椭圆形或心脏形，千粒重为 0.75 g

（七）苕子

苕子（*Vicia villosa* Roth.）又名毛苕子、长柔毛野豌豆或冬苕子，属于豆科野豌豆属的一年生或越年生的豆科草本植物。原产于欧洲、中亚和伊朗，我国常用的种类主要有光叶苕子、毛叶苕子和兰花苕子等，均是优良牧草及绿肥作物。苕子的植株形态特征（二维码 1-123）如下：

二维码 1-123

直根系，主根较细、根系发达。根瘤圆形，或有分叉，或呈鸡冠状。主茎不明显，细长，柔软，蔓生，主茎基部抽出一次分枝 5～15 个。茎四棱形，中空，有茸毛。偶数羽状复叶，小叶 5～10 对，小叶长卵形或披针形，顶端有卷须，可攀缘。

花为总状花序，腋生，花萼斜钟形，萼齿近锥形，花冠紫色、淡紫色或紫蓝色。荚果长圆状菱形，侧扁，先端具喙。种子球形，表皮黄褐色至黑褐色。

二、禾本科饲料与绿肥作物形态特征与类型识别

禾本科饲料与绿肥作物主要有苏丹草、黑麦草和雀麦草等。

（一）苏丹草

苏丹草（*Sorghum sudanense* Piper Stapf.）属于禾本科高粱属的一年生草本植物。原产于非洲，世界各国均有引种栽培。苏丹草的植株形态特征（二维码 1-124）如下：

二维码 1-124

根为须根系，粗壮发达，入土达 2 m 以上。秆较细，分蘖期长，分蘖数量多，生长迅速，再生能力好，一年可刈割 2～3 次。茎基部节上可产生分蘖，且分蘖力较强，一般达 20～30 个，整个生育期间都可能产生分蘖。叶片宽线形，叶鞘较长，全包茎，叶舌膜质，无叶耳。每茎有叶 7～8 片，叶色深绿，表面光滑。

花为疏散圆锥花序，分枝细长，小穗对生，其中结实小穗无柄，不结实小穗有柄，颖片厚而有光泽。颖果椭圆形至倒卵状椭圆形。种子扁卵形，颜色有黄色、棕色、黑色之分，千粒重为 9～15 g。

（二）黑麦草

多年生黑麦草（*Lolium perenne* L.）又名英国黑麦草或宿根黑麦草，属于禾本科黑麦属的多年生草本植物，原产于欧洲西南、北非及亚洲西南，是世界温带地区最重要的禾本科牧草。黑麦草的植株形态特征（二维码 1-125）如下：

二维码 1-125

根系发达，但入土较浅。茎秆直立，中空，扁平光滑。分蘖多，单株分蘖50～60个或更多。疏丛型，叶脉明显，叶背有光泽，叶多下披。叶舌膜质，叶耳小。叶鞘长于节间，或与节间等长，紧包茎秆。

花为穗状花序，每穗有小穗15～25个。小穗无柄，紧密互生于穗轴两侧，有花5～11枚，结实3～5粒。异花授粉。种子为颖果，梭形，外颖无芒。千粒重为1.5～2.0 g。

二维码 1-126

(三)无芒雀麦

无芒雀麦(*Bromus inermis* Leyss.)又名雀麦草、无芒草、光雀麦或禾萱草，属于禾本科雀麦属的多年生草本植物。原产于欧洲和亚洲。无芒雀麦适应性广，生命力强，可青饲、制成干草和青贮，是一种放牧和打草兼用的优良牧草，被誉为"禾草饲料之王"。无芒雀麦的植株形态特征(二维码1-126)如下：

根系发达，具横走根状茎。茎秆直立，圆形，有4～6节，疏丛生，无毛或节下具倒毛。叶薄，长而宽，叶脉细，叶缘有短刺毛。叶鞘完整，无叶耳，叶舌膜质，短而钝。茎叶光滑无毛，绿色略浅。

花为圆锥花序，每小穗由4～8朵花组成，颖2片，大小不等，膜质，不脱落，狭而尖锐，外稃边缘膜质，顶端无芒或有短芒，内稃较短，薄如膜。颖果长圆形，褐色。种子扁平，千粒重为3.2～4 g。

三、水生型饲料与绿肥作物形态特征与类型识别

水生型饲料与绿肥作物主要有红萍、水葫芦和水花生等。

二维码 1-127

(一)红萍

红萍(*Azolla imbircata* Roxb. Nakai)又名满江红、红浮萍、紫藻或三角藻，属于满江红科满江红属的一年生浮水生蕨类植物(二维码1-127)。

个体很小，呈三角形、菱形或类圆形。根状茎细弱，横卧，羽状分枝，须根下垂到水中。叶细小如鳞片，肉质，在茎上排列成2行，互生。每一叶片都深裂成2瓣，上瓣肉质，浮在水面上，绿色，秋后变红色，能进行光合作用。下瓣膜质，斜生在水中，没有色素。孢子囊果成对生于分枝基部的沉水叶片上。满江红常与蓝藻中的项圈藻(鱼腥藻)共生，项圈藻能固定大气中的氮气。因此，它可以作为水稻的优良绿肥，也可作鱼类和家畜的饲料。

二维码 1-128

(二)水葫芦

水葫芦(*Eichhornia crassipes* Mart. Solms)又名凤眼蓝，别称水浮莲、凤眼莲、布袋莲或浮水莲花等，属于雨久花科凤眼蓝属的浮水草本植物。原产于巴西，现广泛分布于世界各地，亦被列入世界百大外来入侵种之一。在我国广泛分布于长江、黄河流域及华南各省，常生于水塘、沟渠及稻田中。水葫芦的植株形态特征(二维码1-128)如下：

须根发达，棕黑色。茎极短，具长匍匐枝，匍匐枝淡绿色或带紫色，与母株分离后长成

新植物。叶在基部丛生，莲座状排列，一般 5～10 片。叶片圆形，宽卵形或宽菱形，顶端钝圆或微尖，基部宽楔形或在幼时为浅心形，全缘，具弧形脉，表面深绿色，光亮，质地厚实，两边微向上卷，顶部略向下翻卷。叶柄长短不等，中部膨大成囊状或纺锤形，内有许多多边形柱状细胞组成的气室，维管束散布其间，黄绿色至绿色，光滑。叶柄基部有鞘状苞片，黄绿色，薄而半透明。

花为穗状花序，通常具 9～12 朵花。花瓣紫蓝色，花冠略两侧对称，四周淡紫红色，中间蓝色，在蓝色的中央有 1 个黄色圆斑，花被片基部合生成筒。雄蕊贴生于花被筒上。花丝上有腺毛，花药蓝灰色，花粉粒黄色，子房长梨形，柱头上密生腺毛。蒴果卵形。

(三)水花生

水花生(*Alternanthera philoxeroides*)又名空心莲子草、喜旱莲子草或革命草，属于苋科莲子草属的水生或湿生多年生宿根性草本挺水植物。水花生原产于南美洲，我国长江流域各省水沟、水塘、湖泊均有野生。在我国南方是一种重要的水生饲草和绿肥兼用作物。水花生的植株形态特征(二维码 1-129)如下：

二维码 1-129

茎基部匍匐，管状，不明显 4 棱，具分枝，幼茎及叶腋有白色或锈色柔毛，茎老时无毛，仅在两侧纵沟内保留。叶片矩圆形、矩圆状倒卵形或倒卵状披针形，顶端急尖或圆钝，具短尖，基部渐狭，全缘。叶柄无毛或微有柔毛。

花密生，头状花序，单生在叶腋处，球形。苞片及小苞片白色，苞片卵形，花被片矩圆形，白色，光亮，无毛。退化雄蕊矩圆状条形，几乎和雄蕊等长，顶端裂成窄条。子房倒卵形，具短柄，背面侧扁，顶端圆形。

复习思考题

1.根据作物的用途和植物学系统相结合可将作物分成几类？请举例说明。

2.简述禾谷类作物共性的形态特征。

3.试比较小麦、大麦、黑麦和燕麦的营养器官和结实器官形态特征有何异同？

4.简述小麦分蘖及其发生规律。

5.根据玉米籽粒形状、胚乳淀粉的结构分布，以及籽粒外部稃壳的有无等性状，将玉米划分为几个类型？试述其形态特征。

6.简述粟和黍(稷)在形态上的差异。

7.简述水稻分蘖发生特征及两极分化诊断依据。

8.试述食用豆类作物共性的形态特征。

9.根据大豆的结荚习性将其分为几类？试比较其形态特征异同点。

10.简述甘薯 3 种根的形态特征。

11.简述无性繁殖的马铃薯植株四类茎的形态特征。

12.根据花生形态特征和生物学特性将其分为几个类型？试比较其形态特征异同点。

13.试述白菜型、芥菜型和甘蓝型油菜的形态特征异同点。

14. 简述棉花叶枝和果枝的形态区别。
15. 试比较棉花四大栽培种的主要形态和性状特征的异同点。
16. 试比较黄麻、亚麻、苎麻、苘麻和红麻的形态特征的异同点。
17. 简述甜菜块根可分为几个部分及其各自的形态特征。
18. 试比较甘蔗与甜高粱的形态特征的异同点。
19. 试比较红花烟草和黄花烟草的形态特征的异同点。
20. 简述北方常见特用作物的科属及其主要产品器官。
21. 简述饲料与绿肥作物的科属及其主要产品器官。

第二章　作物生长发育的特征特性观察

作物的生长是一个细胞分裂和伸长的过程，表现为植株体积增大和重量的增加，是量变的过程。作物的发育是细胞、组织和器官的分化过程，表现为形态、结构和功能的变化，是质变的过程。生长和发育两者互为条件，不可分割，生长是发育的基础，而发育又为进一步生长创造了条件。

作物的生长可分为营养生长和生殖生长，前者指根、茎（枝）、叶等营养器官的生长，后者指花、果实、种子等生殖器官的生长。一般以幼穗或花芽开始分化为界线，此前为营养生长阶段，幼穗或花芽开始分化为生殖生长开始的标志，但大多数作物开始生殖生长后，仍继续进行营养生长，称之为营养生长和生殖生长并进阶段，其时间的长短因作物和品种而异。

作物在生长发育过程中，其机体内部和外部形态必然表现出许多特征特性，掌握这些特征特性对于更好地运用田间管理技术，做到有的放矢是必不可少的。

第一节　主要作物生长发育进程的时序性观察

作物从出苗至成熟（或收获）的总天数，称为作物的生育期。根据作物产量的形成过程，各类作物均可概括地划分为生育前期、生育中期和生育后期 3 个生育阶段。各阶段均以一定的器官生长为中心，并且表现出不同的生育特点。处于生长中心的器官生长势强，在营养分配上也占据主导地位。如作物生育前期即苗期，是营养生长阶段，生长中心以根、茎、叶等营养器官为主。对于粒用类作物而言，生育中期是指花器（穗）分化至开花（或抽穗）这一阶段，块根（茎）作物生育中期是指蔓薯（茎）两旺期，茎用类作物生育中期是指产品器官成长期，其生长中心表现为营养器官和生殖器官（或产品器官）的生长并进，一般在生育中期末，作物的营养生长达最高峰。粒用类作物的生育后期是指其籽实发育期，块根（茎）类作物的生育后期是指其薯块迅速膨大、茎叶渐衰的时期，其生长中心以生殖器官或薯块为主。

作物的生育时期是指作物在发育过程中，其外部形态特征及内部结构总是呈现阶段性的显著变化的时期，这些变化是观测作物生育进程的基础，称为作物的生育时期。如玉米出苗期、拔节期、开花期、灌浆期、成熟期等。作物生育时期是农事管理的重要时间节点。

一、冬小麦生长发育过程观察与田间调查

（一）生育前期

生育前期是指从出苗期至起身期的这一阶段，包括越冬前、越冬期和返青期，以生根、长叶和增蘖为主，其中，分蘖增长有 2 个旺盛时期，即冬前的分蘖盛期和返青后的分蘖盛期，一般冬前和返青后发生的分蘖数分别占总分蘖数的 70%～80%和 20%～30%。这一阶段包括出苗期、分蘖期以及越冬期和返青期（表 2-1，彩图见二维码 2-1）。

二维码 2-1

表 2-1 冬小麦生育前期的植株形态和田间调查

生育时期	植株形态（个体标准）	田间调查（群体标准）
播种期	—	实际播种的日期
出苗期	幼苗的第一真叶伸出地面 2.0 cm	全田 50%的幼苗达到此标准的日期
分蘖期	植株的第一个分蘖伸出叶鞘 1 cm	全田 50%的植株达到此标准的日期
越冬期	植株地上部停止生长	日平均气温稳定在 3 ℃以下，植株地上部停止生长的日期
返青期	叶片由暗绿色变为青绿色，且植株新长出的叶片伸出叶鞘 1 cm，或（北方有些冬麦区越冬时小麦地上部枯死）植株心叶新生部分（为绿色）露出 1.5 cm	全田 50%的植株达到此标准的日期

（二）生育中期

二维码 2-2

生育中期是指从起身期至抽穗期的这一阶段，包括起身期、拔节期和孕穗期（表 2-2，彩图见二维码 2-2）。该期茎生叶片数增加，叶面积增大，节间伸长。起身期至拔节期分蘖数达到高峰并开始两极分化，表现为大分蘖加速生长，追赶主茎并最终成穗，小分蘖停止生长并逐渐枯死。抽穗前两极分化基本结束，亩穗数（1 亩≈666.7 m^2）基本稳定，幼穗分化基本结束，是决定穗粒数的关键时期。

表 2-2 冬小麦生育中期的植株形态和田间调查

生育时期	植株形态	田间调查
起身期	植株由匍匐状转为直立生长，春生第一叶叶鞘伸长，使其叶耳与冬前最后一片叶的叶耳距达到 1.5 cm	全田 50%的植株达到此标准的日期
拔节期	植株主茎基部第一伸长节间露出地面 1 cm	手摸或目测，全田 50%的植株达到此标准的日期
孕穗期	植株最后一叶（旗叶）叶片全部抽出（旗叶的叶枕露出，随后已抽出的旗叶叶鞘包着明显膨大的幼穗）	全田 50%的植株达到此标准的日期

（三）生育后期

二维码 2-3

生育后期是指从抽穗期至成熟期的这一阶段，包括抽穗期、开花期以及籽粒形成与灌浆过程等（表 2-3，彩图见二维码 2-3），需 30～40 d。抽穗开花后，营养器官基本停止生长，籽粒形成并开始灌浆，经乳熟、蜡熟和完熟等过程，籽粒内干物质不断积累，粒重增加，是决定产量的关键时期。

表 2-3 冬小麦生育后期的植株形态和田间调查

生育时期	植株形态	田间调查
抽穗期	麦穗的顶端小穗（不包括芒）由旗叶叶鞘露出 1/2	全田 50%的植株达到此标准的日期
开花期	麦穗中部小穗开花（内、外稃张开，黄色花药外露、散粉）	全田 50%的植株达到此标准的日期

续表 2-3

生育时期	植株形态	田间调查
乳熟期	麦穗籽粒形成，接近正常大小，内部充满白色乳液	全田 50%的植株籽粒达到此标准的日期
蜡熟期	籽粒颜色逐渐变黄，内部蜡质状，籽粒易被指甲划裂	全田 50%的植株籽粒达到此标准的日期
完熟期	籽粒坚硬，手搓不碎，具有本品种的色泽	全田 50%的植株籽粒达到此标准的日期

二、玉米生长发育过程观察与田间调查

(一)生育前期

生育前期即苗期，是指从出苗期至拔节期的这一阶段，包括播种期、出苗期和三叶期(表 2-4，彩图见二维码 2-4)。苗期以根系建成和长叶为主，所形成的次生根(节根)层数约占植株总次生根层数的一半，展开叶片数占总叶片数的 30%以上，并且完成叶原基和茎节的分化。

二维码 2-4

表 2-4　玉米生育前期的植株形态和田间调查

生育时期	植株形态	田间调查
播种期	—	实际播种的日期(土壤墒情差时则为浇蒙头水之日)
出苗期	幼苗第一片真叶出土、苗高达到 2 cm	全田 50%的幼苗达到此标准的日期
三叶期(离乳期)	植株第三片真叶伸出 2 cm	全田 50%的植株达到此标准的日期

(二)生育中期

生育中期即穗期，是指从拔节期至抽穗期的这一阶段，经历拔节期、大喇叭口期和抽雄期(表 2-5，彩图见二维码 2-5)，一般历时 25～35 d。穗期的营养生长旺盛，次生根层数增加 3～4 层，叶面积迅速扩大，展开叶片数占总叶片数的 30%以上，节间自下而上逐节伸长，株高增加。与此同时，植株由营养生长转向营养生长与生殖生长并进，雄穗和雌穗相继开始分化和形成。生育中期是玉米一生中生长最旺盛的时期。

二维码 2-5

表 2-5　玉米生育中期的植株形态和田间调查

生育时期	植株形态	田间调查
拔节期	基部第一伸长节间的长度达 2 cm，近地面用手可摸到茎节	全田 50%的植株达到此标准的日期
大喇叭口期	植株“棒三叶”伸出但未展开，心叶丛生，上平中空，侧面形状似喇叭	全田 50%的植株达到此标准的日期
抽雄期(抽穗期)	雄穗主轴顶端露出顶叶 3 cm	全田 50%的植株达到此标准的日期

二维码 2-6

（三）生育后期

生育后期即花粒期，是指从雄穗开花期至籽粒成熟期的这一阶段，经历开花散粉，吐丝受精，以及籽粒形成、灌浆和成熟等过程（表 2-6，彩图见二维码 2-6）。雄穗开花时，根、茎、叶等营养器官基本停止生长，进入以生殖生长为主的阶段，植株依次进行开花散粉、受精、结实、籽粒形成和灌浆，是产量形成的关键时期。

表 2-6　玉米生育后期的植株形态和田间调查

生育时期	植株形态	田间调查
开花期（散粉期）	雄穗主轴上的小花开始开花（花药外露、散粉）	全田 50%的植株达到此标准的日期
吐丝期	雌穗的花丝从苞叶中伸出 2 cm	全田 50%的植株达到此标准的日期
籽粒建成期	籽粒呈胶囊状、圆形，胚乳呈清浆状	全田 50%的植株达到此标准的日期
乳熟期	籽粒快速增重，胚乳呈乳状至糊状	全田 50%的植株达到此标准的日期
蜡熟期	籽粒开始变硬，胚乳呈蜡状，用指甲可划破	全田 50%的植株达到此标准的日期
成熟期	果穗苞叶枯黄、松散，籽粒变干变硬，乳线消失，基部出现黑层，并呈现出品种固有的颜色和光泽	全田 90%的植株达到此标准的日期

二维码 2-7

三、水稻生长发育过程观察与田间调查

（一）生育前期

生育前期是指从出苗至拔节所经历的时期（表 2-7，彩图见二维码 2-7），是长根、长叶、长分蘖，决定穗数的关键时期。

表 2-7　水稻生育前期的植株形态和田间调查

生育时期	植株形态	田间调查
播种期	—	实际播种的日期
出苗期	幼苗出土，苗高约 2 cm	全田 50%的幼苗达到此标准的日期
三叶期（断乳期）	植株第三片叶抽出并展开	全田 50%的植株达此标准的日期
返青期	移栽后秧苗由绿转黄，经过一段时间后，随着新根的生出和生长，秧苗又由黄转绿，心叶重新生长，即返青	全田 50%的植株达到此标准的日期
分蘖期	第一个分蘖的叶尖露出母茎叶鞘约 1 cm	全田 50%的植株达到此标准的日期
拔节期	植株基部由扁变圆，第一伸长节间的长度达到 1 cm（早稻）或 2 cm（中、晚稻）	全田 50%的植株达到此标准的日期

(二)生育中期

生育中期又称为长穗期,是指从幼穗开始分化到抽穗的这一阶段(表 2-8,彩图见二维码 2-8),是营养生长和生殖生长并进的时期,根、茎、叶等营养器官继续生长,同时进行幼穗分化,形成生殖器官。长穗期是决定穗粒数的关键时期,并为灌浆结实奠定基础,因此,是争取穗大粒多的关键时期。

二维码 2-8

(三)生育后期

生育后期又称为灌浆结实期,是指抽穗期至成熟期的这一阶段,经历抽穗、开花、受精、结实和灌浆等过程(表 2-9,彩图见二维码 2-9),是决定粒数、粒重,并最终决定产量的关键时期。

二维码 2-9

表 2-8　水稻生育中期的植株形态和田间调查

生育时期	植株形态	田间调查
幼穗分化期	剥取主茎顶端生长点,镜检观察到生长点下方出现第一苞原基(与生长锥中轴的夹角为钝角),即幼穗分化始于倒 4 叶出生的后半期(叶龄余数 3.0～3.5)	全田 50%的植株达到此标准的日期
孕穗期	剑叶叶枕露出(剑叶叶鞘包被的稻穗在发育接近完成时向外凸起,即孕穗,俗称“打苞”)	全田 50%的植株达到此标准的日期

表 2-9　水稻生育后期的植株形态和田间调查

生育时期	植株形态	田间调查
抽穗期	稻穗顶端伸出剑叶叶鞘 1 cm	全田 50%的植株达到此标准的日期(另外,齐穗期是全田 80%的植株达到此标准的日期)
开花期	稻穗的第一朵花开放	全田 50%的植株达到此标准的日期
乳熟期	稻穗中部籽粒的颖壳内充满乳浆状物质,呈乳浆状,手压开始有硬物感觉	全田 50%的植株达到此标准的日期
蜡熟期	稻穗中部籽粒内容物逐渐硬结,似蜡质,手压仍可变形,米粒背部绿色逐渐消失,谷壳稍微变黄	全田 50%的植株达到此标准的日期
完熟期	谷壳变黄,籽粒变硬,不易破碎,具有品种固有的色泽	全田 50%的植株达到此标准的日期
枯熟期	枝梗干枯,顶端枝梗易折断,谷壳黄色褪淡,米粒偶尔有横断痕迹	全田 50%的植株达到此标准的日期

四、棉花生长发育过程观察与田间调查

棉花的生育期是指从出苗到吐絮的总天数,大田生长期是从播种(或移栽)至收花结束(或拔秆)的总天数。

(一)生育前期

生育前期即苗期，是从出苗期至现蕾期的这一阶段(表 2-10，彩图见二维码 2-10)，一般历时 35～40 d。苗期以营养生长为主，主要是根、茎、叶生长，尤以根系生长最快，主根伸长比株高增长要快 4～5 倍。

二维码 2-10

表 2-10 棉花生育前期的植株形态和田间调查

生育时期	植株形态	田间调查
播种期	—	实际播种的日期
出苗期	子叶出土、平展	全田 50%的幼苗达到此标准的日期

(二)生育中期

生育中期是指从现蕾期至吐絮期的这一阶段，包括蕾期和开花结铃期(表 2-11，彩图见二维码 2-11)，一般历时 70～90 d。这一阶段营养生长和生殖生长并进。蕾期以营养生长占优势，根系扩展，叶面积增大，株高增加，果枝数、果节数和蕾数不断增加。花铃期生殖生长开始占优势，初花期茎、枝、叶仍有一定生长，盛花期后现蕾、开花、结铃等生殖生长已占据主导地位，营养生长变慢。

二维码 2-11

表 2-11 棉花生育中期的植株形态和田间调查

生育时期	植株形态	田间调查
现蕾期	幼蕾的苞叶最宽处达 3 mm	全田 50%的棉株的第一个蕾达到此标准的日期
开花期	棉株第一朵花开放	全田 50%的棉株达到此标准的日期
盛花期	棉株第四果枝上第一朵花开放	全田 50%的棉株达到此标准的日期
盛铃期	棉株第四果枝上第一节位棉铃直径达到 2 cm	全田 50%的棉株达到此标准的日期

(三)生育后期

生育后期即吐絮成熟期，是指从吐絮期至收花结束(或拔杆)的这一阶段(表 2-12，彩图见二维码 2-12)，一般历时 70～80 d。这一阶段，棉株的营养生长已衰退，根系吸收能力日渐下降，叶片逐渐衰老。该阶段以生殖生长为主，进入吐絮期时，伏桃正在逐渐成熟，秋桃正在形成并长大，是决定铃重和纤维品质的关键时期。

二维码 2-12

表 2-12 棉花生育后期的植株形态和田间调查

生育时期	植株形态	田间调查
吐絮期	棉铃充分开裂，铃壳翻转，各室均可见发育成熟的棉絮	全田 50%棉株的第一棉铃达到此标准的日期

五、花生生长发育过程观察与田间调查

(一)生育前期

生育前期包括种子萌发出苗期和苗期 2 个生育时期，是从播种至开花的这一阶段(表 2-13，彩图见二维码 2-13)。花生生育前期以根、茎、叶的生长为中心，且有效花芽是在这一阶段分化形成的。到开花，一般主根长度可达 50～60 cm，主茎叶片数达到 7～9 片，一次侧枝数达到 4 条以上，已有二次侧枝产生。

二维码 2-13

表 2-13　花生生育前期的植株形态和田间调查

生育时期	植株形态	田间调查
播种期	—	实际播种的日期
出苗期	幼苗出土，第一片真叶展开	全田 50%的幼苗达到此标准的日期
团棵期	主茎的叶片数达到 5～7 片，第四条侧枝的第一片真叶展开	全田 50%的植株达到此标准的日期

(二)生育中期

生育中期包括开花下针期(简称花针期)和结荚期 2 个生育时期，是从开花至出现饱果的这一阶段(表 2-14，彩图见二维码 2-14)。花生的生育中期营养生长和生殖生长并进。其中，开花下针期营养生长占有一定优势，叶片数迅速增加，占最高叶片数的 50%～60%，叶面积可达最高叶面积的 50%～70%；生殖生长也呈加快趋势，开花数可占总开花数的 50%～60%，果针数占总数的 30%～50%，且有较多果针已入土。到结荚后期，营养生长开始减慢，株高和叶片数定型，生殖生长逐渐取得优势，大批果针入土形成荚果，荚果重占最终果重的 30%～50%。

二维码 2-14

表 2-14　花生生育中期的植株形态和田间调查

生育时期	植株形态	田间调查
开花期	植株第一朵花开放	全田 50%的植株达到此标准的日期
盛花期	植株出现第一个鸡头状幼果	全田 50%的植株达到此标准的日期(开花下针期结束之日)
结荚期	植株出现第一个饱果	全田 50%的植株达到此标准的日期(结荚期结束之日)

(三)生育后期

花生生育后期即饱果成熟期(简称饱果期)，是从植株出现饱果至收获的这一阶段(表 2-15，彩图见二维码 2-15)。饱果成熟期以生殖生长为主，营养生长逐渐衰退直至停止，叶片逐渐变黄，根系活力显著降低，根瘤停止固定氮素。荚果迅速增重，饱果数和果重迅速增加，这一阶段所增加的果重

二维码 2-15

一般占总果重的50%～70%，是决定花生产量的重要时期。

表 2-15　花生生育后期的植株形态和田间调查

生育时期	植株形态	田间调查
成熟期	植株中、下部叶片脱落，上部叶片变成黄绿色，多数荚果成熟饱满，果壳内壁呈褐色或黑色，种子呈品种固有的颜色	全田50%的植株达到此标准的日期

六、冬油菜生长发育过程观察与田间调查

冬油菜的一生一般分为5个生育阶段(时期)，即发芽出苗期、苗期、蕾薹期、开花期和角果发育成熟期。根据生长发育与器官建成的特点，分为生育前期、生育中期、生育后期3个阶段。

(一)生育前期

二维码 2-16

生育前期即苗期，是从出苗期至现蕾期这一阶段(表2-16，彩图见二维码2-16)。该阶段主要进行营养生长。主根不断下扎、增粗，侧根及各级分枝根条数增多、伸长。不断出生新的叶片，叶片呈莲座状着生于主茎，叶面积不断增长，但主茎不伸长。到苗期的后期，花蕾原基开始分化，南方冬油菜进入越冬期，冬油菜区北部及寒旱区则进入枯叶期。翌年春天，冬油菜返青。

表 2-16　冬油菜生育前期的植株形态和田间调查

生育时期	植株形态	田间调查
播种期	—	实际播种的日期
出苗期	幼苗出土，子叶张开、平展	全田75%的幼苗达此标准的日期
越冬期	无明确观察标准	一般以冬至为记载标准
枯叶期	叶片干枯部分达到整个叶片的3/4(限于冬油菜区北部及寒旱区)	全田75%的植株达到此标准的日期(限于冬油菜区北部及寒旱区)
返青期	南方冬油菜区无明确观察标准，冬油菜区北部及寒旱区以心叶开始恢复生长并显绿为标准	南方冬油菜区一般以立春为记载标准；冬油菜区北部及寒旱区则为全田50%的植株达到此标准的日期

(二)生育中期

二维码 2-17

生育中期是从现蕾期至终花期这一阶段，包括蕾薹期与开花期(表2-17，彩图见二维码2-17)。这一阶段营养生长与生殖生长同时进行。在蕾薹期，营养生长占优势，在根和叶生长的同时，主茎迅速生长，生殖生长则由弱转强。在初花期至盛花期，生殖生长逐渐取得主导地位，到盛花期已占绝对优势。在盛花期或终花期，根、茎、叶的生长达到最大，以后基本停止，进入衰老期。花序不断伸长，大量开花、授粉、受精、形成角果，边开花边结角。这一阶段是决定角果数和每角粒数的重要时期。

表 2-17 冬油菜生育中期的植株形态和田间调查

生育时期	植株形态	田间调查
现蕾期	拨开主茎顶端的 2～3 片心叶，肉眼可见明显的绿色花蕾	全田 50%的植株达到此标准的日期
抽薹期	从子叶节到主茎顶端的距离达到 10 cm	全田 50%的植株达到此标准的日期
初花期	植株开始开花	全田 25%的植株达到此标准的日期
盛花期	植株上部 2～3 个花序开花	全田 75%的植株达到此标准的日期
终花期	花序完全谢花（花瓣变色，开始枯萎）	全田 75%的植株达到此标准的日期

（三）生育后期

生育后期也称为角果发育成熟期，是从终花期至收获期这一阶段，包括绿熟期、黄熟期、完熟期、成熟期和收获期等（表 2-18，彩图见二维码 2-18）。该阶段营养生长基本停止，主要进行生殖生长。随着叶片衰亡，角果逐渐成为主要的光合器官。该期角果发育，种子形成，种子中积累油分和其他物质。角果发育成熟期是决定单株有效角果数、粒重和含油率的重要时期。

二维码 2-18

表 2-18 冬油菜生育后期的植株形态和田间调查

生育时期	植株形态	田间调查
绿熟期	主轴上 80%以上的角果呈黄绿色，一次分枝上 90%左右的角果仍为绿色，种皮与角果的颜色基本一致	全田 75%的植株达到此标准的日期
黄熟期	主轴上的角果呈现枇杷黄色，一次分枝上 70%左右的角果呈现黄绿色，仅基部和少数二次分枝上的角果为绿色或即将褪去绿色	全田 75%的植株达到此标准的日期
完熟期	90%以上的角果呈黄白色，10%以下的角果为枇杷黄色，绝大部分角果失去光泽，多数种子呈现成熟色	全田 90%的植株达到此标准的日期
成熟期	角果呈枇杷黄色，或主轴中段角果内种子开始呈现成熟色	全田 75%的植株达到此标准的日期
收获期	—	实际收割的日期

七、大豆生长发育过程观察与田间调查

大豆的一生是从种子萌发开始，经历出苗、幼苗生长、花芽分化、开花结荚、鼓粒，直至新种子成熟的全过程。根据生长发育与器官建成的特点，分为三个阶段：

(一)生育前期

二维码 2-19

生育前期是指从出苗期到第一朵花开放的这一阶段，包括出苗期、单叶期、三叶期和分枝期等生育时期(表 2-19，彩图见二维码 2-19)。此阶段以根系为生长中心，根系生长较快，茎叶生长较慢。主茎下部节位的腋芽多为枝芽，中、上部腋芽一般都是花芽。以出现花萼原基为标志，植株开始进入以营养生长为主、营养生长与生殖生长并进的阶段。大豆一般在主茎 3～7 片复叶展开时开始花芽分化，具体时期因品种而异。

表 2-19　大豆生育前期的植株形态和田间调查

生育时期	植株形态	田间调查
播种期	—	实际播种的日期
出苗期	幼苗子叶出土	全田 50%的幼苗达到此标准的日期
单叶期	一对单叶(初生叶)展平	全田 50%的植株达到此标准的日期
三叶期	第一片复叶展平	全田 50%的植株达到此标准的日期
分枝期	植株上出现第一个具有两个节的分枝	全田 50%的植株达到此标准的日期(如果无分枝，则以第二片复叶展平为记载标准)

(二)生育中期

二维码 2-20

生育中期是从开花到拉板结束的这一阶段，包括开花期和结荚期等(表 2-20，彩图见二维码 2-20)。因为大豆开花和结荚是交错进行的，所以又将开花期和结荚期合称为开花结荚期。结荚期内豆荚迅速伸长、加宽，这一过程称为拉板。单株从幼荚出现到拉板完成为结荚期。这一阶段是大豆生长发育最旺盛的时期，是需要养分、水分最多的时期，也是决定粒数多少的时期。

表 2-20　大豆生育中期的植株形态和田间调查

生育时期	植株形态	田间调查
始花期	植株上第一朵花(主茎上任何一节上的花)开放	全田 10%的植株达到此标准的日期
盛花期	主茎最上部 2 个全展开复叶节中任何一个节位上开花	全田 50%的植株达到此标准的日期
结荚期	植株上第一个幼荚长达 2 cm	全田 50%的植株达到此标准的日期

(三)生育后期

二维码 2-21

生育后期是指从鼓粒期到籽粒成熟的这一阶段，包括鼓粒期和成熟期(表 2-21，彩图见二维码 2-21)。随着拉板的进行，豆荚中种子体积逐渐增大，当荚皮接近长成后，豆粒体积接近最大，豆荚鼓起，即鼓粒。当豆粒体积和鲜重达到最大时，整个荚果开始失水。当种子变硬，呈现固有的形状、大小和色泽，荚亦呈固有颜色，即为成熟。该阶段是决定粒重大小的时期。

表 2-21 大豆生育后期的植株形态和田间调查

生育时期	植株形态	田间调查
鼓粒期	豆荚放平，籽粒较明显凸起	全田 50%的植株达到此标准的日期
成熟期	豆荚摇动时有响声，籽粒完熟，粒形和种皮呈品种固有的形状和颜色	全田 50%的植株达到此标准的日期

除上述对大豆生育时期的划分方式之外，国际上较为广泛地采用 Fehr(1977)提出的大豆生育时期鉴定方法(表 2-22)。Fehr 将大豆的生育过程划分为营养时期(V)和生殖时期(R)。每个时期内又细分为若干个时期。其中，营养时期以主茎上的节数为划分标准，只计数全展开叶片的节位。判断某个节位是否应该被计数，主要根据与之相邻的上位叶的小叶是否展开。若上位叶小叶的叶缘已分离，呈半展开状，则该叶片被认为是充分生长的叶，该叶着生的节位可被计数为营养时期的节数。

表 2-22 大豆生育时期与植株形态特征

生育时期	生育时期	形态特征
营养时期(V)	出苗期(V_E)	子叶伸出地面以上
	子叶期(V_C)	单叶半展开，叶片的叶缘已分离
	一节期(V_1，又称为单叶期)	单叶充分生长，第一复叶小叶片的叶缘分离
	二节期(V_2，又称为三叶期)	单叶以上第一片复叶充分生长
	三节期(V_3)	从单叶着生的叶算起，主茎上有 3 个节的叶片充分生长
	n 节期(V_n)	从单叶着生的叶算起，主茎上有 n 个节的叶片充分生长；从三节期开始进入花芽分化
生殖时期(R)	始花期(R_1)	主茎的任何节位上有 1 朵花开放
	盛花期(R_2)	主茎最上部具有充分生长叶片的 2 个节之中任何一个节位上开花
	始荚期(R_3)	主茎最上部 4 个具有充分生长叶片着生的节中，任何一个节位有 5 mm 长的幼荚
	盛荚期(R_4)	主茎最上部 4 个具有充分生长叶片着生的节中，任何一个节位上有 2 cm 长的荚
	始粒期(R_5)	主茎最上部 4 个具有充分生长叶片着生的节中，任何一个节位上豆荚内种子长度达 3 mm
	鼓粒期(R_6)	主茎最上部 4 个具有充分生长叶片着生的节中，任何一个节位上豆荚内绿色种子充满荚皮的荚腔
	成熟初期(R_7)	主茎上有 1 个荚达到成熟时的正常色泽
	完熟期(R_8)	25%豆荚达到正常的成熟色泽，种子含水量低于 15%。完熟期后尚需 5～10 d 进行种子脱水

八、甘薯生长发育过程观察与田间调查

甘薯是短日照、喜温作物，在我国仅华南地区能在自然条件下开花。甘薯在大田生产条件下，往往只有根、茎、叶等营养器官的生长，而无法明确区分生育时期。根据不同时段甘薯营养器官生长的不同特点，可将甘薯的大田生长期分为生育前期、生育中期和生育后期 3 个生长阶段。

二维码 2-22

(一)生育前期

生育前期包括发根还苗期和分枝结薯期。从栽秧期到团棵期是发根还苗期，这一阶段以长根为主，茎叶生长较慢。从团棵期到封垄期是分枝结薯期，这一阶段茎叶生长加快，分化形成块根，并最终确定每株结薯数(表 2-23，彩图见二维码 2-22)。

表 2-23　甘薯生育前期的植株形态和田间调查

生育时期	植株形态	田间调查
栽秧期	—	实际栽秧的日期
还苗期	薯苗开始抽出新叶	全田 50%的薯苗达到此标准的日期
团棵期	最长蔓至少有 10 片叶，且不少于 2 片展开叶的短分枝有 5～6 个	全田 50%的植株达到此标准的日期。
封垄期	蔓叶覆盖全部垄面	全田达到此标准的日期

二维码 2-23

(二)生育中期

生育中期又称为蔓薯并长期，是从封垄期到茎叶生长高峰期的这一阶段(表 2-24，彩图见二维码 2-23)。此阶段蔓、叶和薯块同时生长。封垄后，蔓、叶还要继续生长，单株绿叶数、单株叶面积和叶面积指数不断增加；与此同时，薯块也不断膨大加粗和积累干物质。

表 2-24　甘薯生育中期的植株形态和田间调查

生育时期	植株形态	田间调查
茎叶生长高峰期	群体茎叶生长量达到最大	全田达到此标准的日期

二维码 2-24

(三)生育后期

生育后期又称为薯块充实期，是从回秧期到收获期的这一阶段(表 2-25，彩图见二维码 2-24)。此阶段以块根膨大、增加干物质积累为主，随着叶片衰老，叶面积、叶片和茎的重量逐渐减少，同化产物大量向块根转移。

表 2-25　甘薯生育后期的植株形态和田间调查

生育时期	植株形态	田间调查
回秧期	植株茎叶停止生长、叶片开始衰老	全田达到此标准的日期
收获期	—	实际收获的日期

九、马铃薯生长发育过程观察与田间调查

(一)生育前期

生育前期是从芽眼开始萌发至现蕾的这一阶段,包括芽条生长期和幼苗期(表 2-26,彩图见二维码 2-25)。此阶段是以根系形成、芽条生长和茎、叶生长为主,同时,伴随着匍匐茎的伸长和花芽分化以及侧枝的分化,是决定匍匐茎数量和根系发达程度的关键时期。

二维码 2-25

表 2-26　马铃薯生育前期的植株形态和田间调查

生育时期	植株形态	田间调查
播种期	—	实际播种的日期
出苗期	幼苗出土,第一片叶展平	全田 50%的幼苗达到此标准的日期(芽条生长期结束之日)
现蕾期	植株主茎顶端出现绿色花蕾	全田 50%的植株达到此标准的日期(幼苗期结束之日)

(二)生育中期

生育中期是从现蕾期到茎叶开始衰老的这一阶段,包括块茎形成期和块茎增长期(表 2-27,彩图见二维码 2-26)。经历地上茎封顶(顶叶展开)、主茎顶端花序开始开花、匍匐茎顶端开始膨大、直到最大块茎直径达到 3～4 cm 等过程。此阶段由以地上部茎叶生长为中心,转向地上部茎叶生长与地下部块茎形成和增长并进,是马铃薯生长最快、生长量最大的时期,是决定单株结薯数和块茎体积大小的关键时期,也是需水、需肥最多的时期。

二维码 2-26

(三)生育后期

生育后期即淀粉积累期,是从茎叶开始衰老至成熟的这一阶段(表 2-28,彩图见二维码 2-27)。此阶段块茎体积不再增大,茎叶中贮藏和生产的同化产物不断向块茎中运转,块茎不断积累淀粉和增加重量,是淀粉积累的主要时期。

二维码 2-27

表 2-27　马铃薯生育中期的植株形态和田间调查

生育时期	植株形态	田间调查
开花期	植株主茎顶端花序上第一朵花开放,不开花者以花蕾变黄脱落为观察、记载标准	全田 50%的植株达到此标准的日期(块茎形成期结束之日)
茎叶衰老期	植株下部叶片开始衰老	全田 50%的植株达到此标准的日期(块茎增长期结束之日)

表 2-28 马铃薯生育后期的植株形态和田间调查

生育时期	植株形态	田间调查
成熟期（淀粉积累期）	植株基部约 2/3 的叶片变黄并逐渐枯萎，块茎表皮形成较厚的木栓层，块茎易与匍匐茎分离（此时块茎重量达到最大）	全田 50%的植株达到此标准的日期
收获期	—	实际收获的日期

第二节 主要作物生长发育性状考查

作物不同生育阶段的形态特征和生育特点存在着差异。因此，对作物生育性状和指标的考查内容，也因生育阶段的不同而有所不同。

一、冬小麦生长发育性状考查

（一）前期植株性状考查

1. 调查方式

（1）定点调查。一般在齐苗后到分蘖前选取样点，然后进行定期（如：每 7 d 一次）调查。选取的样点要具有随机性和代表性，样点数目和分布要根据地块大小、形状等来确定。一般小区试验每个处理选取 3 个样点，大田根据面积大小和地块形状选取 5～10 个样点。每个样点的面积一般为 1 m^2。选定样点后应用短棍（棒）标记其范围，以便进行连续调查。定点调查的工作量大，但调查数据较为精确，能反映群体的变化动态。

（2）活点调查。不固定样点，每次调查时随机或采用对角线法选取样点。为方便计算，每个样点一般涵盖 6 行，每行的面积为 1 亩（1 亩≈666.7 m^2）的 1/10 000，因此，根据平均行距即可确定样点的行长。

（3）取样调查。每次每处理取小麦样株 10～20 株或单位面积上全部的小麦植株进行调查。

二维码 2-28

2. 调查项目

（1）基本苗（二维码 2-28）。在苗期（出齐苗后），计数各样点内的苗数，取其平均值换算成单位面积的苗数，即基本苗数，以万株/亩为单位。

（2）出苗率。根据播种的种子数和基本苗数（即出苗数）计算出苗率（%）。

$$出苗率=\frac{出苗数}{播种的种子数}\times 100\%$$

（3）总茎数（二维码 2-28）。进入分蘖期后，计数各样点内的茎数（即主茎数与分蘖数的和），再换算成单位面积总茎数，以万个/亩为单位。其中，越冬期和返青期调查的总茎数习惯上分别称之为冬前茎和返青茎。

（4）越冬死亡率。于返青期计数样点内的死亡株数，并计算越冬死亡率（%）。

$$越冬死亡率=\frac{样点内的死亡株数}{样点内的基本苗数}\times 100\%$$

(5)分蘖类型。根据分蘖着生部位和入土深度，分为4个类型(见第一章第二节麦类作物形态特征与类型识别)。

(二)中期植株性状考查

1.调查方式

中期植株性状考查(二维码2-29)参照前期植株性状的考查。

二维码2-29

2.调查项目

(1)总茎数。继续定点或活点调查总茎数。其中，春季分蘖盛期后、两极分化开始前的总茎数习惯上称之为最高茎。

(2)苗高。田间调查是测量从地面到自然最高处的距离；取样调查则是把植株的叶片捋直，测量从分蘖节到最长叶片叶尖的距离(cm)。

(3)地中茎长度。测量从胚芽鞘节到第一真叶节(分蘖节最下生根处)的距离(cm)。

(4)初生根和次生根条数。分别计数初生根和次生根的条数。初生根(种子根)位于种子(盾片遗迹)周围，根细，黄褐色。次生根一般从分蘖节长出，根粗，白色。胚芽鞘分蘖长出3片叶时也长出次生根。

(5)主茎叶片数。即主茎叶龄，计数主茎从第一真叶至心叶(正在抽出的那片叶)的叶片数，包括冬前叶(含过渡叶)和春生叶。

(6)单株分蘖数。按分蘖标准，逐株计数分蘖数，包括一级分蘖数和二级分蘖数等，其中，一级分蘖是从主茎叶腋里发生的分蘖，二级分蘖是由一级分蘖发生的分蘖。

(7)单株叶面积。测量植株上所有绿色功能叶的长度和宽度，叶长是测量从叶环至叶尖的距离，叶宽是测量叶片最宽处的距离(cm)，精确到小数点后一位。然后计算单叶叶面积(cm^2)。

$$单叶叶面积=叶长\times叶宽\times叶形系数$$

小麦的叶形系数一般取值0.83。最后，计算出每个植株上所有绿色功能叶的面积之和，取平均值即单株叶面积(cm^2)，不计衰老变黄达到50%的叶片，衰老变黄不足50%的叶片只测绿色部分。

(8)叶面积指数。

$$叶面积指数(LAI)=\frac{单株叶面积(m^2)\times基本苗}{666.7(m^2)}$$

式中，基本苗为每亩株数，单株叶面积(m^2)=单株叶面积(cm^2)÷10 000。

(9)茎粗。拔节期以后测量主茎第二伸长节间的最大直径，以mm为单位。根据第二伸长节间的最大直径，可将茎粗分为粗(茎粗>6 mm)、中(茎粗4～6 mm)和细(茎粗<4 mm)。

(三)后期植株性状考查

1.调查方式

后期植株性状考查(二维码2-30)参照前期植株性状的考查。

二维码2-30

2. 调查项目

(1)株高。开花后,田间调查测量从地面到主茎穗顶端(不含芒)的距离;取样调查则测量从分蘖节至主茎穗顶端(不含芒)的距离(cm)。

(2)植株整齐度。在抽穗后观察,分整齐(株高相差不到 1 个麦穗的高度)、中等(少数相差 1 个麦穗的高度)和不整齐(多数相差 1 个麦穗的高度)3 种类型。

(3)每亩成穗数。蜡熟期在样点内调查每穗结实粒数在 5 粒以上的有效穗数,并用各样点平均数折算出每亩成穗数。

二、玉米生长发育性状考查

(一)前期植株性状考查

1. 调查方式

齐苗后,在试验地选有代表性的植株进行挂牌标记,一般每个处理选 3 个小区,每个小区选 5~10 株,然后定期(每 5 d 或 7 d)调查植株生长发育的状况(俗称定株调查)。也可定期从田间取样株带回室内考查植株生长发育的状况(俗称考苗),一般每个处理每次选样株 10 株。

二维码 2-31

2. 调查项目

前期植株性状考查中通常要做的调查项目(二维码 2-31)如下:

(1)幼苗特性。在幼苗三、四叶时,记录植株性状,如:叶色(深、淡),芽鞘色(紫、绿),生长势(强、中、弱),叶片大小(宽大、细长)等。

(2)株高。田间调查是测量植株的自然高度,即测量从地面至植株自然状态下最高处之间的距离;取样调查则是把植株的叶片捋直,测量从第一层次生根发生处(即胚芽鞘节)到最长叶片叶尖之间的距离(cm)。

(3)次生根层数。即从主茎的茎节上长出的不定根层数。根据次生根的粗细和发生节位的不同,判断并计数次生根层数。

(4)叶片数。包括展开叶数、可见叶数和分化叶数。

展开叶数是从第一片真叶到最新展开叶的叶片数。展开叶的标准:在一片叶抽出的过程,其叶环达到与其前面那片展开叶的叶环齐平。

可见叶数是从第一片真叶到最后一片可见叶的叶片数。可见叶的标准:叶片从其前面那片叶的喇叭口露出 1 cm。

分化叶数是从第一片真叶到最新分化出的叶原基的叶片数。一般结合玉米雄幼穗分化观察,解剖并计数未达到可见叶标准的幼叶及叶原基的数量。

(5)叶龄指数。

$$叶龄指数=\frac{展开叶数}{品种的总叶数}\times 100\%$$

式中,展开叶数应取同一个处理的平均值,总叶数是供试品种一生的总叶数(一般取供试品种在当地条件下的总叶数)。

(6)单叶叶面积。即植株上所有绿色功能叶的面积(cm^2),不计衰老变黄达到 50%的叶片。

$$单叶叶面积=叶形系数\times 叶长\times 叶宽$$

式中，展开叶的叶形系数取 0.75，可见叶的叶形系数取 0.50。展开叶的叶长是测量叶环至叶尖的距离(cm)，可见叶的叶长是测量其前面那片叶的喇叭口至叶尖的距离(cm)，叶宽是测量叶片最宽处的宽度(cm)。

(7)单株叶面积。即植株上所有绿色功能叶面积的总和，取平均值。

(8)叶面积指数。

$$叶面积指数=\frac{单株叶面积(m^2)\times 单位土地面积上的株数}{单位土地面积(m^2)}$$

式中，单株叶面积(m^2)＝单株叶面积(cm^2)÷10 000。

(二)中期植株性状考查

1. 调查方式

中期植株性状考查延续前期的定株调查或取样调查(考苗)。

2. 调查项目

(1)株高。测量方法同前期。

(2)叶片数。包括展开叶数、可见叶数和分化叶数，调查方法同前期。此阶段玉米的分化叶数已定型，分化叶数即品种的总叶数。

(3)叶龄指数。计算方法同前期。

(4)单株叶面积和叶面积指数。按前期的方法测量和计算单叶叶面积，并计算单株叶面积和叶面积指数。

(5)茎粗(二维码 2-32)。测定地上部近地面第三伸长节间中部扁圆方向的直径(cm)。

二维码 2-32

(6)次生根层数。调查方法同前期。

(7)病虫株率。在田间选取样点，每个样点调查 100 株，分别计数病、虫为害的株数，计算病株率(%)和虫害株率(%)。

$$病株率=\frac{病株数}{调查株数}\times 100\%$$

$$虫害株率=\frac{虫害株数}{调查株数}\times 100\%$$

玉米大喇叭口期植株性状调查的视频展示见二维码 2-33。

二维码 2-33(视频)

(三)后期植株性状考查

1. 调查方式

后期植株性状考查延续前期的定株调查或取样调查(考苗)。

2. 调查项目

(1)株高(二维码 2-34)。抽穗后，田间调查是测量从地面至雄穗顶端的距离；取样调查则是测量从第一层次生根发生处(即胚芽鞘节)至雄穗顶端的距离(cm)。

二维码 2-34

(2)总叶数。即玉米植株一生长出的叶片总数。观测方法：基部的叶片数根据次生根层数来确定，自下而上的第 n 层次生根对应于第 $n-1$ 叶，接着往上计数节数或叶片数，至最上一片叶，即为总叶数。

(3)穗位(二维码 2-34)。植株最上部果穗着生的节位。

(4)穗位高(二维码 2-34)。田间调查是测量从地面至穗位的距离；取样调查则是测量从第一层次生根发生处至穗位的距离(cm)。

(5)穗位比。是穗位高占株高的百分率(%)。

$$\text{穗位比}=\frac{\text{穗位高}}{\text{株高}}\times 100\%$$

(6)双穗率。是双穗株数占调查植株总数的百分率(%)。一般于收获期与测产结合进行，计样点内株数时，计 2 个有效穗的株数，有效穗的标准是每穗有不少于 20 个成熟籽粒，不计处于乳熟期及结实粒数不足 20 粒的果穗。

$$\text{双穗率}=\frac{\text{双穗株数}}{\text{调查植株总数}}\times 100\%$$

(7)空秆率。是空秆株数占调查植株总数的百分率(%)。一般于收获期与测产结合进行，计样点内株数时，计空秆株数。空秆株指没有有效穗的植株，包括无果穗植株以及穗粒数不到 20 粒或果穗处于乳熟期的植株。

$$\text{空秆率}=\frac{\text{空秆株数}}{\text{调查植株总数}}\times 100\%$$

(8)单株叶面积和叶面积指数。按前期的方法测量和计算。

玉米达到生理成熟时，其他调查指标参照第三章“玉米经济性状考查”。

三、水稻生长发育性状考查

(一)苗床期植株性状考查

1. 群体动态观察

播种时，在有代表性的秧厢(畦)上，选取 3～5 个样点，每个样点 900 cm^2。在样点范围内均匀播种预先计数好的种子(根据每亩净秧田播种的种子数计算出 900 cm^2 应播种的种子数，计数实际播种的种子数，并记录)。出苗后，对样点进行调查，调查项目如下(二维码 2-35)。

二维码 2-35

(1)出苗率。第一片完全叶出现时，调查样点内的出苗数，计算出苗率(%)。

$$\text{出苗率}=\frac{\text{出苗数}}{\text{播种在样点内的种子数}\times\text{发芽率}}\times 100\%$$

(2)成秧率。插秧前 1～2 d，调查样点内的总苗数和缩脚苗(苗高不足正常苗的 1/2)的数量，计算成秧率(%)。

$$\text{成秧率}=\frac{\text{总苗数}-\text{缩脚苗数}}{\text{播种在样点内的种子数}}\times 100\%$$
$$=\frac{\text{大苗数(即成秧数)}}{\text{大苗数}+\text{小苗数}+\text{未出苗种谷数}}\times 100\%$$

(3)分蘖株率。插秧前1～2 d,调查样点内的总苗数和带分蘖的苗数,计算分蘖株率(%)。

$$分蘖株率=\frac{带分蘖的苗数}{样点内的总苗数}\times 100\%$$

也可分别调查不同分蘖个数的苗数,并计算不同分蘖个数的分蘖株率。

(4)每亩秧田有效苗数。有效苗数即总苗数,包括本苗和分蘖苗,其中,只有1片叶的分蘖不计入有效苗数(只有1片叶的分蘖移栽后死亡率高),而2叶以上的分蘖计入有效苗数。插秧前1～2 d,调查样点内的有效苗数,或选择活点(要选择有代表性的秧厢,并准确测定1 m^2净秧田)调查样点内的有效苗数。取平均值计算出每平方米的有效苗数,然后,换算成每亩秧田有效苗数(万个/亩)。

$$每亩秧田有效苗数=\frac{样点内有效苗数平均值}{样点净秧田面积(m^2)}\times 666.7(m^2)$$

2.定株调查

秧苗第一片完全叶展开后,选有代表性的秧厢(畦)1～2厢(畦),选择20株有代表性的秧苗进行观察。每个样株旁边插一个细标签作标记,标签上标记样株的顺序号。待第三片完全叶展开时,用红漆在样株第三片完全叶的叶尖作标记,以后每隔1个叶龄标记1次。

(1)苗高。测量从地面至最长叶叶尖的距离,以cm为单位。

(2)叶龄。定株后每隔2 d观察并记载1次叶龄。叶龄一般以主茎完全叶的叶序为准,不计不完全叶。每展开1片主茎完全叶,叶龄即增加“1.0”,如主茎第三完全叶展开时,共有3片叶完全展开,则叶龄记为3.0。水稻叶片展开是以其叶枕从其前面展开叶的叶鞘抽出为标准,即上述2片叶的叶枕达到同一水平面。实际上,在水稻秧田期,往往在1片叶片达到展开叶标准时,其上面的那片叶(即心叶)也已抽出,因此心叶要计入水稻的叶龄。心叶以其抽出长度(n)达到心叶前面那片叶叶身全长(M)的大体比例来估计,精确到小数点后一位。心叶叶龄的估计方法如下:

①心叶露尖、卷曲如筒状,$n<1/3M$时,记0.1;

②心叶顶端开始展开,$1/3M<n<1/2M$时,记0.3;

③心叶长度超过其前面那片叶叶身全长的一半,$1/2M<n<3/4$时,记0.5;

④心叶与其前面那片叶的叶身等长,$3/4M<n=M$时,记0.7;

⑤心叶长度超过其前面那片叶叶身长度,但未完全抽出,$n>M$时,记0.9。

3.取样调查

插秧前1～2 d,从秧田或调查成秧率的样点内,每个处理或品种随机选取50株水稻秧苗(大苗、成苗),进行秧苗素质考查。

(1)苗高。将秧苗捋直,测量从发根处至最长叶叶尖的距离,以cm为单位。

(2)叶鞘长。测量从发根处至最新展开叶叶枕之间的距离,以cm为单位。

(3)叶龄。观察和记载标准如前所述。

(4)苗基宽。将10株秧苗平放紧靠在一起,测量秧苗茎部(包括分蘖)最宽处的距离,并除以10,即为苗基宽(cm)。2～3次重复,取平均值。

(5)总根数。计数一次根(胚根+不定根)的数量,不计根长不足0.5 cm的根。

(6)白根数。计数从根基至根尖均为白色的新根数目。白根长度一般在 2 cm 内(目测),包括根长不足 0.5 cm 的根。

(7)分蘖数。即单株分蘖数,按新生分蘖叶尖露出母茎叶鞘达到 1 cm 的标准,逐株计数分蘖数(个/株),取平均值。

(8)总茎数。是主茎和分蘖数之和。

(9)分蘖苗百分率。随机取大苗 50 株,计数有分蘖的株数,参照前述分蘖株率的方法计算分蘖苗百分率(%)。

(10)绿叶数。逐株计数绿色叶片数,不计未展开的心叶及 1/2 以上叶片已变黄株。

(11)叶面积和单株叶面积。单叶面积用长宽系数法测量,逐株测量每一片绿色叶片的叶长和叶宽,叶长测量从叶枕至叶尖的距离,叶宽测量叶片最宽处的距离(cm),精确到小数点后一位,然后计算单叶叶面积(cm^2)。

$$\text{单叶叶面积}=\text{叶长}\times\text{叶宽}\times\text{叶形系数}$$

式中,水稻的叶形系数因生育时期而异,苗期一般取 0.67。

单叶面积也可用称重法测量,具体做法如下。取 10 株样株,摘下全部绿色叶片,在鲜叶未萎蔫之前随机取约为绿色叶片总数的 1/5,将叶片中部相连,成直线紧挨着平铺于桌面或自制的夹尺上,测量叶片中部的总宽度,并截取叶片中部 5~10 cm(须准确测量),将截取的叶片中部视为长方形,即可计算截取部分的叶面积。然后,将截取的叶片中部(小样品叶片)和其余叶片(含取样叶片未被截取的部分)分别烘干,称重,计算全部样株的叶面积(cm^2),以平均单株叶面积表示。

$$\text{全部样株的叶面积}=\frac{\text{小样品叶片干重}+\text{其余叶片干重}}{\text{小样品叶片干重}}\times\text{小样品面积}$$

(12)地上部鲜重。随机选取 100 株水稻大苗,除去附着的谷粒,剪去根,用吸水纸吸去叶面水分,在天平上称重(g),精确到小数点后一位。

(13)地上部干重。将测定地上部鲜重的 100 株秧苗置于烘箱内 105~110 ℃烘 30 min,再在 75 ℃烘至恒重,称重(g),精确到小数点后一位。2~3 次重复,取百株干重的平均值。

(14)单位苗高干重。用地上部干重除以苗高,即单位苗高干重(mg/cm)。壮秧要求单位苗高干重在 5 mg/cm 以上。

(二)大田生长期植株性状考查

1.定株调查

在移栽至返青前,大田选定 2~5 个样点,小区试验每个处理或品种选定 1~2 个样点,每个样点一般垂直于插秧方向连续定 10 穴,但要注意,不宜选小区靠边行 2 穴及大田靠边行 5 穴。

二维码 2-36

定点后定期观察水稻的生育进程(生育时期的记载标准可参照本章第一节)和生长发育状况。水稻大田生长期的植株性状考查见二维码 2-36。

(1)基本苗(数)。移栽返青后,对每个样点逐穴调查每穴的基本苗数,基本苗数是主苗数与分蘖数之和。取每穴基本苗数的平均值,根据平均行距和穴距,将基本苗的单位换算成万个/亩。

(2)总茎蘖数。主茎数和分蘖数之和。一般采取定点调查，于返青(开始分蘖)后每隔 3 d 或 7 d 调查一次总茎蘖数，直到抽穗为止；蜡熟期再调查有效穗数。每次调查时，对每个样点逐穴调查每穴的总茎蘖数(万个/亩)，取平均值。根据历次总茎蘖数的调查数据，进行整理，可绘成分蘖动态变化的曲线图，由此可知分蘖始期、最高分蘖期、有效分蘖终止期和无效分蘖期等。

大田生产可于返青期、分蘖始期、分蘖高峰期、拔节期和齐穗期择期选活点进行调查。

(3)最高苗数。按上述总茎蘖数调查的做法，如调查的时间间隔过长，应在分蘖盛期每隔 3 d 调查 1 次总茎蘖数，直至总茎蘖数不再增加为止。对总茎蘖数达到最大的那次调查结果取平均值，即最高苗数(万个/ 亩)，保留一位小数。

(4)最高分蘖数。

$$最高分蘖数=最高苗数-基本苗数$$

(5)分蘖率。

$$分蘖率=\frac{最高分蘖数}{基本苗数}\times 100\%$$

式中，分蘖率(%)保留一位小数。

(6)茀高。抽穗前测量土面至每穴最高叶尖的平均高度，实际操作时测量土面至每穴第二高叶尖的距离。抽穗后测量土面至穗顶端(不包括芒)的距离(cm)。

(7)叶龄。结合秧苗叶片数的调查，于秧田或插秧时用红油漆标记主茎叶位，将已标记主茎叶位的样株按每穴 1 株，随机并入丛内，栽插在拟定样株处，一般每个处理或大田选定 10～20 个样株(即定 10～20 穴)。参照秧田期定点标记和叶龄记载的方法，每隔 1 个叶龄标记 1 片主茎叶，每隔 3 d 观察记载 1 次主茎叶龄。以平均值表示该日期的叶龄。

为了方便观察记载主茎叶龄及各位次分蘖发生的时期和节位，可采取单本插秧。插秧时，选定样株 10 株，用红漆标记主茎叶龄，以后每隔 3 d 定期观察并记录。

2. 取样调查

一般于分蘖期、孕穗期、抽穗期及乳熟末期进行取样调查，也可根据品种特性、施肥处理和种植密度等试验设计安排调查期。采用随机取样法或五点取样法，每处理或品种取样 5 穴，注意每个样穴的苗(茎)数应与全田或处理的平均每穴苗(茎)数相近，使样穴更具有代表性。

(1)株高。按穴调查，抽穗前测量茎基部(分蘖节)至每穴最高叶尖的距离，抽穗后测量茎基部(分蘖节)至穗顶(不包括芒)的距离，取其平均值(cm)，保留一位小数。

(2)伸长节间长度。拔节期后由下至上测定各伸长节间长度(cm)，保留一位小数。

(3)叶面积和单株叶面积。参照秧苗素质考查所用的方法测定叶面积和单株叶面积，如果用长宽系数法测量单叶叶面积，要注意叶形系数，其因水稻的生育时期而异，一般苗期和成熟期叶形系数取 0.67，其他生育时期取 0.75。

(4)叶面积指数(LAI)。

$$叶面积指数=\frac{平均每穴叶面积(m^2)\times 每亩土地上的穴数}{666.7(m^2)}$$

(5)地上部干重。将每穴样品剪去根，把叶片或非叶片分开，如果是研究物质积累与分配应把叶片、叶鞘和茎秆、穗和籽粒以及枯黄部分分开，置于烘箱内 105～110 ℃杀青 30 min，在

75～85 ℃下烘干至恒重，称重(g)，精确到小数点后一位。取平均值，计算单位面积的干物质积累量(kg/亩)及某段时间分配到各器官的干物质质量和比例等。

3.其他调查

(1)粒型。于黄熟期，根据谷粒的形状(主要是长、宽)，用卵圆形(内、外稃凸)、短圆形(内、外稃甚凸)、椭圆形(内、外稃微凸)、直背形(内稃微凸，外稃凸)、新月形(两边平行或者内稃微凸或直，外稃微凸或直)加以描述和记录。

(2)粒色。于黄熟期记载，分黄色、褐斑色、茶褐色、灰白色4类。

(3)颖尖色。黄熟期记载，分无色和紫色2类。

(4)落粒性。成熟期用手轻搓稻穗，视脱粒难易程度分为难(不掉粒或极少掉粒)、中(部分掉粒)和易(掉粒多或有一定的田间落粒)3级。

四、棉花生长发育性状考查

(一)前期植株性状考查

1.调查方式

前期棉花生长发育性状考查(二维码2-37)方式主要采用定株调查的方法，一般于棉株三叶期后，每个处理选有代表性的2个重复，每个重复(小区)在中间行选连续10～20株(不包括行头和行尾棉株)进行挂牌标记。大田一般用对角线法取3～5点，具体样点数目根据地块大小和棉株整齐度而定，每个样点选连续10～20株进行挂牌标记，定期(每5～10 d，或关键生育时期及时间节点)调查棉株生长发育的状况。

二维码 2-37

2.调查项目

(1)苗高。测量从子叶节至主茎顶端生长点的距离(cm)，取平均值，保留一位小数。

(2)主茎真叶数。计数主茎从第一片真叶至最新平展叶的叶片数，以个为单位。

(3)苗粗。用卡尺测量下胚轴(子叶节以下至根茎转换区)中部的直径(cm)，取平均值，保留一位小数。

(4)单株叶面积。是棉株上绿色功能叶的面积之和，包括子叶。不计变黄超过1/2的叶及黄落叶。为了不损伤植株，棉花仍多采用长宽系数法逐叶测叶面积。

$$\text{单叶叶面积}=\text{叶长}\times\text{叶宽}\times\text{叶形系数}$$

式中，叶长是测量叶片基部红点中心至中裂片尖端的距离(cm)，叶宽是测量叶片上部两个对称裂片尖端之间的距离(cm)，对于心形叶，叶宽则测量叶片最宽处。叶形系数因品种和叶片的着生部位而异。例如，有的品种主茎叶和果枝叶的叶形系数在现蕾前为0.74，现蕾后则为0.81。一般在0.72～0.77范围内取值。然后计算出单株叶面积(cm^2)。

(5)叶面积指数。

$$\text{叶面积指数}=\frac{\text{单株叶面积}(m^2)\times\text{每亩土地上的株数}}{666.7(m^2)}$$

式中，单株叶面积(m^2)＝单株叶面积(cm^2)÷10 000

(6)地上部干重。每处理选代表性的棉株 5～10 株，编号挂牌，挖取棉株，尽快运回室内，放在水桶内，以减少棉株的水分损失。从根颈处(略高于最上侧根发生处)剪去根，把茎(包括主茎、分枝和叶柄)和叶片分开，分别称鲜重。分装于牛皮纸袋(标记上处理、株号、部位和调查日期等)，然后，置于 105 ℃烘箱内杀青 30 min，继续在 80 ℃下烘干至恒重，称重(g)，精确到小数点后一位。各部分干重之和即单株干重。对同一个处理的样株取平均值，计算单位面积的干物质积累量(kg/亩)及某段时间分配到各器官的干物质量和比例等。

(二)中期植株性状考查

1. 调查方式

中期植株性状考查(二维码 2-38)延续前期的定株调查。

二维码 2-38

2. 调查项目

(1)株高。打顶以前，株高的测量参照前期进行；打顶以后，株高则测量从子叶节至顶端果枝节之间的距离(待株高定型后即停止定期调查)。单位为 cm，取平均值，保留一位小数。

(2)茎粗。蕾期用卡尺测量上胚轴(子叶节至第一真叶节)中部的直径；花铃期则测量第一果枝以下的主茎节间中部的直径(cm)，取平均值，保留一位小数。

(3)主茎节间长度。打顶且株高定型后，测量第一果枝节至顶端果枝节的距离，除以节间数(即果枝数－1)，得到主茎节间长度(cm)，取平均值，保留一位小数。

(4)主茎真叶数。方法同前期，打顶后不再调查。

(5)第一果枝节位。也称为果枝始节，即第一果枝所着生的节位，计数从第一真叶节至第一果枝节的节数。

(6)第一果枝高度。测量从子叶节至第一果枝节的距离，单位为 cm，取平均值，保留一位小数。

(7)果枝数。逐株计数棉株长出的果枝数，习惯用台来计量。果枝长出的标准是其第一果节的蕾达到现蕾标准(幼蕾的苞叶最宽处达 3 mm)，此时与该果枝对应的主茎叶往往未展平。取单株果枝数的平均值，根据单位面积株数计算单位面积果枝数。

(8)果节数。逐株计棉株上每个果枝的果节数。计每个果枝的果节数以达到现蕾标准为度。然后，计算单株果节数，取平均值，根据单位面积株数计算单位面积果节数。

(9)蕾数。以达到现蕾标准为度，逐株计棉株上每个果枝的蕾数。然后，计算单株蕾数，取平均值，根据单位面积株数计算单位面积蕾数。

(10)开花数。调查之日棉株上开放的花数。

(11)幼铃数。计棉株上的幼铃数，幼铃以棉铃直径＜2 cm 为标准。

(12)成铃数。计棉株上的成铃数，成铃以棉铃直径≥2 cm 为标准。

小区试验可与生殖器官的动态观察(如后所述)结合。大田一般于区分三桃的关键时间节点(如后所述)进行调查，多采用五点取样法，每个样点在同一棉行中连续调查 10～20 株，逐株计数成铃数，以个/株为单位，取平均值。

(13)三桃。根据成铃时间的不同，分为伏前桃、伏桃和秋桃，俗称“三桃”。

北方棉区 7 月 15 日前的成铃为伏前桃；7 月 16 日至 8 月 15 日的成铃为伏桃(其中，新疆特早熟棉区则指 7 月 16 日至 8 月 10 日的成铃)；8 月 16 日(新疆特早熟棉区是 8 月 11 日)至

9 月 10 日的成铃为秋桃。秋桃又可分为早秋桃(8 月 16 日至 8 月 31 日的成铃)和晚秋桃(9 月 1 日至 9 月 10 日的成铃)。

南方棉区 7 月 20 日前的成铃为伏前桃;7 月 21 日至 8 月 15 日的成铃为伏桃;8 月 16 日至 9 月 15 日的成铃为秋桃。

根据调查结果可分别计算出伏前桃、伏桃和秋桃占总铃数的百分比,或将总铃数作为 10 份,分别计算出"三桃"在其中所占的比值,即"三桃"比例。

(14)脱落数。计棉株各个果枝的果节上蕾铃脱落的数量,如每隔 2～3 d 调查,按每个花、蕾的着生部位,分别记载现蕾日期、开花日期和脱落日期等。凡在开花前脱落的为落蕾,在开花日期后脱落的为落铃。然后,统计现蕾数和落蕾数、开花总数和落铃数,计算落蕾率、落铃率、蕾铃脱落率和成铃率。

①落蕾率(%):保留一位小数。

$$落蕾率=\frac{落蕾数}{现蕾数}\times 100\%$$

②落铃率(%):保留一位小数。

$$落铃率=\frac{落铃数}{开花总数}\times 100\%$$

③蕾铃脱落率(%):保留一位小数。

$$蕾铃脱落率=\frac{落蕾数+落铃数}{总果节数}\times 100\%$$

④成铃率(%):保留一位小数。

$$成铃率=\frac{成铃数}{总果节数}\times 100\%$$

(15)生殖器官的动态观察。一般通过调查并记载株式图(图 2-1)来进行。现蕾或开花后,从已选定的样株中选定,每个样点选取 5～10 株(从已选定的样株中选定),每隔 2～3 d 调查,也可仅在棉花"三桃"的时间节点(如北方棉区为 7 月 15 日、8 月 15 日、8 月 31 日和 9 月 10 日)进行调查。调查时每株一图,将各个果枝及其果节上蕾、花、铃的不同发育状态用相应的符号标记在株式图上,注明日期。如:蕾用△表示,脱落用×表示,花用♉表示,成铃用♀表示。

通过株式图可得知调查之日棉株的果枝数、果节数、蕾数、花及幼铃数、成铃数和脱落数。

此外,待观察株吐絮完毕后,就可利用不同调查日期的株式图了解生殖器官随时间的变化,并对不同群体之间、不同株之间、同一株不同部位之间进行系统比较和分析。

(16)病虫株率。根据病虫为害的不同,分别调查相应病或虫为害的株数占调查株数的百分率。

(17)单株叶面积和叶面积指数。参照前期的方法测定和计算。

(18)地上部干重。参照前期的方法测定。一般,将棉株的地上部分分成茎(包括主茎、果枝、叶柄和花柄)、叶片和蕾花铃 3 个部分。

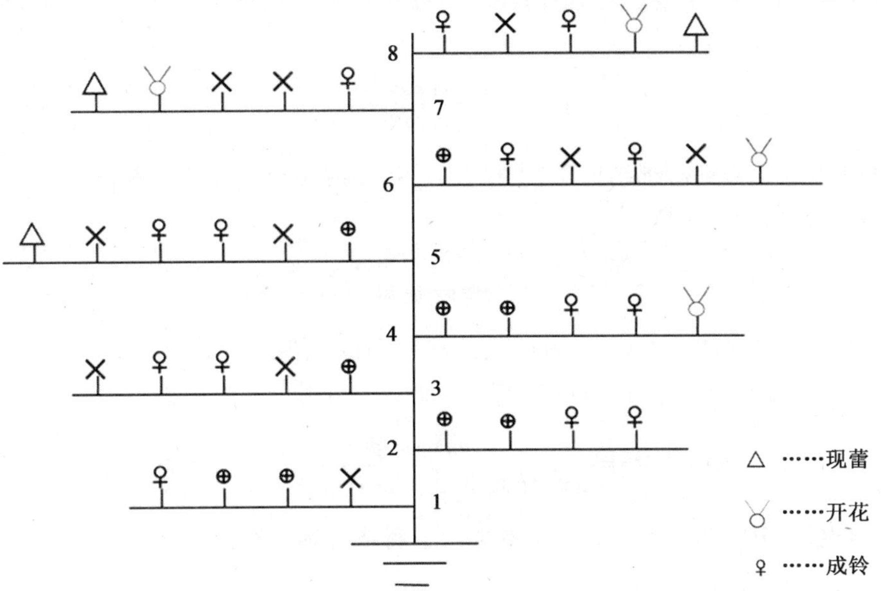

注：1.图上的1,2,3,…,8表示果枝序号；
　　2.每一果枝上的点标记表示果节位置

图 2-1　棉花株式图

(三)后期植株性状考查

1. 调查方式

后期植株性状考查(二维码 2-39)延续中期的定株调查。

二维码 2-39

2. 调查项目

(1)果枝长度。从棉株上选一条有代表性的果枝,测量其基部至果枝顶端生长点(去群尖后则为最远果节)的距离,单位为 cm,取平均值,保留一位小数。

(2)果枝节间长度。根据棉株上的果枝数,分为下、中、上 3 个部位,从这 3 个部位各选取 1 条果枝,分别测量靠近主茎的 2 条果枝节间的长度,单位为 cm。所测 6 条果枝各 2 个节间的长度之和除以 6,为该棉株的果枝节间长度,取同一小区和处理样株的平均值,保留一位小数。

(3)单株叶面积和叶面积指数。参照前期的方法测定和计算。

(4)地上部干重。参照前期和中期的方法测定。

(5)株式图。按中期的方法,继续通过定期或择期调查株式图来了解棉株的果枝数、果节数、成铃数、幼铃数、吐絮铃数和脱落数等。吐絮用⊕表示。也可对这些指标进行单独的调查。

(6)果枝数。计棉株上的果枝数,习惯用台来计量。包括有效果枝和无效果枝,有达到成铃标准以上棉铃的果枝为有效果枝,未结铃的果枝(每个果节的蕾、花或铃均脱落)为无效果枝(俗称空果枝)。

(7)果节数。调查时棉株上蕾数、花数、幼铃数、成铃数、脱落数和吐絮铃数的总和。

(8)成铃数和三桃。延续中期的调查。

(9)烂铃率。在容易发生烂铃的棉区,一般于吐絮期进行 2～3 次调查,每次调查 30～50

株，逐株检查并计烂铃数和总铃数，以两瓣以上变黑为烂铃的标准。计算烂铃率(%)，保留一位小数。

$$烂铃率=\frac{烂铃数}{总铃数}\times 100\%$$

(10)僵瓣率。僵瓣的籽棉结成团、不松开，包括霜前花和霜后花中的僵瓣，称其重量，并计算僵瓣率(%)，保留一位小数。

$$僵瓣率=\frac{僵瓣花的重量}{总收花量}\times 100\%$$

(11)霜前花率。枯霜后 3～5 d 内所收的籽棉和以前各次所收的籽棉的总重量即霜前籽棉(花)重量，其占总收花量的百分数即为霜前花率(%)，保留一位小数。

$$霜前花率=\frac{霜前籽棉重量}{霜前籽棉重量+霜后籽棉重量}\times 100\%$$

此外，铃重、衣分等指标参照第三章的要求进行取样和调查。

五、花生生长发育性状考查

(一)前期植株性状考查

1. 调查方式

出苗后，大田一般用对角线法取 3～5 样点，样点的具体数目根据地块大小和植株整齐度而定，小区试验一般每个处理选择有代表性的小区 2 个，每个小区选 1 个样点。每个样点选取有代表性的植株 10 株，并做好标记，定期(5 d 或 7 d)进行定株调查。也可根据研究的需要，按田间选择定点样株的原则，取样株回室内考查花生植株生长发育的状况(二维码 2-40)。

二维码 2-40

2. 调查项目

(1)出苗率。一般在出苗后 15～20 d 内调查出苗株数，并计算出苗率(%)，保留一位小数。

$$出苗率=\frac{出苗株数}{实播粒数}\times 100\%$$

(2)主茎总复叶数。逐株计主茎上从第一片真叶至最新展开叶的叶数，取同一个处理的平均值。

(3)单株总复叶数。逐株计植株的主茎及分枝上展开叶的总数，取同一个处理的平均值。

(4)主茎高(株高)。测量从子叶节至主茎顶端最新展开叶节的距离(cm)，取平均值，保留一位小数。

(5)侧枝长度。测量第一对侧枝中较长的那一条，测量从子叶节到此侧枝顶端最新展开叶节的距离(cm)，取平均值，保留一位小数。

(6)株型。于苗期和封垄期以前调查。根据第一对侧枝与主茎的开张角度，分为 3 个类型(见第一章第五节，花生营养器官的形态特征)。

(7)总分枝数。逐株计植株上长度达到 5 cm 以上的分枝数，单位为条，取平均值。

(8)单株叶面积和叶面积指数。采用打孔称重法或叶面积仪测定叶面积。

出苗后 15 d 开始，每 10 d 进行一次取样调查，每处理选有代表性的 2 个小区，每次从每个小区连续取 5 穴或 10 株。挖取花生植株后，尽快运回室内。根据复叶在植株上的着生部位不同，分成下、中、上 3 个部位，从同一处理的样株取下部小叶 20 片、中部 50 片、上部 30 片，每 10 片叠成一摞，使中脉对齐，以中脉为中心，用已知面积的圆形打孔器打取小圆片，收集这 100 个小圆片，烘干后称得小圆片叶干重 A_1(g)。收集取完小圆片叶的残叶及样株上的所有小叶，烘干后称得这部分叶的干重 A_2(g)。根据打孔器的圆面积，计算出 100 个小圆片叶的总面积 S(cm^2)。按下列算式计算该处理样株的总叶面积(LA)。

$$\mathrm{LA}=\frac{S}{A_1}\times(A_1+A_2)$$

总叶面积(LA)除以样株数即单株叶面积(cm^2)。

$$叶面积指数=\frac{单株叶面积(\mathrm{m}^2)\times 每亩土地上的株数}{666.7(\mathrm{m}^2)}$$

式中，单株叶面积(m^2)＝单株叶面积(cm^2)÷10 000

(9)干物重。可与叶面积测量结合进行。将样株按根（包括下胚轴）、茎和叶分开，分别称鲜重(g)。分装于牛皮纸袋，然后，置于 105 ℃烘箱内杀青 30 min，再在 80 ℃下烘干至恒重，称重(g)，精确到小数点后一位。各部分干重之和，即单株干重。

根系的取样方法：盆栽或沙培试验可用冲根法获取完整的根系。一般情况下，取花生样株时，在植株中心点处垂直深挖 30 cm（横向范围也要适当），翻土拣拾主要根系，洗净泥沙，然后烘干称重，即根干重（是根系和下胚轴干重之和）。

(二)中期植株性状考查

1. 调查方式

中期植株性状考查（二维码 2-41）延续前期的定株调查，或按前期的方法进行取样调查。

二维码 2-41

2. 调查项目

参照前期的方法继续考查主茎总复叶数、单株总复叶数、主茎高（株高）、侧枝长度和总分枝数，还要考查如下项目。

(1)主茎现有复叶数。逐株计主茎上现存的展开叶（即不计落叶）数目，取平均值。

(2)单株现有复叶数。逐株计植株的主茎及分枝上现存展开叶（即不计落叶）的总数，取平均值。

(3)茎粗。测量子叶节至第一真叶节之间的节间中部的直径(mm)，取平均值，并根据其值的大小归为如下 5 级：纤细（直径＜3.9 mm）、中粗（直径 4.0～4.9 mm）、较粗（直径 5.0～5.9 mm）、粗（直径 6.0～6.9 mm）和极粗（直径＞7.0 mm）。

(4)单株开花量。自始花至终花逐日观察记载开花量，计算单株开花量，最后统计平均单株开花总量。

(5)单株叶面积和叶面积指数。参照前期的方法定期或择期取样株测定和计算。

(6)干物重。参照前期的方法测定，但要注意将样株按根（包括下胚轴）、茎（含分枝）、叶

(含落叶)、果针(含已摘除荚果的子房柄)、幼果(含定形果)、有产量果(饱果和秕果)分开。

(7)病虫株率。根据病虫为害的不同分别调查相应病虫为害的株数占调查株数的百分率。

3. 其他调查

对于多个品种的比较试验,要注意如下性状的观察和记载。

(1)开花习性。根据花序在第一次分枝上的着生位置,分为交替开花型和连续开花型 2 个类型。

①交替开花型:主茎上不着生花序,一次分枝基部的第一节至第二节(有时第三节)上只长分枝,不长花序,其后的几节着生花序而不长分枝,然后又有几个节不长花序,如此交替着生分枝和花序。

②连续开花型:主茎上可着生花序,第一次分枝的每一个节上均可着生花序。

(2)叶形。于盛花期调查,以第一对侧枝中上部完全展开的复叶顶端 2 片小叶为观察对象,分为椭圆、长椭圆、宽椭圆、倒卵和宽倒卵形。

(3)叶色。调查时间和部位与叶形相同,叶色分为黄绿、浅绿、绿、深绿和暗绿 5 级。

(4)茎枝及叶片茸毛。依茎枝及叶片上茸毛的多寡和长短,分为密长、密短、中长、中短、稀长、稀短。

(5)花色。根据花冠的颜色,可分为橘黄、黄、浅黄 3 种。

(三)后期植株性状考查

1. 调查方式

后期植株性状考查(二维码 2-42)延续前期和中期的定株调查,或按前期和中期的方法进行取样调查。

二维码 2-42

2. 调查项目

参照前期和中期的方法继续考查主茎总复叶数及主茎现有复叶数、单株总复叶数及单株现有复叶数、主茎高、茎粗、侧枝长度、总分枝数、单株叶面积、叶面积指数和干物重。还可调查和计算如下项目。

(1)株型指数。即第一对侧枝平均长度除以主茎高。

(2)分枝型。根据二次分枝的多少分为 2 类。

①密枝型:二次分枝多,且可见三、四次分枝,总分枝数超过 10 条。

②疏枝型:二次分枝少,甚至没有,也没有三、四次分枝。

此外,成熟期需要调查的其他植株性状可参考第三章花生经济性状考查。

六、冬油菜生长发育性状考查

(一)前期植株性状考查

二维码 2-43

1. 调查方式

直播冬油菜定苗后或移栽油菜返青后,可在田间选样株进行定株调查(二维码 2-43)。小区试验一般每个处理选择有代表性的小区 2 个,每个小区选择 1 个样点。大田一般用对角线法取 3～5 样点,样点的具体数目根据地块的大小和植株整齐度而定。每个样点定 5～10 株，挂牌标记，然后定期（5 d 或 7 d）进行调查。也可在油菜十叶期或越冬期分别进行取样调查。每个处理或大田选择 10 个代表性样株，2～3 次重复。

2. 调查项目

(1)基本苗。移栽油菜成活或直播油菜定苗后调查，分别测定平均行距和株距，计算单位面积的实有苗数，以万株/亩为单位。

(2)叶龄。即主茎上从第一片真叶至最新展开叶（叶片已展平）的叶片数。取样调查时注意别遗漏已衰老脱落的真叶，定株调查需要进行叶龄标记。

(3)单株绿叶数。指调查时主茎上已展开的绿叶数（不包括子叶及衰老变黄的叶片）。

(4)根颈粗。即下胚轴的直径，用游标卡尺测量下胚轴近子叶节处的直径（cm）。

(5)株高。测量子叶节至植株叶片最高处的自然高度（cm），取平均值，保留一位小数。

(6)开展度（幅宽）。在田间自然状态下，从水平方向经过植株中心测量植株外叶开展最宽处的距离（cm），取平均值，保留一位小数。

(7)最大叶的长度和宽度。测量最大叶，叶长是用直尺沿着主脉测量从叶片着生处到叶片顶端的距离（含叶柄长度），叶宽则是测量与主脉垂直方向叶片（即叶身）最宽处的距离（cm）。

(8)叶面积。采用长宽系数法。首先，分别测定叶片长度和宽度。叶片长度是测量从叶片（即叶身）基部到叶片顶端的距离（不含叶柄长度），叶宽是测量叶片（即叶身）最宽处的距离。然后，计算单叶叶面积（cm^2）和单株叶面积（cm^2）。

$$\text{单叶叶面积}=0.68\times\text{叶片长度}\times\text{叶宽}$$

$$\text{单株叶面积}=0.68\times\sum(\text{叶片长度}\times\text{叶宽})$$

也可采用打孔称重法和方格计数法等测定叶面积。

(9)叶面积指数。即群体叶面积除以土地面积。

$$\text{叶面积指数}=\frac{\text{单株叶面积}(m^2)\times\text{基本苗}}{\text{土地面积}(m^2)}$$

式中，单株叶面积（m^2）＝单株叶面积（cm^2）÷10 000

(10)单株鲜重和单株干重。取样株时挖取根系的主要部分，用自来水将根系冲洗干净，蘸干，称其鲜重（g），即单株鲜重。然后，用剪刀从子叶节将地上部与地下部分开，分别在 105 ℃条件下杀青 30 min 后，置于 80 ℃下烘干至恒重，称取地上部干重（g）和地下部干重（g），二者之和即单株干重。

(11)根冠比。

$$\text{根冠比}=\frac{\text{地下部干重}}{\text{地上部干重}}$$

(12)越冬率。冬前调查基本苗，即冬前苗数；返青期后再调查成活的基本苗，即冬后苗数。根据下式计算越冬率（%）：

$$\text{越冬率}=\frac{\text{冬后苗数}}{\text{冬前苗数}}\times100\%$$

二维码 2-44

(二)中期植株性状考查

1. 调查方式

中期可在抽薹期、始花期等进行取样调查，取样方法参照前期；也可对在田间选定的样株继续进行定株调查(二维码 2-44)。

2. 调查项目

参照前期的方法继续考查叶龄、单株绿叶数、根颈粗、株高、叶面积、叶面积指数、单株鲜重、单株干重和根冠比。与前期相比，株高、叶面积、单株鲜重和单株干重等指标的测量有阶段性特点。

(1)株高。测量子叶节至主茎顶端(或主花序顶端)的距离(cm)，取平均值，保留一位小数。

(2)叶面积。采用长宽系数法。其中，短柄叶的叶片长度是测量从叶片着生处到叶片顶端的距离(即包括有不连续叶翅的叶柄)，叶宽也是测量叶片(即叶身)最宽处的距离；无柄叶的叶长测量叶片的长度(cm)，叶宽测量叶片中部的宽度(cm)。

(3)单株鲜重和单株干重。取样株时挖取根系的主要部分，用自来水将根系冲洗干净，蘸干，用剪刀从子叶节将地上部与地下部分开，其中，地上部可根据研究需要，将主茎、分枝、叶片、花及花蕾分开，分别称其鲜重(g)，再在 105 ℃条件下杀青 30 min 后，置于 80 ℃下烘干至恒重，称取其干重(g)。

二维码 2-45

(三)后期植株性状考查

1. 调查方式

对在田间选定的样株可继续进行定株调查(二维码 2-45)。也可根据需要取样调查油菜角果和种子发育(见本章第三节)。在成熟期还要参照前期的取样方法，选择代表性植株 10 株，进行取样调查(与经济性状考查结合)。

2. 调查项目

(1)角果层厚度。于黄熟期，按前述方法选取样株。以主茎基部第一个角果为结角起点，定为“0”位，结角部位低于主茎结角起点者为“－”，高于主茎结角起点者为“＋”。以 10 cm 为一层，分层剪取主茎及各分枝上着生的角果，计每层的角果数。角果晒干后，计数饱角和测量每角粒数、每层粒重和千粒重等。其中，95％以上角果集中着生层的下部至上部的距离即角果层厚度(cm)；角果层厚度也可于绿熟期实测 95％以上角果集中着生层的下部至上部的距离。

(2)成株数。即收获密度，成熟期测定单位面积的实有株数(可与理论产量测定结合)，单位为万株/亩。

(3)株高。测量从子叶节至全株最高处(往往是主轴顶端)的距离(cm)。

(4)根颈粗。用游标卡尺测量根颈近子叶节处的直径(cm)。

(5)茎粗。测量主茎位于子叶节以上 10～15 cm 处的直径(cm)。

(6)单株干重。可与生物产量测定结合，于成熟期取样株 10 株，将每个样株的根(根系的主要部分)、茎、枝、叶、角果和种子分开，分别于 80 ℃下烘干，称重(kg)。与始花期的茎、枝、叶及花和花蕾干重数据结合，可以分析油菜各器官物质积累与分配的规律，单株干重还可用于计算生物产量。

七、大豆生长发育性状考查

（一）前期植株性状考查

1. 调查方式

在齐苗后，大田一般用对角线法取 3～5 个样点，具体样点数目根据地块大小和植株整齐度而定。小区试验一般每个处理选有代表性的 2～3 个小区，每个小区一个样点。每个样点选有代表性的植株 5～10 株进行挂牌标记。然后，定期（每 5 d 或 7 d）调查大豆植株生长发育的状况。也可定期或择期按定样株的原则和方法，从田间取样株带回室内，考查大豆植株生长发育的状况（二维码 2-46）。

二维码 2-46

2. 调查项目

（1）叶龄（主茎叶片数）。计数主茎上从第一片真叶至最新展开叶（叶片已展平）的叶片数。取样调查时须注意不能遗漏已衰老脱落的真叶，主茎叶数与其节数一致。因此，调查时注意 2 点：一是大豆最早出生的真叶是 1 对对生的单叶，只计 1 个叶龄；二是不能漏计已衰老脱落的真叶。定株调查应进行叶龄标记，以提高调查的效率。

（2）株高。测量从子叶节至主茎顶端生长点的距离（cm），取平均值，保留一位小数。

（3）苗粗。测量上胚轴中部的直径（即子叶节至第一真叶节的节间中部直径），一般测扁圆方向的直径（cm），取平均值，保留一位小数。

（4）单叶和复叶的叶面积。测定每片绿色功能叶的叶面积，单叶测定叶长和叶宽，复叶测定中间小叶的叶长和叶宽，叶宽测单叶或小叶的最宽处。单叶叶面积和复叶叶面积的单位为 cm^2。

$$单叶叶面积=叶形系数\times叶长\times叶宽$$

$$复叶叶面积=叶形系数\times叶长\times叶宽\times3$$

式中，叶形系数根据单叶或小叶的形状取值，卵圆形取 0.69，披针形取 0.68，圆形取 0.70。

（5）单株叶面积。是植株上所有绿色展开叶的叶面积之和，取平均值。也可参照花生的打孔称重法测定单株叶面积（cm^2）。

（6）叶面积指数。

$$叶面积指数=\frac{单株叶面积(m^2)\times每亩土地上的株数}{666.7(m^2)}$$

式中，单株叶面积（m^2）＝单株叶面积（cm^2）÷10 000

（7）单株鲜重和单株干重。取样株时尽量取出根系的主要部分，洗净根上的泥土，并按根、茎枝（包括主茎、分枝和大叶柄）以及叶片分开，称鲜重，分装在牛皮纸袋。然后，置于 105 ℃烘箱内杀青 30 min，再在 80 ℃烘干至恒重，测定干重（g），精确到小数点后一位。累加各部分鲜重即为单株鲜重，累加各部分干重即为单株干重。

(二)中期植株性状考查

二维码 2-47

1. 调查方式

中期植株性状考查(二维码 2-47)延续前期的定株调查,或按前期的方法进行取样调查。

2. 调查项目

(1)叶龄(主茎叶片数)。按前期的方法计数。

(2)株高。按前期的方法测量,直到可见顶花序,则测量子叶节到植株顶端(不包括顶花序)之间的距离(cm)。

(3)茎粗。测量主茎第五节间的直径(cm)。

(4)主茎分枝数。主茎上直接着生的分枝数目,不包括二级分枝。

(5)主茎节数。自第一真叶节(初生叶节)到顶叶节的节数,与叶龄一致。

(6)主茎平均节间长度。株高除以节数所得值(cm)。

(7)结荚高度。子叶节至主茎最下部结荚部位之间的距离(cm)。

(8)花色。根据花瓣的颜色,分为白、紫 2 种。

(9)花荚脱落调查。对田间所定样株,在花荚期用痕迹法调查蕾、花、荚脱落的总数,再加上植株上现存蕾、花、荚的总数,即开花总数。用下式计算花荚脱落率(%):

$$花荚脱落率=\frac{花荚脱落数}{开花总数}\times 100\%$$

(10)叶形。观察植株中上部第 8～10 节复叶中间小叶的形状,分为圆、卵圆、椭圆和披针形。

(11)单叶叶面积、单株叶面积和叶面积指数。按前期的方法测量。

(12)单株鲜重和单株干重。参照前期的方法测定,但要注意将样株按根(包括根颈)、茎(含分枝和大叶柄)、叶(含落叶)、蕾花、荚果皮(包括幼荚)和籽粒分开。

(三)后期植株性状考查

二维码 2-48

1. 调查方式

后期植株性状考查(二维码 2-48)延续前、中期的定株调查,或按前、中期的方法进行取样调查。

2. 调查项目

(1)株高。测量子叶节到植株顶端(不包括顶花序)之间的距离(cm)。

(2)茎粗。按中期的方法测量。

(3)主茎节数、主茎平均节间长度、结荚高度。测量方法同中期。

(4)有效分枝数。计主茎上结荚的有效分枝数(不计二次分枝),以个为单位,取平均值。有效分枝的标准是至少有 2 个节和 1 个有效荚果。

(5)株型。分为收敛、开张、半开张 3 种。

(6)结荚习性。分有限、亚有限和无限 3 种。

(7)倒伏程度。调查并记载倒伏程度,分为 4 级。

①不倒伏。

②倒伏轻:倾斜不超过 15°。

③倒伏重:倾斜不超过 45°。

④严重倒伏:倾斜超过 45°。

另需要记载发生倒伏的时间及生育时期、面积和原因。

(8)单株叶面积和叶面积指数、单株鲜重和干重。按前、中期的方法进行测定。

八、甘薯生长发育性状考查

(一)前期植株性状考查

1. 调查方式

栽秧后约 30 d,大田一般用对角线法取 3～5 个样点,具体样点数目根据地块大小和植株整齐度而定。小区试验一般每个处理选有代表性的 2～3 个小区,每个小区 1 个样点。每个样点选择生长正常、长势一致的 5～10 个植株进行挂牌标记。然后,一般每隔 10～20 d 进行一次定株调查。

2. 调查项目

甘薯前期植株性状考查(二维码 2-49)的项目如下:

二维码 2-49

(1)最长蔓长。测量每株的最长蔓,从最长蔓基部(地面)量至其顶端生长点之间的长度(cm)。

(2)茎粗。用游标卡尺测量每个植株茎基部(近地面)最粗处的直径(或分别测量最粗处长轴和短轴两个方向的直径),单位为 cm。

(3)分枝数。计每个植株茎基部 30 cm 范围内的、长度在 10 cm 以上的分枝数目(个)。

(4)单株总蔓长。测量和计算每个植株的最长蔓长与所有 10 cm 以上分枝长度之总和,单位为 cm。分枝长度则是测量从分枝发生处(如:最长蔓的分枝是该分枝与最长蔓连接处)至其顶端生长点之间的长度(cm)。

(5)单株叶面积和叶面积指数。一般用直接称重法(简称称重法)测定甘薯的单株叶面积。按要求每个处理取样 10～20 株,摘取全部绿叶(不包括叶柄),称重,即得该处理的绿色叶片总重量(g);根据目测的大、小叶片比例,选出有代表性的叶片 100 片,使其正面朝下,主脉对齐,重叠起来,用已知面积的圆形打孔器,在主脉上部三分之一处,切下小样;立即将 100 片小样称重,即得已知面积的小样鲜重(g);然后计算出单株叶面积。

$$单株叶面积=\frac{绿色叶片总重量\times每片小样面积\times100}{100片小样鲜重\times取样株数}$$

也可采用长宽系数法测定单株叶面积。首先,测量每个植株的所有绿色展开叶的长度和宽度,叶长是从叶片基部沿中脉量至叶尖的长度,叶宽则测量叶片最宽处的距离。然后计算单株叶面积(cm^2)。

$$单株叶面积=叶形系数\times\sum(叶长\times叶宽)$$

甘薯的不同品种、甚至同一植株不同部位的叶片形状都不尽相同,叶形系数也因此而异。一般来说,心脏形叶的叶形系数取 0.60。最后,计算叶面积指数。

$$叶面积指数=\frac{单株叶面积(m^2)\times 每亩土地上的株数}{666.7(m^2)}$$

式中，单株叶面积(m^2)=单株叶面积$(cm^2)\div 10\ 000$

(二)中、后期植株性状考查

1.调查方式

按研究计划继续甘薯生育前期的定株调查。也可根据需要定期或择期进行取样调查，小区试验一般每个处理选有代表性的2个小区，每个小区1个样点。每个样点连续取5～10个代表性植株。

2.调查项目

(1)最长蔓长、茎粗、分枝数、单株总蔓长和单株叶面积。按前期的方法测量。

(2)单株茎叶鲜重。测量每个植株的地上部茎和叶鲜重(g)，取平均值，可计算单位面积茎叶鲜重(kg/亩)和蔓薯比值。

(3)单株鲜薯重。在测量每个植株的地上部茎和叶鲜重时，测定相应植株的地下部块根的鲜重(g)，取平均值，可计算单位面积鲜薯重(kg/亩)和蔓薯比值。

(4)蔓薯比值(T/R值)。即单株茎叶鲜重除以单株鲜薯重。

九、马铃薯生长发育性状考查

(一)前期植株性状考查

1.调查方式

大田一般用对角线法取3～5个样点，小区试验一般每个处理选有代表性的2个小区，每个小区1个样点。每个样点选择生长正常、长势一致的10个植株，取样或进行田间调查(二维码2-50)。

二维码 2-50

2.调查项目

(1)出苗率。按小区进行齐苗至现蕾期的调查，调查小区内出苗的穴数占播种穴数的百分数，即为出苗率(%)，保留一位小数。

$$出苗率=\frac{出苗穴数}{播种穴数}\times 100\%$$

(2)株高。测量地面到主茎顶端生长点的距离(cm)，取平均值。

(3)茎粗。用卡尺测量主茎距地面5～10 cm内最粗处的直径(cm)，取平均值。

(4)复叶数。计数主茎上从第一片复叶至最新展开叶(叶片已展平)的叶片数。

(5)单株叶面积和叶面积指数。参考花生打孔称重法测定叶面积的方法，按穴测定各个主茎上的绿色展开叶的叶面积，即单株叶面积(cm^2)。取其平均值计算叶面积指数。

$$叶面积指数=\frac{单株叶面积(m^2)\times 每亩土地上的穴数}{666.7(m^2)}$$

式中，单株叶面积(m^2)=单株叶面积$(cm^2)\div 10\ 000$

(6)单株鲜重和单株干重。按穴取样，要保证取到完整的地下部分，然后，洗净样株地下部上的泥土，剪去根以后，按地上茎、地下茎、叶和叶柄分开，分别称鲜重，分装在牛皮纸袋，然后，置于 105 ℃烘箱内杀青 30 min，再在 80 ℃烘干至恒重，测定干重(g)，精确到小数点后一位。累加各部分鲜重即为单株鲜重，累加各部分干重即为单株干重。

(二)中期植株性状考查

1.调查方式

在块茎形成期和块茎膨大期需要进行田间调查或取样调查(二维码 2-51)，可参照前期的做法选择样株。

二维码 2-51

2.调查项目

(1)株高。按前期的方法测量，盛花期株高基本定型。

(2)茎粗。按前期的方法测量，取开花期茎粗的平均值，将其分为粗(茎粗≥1.5 cm)、中(茎粗 0.9～1.4 cm)、细(茎粗≤0.8 cm)3 级。

(3)复叶数。按前期的方法测量，开花期前后不再增加。

(4)主茎数。于开花期计由一个种薯或种薯切块直接长出的地上茎的数目，即一个播种穴的主茎数。

(5)分枝数。于终花期计主茎上长度达到 5 cm 的分枝(包括基部分枝和地上部分枝)数目，取其平均值，分枝数 4 个(含)以上为多分枝，分枝数 3 个(含)以下为少分枝。

(6)生长势。于现蕾期和开花期调查，分为强(植株健壮，茎粗，叶色浓绿)、中(植株正常，茎较粗，叶为绿色)、弱(植株矮小，茎秆细弱，叶小、呈淡绿色)3 级。

(7)枝叶繁茂性。于开花期调查，分为强(茎隐藏在叶片下，几乎看不到)、中(茎露出叶片外约 1/3)、弱(茎几乎全部露出叶片之外)3 级。

(8)地下茎、匍匐茎和块茎的生长动态观察。现蕾后，每 10 d 每个样点挖取 3～5 株(穴)样株(地下部分要尽量取完整)，取回室内考查地下茎、匍匐茎和块茎的生长动态(可结合考查单株鲜重和单株干重等)。

①考查每条地下茎的长度(从长出地下茎的芽眼处量至地面)、粗细(测量最粗处直径)和长匍匐茎的节数。

②考查每条地下茎上匍匐茎的条数、每条匍匐茎的长度(测量从匍匐茎与地下茎连接处至匍匐茎顶端的距离；匍匐茎顶端膨大形成块茎以后，则测量从匍匐茎与地下茎连接处至匍匐茎与块茎连接处的距离)和粗细(测量最粗处直径)。

③计数块茎(直径达到 8～10 mm)的数量和重量，测量最大块茎的长度、直径和重量。

(9)单株叶面积和叶面积指数。按前期的方法测量和计算。

(10)单株鲜重和单株干重。参照前期的方法测量，要注意将样株按地上茎(包括分枝)、叶片、叶柄、地下茎和匍匐茎(包括分离块茎后的匍匐茎)、块茎分开，分别测鲜重和干重。

(11)品种特征特性观测。

①株型。于开花期(或现蕾期)目测，分为 3 个类型。

a. 直立型：大部分茎直立向上，与地面约成 90°角。

b. 半直立型：介于直立型和匍匐型之间，大部分茎与地面的夹角大于 45°。

c. 匍匐型：大部分茎与地面的夹角小于 45°。

②茎色。于开花期(或现蕾期)目测地上部主茎的颜色，分为绿、褐、紫、深紫和局部有色。

③叶色。于开花期(或现蕾期)目测植株中部叶片正面的颜色，分为浅绿、绿、深绿。

④花冠颜色。于盛花期目测新开花朵正面的颜色，分为白、浅蓝、蓝、浅红、红、蓝紫、紫和黄等。

⑤花药颜色。于盛花期目测新开花朵的花药颜色，分为黄、橙、黄绿、浅绿。

⑥天然结实性。观察在自然（无人工授粉）条件下的结实习性，根据结果数量分为强、中、弱、无 4 级。

（三）后期植株性状考查

1. 调查方式

马铃薯在淀粉积累期和成熟收获期需要进行田间调查或取样调查，可参照前、中期的做法选择样株。

2. 调查项目

可参照前、中期的方法继续调查株高、茎粗、复叶数、主茎数、单株叶面积和叶面积指数、单株鲜重和单株干重，以及考查地下茎、匍匐茎和块茎的生长动态方法。

一定要充分认识到成熟收获期调查对于马铃薯研究的重要性，要与产量的测定和经济性状的考查结合好（参见第三章第三节马铃薯）。

第三节　主要作物结实器官的分化发育观察

作物的花序（穗）和花的形成，需要经历一个连续的分化发育过程。作物生长到一定时期（或年龄）后，在光、温、激素等内外因素诱导下，其生长点不再分化叶原基等营养器官，而是开始进行花芽（或幼穗）的分化，然后经过连续的分化和发育，形成花序和花。一般，把这个过程称之为花芽分化或幼穗分化。禾谷类作物中，麦类作物一般在拔节前即开始幼穗的分化；（水稻）早稻幼穗分化开始的时间一般稍早于拔节或与拔节同时，而晚稻则在拔节以后；玉米雄幼穗分化基本与拔节同时进行，而雌幼穗的分化则在拔节以后；其他粟类作物则在茎拔节后，才开始幼穗分化。棉花、大豆、油菜等双子叶作物的现蕾是花芽分化到一定程度的结果，因此，其花芽分化早在现蕾前即已开始。

一、作物幼穗或花芽分化发育的一般特征

（一）复穗状花序（包括肉穗花序）的分化发育

大麦、小麦、黑麦等作物的复穗状花序及玉米雌穗的分化和发育，大致先后经历下列过程：

1. 生长锥伸长

生长锥体积膨大和伸长，由原来的宽度大于长度，变为长度大于宽度。

2. 苞叶原基分化

生长锥自下而上出现环状突起，这些突起即为苞叶原基。两苞叶原基间的生长锥部分，将来发育成穗轴节片。玉米雌穗的苞叶位于果柄上，而小麦、大麦等的苞叶原基在穗分化过程中逐渐消失。

3. 小穗分化

在 2 个苞叶原基之间分化出小穗原基。首先出现外颖和内颖，而后分化出各小花。小麦、大麦等的小穗分化由生长锥中下部开始，然后同时向下、向上发展；而玉米雌穗的小穗分化是

先从基部开始。

4. 小花分化

小穗内的各小花呈向顶式分化，即下部小花先分化，然后向上发展。小花内各器官的分化顺序为外稃→内稃→雄蕊→雌蕊。玉米雌穗的小穗成对分化，每一小穗具 1 个结实小花和 1 个退化小花。

5. 四分体出现

花粉母细胞(玉米雌穗为胚囊母细胞)经减数分裂形成四分体。

6. 花粉粒形成

初生花粉粒经单核期和二核期，最后发育成熟为三核花粉粒(玉米雌穗形成多核胚囊)。

(二)圆锥花序的分化发育

水稻、高粱、谷子、燕麦和玉米雄穗为圆锥花序，其分化发育大致先后经历下列过程：

1. 枝梗分化

生长锥伸长(水稻、高粱无明显伸长特征)至一定程度后，自下而上先分化出第一次枝梗原基，而后由第一次枝梗原基上分化出第二次枝梗原基(水稻是向基式出现，高粱是向顶式出现)，依次类推，直至分化出最后一次枝梗原基。

2. 小穗分化

枝梗上开始分化小穗原基，水稻、高粱的小穗分化开始于生长锥顶部的枝梗上，而后依次向下发展；玉米雄穗，是在生长锥中部枝梗上先分化小穗，而后向下、向上发展。小穗原基内，先出现颖片原基，而后出现小花原基。

3. 小花分化

小花各部分自外向内分化，即外稃→内稃→雄蕊→雌蕊(玉米雄花中的雌蕊退化)。

4. 花粉母细胞形成

雄蕊花药的孢原细胞分化形成花粉母细胞。

5. 花粉粒形成

花粉母细胞经减数分裂，形成四分体，四分体发育为 4 个初生花粉粒，再经单核期、二核期的发育和内容物充实，形成成熟的三核花粉粒。

(三)双子叶作物花芽的分化

1. 花萼原基分化

在花原基上分化苞片(副萼)原基，而后在苞片内出现若干个小突起即为花萼原基，棉花、大豆、花生均为 5 个突起，油菜为 4 个突起。

2. 花冠原基分化

花萼原基伸长的同时，在其内侧陆续分化出花瓣原基。

3. 雌雄蕊原基分化

花瓣原基伸长的同时，在其内侧出现雄蕊原基和雌蕊原基。

4. 花粉母细胞和胚囊母细胞分化

雄蕊和雄蕊原基逐渐伸长，雄蕊先分化花药，花药内发育形成花粉母细胞；雌蕊的子房内也随后出现胚珠，胚珠内发育形成胚囊母细胞。

5. 四分体出现

花粉母细胞和胚囊母细胞发生减数分裂，形成四分体。

6. 花粉粒和胚囊形成

胚囊母细胞内的四分体，3 个消失，1 个发育成胚囊；花粉母细胞内的四分体，均可发育成花粉粒。

二、冬小麦幼穗分化、开花、籽粒形成与灌浆的特征观察与考查

（一）幼穗分化过程

幼穗分化过程可划分为九个时期（表 2-29，彩图见二维码 2-52）。

二维码 2-52

表 2-29　冬小麦幼穗分化过程及各幼穗分化期的特征

发育时期		主要特征
初生期（生长锥未伸长期）		生长锥呈光滑的半圆形，宽度大于长度。此时，生长锥主要分化叶片、节、节间、蘖芽、节根等营养器官的原基。北京地区冬小麦从种子萌发到翌年返青前，生长锥始终保持这种状态
伸长期		生长锥明显伸长，长度大于宽度。从旗叶原基出现到第一苞叶原基出现，一般历时约 3 d。伸长期是生殖生长开始的标志，生长锥停止分化营养器官原基，主茎叶片数已定。北京地区冬小麦开始返青，但尚未长出春生叶，一般在 3 月上旬，有的进入 3 月中旬
单棱期		生长锥伸长的同时，其基部开始出现环状突起（大体与生长锥长轴方向垂直，呈单棱状环绕生长锥），即苞叶原基，以后自下向上陆续分化出一个个苞叶原基（故称苞叶原基或穗轴节片分化期，因为两个苞叶原基之间的那部分生长锥将来形成穗轴节片）。北京地区这一时期发生在 3 月中旬至下旬，并与春生第一叶的出现相对应
二棱期	初期	苞叶原基继续向上分化，一般当苞叶原基数达 7～9 个时，生长锥中下部的两个苞叶原基之间（腋处），出现半球形的光滑突起，称为小穗原基，这是幼穗的分化进入二棱期的标志；以后渐次向下、向上分化。因在生长锥上呈现出苞叶原基和小穗原基这两种不同性质的棱状突起，故称为二棱期。北京地区冬小麦在 3 月中下旬，与春生第二叶出现相对应
	中期	在小穗原基不断增加的同时，先出现的小穗原基体积增大；从侧面可看到，两列小穗原基一左一右地排列于幼穗两侧；从正面可看到，小穗原基呈扁圆形，宽度、高度和厚度均大于苞叶原基，苞叶原基与小穗原基二者一小一大相间排列。北京地区冬小麦处于 3 月下旬，此时春生第二叶正在抽出
	末期	各小穗原基的体积进一步增大。从侧面看，苞叶原基几乎完全被小穗原基遮挡，二棱性不明显，小穗原基呈明显的两个纵列，排列在穗轴两侧；从正面看，相邻两个穗原基间出现部分重叠现象，即下位小穗的顶端遮盖上位小穗的基部。北京地区冬小麦处于 3 月下旬，此时春生第二叶继续抽出
	颖片分化期	幼穗进入二棱末期不久，在最早出现的小穗原基的基部两侧，各分化出一个突起即为颖片原基（以后发育成颖片）。然后，以此为起点，向上和向下分化颖片原基，即幼穗的上部和下部小穗也相继形成颖片原基。北京地区冬小麦处于 3 月底至 4 月初，此时春生第二叶即将展开

续表 2-29

发育时期	主要特征
小花分化期	最早出现的小穗在颖片原基出现后不久，在其上方又出现小花原基(外稃原基和小花生长点)，这标志着小麦的幼穗分化进入小花分化期。小花分化顺序表现为：在一个幼穗上先由中下部的小穗开始，然后向上、向下发展；在一个小穗上则先分化基部小花，然后向顶式依次进行小花分化。北京地区冬小麦处于 4 月 10 日前后，与春生第三叶的出现相对应，茎基部节间伸长 1～2 cm
雌雄蕊原基分化期	在最早出现的小穗上已分化出 3～4 朵小花时，其基部第一朵小花分化出 3 个半圆形的雄蕊突起，之后在 3 个雄蕊突起的内侧中央出现雌蕊原基，同时出现内稃(与外稃相对的一侧)。北京地区冬小麦处于 4 月中旬，与春生第四叶的出现相对应，对应于农学上的拔节期(茎基部节间已达 3～4 cm，手摸可感到茎节伸出地表)
药隔形成期	当最早发育的小穗已分化出第五朵小花时或第三朵小花已出现雌雄蕊时，其基部第一朵小花的雄蕊突起由球形变为圆柱形，并自下而上出现微小纵沟，形成药隔。与此同时，雌蕊原基顶部也出现凹陷，逐渐分化出二歧柱头原基(将来形成二歧羽状柱头)。并在外稃与子房之间分化出 2 个透明的薄膜状浆片原基。北京地区冬小麦处于 4 月下旬，与春生第五叶的出现相对应，麦苗第一、二伸长节间基本定型，第三伸长节间快速伸长
覆盖器官伸长期	幼穗体积显著增大，颖片、外稃及芒、内稃等覆盖器官迅速伸长，穗轴节片也伸长。北京地区冬小麦处于 4 月下旬，与春生第六叶的出现相对应
四分体形成期	最早形成药隔的小花，花药体积增大，花粉囊内形成花粉母细胞，花粉母细胞经减数分裂形成四分体。整个麦穗上各小穗及小穗内各小花的分化顺序同前。北京地区冬小麦处于 4 月底至 5 月初，对应于挑旗期，以旗叶与倒二叶的叶耳距 4～6 cm 作为麦穗进入四分体的参考指标。然后，四分体散离为小孢子(单核)，经过第一次有丝分裂，形成配子体(包括一个营养细胞和一个生殖细胞)，再次有丝分裂形成具有 3 个细胞的雄配子体(俗称花粉粒)，即 1 个大的营养细胞中有 2 个精子细胞

(二)籽粒形成和灌浆过程

1. 抽穗、开花和受精

麦穗的顶端小穗(不包括芒)从旗叶叶鞘中露出一半即为抽穗。抽穗后 3～5 d 开花，每朵花开花时间只有 5～30 min。全穗开花持续 3～5 d。

2. 籽粒形成与灌浆成熟

小麦开花授粉后 1～2 h，花粉粒就开始萌发，再经过 1～1.5 d，即可完成双受精，开始籽粒的形成。小麦从受精到籽粒成熟，历时 30～40 d。根据籽粒的变化特点可分为籽粒形成、灌浆和成熟 3 个过程(二维码 2-53)。

二维码 2-53

(1)籽粒形成过程。从受精坐脐开始，历时 10～12 d。胚和胚乳迅速发育，并决定胚乳细胞数目，是形成籽粒潜在库容的时期。籽粒长度增长最快，宽度和厚度增长缓慢，含水量急剧增加，干物质增加很少，含水率达 70%以上。籽粒由灰白转为灰绿，胚乳由清水状变为清乳状。当籽粒长度达最大长度的 3/4 时(俗称“多半仁”)，该过程结束。

(2)籽粒灌浆过程。从多半仁开始，到蜡熟前结束，分为 2 个时期。

①乳熟期：历时 12～18 d，籽粒长度继续增长并达到最大值，宽度和厚度也明显增加，并于开花后 20～24 d 达最大值，此时籽粒体积最大(俗称“顶满仓”)。胚乳细胞中开始沉积淀粉，

籽粒干物重呈线性增长。籽粒绝对含水量较为平稳，但含水率则不断下降，胚乳由清乳状最后成为乳状。籽粒由灰绿变鲜绿，继而转为绿黄色，表面有光泽。

②面团期：历时约 3 d，籽粒含水率下降到 40%左右，干物重增速减慢，籽粒由绿黄色变为黄绿色，失去光泽，胚乳呈面筋状，体积开始缩减。此期是穗鲜重最大的时期。

(3)籽粒成熟过程。包括 2 个时期。

①蜡熟期：历时 3～7 d，含水率降至 20%左右。籽粒由黄绿变为黄色，胚乳变为蜡质状。叶片大部或全部枯黄，穗下节间呈金黄色。末期籽粒干重达最大值，是生理成熟期，也是收获的适宜时期。

②完熟期：含水率继续下降到 20%以下，干物质停止积累，籽粒体积缩小，变硬，即为硬仁，用指甲不能掐断。此期收获容易断穗落粒，且由于呼吸消耗，籽粒干重下降。

3. 籽粒形成与灌浆的考查

在小麦开花期，将每个小区选择生长基本一致、同一日开花的麦穗进行挂牌标记。标记麦穗的数量根据取样次数和每次的取样数量而定。自开花期至成熟期一般每隔 5～6 d 进行一次取样调查。每次每小区取 10 穗，每穗取中部小穗的籽粒 10 粒，共 100 粒，进行籽粒形成与灌浆的考查。也可根据研究的需要，将强势粒与弱势粒等分开，分别计数籽粒数目，并考查各自的籽粒形成与灌浆的情况。一般，强势粒样本取每个麦穗中部小穗的第一、第二位籽粒，弱势粒取麦穗上部和下部小穗的第三、第四位籽粒，以及小穗的第五、第六位籽粒。

(1)籽粒鲜重。取 100 粒新鲜种子称重(g)，3 次重复，以平均值表示。

(2)籽粒大小(体积)。取 100 粒新鲜籽粒，用液体(酒精)排出法测定籽粒体积(cm^3)，3 次重复，以平均值表示。

(3)籽粒干重。取 100 粒新鲜的籽粒，在 105 ℃条件下杀青 30 min 后，置于 80 ℃下烘干至恒重，称重(g)，3 次重复，以平均值表示。

(4)籽粒含水量。基于上述调查指标，以籽粒鲜重和干重计算籽粒含水率(%)。

$$含水率=\frac{鲜重-干重}{鲜重}\times 100\%$$

(5)籽粒灌浆速率。指单位时间内籽粒干物质的积累量。基于上述籽粒干重测定的结果，计算灌浆速率(g/d)。

$$100\ 粒籽粒灌浆速率=\frac{此次籽粒干重-上次籽粒干重}{两次取样相隔天数}$$

(6)籽粒颜色。小麦籽粒形成与灌浆过程，籽粒颜色由灰白→灰绿→鲜绿→绿黄→黄绿→黄色，每次考查时，根据多数籽粒的情况加以记载。

(7)胚乳状态。小麦籽粒形成与灌浆过程，胚乳由清水状→清乳状→乳状→面筋状→蜡质状，每次考查时，根据多数籽粒的情况加以记载。

(8)籽粒硬度。每份样品取 300 粒籽粒，3 次重复。将样品于相同条件下放置 3 d，水分控制在 11%～13%。利用单粒谷物测定仪测定小麦籽粒的硬度指数值，取平均值。平均硬度指数小于 40 为软质麦，大于 60 者为硬质麦，介于二者之间为混合型麦。在测定、记录硬度级别时，要测定、记录千粒重、籽粒直径和含水率。

三、玉米幼穗分化、籽粒形成与灌浆的特征观察与考查

(一)幼穗分化过程

玉米的雄、雌穗分化是个连续变化的发育过程。根据变化过程中的形态特点，可分为生长锥未伸长期、生长锥伸长期、小穗分化期、小花分化期、性器官形成期(表 2-30、表 2-31)。

二维码 2-54

表 2-30　玉米雄穗分化时期的主要特征(二维码 2-54)

发育时期	主要特征
生长锥未伸长期(初生期)	主茎生长锥呈光滑、光亮的圆形突起，高度略小于宽度，其基部正在分化叶原基、茎节和节间。植株尚处于苗期
伸长期	主茎生长锥开始伸长，体积增大，高度大于宽度。生长锥基部有叶原基，中部开始分节(亦称分节期)，这些节以后着生小穗原基。伸长期持续时间短，一般 3～5 d，不易观察到。植株开始拔节，第一伸长节间长 2～3 cm，叶龄指数 30 左右
小穗分化期	生长锥继续伸长的同时，在其基部出现分枝突起，中部出现小穗原基，并向顶分化成列的小穗原基。每个小穗原基又很快分裂为成对的小穗突起(其中，大的在上，以后发育成有柄小穗；小的在下，以后发育成无柄小穗)，小穗突起继续发育，形成并列的成对小穗，并在小穗基部出现褶皱状的突起，即颖片原基(以后发育成颖片)。与此同时，分枝突起发育成分枝，并进一步分化出一列列成对的小穗突起。叶龄指数 37 左右
小花分化期	在生长锥向顶分化小穗原基的同时，先出现的成对小穗突起，每个又进一步分化成两个大小不等的小花原基，并开始由外向内依次进行小花各部分的分化，即外稃→内稃→浆片→雄蕊→雌蕊。此时，雄穗的小花按两性花进行分化。雄蕊迅速生长，并形成药隔，同时雌蕊原基已退化。叶龄指数 47 左右
性器官形成期	花药的花粉囊内经历花粉母细胞→四分体→小孢子→成熟花粉粒等一系列发育过程。四分体形成时处于大喇叭口期，叶龄指数 60 左右

表 2-31　玉米雌穗分化时期的主要特征(二维码 2-55)

二维码 2-55

发育时期	主要特征
初生期	主茎最上位腋芽的生长锥类似于初生期的主茎顶端生长锥，体积小，宽度大于长度
伸长期	主茎最上位腋芽的生长锥开始伸长，高度大于宽度。在生长锥基部出现分节和叶原基突起。叶龄指数 47 左右
小穗分化期	生长锥继续伸长，出现小穗原基。每个小穗原基又很快分裂为 2 个小穗突起，形成并列的成对小穗，并在小穗基部出现褶皱状的突起，即颖片原基。对于雌幼穗，小穗原基的分化是从中下部开始，渐次向上、向下扩展。叶龄指数 55 左右

续表 2-31

发育时期	主要特征
小花分化期	每一小穗原基又分化为大小不等的2个小花原基，小花各部分的分化顺序同雄穗。雌穗小花分化初期同雄穗一样，也按两性花进行分化。当雌蕊原基分化出花柱时，雄蕊原基已退化。叶龄指数60左右
性器官形成期	雌蕊的花柱(花丝)开始伸长，直到伸出苞叶(即"吐丝")。与此同时，子房膨大，胚囊母细胞通过减数分裂等发育过程，形成成熟胚囊

(二)籽粒形成和灌浆过程

1.籽粒形成与灌浆特征

玉米的种子是由受精的子房发育而成的颖果。雌穗子房受精后10～12 h，受精卵进行细胞分裂。受精卵在4～8 d后形成原胚，10～15 d胚胎伸长，形成盾片及胚芽鞘，20 d出现胚根，分化出3～4片真叶，30 d分化出第5片真叶。胚乳在受精5～7 d后胚乳中的胚乳细胞充满胚囊，而后在周围形成糊粉层，受精后10～15 d胚乳细胞形成淀粉质体，15 d胚乳细胞开始充实淀粉粒，20 d后充满淀粉粒。按其特征大致可分为以下4个时期(表2-32，彩图见二维码2-56)。

二维码 2-56

表 2-32　玉米的籽粒形成和灌浆

发育时期	主要特征
籽粒建成期	授粉后1～15 d。籽粒呈胶囊状、圆形，花丝开始干枯。果穗中部籽粒基本建成，胚乳呈清浆状。果穗大小已基本定型
乳熟期	籽粒快速增重，外表开始变黄，花丝干枯。籽粒胚乳由乳状直至糊状，含水率高达80%
蜡熟期	籽粒开始变硬，胚乳呈蜡状，用指甲可划破。籽粒干重接近最大值
完熟期	果穗苞叶枯黄、松散，籽粒干硬，基部出现黑层，乳线消失，并呈现出品种固有的颜色和光泽。籽粒含水率为30%～35%

2.籽粒形成与灌浆的考查

在吐丝期从各处理中选择健壮一致的玉米植株同日吐丝的果穗进行挂牌标记。一般每个处理选择2个有代表性的小区，每个小区标记果穗的数量根据取样次数和每次的取样数量而定。从吐丝至成熟期每隔6 d从每个小区取挂牌果穗3个，将所取果穗纵向取样，随机数取100粒，进行籽粒形成与灌浆的考查。也可根据研究的需要，将强势粒与弱势粒等分开，进行籽粒形成与灌浆的考查。此种情况下，每次要从每个小区取挂牌果穗6个，将果穗分为上、中、下三部分，去除各分界处的边际籽粒后，将中、下部籽粒混合作为强势粒，上部籽粒作为弱势粒。

(1)籽粒鲜重。取100粒新鲜种子称重(g)，3次重复，以平均值表示。

(2)籽粒大小(体积)。取100粒新鲜籽粒，用液体(酒精)排出法测定籽粒体积(cm^3)，3次重复，以平均值表示。

(3)籽粒干重。取 100 粒新鲜的种子，在 105 ℃条件下杀青 30 min 后，置于 80 ℃下烘干至恒重，称重(g)，3 次重复，以平均值表示。

(4)籽粒含水量。基于上述调查指标，以籽粒鲜重和干重计算籽粒含水率(%)。

$$含水率=\frac{鲜重-干重}{鲜重}\times 100\%$$

(5)籽粒灌浆速率。指单位时间内籽粒干物质的积累量。基于上述籽粒干重测定的结果，计算灌浆速率(g/d)。

$$100\ 粒籽粒灌浆速率=\frac{此次籽粒干重-上次籽粒干重}{两次取样相隔天数}$$

(6)籽粒硬度。用硬度计测定。

(7)胚乳状态。玉米籽粒形成与灌浆过程，胚乳由清浆状→乳状→糨糊状→蜡状，每次考查时，根据多数籽粒的情况加以记载。

(8)乳线。在灌浆过程中，干物质(主要是淀粉)由籽粒顶部开始向基部逐渐沉积，籽粒顶部的胚乳细胞因积累干物质而变坚硬，籽粒中部和基部的胚乳细胞仍然呈乳质状态。籽粒的乳质部分与坚硬部分的分界线称为“乳线”。目前普遍以乳线消失作为玉米生理成熟的判断标准。每次考查时，观察是否出现乳线及乳线的位置，并根据多数籽粒的情况加以记载。

(9)黑层。籽粒和穗轴连接处(即胎座)的输导组织细胞，随着籽粒的成熟进程发生干物质和色素沉积，并在基部形成黑层，黑色的变化是由浅到深的过程。出现黑层是玉米生理成熟的标志。每次考查时，观察是否出现黑层及黑层的颜色，并根据多数籽粒的情况加以记载。

四、水稻幼穗分化、籽粒形成与灌浆的特征观察与考查

(一)幼穗分化过程

水稻幼穗分化过程，目前广泛采用丁颖的八期划分法，其中，前 4 个时期属于生殖器官形成阶段，又称为幼穗形成期，包括第一苞原基分化期、第一次枝梗原基分化期、第二次枝梗原基及小穗原基分化期、雌雄蕊形成期(表 2-33)。后 4 个时期属于生殖细胞形成期(又称为孕穗期)，包括花粉母细胞形成期、花粉母细胞减数分裂期、花粉内容物充实期和花粉完熟期(表 2-33)。

也可将水稻幼穗分化过程简化为 5 个时期，即穗首(第一苞)分化期、枝梗分化期、小穗分化期、减数分裂期和花粉粒形成期。水稻幼穗分化特征观察图见二维码 2-57。

二维码 2-57

观察水稻幼穗发育进程时，前面 4 个时期以整穗为对象，在解剖镜下剥叶检查；后 4 个时期以小穗为对象，用压片染色方法在显微镜下检查。穗发育期判断，一般以主茎发育期的百分率表示，即达到某发育时期有效茎数的 50%以上的日期，作为某发育阶段的平均发育期。取样时，应以穗中部同枝梗的小穗为准，剥检数量不能太少，一般每个小区以 15 株为宜。

表 2-33　水稻幼穗发育各期的主要特征

幼穗发育时期		主要特征
幼穗形成期	第一苞分化期	第一苞原基出现
	第一次枝梗原基分化期	第一次枝梗原基在生长锥基部出现，并由下而上依次产生
	第二次枝梗及颖原基分化期	第二次枝梗原基在顶端第一次枝梗基部出现，并由下而上依次出现，肉眼可见幼穗上密布大量白毛。幼穗长约 1 mm
	雌雄蕊形成期	雄蕊分化出花药与花丝；雌蕊开始分化；内、外颖逐渐包合。幼穗长 0.5～1 cm
孕穗期	花粉母细胞形成期	花粉母细胞形成；内、外颖长度达护颖长度的 1 倍左右；颖花长 1～3 mm；幼穗长 1.5～5 cm
	花粉母细胞减数分裂期	花粉母细胞减数分裂，依次形成二分体和四分体。颖花长 3～5 mm，幼穗长 5～10 cm
	花粉内容物充实期	形成单细胞花粉，外壁形成，萌发孔出现，花药尚未转黄；颖花增长达全长的 85%或全长；颖壳尚未变绿，幼穗渐达全长
	花粉完熟期	形成二细胞花粉，以至三细胞花粉，与此同时，内含物逐渐充实至完全成熟；花药转成黄色；颖花在长宽方面均达最大值；颖花变绿

除了镜检外，实践中也可以根据稻株外部形态的变化进行判断。这些外部形态主要包括叶龄指数和叶龄余数（适用于减数分裂前各期）、幼穗长度、距出穗日数和目测法等（表 2-34）。其中，叶龄指数是指某一生育时期的展开叶数占该品种主茎总叶数的百分数。叶龄余数是供试品种的主茎总叶数减去叶龄之差。

表 2-34　稻穗发育时期几种鉴定方法

鉴定方法	穗发育期							
	一期	二期	三期	四期	五期	六期	七期	八期
叶龄指数/%	76	82	85	92	95	97	100	
叶龄余数/片	3.0	2.5	2.0	1.2	0.6	0.5		
幼穗长度/mm	<0.1	0.3～1	1～2	5～10	15～50	50～100		
距抽穗天数/d	30	28	25	21	15	11	7	2～3
目测法	看不见	苞毛现	毛茸茸	粒粒现	颖壳分	叶枕平	穗色绿	穗即现

（二）籽粒形成与灌浆过程

1. 开花受精

水稻幼穗自剑叶叶鞘中伸出 1 cm 叫抽穗。稻株的抽穗次序，通常是主茎上的主穗先抽出，然后按蘖发生的先后依次抽出分蘖穗。一个穗全部抽出需 3～5 d。全田有 10%的稻株抽出叶鞘一半时，为始穗期；有 50%的植株出穗，为抽穗期；有 80%出穗时，为齐穗期。从始穗到齐穗的时间需经历 5～7 d。从始穗期到齐穗期经历时间长短，可作为判别抽穗整齐度的标志。

抽穗后当天或次日就陆续开花，全穗开花过程需要 5～7 d，粳稻次日开花最多。开花的顺序和小穗发育的顺序相同，由上向下进行，主茎穗先开，然后是一级分蘖、二级分蘖……依次开花。但就每个枝梗来说，大体和前述的颖花分化顺序是一致的，即最尖端的颖花先开，然后沿基部向上开，最后开放的是顶端向下第二朵花，此花为弱势花，在营养等条件不良时，很易形成空壳。一朵颖花开放需经历开颖、抽丝、散粉、闭颖等过程,其间需经历 1～2 h,环境条件越好历时越短。

2.灌浆结实

灌浆结实期包括籽粒形成期和籽粒灌浆期。籽粒形成期是子房受精后 1 d 就开始伸长,在开花后 6～7 d,米粒即可达最大长度,以后转为增宽增厚。此时,胚的各器官也大体完成,开始具有发芽能力,籽粒开始灌浆充实。开花后约 15 d 籽粒达最大宽度,开花后 20～25 d 厚度固定,但内容物继续灌浆充实。籽粒在稻穗上所处的位置不同,灌浆的快慢与成熟的早迟有一定差异。如先开的强势花在抽穗后 25 d 左右,籽粒千粒重达最大值,而弱势花在抽穗后 35 d 左右才达最大值。

籽粒灌浆期可分为乳熟期、蜡熟期、完熟期和枯熟期。

(1)乳熟期。水稻开花后 3～5 d 即开始灌浆。灌浆后籽粒内容物呈白色乳浆状,淀粉不断积累,干、鲜重持续增加。在乳熟始期,鲜重迅速增加;在乳熟中期,鲜重达最大,米粒逐渐变硬变白,背部仍为绿色。该期手压穗中部有硬物感觉,持续时间为 7～10 d。

(2)蜡熟期。籽粒内容物浓黏,直至呈硬块"蜡状",手压穗中部籽粒有坚硬感,鲜重开始下降,干重接近最大。米粒背部绿色逐渐消失,谷壳稍微变黄,茎叶由绿转黄。此期经历 7～9 d。

(3)完熟期。谷壳变黄,米粒水分减少,背部绿色退去呈白色,干物重达定值,籽粒变硬,不易破碎。此期是收获时期。

(4)枯熟期。谷壳黄色退淡,枝梗干枯,顶端枝梗易折断,米粒偶尔有横断痕迹,影响米质。

水稻达到生理成熟的标准是籽粒内干物重达到最大,也就是完熟期。从外观上看,当每穗谷粒颖壳 95%以上变黄或 95%以上谷粒小穗轴及副护颖变黄,米粒变硬,呈透明状。此时是水稻收获最佳时期。

籽粒灌浆速率一般为:开花后 8～10 d,籽粒达最大厚度;籽粒鲜重开花后 10 d 内增长最快;开花后 25～28 d 籽粒鲜重达最大值;开花后 15～20 d 是籽粒千粒重增加的高峰期;千粒重在开花后 25～45 d 达最大值。完熟期之后,护颖和枝梗干枯甚至断裂,植株枯熟,收割时易造成落粒而损失产量。

3.籽粒形成与灌浆的考查

各处理于抽穗期标记同日始花、生长整齐一致的稻穗 200 个。自挂牌标记之日起,每隔 3～5 d 进行一次取样调查,每次每处理取样穗 10 个。取回室内后,剔除未受精的空粒和病粒,然后考查籽粒形成与灌浆的情况。也可根据研究的需要,将强势粒与弱势粒分开,分别计数籽粒数目,并考查各自的籽粒形成与灌浆的情况。一般,强势粒样本取直接着生于穗顶部 4 个一次枝梗的籽粒(除顶部第二粒以外),中势粒样本取着生于穗中间的 4 个一次枝梗中部的籽粒,弱势粒样本取基部 4 个一次枝梗上直接着生于二次枝梗基部的籽粒(去除二次枝梗顶端籽粒)。

(1)籽粒鲜重。取 100 粒新鲜籽粒,称重(g),3 次重复,以平均值表示。

(2)籽粒大小(体积)。取 100 粒新鲜籽粒,用液体(酒精)排出法测定籽粒体积(cm^3),3 次重复,以平均值表示。

(3)籽粒干重。取 100 粒新鲜的种子,在 105 ℃条件下杀青 30 min 后,置于 80 ℃下烘干至恒重,称重(g),3 次重复,以平均值表示。

(4)籽粒含水量。基于上述调查指标,以籽粒鲜重和干重计算籽粒含水率(%)。

$$含水率=\frac{鲜重-干重}{鲜重}\times 100\%$$

(5)籽粒灌浆速率。指单位时间内籽粒干物质的积累量。基于前述籽粒干重测定的结果，计算灌浆速率(g/d)。

(6)籽粒硬度。用硬度计测定。

(7)胚乳状态。水稻籽粒形成与灌浆过程，胚乳由清浆状→乳白状→糯糊状→蜡状，每次考查时，根据多数籽粒的情况，记载胚乳状态。

(8)米粒颜色。米粒成形后，由绿色→白色，每次考查时，根据多数米粒的情况，记载米粒颜色。

(9)籽粒充实度。以谷粒充实率(%)作为衡量谷粒充实程度的指标。

$$谷粒充实率=\frac{受精谷粒平均千粒重}{比重大于1.0的饱谷千粒重}\times 100\%$$

五、棉花花芽分化、开花与棉铃生长的观察

(一)花芽分化

棉花的花蕾是由果枝顶芽发育形成的，花器各部分的分化发育顺序由外向内依次连续进行，即苞叶→花萼→花瓣→雄蕊→心皮，一般将棉花花芽分化过程分为6个时期(表2-35)。

表2-35　棉花花芽分化过程各时期的主要特征

分化时期	主要特征
花原基伸长期	果枝原基分化出1个先出叶原基和1个真叶原基后(其叶原基基部有托叶原基)，其顶芽生长锥明显膨大伸长，长度大于宽度，呈光滑的半圆球形。果枝顶芽生长锥伸长(即花原基伸长)标志着花芽分化的开始
苞叶原基分化期	花原基伸长的同时，在其上部(与真叶原基相对的位置)先分化一个椭圆形突起，为第1苞叶原基。之后真叶腋芽和先出叶腋芽显著突起，相继分化出第二和第三苞叶原基。3个苞叶原基迅速伸长，初为全缘，以后边缘出现裂齿
花萼原基分化期	当3个苞叶原基体积增大、即将合拢时，在苞叶内侧由花的生长点分化出1个环状突起，即花萼原基；之后在环状突起上形成5点隆起，并向上生长形成花萼
花瓣原基分化期	在花萼原基向上隆起的同时，其内侧花的生长点又分化出5个环状突起，为花瓣原基(以后形成花冠)。5个花瓣突起与花萼突起呈交替状排列
雄蕊原基分化期	在突起后的5个花瓣原基内侧花的生长点中间出现凹陷，并分化出5个裂片状突起，为5个雄蕊管原基。之后，每个雄蕊管内侧成对出现小突起，即雄蕊原基，随着雄蕊管的不断伸长，雄蕊原基也不断成对增加
心皮分化期	当每个雄蕊管原基分化出2～3对雄蕊原基后，在雄蕊管内侧的基部中央分化出3～5个突起，为心皮原基。各心皮和边缘向内卷入生长，最后在中心相遇，形成中轴胎座，将子房隔成3～5室。各心皮的顶部连生延长为花柱，穿过雄蕊管向上伸出，顶端出现羽状柱头。此期花蕾已达现蕾标准

(二)棉铃形成与生长

1. 开花

棉株现蕾后，经22～28 d即可开花。开花前1 d下午，花冠急剧伸长，伸出苞叶外。次日

上午开放，开花早迟与温度有关。开花时，花药开裂散粉。下午乳白色花冠逐渐变成微红色，第二天变成红色凋萎状，第三天花冠脱落。花冠变色是由花瓣细胞液中花青素的形成和积累造成的。开花时，代谢呼吸作用增强，有机酸累积量增多，为花青素的形成提供了条件。花青素的形成与外界光照、温度等有关。

2. 棉铃发育与生长

棉花开花受精后，棉铃开始生长，到棉铃吐絮成熟，历时需 50～60 d。棉铃生长的历程一般可分为 3 个时期(表 2-36)。

表 2-36 棉铃生长过程各时期的主要特征

分化时期	主要特征
体积增大期	历时 20～30 d。幼铃体积开始增大，当铃的直径达 2 cm 时，即为成铃；成铃的体积继续增大，最终达到最大体积。棉铃肉质、多汁、可溶性糖等含量较高(易招致蛀食性害虫)。棉铃外表呈绿色，称之为青铃，手捏感觉较软。与此同时，棉纤维也开始伸长，并达到最大长度
棉籽和纤维充实期	历时 25～35 d。棉铃体积达到最大后，棉籽及其纤维的干物质急剧增加，纤维次生壁不断增厚。棉铃含水量逐渐下降，铃壳呈干皮状，由灰绿色变成黄褐色，手感变硬，称之为“硬桃”或“老桃”
开裂吐絮期	历时约 5 d。棉铃开始成熟，加速脱水。铃壳脱水收缩，沿缝线开裂，达到裂铃。棉铃继续脱水，铃壳向外翻转、变褐；同时纤维脱水干燥，形成捻曲和膨松，达到吐絮

3. 棉铃生长过程的考查

一般于棉株开花后挂牌标记当日花(花冠为白色)，然后每隔 7～10 d 取标记的棉铃，进行棉铃生长过程的考查(二维码 2-58)。挂牌标记的具体时间根据拟考查棉铃的着生部位而定，如：比较不同品种或栽培措施对棉铃发育的影响，一般在中部果枝的内围果节(内围第一、二果节)开花之日进行挂牌标记。

二维码 2-58

(1)棉铃长度。用游标卡尺卡测量棉铃的长度(cm)，不包括铃柄，以 10～20 个棉铃的平均值(cm)表示。

(2)棉铃直径。用游标卡尺卡测量棉铃最宽处的直径(cm)，以 10～20 个棉铃的平均值表示。

(3)棉铃和种子的体积。用排水法测定。

(4)棉铃鲜重。取 10～20 个新鲜棉铃称重(g)，重复 3 次，以平均值表示。可以将铃壳和籽棉分开，分别测定铃壳鲜重和籽棉鲜重。

(5)棉铃干重。将 10～20 个棉铃在 105 ℃下杀青 30 min，置于 80 ℃下烘干至恒重，称取其干重(g)。重复 3 次，以平均值表示。可以将铃壳和籽棉分开，分别烘干、测定铃壳干重和籽棉干重。

(6)铃室。棉铃每个心皮称为室或瓤。选取 10～20 个棉铃计数铃室数量，以平均值表示。

(7)单铃种子数量。取 10～20 个棉铃，用解剖针剥开铃壳，计数种子数量，单位为个/铃，以平均值表示。

(8)幼铃和成铃。棉铃直径大于 2 cm 为成铃，直径小于 2 cm 的铃为幼铃。

六、大豆花芽分化与荚果和籽粒生长的观察

（一）花芽分化特征观察

二维码 2-59

大豆植株的子叶节、真叶节以及下部的几个茎节通常是营养节，花和花序一般出生在高节位的叶腋中。在叶腋的苞片内出现一个球状原基即花序原基，这是植株开始花芽分化的标志。花芽分化起始的时间因品种而异，早熟品种较早，晚熟品种较迟；无限性品种较早，有限性品种较迟。从花芽原基出现到花开放，一般历时 25～30 d。虽然花芽分化的时间进程因结荚类型而异，但其分化过程大致可分为 7 个阶段（表 2-37，二维码 2-59）。

表 2-37　大豆花芽分化过程各时期的主要特征

分化时期	主要特征
花芽原基形成期	植株的形态特征因品种的熟性而异（下同），如：黑农 11 号为第一个三出叶全展开，第三个三出叶初露时开始分化。大豆花序原基初呈扁圆形突起，继而在突起的两侧分化 2 个接近于对生的耳状物，为花序苞原基，在花序苞的腋内出现球状突起（即花芽原基）。当出现第三个花芽原基时，在第一个花芽原基两侧分化出 2 个对生耳状物，即花苞原基
花萼分化期	花苞原基顶端开始分化茸毛时，花芽原基生长点中部，2 个花苞原基之间再分化一个横纹突起，这标志着花萼开始分化。然后又分化出 2 个萼片原基，之后出现 5 个片状凸起，并呈环状分布，构成扁圆筒形，即花萼原始体，以后融合成圆筒，称为花萼筒。从形成花芽原基到出现萼片原基，经历 3～4 d，形成花萼筒经历 6～7 d
花瓣分化期	从萼片相连处基部内侧分化出 5 个花瓣原基，并与萼片互相交错排列。花瓣分化时间为 7～8 d。此时，同一腋芽内常有分化程度不同的花芽同时存在，并形成花簇
雄蕊分化期	花器中央呈乳头状，周围为两圈突起所环抱，即雄蕊原基。然后，雄蕊原基形成花丝；随后，花药也迅速分化。雄蕊分化历时 3～4 d
雌蕊分化期	当花萼裂片将要闭合时，花器正中央的乳头状突起纵向分化，接着形成花柱。历时 4 d 左右
胚珠、花药分化期	雄雌蕊形成后，相继出现胚珠原始体和花药原始体。随着花器的发育，10 枚雄蕊中有 9 枚合为一体，1 枚单独分离，花药出现分隔，花丝伸长。雌蕊顶部分化出茸毛，子房膨大，胚珠逐渐突起，并弯曲着生在子房中。子房 1 室，内有 1～4 个胚珠（每个子房的胚珠数：圆形叶品种以 2～3 个的居多，披针形叶品种偶有 5 个的）
花粉、胚珠发育期	柱头呈球形向下弯曲，与雄蕊等长。花粉母细胞形成，经减数分裂过程形成四分体，四分体进一步形成单核花粉粒。花粉粒进一步成熟，胚囊母细胞经过减数分裂过程，形成成熟胚囊，最后进入开花期。历时 4～5 d，之后即开花

（二）荚果和种子生长过程

大豆荚果和种子生长过程的特征见二维码 2-60。

1. 荚果的生长过程

二维码 2-60

大豆是自花授粉作物（闭花授粉）。自受精开始，子房开始发育成荚果。不同生长习性的品种，其荚果的伸长和变宽（即“拉板”）过程以及平均日增

长量各不相同，但均表现出“慢—快—慢”的生长规律，符合 Logistic 曲线方程。荚的厚度随着籽粒灌浆而增加，时间要晚于“拉板”过程。

2.种子的生长过程

大豆完成双受精过程后，合子通过一系列有丝分裂过程发育而成，同时形成胚乳和胚。起初二者的比例相近，但随着子叶的迅速生长，胚乳很快被吸收，在成熟的种子中，只保留一层糊粉层。一个胚珠形成一粒种子，珠被发育成种皮，珠孔发育成种孔，种脐是珠柄断落后的痕迹。种子着生在豆荚的腹缝线上，并且在腹缝线的两侧间隔分布。种子在豆荚中，合点朝向近轴侧，种孔和胚轴朝向远轴侧。

籽粒在胚胎发育过程中，体积和重量逐渐增大，虽然增重过程没有明显的界线，但籽粒干重的增长符合 Logistic 曲线方程，表现为“慢－快－慢”规律。大豆种子的主要成分是脂肪和蛋白质。然而在籽粒发育过程中，先积累淀粉并达到峰值，脂肪和蛋白质的积累稍晚，当进入脱水阶段时，淀粉含量逐渐降低，成熟时种子中淀粉粒消失。

对于单个果荚和种子的生长发育过程，根据 Fehr 提出的大豆生殖阶段划分方法，分为始花期（R1）、盛花期（R2）、始荚期（R3）、盛荚期（R4）、始粒期（R5）、鼓粒期（R6）、成熟初期（R7）和完熟期（R8）（详见第二章第二节大豆）。

3.荚果和种子生长过程的考查

每个处理选取生长一致、同一天开花的植株，系红线加以标记。从开花后 6～10 d 开始取样，每次选样株 10 株，摘取每株的中部（5～7 节）荚果 10 个，3 次重复，即每个处理每次共取 30 个荚果，然后，考查荚果和种子生长的情况。以后每隔 6～10 d 进行一次取样调查，直至成熟。

（1）荚果长度（h）。测量荚果的长度（cm），不包括果柄和果喙的长度，以 10～20 个荚果的平均值表示。

（2）荚果宽度（d）。测量荚果最宽部分的宽度（cm），以 10～20 个荚果的平均值表示。

（3）荚果和种子体积。用排水法测定。

（4）荚果鲜重。取 10～20 个新鲜荚果称重（g），3 次重复，以百果重的平均值表示。可将果皮与种子分开，分别测定果皮鲜重和种子鲜重。

（5）荚果干重。将 10～20 个荚果在 105 ℃条件下杀青 30 min 后，置于 80 ℃下烘干至恒重，称取其干重（g），3 次重复，以百果重的平均值表示。可将果皮与种子分开，分别烘干，测定果皮干重和种子干重。

（6）每荚胚珠数。于开花当日或开花后 1 d，取 10～20 朵花的子房，用解剖针剥开子房壁，计胚珠数，单位为粒/荚，以平均值表示。

（7）每荚粒数。于开花后 30 d，取 10～20 个荚果，计正常的种子数（可同时统计秕粒数），单位为粒/荚，以平均值表示。

（8）种子鲜重。取 100 粒新鲜种子称重（g），3 次重复，以百粒重的平均值表示。

（9）种子干重。新鲜的种子在 105 ℃条件下杀青 30 min 后，置于 80 ℃下烘干至恒重，每 100 粒称重（g），3 次重复，以百粒重的平均值表示。

利用烘干的种子可测定其含油量、脂肪酸组成等。基于上述调查指标，可以计算荚果和种子的含水率（%）。

$$\text{含水率}=\frac{(\text{鲜重}-\text{干重})}{\text{鲜重}}\times 100\%$$

七、花生花芽分化与荚果和籽粒生长的观察

(一)花芽分化特征观察

花生开始花芽分化的时间因品种类型而异,连续开花型在幼苗出土前;交替开花型在幼苗出土后;连续开花型在主茎3叶期,单株分化出的花芽数约为50个,且90%的花在基部节位上。花生花芽分化过程分为9个阶段(表2-38)。

表2-38 花生花芽分化过程各时期的主要特征

分化时期	主要特征
花序及花芽原基形成期	连续开花型品种在成熟种子中或出苗前,交替开花型品种在出苗时,即可形成第一个花芽原基。在此之前,先出现花序原基,起初花序原基与一般营养枝原基难以区分;随着花序原基分化出2片苞叶原基,苞叶原基向上伸长,高出花序原基;此时,拨开苞片即可见半圆球形的突起,即花序的第一个花芽原基。花芽原基是较宽而平的半圆球形突起,宽度大于高度,与叶芽原基有明显的区别(叶芽原基呈半椭圆形,高度大于宽度)。以后第一花芽原基两侧出现2个并列的苞叶原基,将来形成下部愈合为一的二叉苞原基(内苞叶);同时,花序的第二苞叶内出现第二个花芽原基
花萼原基形成期	连续开花型品种在出苗前后,交替开花型品种在出苗后2～3 d,即在花芽原基出现后1～2 d,在其二叉苞相对的方向出现花萼原基。此时,花芽生长锥位于中间,顶宽而较平,其两侧各有一个较短的突起和一个花萼突起
雄蕊、心皮分化期	连续开花型品种在出苗后2～4 d,交替开花型品种在出苗后3～7 d。外苞叶及二叉苞显著伸长,萼片继续向上伸长,但尚未合拢时,在萼片内侧的基部先出现雄蕊原基突起,并渐渐向上生长。接着于花芽生长锥顶部出现有凹陷的突起,即心皮原基突起,其伸长速度超过雄蕊原基,且体积略大于雄蕊原基
花冠原基形成期	连续开花型品种在出苗后5～6 d,交替开花型品种在出苗后7 d前后。心皮基部开始膨大,雄蕊开始略有伸长,此时,在萼片与雄蕊之间出现花冠原基突起。花冠原基起初生长较缓慢,较长时间处于萼片与雄蕊的底部。雌蕊已出现子房与花柱的雏形,雄蕊分出花药与花丝
胚珠、花药分化期	连续开花型品种在出苗后7～10 d,侧枝长度2～4 cm;交替开花型品种在出苗后10 d前后,侧枝长度4～5 cm。心皮显著伸长,下部膨大成子房,上部伸长为花柱。在子房内壁的腹缝线上出现胚珠原始体,顶部的胚珠原始体出现较早,基部的较晚。雄蕊已明显分化出花药与花丝2部分,并能区分长、短和大、小不同的花丝与花药
大、小孢子母细胞形成期	连续开花型品种在出苗后13 d前后,侧枝长度2.5～4 cm;交替开花型品种在出苗后13～16 d,侧枝长度4.5～5.5 cm。在药室的表皮下,出现一些细胞核明显增大、细胞质浓厚、染色较深的孢原细胞。孢原细胞经几次分裂形成花粉母细胞(呈圆形,细胞核染色较深)。在花粉母细胞分化形成的前后,胚珠原基的外层细胞分裂较快,围绕胚珠原基形成一圈内珠被突起,并逐渐向上生长;当内珠被产生不久,其外又产生一层外珠被,珠被以内为珠心细胞。珠心细胞在发育初期,大小均匀一致,以后在靠近珠孔的顶端,有一细胞及其细胞核均明显增大,细胞质浓厚,染色较深,为雌性孢原细胞。雌性孢原细胞再分裂形成胚囊母细胞。此时,整个花器明显增大,萼片明显伸长,并包被整个花器

续表2-38

分化时期	主要特征
雌、雄性生殖细胞(大、小孢子)形成期	连续开花型品种在出苗后16 d前后，主茎有5～6片展开叶，侧枝长度3～4 cm；交替开花型品种在出苗后16～19 d，主茎有6～7片展开叶，侧枝长度5～6 cm。花器进一步长大，花萼迅速伸长，形成筒状。花粉母细胞经减数分裂，形成四分体，然后，解离成4个单核花粉粒(即小孢子)。在雄性生殖细胞形成的同时，珠心内的大孢子母细胞连续进行2次分裂形成4个大孢子，并沿着珠心纵轴方向排成一列。此时，胚珠的内、外珠被继续向上生长，逐渐包围珠心，最后在顶端形成珠孔。在4个大孢子中，近珠孔的3个逐渐退化消失，只剩下1个远珠孔的大孢子发育成为胚囊
胚囊及花粉粒发育成熟期	连续开花型品种在出苗后19～22 d，主茎有5～6片展开叶，侧枝长度4～5 cm；交替开花型品种在出苗后21～25 d，主茎有7～8片展开叶，侧枝长度6～9 cm。花器进一步膨大伸长，花冠呈淡黄色，花药也开始变黄，单核花粉粒形成二核花粉粒，并积累淀粉等。珠心合点端的大孢子(即单核胚囊细胞)体积扩大，经过连续3次分裂，形成了具有7个细胞8个核的胚囊(即雌配子体)
开花期	连续开花型品种在出苗后25 d前后，主茎有7～8片展开叶，侧枝长度约5 cm；交替开花型品种在出苗后28～31 d，主茎有8～9片展开叶，侧枝长度9～12 cm。第一朵花开放

(二)荚果和种子的发育

花生荚果和种子的发育特征见二维码2-61。

二维码2-61

1.荚果的发育过程

花生在开花后3～6 d即形成肉眼可见的果针，从开花到果针入土需13 d左右，从果针入土到荚果充分发育成熟需50～60 d，但由于品种、荚果在植株上所处部位、茎叶供应养分强度以及外界环境条件的不同，荚果发育所需时间亦有所不同。花生从子房开始膨大到荚果成熟，整个过程可粗略地分为荚果膨大阶段和充实阶段(表2-39)。

表2-39　花生荚果发育不同阶段的主要特征

发育阶段	主要特征
荚果膨大阶段	荚果体积急剧增大(花生果针入土后7～10 d，即成鸡头状幼果，10～20 d体积增长最快，25～30 d长到最大值)。荚果含水量多。内含物主要为可溶性糖，油分很少。荚壳光滑，白色，果壳木质化程度低，前室网纹不明显。籽仁尚无经济价值
荚果充实阶段	荚果干重(主要是种子干重)迅速增长，糖分减少，脂肪和蛋白质含量显著提高。在入土后50～60 d，干重增长基本停止。果壳逐渐变薄、变硬，网纹明显，种皮逐渐变薄，显现出该品种本色

2.种子的发育过程

在荚果发育的同时，种子幼胚亦随即发育，其发育过程大体上分为8个时期：原胚分裂期、组织原分化期、子叶分化期、子叶伸长期、真叶分化期、真叶伸长期、子叶节分枝生长期和子叶节分枝形成期(表2-40)。原胚发育成棒状时，胚乳已有数百个游离核。果针入土后10～15 d，原胚分化出子叶原始体。果针入土后30 d左右，胚芽主轴上已经分化出1～2片真叶。第一片真叶的小叶片原基出现时，分化出子叶节分枝原基，这时荚果迅速膨大，体积比子叶分化时增加了10倍之多。

表 2-40　花生种子发育各阶段的主要特征

发育阶段	主要特征
原胚分裂期	果针入土后4～6 d，子房开始膨大，合子已形成多细胞胚球，胚乳开始分化成为不具细胞膜的多核胚乳
组织原分化期	果针入土后7～10 d，子房膨大成鸡头状幼果。果皮有明显的纵脉，内果皮及中果皮的纤维层已明显可见。原胚迅速发育成棍棒状，原表皮、原皮层及原中心柱已分化，能明显区分胚柄；子房柄的维管束通过胎座进入胚珠合点区。胚乳已有数百个游离核
子叶分化期	果针入土后10～15 d，荚果体积开始快速增大，种子生长较慢。原胚先端稍呈扁平，原表皮、原皮层及中心柱愈加发达；不久，原胚先端呈双顶突起，子叶原始体开始生长。胚乳核继续分裂
子叶伸长期	果针入土后15～20 d，荚果生长加快，种子生长也开始加快。子叶原始体已长成子叶，两片子叶之间的原胚先端出现真叶原始体，在其相反方向形成圆形的胚根原始体。胚乳核继续分裂
真叶分化期	果针入土后20～25 d，种子的真叶原始体开始分化出第一、二真叶，在真叶与子叶之间分化出子叶节分枝原始体。在胚根原始体上形成根冠，根内维管束分化。从珠孔端向合点端，胚乳核逐渐形成胚乳细胞
真叶伸长期	果针入土后25～30 d，种子的第一、第二真叶已分化出4片小叶，第三真叶原始体出现，子叶节分枝圆锥体形成。种子快速生长，并充满荚果，种子加快积累营养物质。多数胚乳核已形成胚乳细胞，仅两片子叶之间尚有游离的胚乳核
子叶节分枝生长期	果针入土后30～35 d，种子发育已进入子叶节分枝生长期。子叶节分枝已分化出鳞片及真叶原始体，主茎第一、第二真叶的托叶与小叶之间分化出短的叶柄。胚根的根冠稍呈尖形。胚乳从珠孔端向合点端逐渐解体
子叶节分枝形成期	果针入土后35～50 d，子叶节分枝分化真叶原始体，胚根已分化出明显的中柱维管束、生长点及根冠。维管束向胚芽和子叶方向伸展。胚乳继续解体，约在果针入土40 d后完全解体

3.荚果和种仁生长过程的考查

在花针期选择生长整齐、具有代表性的地段，挑选着生节位相同、于盛花期前后开花、即将入土的果针进行标记，共标记200～300个果针。于果针入土后10 d开始第一期取样，以后每7 d一次，每次随机挖取标记的果针20～30个，除了观察果针和荚果形态外，着重考查如下项目。

(1)荚果鲜重。将荚果剪去子房柄，称100个荚果的鲜重(g)，重复3次，以百果重的平均值表示，精确到小数点后一位。

(2)荚果体积。采用排水法测定。

(3)荚果长度和宽度。逐个测量。荚果长度测量荚果最长处两端的距离(mm)，精确到小数点后一位。荚果宽度测量，将荚果腹缝向上放置，测量横向最宽处两端的距离(mm)，精确到小数点后一位。

(4)籽仁(种子)鲜重。取100个新鲜荚果，剥去荚果的果壳，可将前室籽仁(俗称先豆)与后室籽仁(俗称基豆)分开,分别称前室籽仁和后室籽仁鲜重(g),重复3次,以百粒重的平均值表示,精确到小数点后一位。

(5)籽仁(种子)体积。采用排水法测定。

(6)籽仁(种子)长度和宽度。逐粒测量籽仁长度和宽度。籽仁长度测量种子最长处两端的距离(mm),精确到小数点后一位。籽仁宽度测量种子最宽处两端的距离(mm),精确到小数点后一位。

(7)荚果和籽仁(种子)干重。收集本处理本次取回样品的荚果果壳和籽仁,分别取100粒籽仁和100个荚果于105 ℃烘箱内杀青1 h,再在80 ℃烘干至恒重,测定100粒籽仁干重(g),重复3次,以平均值表示,精确到小数点后一位。测定100粒荚果果壳干重,并与相应的籽仁干重相加,即为100粒荚果干重。

(8)其他。以上荚果果壳及籽仁样品可用于测定粗脂肪、粗蛋白、可溶性糖和淀粉等的含量。

八、油菜花芽分化与角果和籽粒生长的观察

(一)油菜花芽分化

1. 主花序和分枝花序的分化特征

油菜花序是由主茎顶端生长锥和分枝花序原基分化而形成的。

油菜在营养生长阶段,生长锥较小,呈半圆球状,表面光滑,正在不断分化叶原基(位于生长锥基部)。通过春化阶段后,生长锥开始伸长、增粗,以至于生长锥直径大于高度;与此同时,在薹生叶原始体内侧分化出扁圆形小突起,即分枝花序原基,其数量不断增多,不断长大。然后,在主花序顶端生长锥基部出现第一个半圆球形小突起,即第一花蕾原基。

整个植株的花蕾分化是从主茎开始的,然后由上而下各个一次分枝依次开始,之后二次分枝分化。每个花序则自下而上依次分化花蕾原基。

2. 花蕾的分化过程

每个花蕾的分化过程可分成6个时期(表2-41)。

表2-41　油菜花蕾分化各时期的主要特征

分化时期	主要特征
花蕾原基形成期	当生长锥基部分化出第一花蕾原基后,在生长锥基部四周自下而上陆续分化出一个个半圆球形小突起,即花蕾原基;同时已分化的花蕾原基依次开始膨大、伸长,如短棍棒状
花萼形成期	在生长锥继续向上分化花芽原基的同时,其基部花蕾原基(如短棍棒状)的顶部稍下出现一圈微微的突起,即为花萼原基;花萼原基继而分化为4片新月形突起,每片新月形突起即为1个萼片。第一花芽顶部尚未被新月形萼片遮挡,呈半球状,表面光滑;其花蕾柄已逐渐伸长,其顶端已高出顶端生长锥,但生长锥顶部尚未被盖没
雌雄蕊形成期	萼片继续生长,在萼片尖端尚未合拢时,在相邻2个萼片间的内侧出现4个雄蕊原基(以后形成四强雄蕊),4个雄蕊原基的中间是雌蕊原基。蕾(已出现)的各部分继续生长,待萼片尖端在雌蕊原基的上方合拢后,用解剖针拨除萼片,即可见6枚(4长2短)雄蕊原基以及位于中央、圆形、肥大的1枚雌蕊原基

续表2-41

分化时期	主要特征
花瓣形成期	雄蕊原基和雌蕊原基继续生长，并分别在2枚短雄蕊两侧(稍偏外)各出现2枚(共4枚)舌状的小突起，即花瓣原基。雌蕊的生长较雄蕊快，圆柱形的雌蕊顶端周缘开始向上伸展，顶端中央开始形成向下的凹陷，并不断加深，形成子房腔；雄蕊缓慢伸长、增粗，如短纺锤状，并在雄蕊内侧面形成一条纵向的凹陷
花药、胚珠形成期	蕾继续生长。萼片伸长，花瓣原基继续分化，形成舌状、约为花丝长度2倍的花瓣。四强雄蕊起初略低于雌蕊，然后与雌蕊等高，最后略高于雌蕊；与此同时，雄蕊内侧的凹陷加深，似将其分成两半。当花药与花丝能明显区分时，花药已形成明显的四室，小孢子母细胞已在花药内形成。雌蕊圆柱状，子房已形成中间隔膜，即子房腔被中间隔膜一分为二；在联合处分化出胎座，在胎座上分化出胚珠原基。用解剖针挑破子房壁即可观察到朝向子房腔的、晶莹的小球状颗粒，即胚珠原基。用解剖针拔除萼片、花瓣及雄蕊，即可观察到4枚绿色、颗粒状的蜜腺原基，其中，2枚位于四强雄蕊的外侧，2枚位于两弱雄蕊的内侧
雌雄蕊成熟期	当花蕾的长度(不含柄)达到1.7～1.8 mm，小孢子母细胞开始减数分裂，形成四分体，然后形成游离的小孢子，最后形成成熟的花粉粒。与此同时，雌蕊分化出明显的子房、花柱和柱头。柱头上有乳状突起，子房膨大；胚珠生长，乃至于充满子房腔；胚珠内的胚囊开始发育，最后成为成熟的胚囊

二维码 2-62

(二)角果和种子生长的观察

油菜角果和种子的发育特征见二维码2-62。

1.角果的生长过程

角果既是库器官，又是重要的光合器官，因此，观察油菜角果的生长过程，研究其生长规律，十分必要。油菜角果的生长过程可分为2个阶段(表2-42)。

表2-42　油菜角果生长各阶段的主要特征

生长阶段	主要特征
角果体积增长期	从开花授粉到花后21～27 d，时间长短因类型、品种等条件而异。角果的体积和表面积迅速增长，以至于定型或接近定型。在油菜角果生长过程，果长的增长速度快于果宽的增长速度，即角果是先伸长而后加宽的。一般，花后15～21 d，果长基本定型。花后21～27 d，果宽、角果体积和表面积基本定型。与此同时，角果鲜重和含水率逐渐增加
角果充实期	从花后21～27 d至成熟期。角果含水率开始降低，角果的干物质积累速度加快，使得角果鲜重继续增加。花后33～39 d，角果鲜重开始降低。花后39～45 d，角果干重也开始降低。这一阶段主要是角果内的种子不断积累干物质。角果皮的光合产物以及茎枝中的贮藏物质逐渐向种子中转运，种子形成并积累油分、蛋白质等干物质，千粒重和含油量都迅速增加；同时，角果鲜重和含水率不断降低

2.种子的生长过程

种子生长指标的具体数值因类型、品种和栽培条件等而异。据研究，在开花后油菜种子由缓慢生长逐渐加快，种子长度以花后10～15 d增长最快，种子宽度则在花后15～20 d增长最快；然后，生长速度减缓，到花后约30d种子体积达到最大。种子鲜重有2个快速增长期，即花后15～20 d和25～30 d，到花后约30 d种子鲜重达到最大，然后，随着种子含水率的下降而降低。种子干重随着种子的发育不断增长，以花后 25～30 d 增加最快；至花后 33 d 前后，种子进入干物质和油分快速积累期；开花后 45 d 前后，种子逐渐发育成熟，干物质积累量、油分含量基本稳定，种子千粒重达到最大值。

3. 角果和种子生长过程的考查

于油菜初花期，选择长势和花期一致的植株（株数根据取样量确定），用红线标记主花序。盛花期每天上午 9:00 挂牌标记主花序和最上 2 个一次分枝当天开的花。开花后 5 d 开始取样调查，以后每隔 3～5 d 进行一次取样调查。每次按计划从 10～15 个样株上取开花日龄相同的角果 100～200 个，放入密封袋中，并在取样后 1～2 h 内完成调查。

油菜角果和种子生长的考查指标和方法如下。

(1)角果长度。测量果身的长度(cm)，即不包括果柄和果喙的长度，以 30～50 个角果的平均值表示。

(2)角果宽度。测量角果最宽部分的宽度(cm)，以 30～50 个角果的平均值表示。

(3)角果表面积。又称为角果皮表面积，可用 Clarke 公式计算。

$$S=\pi dh_1+1/3\pi dh_2$$

式中：S 为角果表面积，$h_1=0.8\ H$，$h_2=0.2\ H$，H 为角果长度，d 为角果宽度。

(4)角果体积。用排水法测定。

(5)角果鲜重。取 30～50 个新鲜角果，称重(g)，3 次重复，以百果重的平均值表示。可将果皮与种子分开，分别测定果皮鲜重和种子鲜重。

(6)角果干重。将 30～50 个角果在 105 ℃条件下杀青 30 min 后，置于 80 ℃下烘干至恒重，称取其干重(g)。3 次重复，以百果重的平均值表示。可将果皮与种子分开，分别烘干、测定果皮干重和种子干重。

(7)每角胚珠数。于开花当日或开花后 1 d，取 30～50 朵花的子房，用解剖针剥开子房壁，计数胚珠数目，单位为粒/角，以平均值表示。

(8)每角粒数。于开花后 50 d，取 20～30 个角果，计数正常的种子数目（同时统计秕粒数），单位为粒/角，以平均值表示。

(9)种子鲜重。取 1 000 粒新鲜种子称重(g)，3 次重复，以千粒重的平均值表示。

(10)种子干重。新鲜的种子在 105 ℃条件下杀青 30 min 后，置于 80 ℃下烘干至恒重，每 1 000 粒称重(g)，3 次重复，以千粒重的平均值表示。

利用烘干的种子可测定其含油量、脂肪酸组成等。基于上述调查指标，可以计算角果和种子的含水率(%)。

$$含水率=\frac{鲜重-干重}{鲜重}\times 100\%$$

复习思考题

1. 基于作物生产的季节性，据你对冬小麦和冬油菜的生长发育过程进行时序性观察和记载，哪些时期属于生育时期？哪些是物候期？哪些是农事操作期？

2.简述玉米、大豆、棉花和花生各生育时期的观察记载标准。

3.简述水稻定株观察生育时期的方法以及各生育时期的观察记载标准。

4.马铃薯从播种到收获经历哪些生育时期？甘薯呢？

5.小麦与水稻的基本苗在概念上有何不同？

6.对于小麦、水稻、玉米、棉花、大豆、油菜、花生和马铃薯，就其生育前期、中期和后期而言，株高的测量方法和所代表的意义有何不同？

7.简述小麦、水稻、玉米、棉花、大豆、油菜、花生和马铃薯的(主茎)叶龄的含义和考查标准。

8.玉米次生根层数与叶位之间有什么关系？什么是叶龄指数？

9.有哪些测定作物叶面积的方法？什么是叶面积指数？

10.什么是棉花的“三桃”和株式图？

11.简述油菜的根颈粗和茎粗的测量方法。

12.简述花生侧枝长度的测量方法和总分枝数的调查标准。

13.怎样调查大豆的花荚脱落数？棉花的蕾铃脱落率又是怎样调查和计算的？

14.什么是甘薯的蔓薯比值？简述其考查方法。

15.为什么要考查马铃薯地下茎、匍匐茎和块茎的生长动态？

16.简述冬小麦、玉米和水稻幼穗分化过程的特征变化及其与植株外部形态的关系。

17.简述冬小麦和玉米籽粒形成与灌浆过程的主要变化特征，对此一般从哪些方面来加以考查？与之相比，水稻有哪些不同？

18.简述棉花、大豆、油菜和花生在观察方法上的不同点。

19.简述棉铃生长发育过程的主要变化特征以及相应的考查指标和方法。

20.简述大豆、花生荚果和种子生长发育过程的主要变化特征以及相应的考查指标和方法。

21.简述油菜角果和种子生长发育过程的主要变化特征以及相应的考查指标和方法。

22.简述玉米籽粒成熟过程中的特征变化。

第三章 作物产量测定和经济性状考查

第一节 作物产量测定的原理和方法

一、作物产量测定的原理

(一)作物产量

作物生产的目的是获取人类所需的产品器官,并使单位面积上全体数量和质量达到一定水平。作物产量是指单位土地面积作物的收获量,包括生物产量和经济产量。生物产量是单位面积作物在生育期间生产和积累有机物的总量,即整个植株(一般不包括根系)干物质总收获量。经济产量是指单位面积作物产品的收获量。一般而言,作物产量是指经济产量。

作物种类和栽培目的不同,作物被利用为产品的部位不尽相同(表 3-1),产量的计算也不同。同一种作物,因栽培目的不同,产品器官和产量的计算也不同,如玉米食用时产品为籽粒,饲用时产品包括叶、茎、果穗等全部有机体;纤维用亚麻其产量为韧皮纤维重量,而油用亚麻的产量是指种子重量。

表 3-1 不同作物收获的主要产品器官

作物种类	产品器官
禾谷类、油料作物	种子或果实(颖果、瘦果或荚果)
豆类作物	种子
棉花	种子(籽棉或皮棉)
苎麻、亚麻、苘麻等麻类作物	茎秆(韧皮纤维)
甘薯、马铃薯、甜菜、芋等作物	块根或块茎
甘蔗	茎秆
烟草、茶叶、剑麻	叶片
苜蓿、紫云英、苕子等饲草及绿肥作物	茎、叶

经济系数(或称收获指数)是经济产量与生物产量的比值,即经济系数=经济产量/生物产量。经济系数反映了生物产量转化为经济产量的效率,是体现生物产量与经济产量相互关系的一个指标。经济产量以生物产量为基础,在正常条件下,生物产量高,经济产量和经济系数也高,生物产量低,经济产量也低。在不同条件下,经济系数存在着差异,形成的经济产量不同。生物产量高的作物常有两种可能:一种是经济系数低,导致经济产量低;另一种是经济系数高,经济产量也必然高。

不同作物的经济系数存在很大的差异(表3-2),一般以营养器官为产品的作物,其经济系数高于以种子等生殖器官为产品的作物。同样以种子等生殖器官为产品的作物,经济系数也有差异,一般收获产品以含淀粉为主的比以含蛋白质、脂肪为主的作物要高。

表3-2 不同作物的经济系数

作物	经济系数	作物	经济系数
水稻、小麦	0.35～0.50	薯类作物	0.70～0.85
玉米	0.40～0.60	甜菜、烟草	0.60～0.70
大豆	0.25～0.35	油菜	0.28
棉花(籽棉/皮棉)	0.35～0.40/0.13～0.16	叶菜类	1.0

(引自董钻等,2015)

(二)作物产量测定的原理

在收获前,一般需要根据生产经验、科学调查和统计手段等,进行作物产量预测,以便及早提供产量信息,作为制订收获、仓储、运销、加工等计划的依据。

实测产量是在作物收获时,实际收获一定面积的产品器官并测定其重量,即可计算出作物的实际产量(简称实产)。实测产量费工费时,因此,在实践中通常采取测定作物理论产量的方法。测定作物理论产量是以作物产量构成因素理论为依据,将作物产量分解为单位面积株数、单株产品器官数、单个产品器官重量等产量构成因素,不同作物的产量构成因素有较大的差异(表3-3)。亦可分解为单位面积株数和平均单株产品收获量这两个产量构成因素。然后,分别测定各产量构成因素,取其平均值,即可计算出作物的理论产量。

禾谷类作物产量＝单位面积穗数×穗粒数×粒重

豆类作物产量＝单位面积株数×每株荚果数×每荚粒数×粒重

根茎类作物产量＝单位面积株数×单株根茎数×根茎重

棉花产量＝单位面积株数×单株铃数×铃重×衣分

表3-3 各类作物的产量构成因素

作物种类	产量构成因素
水稻、小麦、玉米等禾谷类	单位面积穗数、穗粒数、粒重
大豆、蚕豆、绿豆等豆类	单位面积株数、单株荚数、荚粒数、粒重
甘薯、马铃薯等根茎类	单位面积株数、单株根茎数、根茎重
棉花	单位面积株数、单株铃数、铃重、衣分
油菜	单位面积株数、单株角果数、每角粒数、粒重
花生	单位面积株数、单株果数、果重
苎麻、亚麻、苘麻等韧皮纤维作物	单位面积茎数、单茎鲜重或鲜皮重、出麻率
甘蔗	单位面积茎数、单茎重(含糖率)
烟草	单位面积株数、单株叶数、单叶重
苜蓿、紫云英、苕子等饲草及绿肥作物	单位面积株数、单株鲜重

(引自董树亭,2007)

作物理论产量测定过程中，如果样点具有代表性，且样点数量达到一定水平，测定的理论产量便可基本反映作物的实际产量。

二、作物产量测定的时机、方法与步骤

(一)作物田间测产的时机

根据作物及其产品、周年茬口衔接和收获方式等不同，测产时间亦有所不同。如以籽粒为产品的作物，测产时间为作物生理成熟期。以整个植株为产品的作物，如饲料和绿肥作物，则在生物量达到最大时进行测产。一年两熟或三熟区，需根据茬口衔接进行测产，测产的依据是周年产量达到最高水平。另外，收获方式同样影响测产时间，一般人工收获需在生理成熟期之前完成测产工作，避免收获损失过大；机械化收获，则在完熟期进行，便于机械化收获顺利进行。

1. 以种子或果实为产品的作物测产期

禾谷类、豆类、花生、油菜、棉花等作物其生理成熟期即为产品成熟期。禾谷类作物穗子各部位种子成熟期基本一致，可在蜡熟期进行测产。棉花、油菜等由于棉铃或角果部位不同，达到成熟的时间不同步，如油菜以全田70%～80%植株的角果呈黄绿色，分枝上部尚有部分角果呈绿色时进行测产。花生以大部分荚果饱满，中部及下部叶片脱落，上部叶片和茎秆转黄时测产为宜。大豆以茎秆变黄，植株中下部叶片脱落，豆荚变黄褐色，籽粒变硬，呈现品种固有颜色时进行测产。

2. 以块根或块茎为产品的作物测产期

甘薯、马铃薯的收获物为营养器官，地上部茎叶无显著成熟标志，一般以地上部茎叶停止生长，逐渐变黄，地下部贮藏器官基本停止膨大，干物重达最大时为适宜收获期(可根据产品用途、茬口和气候条件适当调整收获期)。甜菜则以工艺成熟期为适宜收获期。上述作物一般在适宜收获期或收获期进行测产。

3. 以茎或叶为产品的作物测产期

甘蔗、麻类、烟草等作物的产品为营养器官，常常以工艺成熟期为收获的适宜时期，也是测产的适宜时期。甘蔗是在外观上蔗叶变黄时收获，同时结合糖厂开榨时间，按品种特性分期砍收。麻类作物以中部叶片变黄，下部叶脱落为工艺成熟期。

(二)作物田间测产的方法与步骤

1. 田间取样方法

为保证测定的准确性，选取样点必须采取科学的方法。如果取点方法不当，必然会使测定结果产生较大误差。因此，选取的样点要力求做到具有足够的代表性，以减少测定误差，进而测定结果才能够反映出测定目标的真实情况。选取样点时绝不能有任何主观偏见，还应注意避开地头、边行、缺苗断垄的地方，因其植株生长不具有代表性。

田间选取样点的方法很多，一般采用典型取样法、机械取样法和随机取样法。

(1)典型取样法(代表性取样法)。按调查研究目的从田块内选取一定数量有代表性的地段作为取样点，可以选1个点，也可以选几个点。选取几个样点和每个样点的取样数目根据调查项目来确定。

(2)机械取样法(顺序取样法)。每间隔一定的距离随机确定1个取样点,常用的方法有以下几种。

①一点机械法:一般采用预先确定在田块中某行某株为起点,连续调查若干株。

②对角线法:沿田块的1条或2条对角线,间隔一定的距离随机确定1个取样点。一般1条对角线取3点,2条对角线取5点。

③棋盘法:沿两条平行线,间隔一定的距离随机确定1个取样点。此方法多用于面积较大的地块。

另外,还有平行线式与"Z"字形式等取样方法。

(3)随机取样法(等概率取样法)。在取样时,群体内的每个个体应该具有同等机会。随机取样要遵循一定的随机方法。

2.作物产量田间测定方法

作物产量测定方法通常分为目测估产、测数测产、割取测产和遥感预测4种方法。

(1)目测法。根据作物品种的特点、长势长相、气候条件对产量可能产生的影响以及病虫害状况等,评定作物的单位面积产量,是一种凭经验的粗略估产法,准确性较低,使用较少,往往仅作为参考。

(2)测数法。取样考查作物的各个产量构成因素,以测算单位面积产量(理论产量)的一种测产法。大株作物如玉米一般在每个取样点取21行求出平均行距,取51株(穴)求出平均株(穴)距,以二者的乘积除以面积,求出每亩株(穴)数。然后,在每点任选30株(穴),根据该作物的产量构成因素进行测算。小株作物如小麦,可用1 m^2 的方框取样,考查其产量构成因素,求出各样点每平方米的平均产量,换算成每亩产量。

(3)割取法。实际收割各样点的作物,然后脱粒、扬净并干燥至一定标准后称重,求出各样点的平均产量,再换算成每亩产量。撒播的小株作物,每点取1 m^2 的方框取样。条播作物可按行长和行幅、行距折算成1 m^2。大株作物单株产量变化大,取样点的面积应大些,一般用长方形取样,每点6 m^2。算出测产田块的产量后,即可进一步推算出测产区域的作物总产量。

测数法和割取法是目前运用最多的2种测产方法,都需要先选定测产田和取样点。万亩示范方可根据自然生态区(畈、片),随机选择3个片,在每个片随机选取3块田进行测产。测产田块的土壤肥力和作物生长状况,要能代表整个测产区的一般水平。每块测产田选择样点的数目,要根据测产田面积大小、地块的形状和作物生长的均匀程度而定,一般为3~9个点。地块形状为长方形、田间作物生长均匀、土壤差异小的取样点可设置在测产田的1条或2条对角线上,间隔一定距离成直线分布。田块较大、地块形状不规则的,应适当增加样点数。作物生长不均匀的可根据生长状况划分为一、二、三级等几种类型按比例确定样点数目。另外,选取样点时要按随机和均匀分布的原则进行。

(4)遥感预测法。是采用遥感技术对大面积农作物产量进行预测的方法,即利用飞机、飞船、卫星等搭载的电子光学仪器,接收地面农作物辐射、反射和散射的电磁波信号,通过无线电传送到地面接收站,借助电子计算机进行处理加工,从中提取农作物生长状况的信息;再根据地面农作物的光谱特征,对农作物的种类、生长情况和土壤情况进行动态分析,进而测算农作物产量。

农作物产量＝种植面积×最大产量×气候系数×事件系数×管理系数

式中，种植面积指种植某一种类作物的土地面积。最大产量是反映气候与农业变量影响下，土地的最大生产能力。气候系数是指计及气象反常理想的最大产量。事件系数反映遭受破坏事件（如冰雹、洪水、风暴和病虫害等）对产量的影响。管理系数反映经济与技术发展对产量的影响，如某作物采用新品种，其实际产量高于最大产量。

第二节　主要作物产量测定的方法

一、小麦的产量测定

（一）田间测产的时机

小麦在灌浆期，单位面积穗数和穗粒数已定型。到蜡熟末期，粒重也已定型。因此，从灌浆期到蜡熟末期都是测定小麦理论产量的适宜时机。实收产量的测定则以收获期（蜡熟末期到完熟期）为宜。

（二）理论产量的测定

小麦理论产量测定的具体步骤和内容如下（二维码 3-1）。

二维码 3-1（视频）

1. 确定样点数目及大小

原则上，样点数目多，误差小，代表性强，但工作量大。具体数目要根据地块大小、形状和小麦的生育状况等来确定。通常 5 亩以内，长相整齐的麦田，可采用对角线法选取 4～5 个样点，四周样点要距地边 1 m 以上，个别样点如缺乏代表性应作适当调整。在地块面积大、地形复杂或形状不规则、小麦长相不整齐等情况下，应酌情增加样点数目。每个样点可取 50 cm×（播幅＋幅距）cm 的样方一个。

2. 确定样点分布

选取样点是决定测产准确与否的关键环节，样点应具有高度的代表性。首先，了解整个田块面积及地形，目测小麦植株的高矮、有效穗密度、麦穗大小及成熟度等情况。对于长方形、地势较平坦、小麦生长较整齐的地块，可按典型取样法、机械取样法和随机取样法确定样点。对于小麦生长不整齐的地块，可根据小麦植株的高矮、有效穗密度、麦穗大小及成熟度等情况进行分类，把整齐度一致的划分一类，估算出各类所占的面积比例。然后，按比例确定各自的样点数目，分类选取样点。

3. 调查产量构成因素

（1）单位面积穗数。计每个样点的有效穗数（每穗结实籽粒 5 粒以上），求出单位面积穗数（穗/亩），即

$$单位面积穗数=\frac{样点内有效穗数}{样点面积(m^2)}\times 666.7(m^2)$$

（2）穗粒数。在每个样点内随机数 20 个有效穗的结实粒数，取平均值。

(3)粒重。在蜡熟中期以前测产，可根据所测品种的历年数据，并结合前期生长情况和天气预报预估千粒重。蜡熟末期及以后，将所有选定的样本植株脱粒、晒干后，测定千粒重。

4. 计算理论产量

$$理论产量 = 单位面积穗数 \times 穗粒数 \times 千粒重 \times 10^{-6}$$

式中，理论产量单位为 kg/亩，10^{-6} 为单位换算系数。理论产量乘以测产校正系数（折扣系数），即可计算出测产产量。测产校正系数是土地利用率（扣除畦埂或畦沟占地等损失）乘以 95%（扣除脱粒和收获损失 5%）。

每个测产地块或处理的单位面积产量是该地块或处理所有样点测产产量的平均值（下同）。

二维码 3-2（视频）

（三）实收产量的测定

小麦实收产量的测定方法如下（二维码 3-2）。

1. 取样方法

大面积测产田，100 亩随机选取 2 个地块，1 000 亩随机选取 5 个地块，10 000 亩随机选取 10 个地块，用联合收割机随机实收 1 亩以上连片小麦（S，亩）。小区试验全部收获或者收获 2～3 m^2，收获后称重，并合计总产量（Y_1，kg），在总产量中随机分取 5 kg，去杂质后称重（Y_2，kg），田间落粒不计算重量。

2. 测定含水率

用国家认定并校正后的种子水分测定仪或者采用烘干法测定籽粒含水量（w，%），每样品重复测定 10 次，求平均值。样品留存，备查或等自然风干后再校正。

3. 计算实测产量

$$Y = \frac{Y_1 \times \frac{Y_2}{5}}{S} \times 666.7(m^2)$$

式中，Y 为单位面积籽粒鲜重，kg/亩。

$$实测产量 = \frac{Y \times (1 - w)}{1 - 13\%}$$

式中，实测产量单位为（kg/亩），13% 为小麦籽粒的标准含水量。

二、玉米的产量测定

（一）田间测产的时机

玉米理论产量测定一般在蜡熟期进行，实收产量测定在即将收获前（90%以上的果穗达到生理成熟）或与收获结合进行。

（二）理论产量的测定

玉米理论产量的测定方法如下（二维码 3-3）。

1. 样点选取

对于大面积高产示范区，一般将其划分成若干片，每片随机取

二维码 3-3（视频）

3 个地块。然后，实地察看待测地块玉米生长发育的状况，为选点取样做准备。对于长方形、玉米生长较整齐的地块，可根据地块面积采用对角线法随机选取 3～5 个样点，每个样点不少于 10 行，每行 20 m。小区试验，每个处理随机选取至少 3 个样点，每个样点取 5 m 双行进行测产。

2. 测算平均株行距

每个样点测连续 10 行的距离，求出平均行距。再按一定规则间隔选出 4～5 行，每行测 40～50 株之间的距离，求出平均株距。

3. 调查单位面积穗数和倒伏情况

从测定行距的 10 行中选取有代表性的双行(各 20 m)，计数株数、空秆株数、双穗株数、有效穗数和倒伏株数、折断株数。各调查项目和标准如下。

(1)有效穗数。果穗结实 20 粒以上且籽粒达到生理成熟标准。

(2)空秆数和空秆率。果穗结实少于 20 粒，或者籽粒尚处于乳熟期的植株计为空秆。空秆率为收获时，样点空秆株数占总株数的百分比(%)。

(3)双穗株数和双穗株率。第二果穗结实 20 粒以上且籽粒达到生理成熟标准的植株计为双穗株。双穗株率为收获时，样点内双穗株数占总株数的百分比(%)。

(4)单株有效穗数。即平均每株有效穗数，是样点内总穗数与总株数之比。

(5)倒伏率(根倒)。玉米倒伏分为根倒伏和茎倒伏，根倒伏以植株倒伏倾角超过 45°为标准。倒伏植株与样点总植株数之比为倒伏率，分为三级：倒伏率在 1/3 以下者为轻(Ⅰ)，1/3～2/3 者为中(Ⅱ)，高于 2/3 者为重(Ⅲ)。

(6)倒折率(茎倒)。植株从果穗下部折断的株数占样点株数的百分比(%)。

4. 测算平均穗粒数

大面积测产在每个测定样段内每 5 穗取 2 个果穗，共计取 20 穗；小区试验则收取样点全部果穗，按平均穗重法取 20 个果穗，称重(kg)。然后，逐穗测定穗粒数，取平均值。

5. 计算理论产量

$$理论产量=单位面积穗数\times穗粒数\times千粒重\times10^{-6}$$

千粒重可取所测品种前三年的平均值或品种公告公布的千粒重，也可将样本植株的果穗全部脱粒、晒干后，测定千粒重。式中，10^{-6} 为单位换算系数，理论产量的单位为 kg/hm^2。

理论产量乘以测产校正系数(折扣系数)，即可计算出测产产量。玉米的测产校正系数一般为 0.85。

(三)实收产量的测定

玉米实收产量测定方法如下(二维码 3-4)。

二维码 3-4(视频)

1. 样点选取

玉米大面积测产，根据地块的自然分布分成若干片，每片随机取 3 个地块，每个地块在远离边际的位置取有代表性的样点 6 行，要求面积≥0.1 亩，并准确丈量收获样点的实际面积。小区试验一般是全部收获小区内的玉米果穗，并按小区面积进行计算。

2. 田间收获和标准穗选取

每个样点收获全部果穗，计数果穗数目后，称取果穗鲜重。按平均穗重法取 20 个果穗作为样穗，测定鲜穗出籽率和含水率。

3. 鲜穗出籽率测定

取 20 个样穗的鲜穗称重(kg)，再将所有样穗脱粒，称取籽粒鲜重(kg)。计算鲜穗出籽率(%)。

$$\text{鲜穗出籽率}=\frac{\text{籽粒鲜重}}{\text{果穗鲜重}}\times 100\%$$

4. 籽粒含水率测定

(1)仪器测定法。用国家认定并经校正后的种子水分测定仪测定籽粒含水量，每份样品重复测定 10 次，求平均值。

(2)烘干法。脱下的鲜籽粒按十字分割法，取 0.5～1.0 kg 籽粒，在 105 ℃烘箱杀青 30 min，在 80 ℃下烘至恒重，称籽粒干重(kg)，计算籽粒含水率(%)。

$$\text{籽粒含水率}=\frac{\text{籽粒鲜重}-\text{籽粒干重}}{\text{籽粒鲜重}}\times 100\%$$

样品留存，备查或等自然风干后再校正。

5. 实收产量计算

$$\text{实收产量}=\frac{\text{果穗鲜重}\times\text{鲜穗出籽率}\times(1-\text{籽粒含水率})}{1-14\%}$$

式中，实收产量的单位为 kg/hm^2，14%为玉米籽粒的标准含水量。

以上是玉米产量测定的标准方法。在实际操作中，可根据需要对收获面积和方法等进行调整。自 1965 年开始，美国国家玉米种植者协会(NCGA)举办全国玉米高产竞赛(NCYC)，根据是否灌溉及保护性耕作等，形成了一套相对完善的竞赛测产方法。比如，三行收割机每次收 3 行，中间应隔 9 行，再收下一个 3 行，直到达到要求的收获面积。20 世纪 90 年代末，我国开始学习美国玉米高产竞赛经验，自发开展高产创建活动，在实践中也形成了一套高产创建的测产方法。

三、水稻的产量测定

(一)田间测产的时机

水稻理论产量的测定一般在乳熟期至完熟期进行，实收产量的测定在完熟期或与收获结合进行。

(二)理论产量的测定

水稻产量通常分解为单位面积穗数、每穗颖花数、结实率和粒重等产量构成因素，也可分解为单位面积穗数、穗粒数和粒重等产量构成因素；分别测定这些产量构成因素，就可得出单位面积理论产量(二维码 3-5)。

1. 样点选取

实地查看所测地块水稻生长情况，在测产田进行取样调查。对于大面积待测田，一般将其划分成若干片，每片随机取 3 个地块。然后，实地查看所测地块及水稻生长情况，为选点取样做准备。对于长方形、水稻生长较整齐的地块，可根据地块面积采用对角线法随机选取 3～5 个样点。对于小区试验，每个处理一般随机选取 3 个样点。每个样点面积为 1 m^2。

二维码 3-5(视频)

2. 测算行距和穴距，计算单位面积穴数

移栽稻测定实际穴距(m)和行距(m)，每个样点测量 11 或 21 穴的横、竖距离，分别除以 10 或 20，求出平均行距和穴距，计算单位面积穴数(穴/亩)：

$$单位面积穴数=\frac{666.7(m^2)}{行距\times穴距}$$

3. 测算平均每穴有效穗数

每个样点选取连续 10 穴，计数并记录每穴有效穗数(一个稻穗的结实粒数有 10 粒以上)，统计各样点数据，求出平均每穴有效穗数。

4. 计算单位面积有效穗数

取各样点单位面积穴数和每穴有效穗数的平均值，然后计算出单位面积穗数(穗/亩)。

$$单位面积穗数=单位面积穴数\times每穴有效穗数$$

5. 调查并计算每穗的颖花数和穗粒数

每个样点选取一穴为代表，计数并记录此穴的总颖花数和实粒数，以每穴总颖花数和实粒数分别除以每穴有效穗数，计算出该点的平均每穗颖花数和实粒数。

$$每穗颖花数=\frac{每穴总颖花数}{每穴有效穗数}$$

$$穗粒数=\frac{每穴总实粒数}{每穴有效穗数}$$

统计各样点数据，求出平均每穗颖花数和穗粒数。

6. 计算结实率

$$结实率=\frac{平均穗粒数}{平均每穗颖花数}\times100\%$$

如果将水稻产量分解为单位面积穗数、穗粒数和粒重 3 个构成因素，可忽略此步骤，无须计算结实率(%)。

7. 测定千粒重

如在乳熟期至蜡熟期测产，千粒重可根据所测品种前三年的平均值或品种公告公布的千粒重计算。如在完熟期测产，可将样本植株的稻穗全部脱粒，晒干或速测谷粒含水量，然后测定千粒重。每份 1 000 粒，重复 2 次，用精度 0.01 g 的天平称取质量，重复间的偏差不超过 3%，计算平均值，并按标准含水量进行折算。籼稻、杂交稻的标准含水量为 13.0%，粳稻为 14.5%。

8. 计算理论产量

根据各产量构成因素的调查结果，计算产量：

$$\begin{aligned}\text{理论产量} &= \text{单位面积穗数}\times\text{穗粒数}\times\text{千粒重}\times 10^{-6}\\ &= \text{单位面积穗数}\times\text{每穗颖花数}\times\text{结实率}\times\text{千粒重}\times 10^{-6}\end{aligned}$$

式中，理论产量单位为 kg/hm^2，10^{-6} 为单位换算系数。理论产量乘以测产校正系数（折扣系数），即可计算出测产产量。水稻的测产校正系数一般为 0.85。

（三）实收产量的测定

1. 样点选取

水稻大面积测产，可根据地块的自然分布分成若干片，每片随机取 3 个地块，每个地块选取有代表性的区段（在不受边际影响的位置）进行实收测产，要求面积不少于 1 亩，并准确丈量其面积。小区试验则一般将小区内植株全部收获，并按小区面积计算产量。

2. 田间收获和标准穗选取

实际收获每个样点或测产区段，脱粒后，称取全部谷粒的重量，得到稻粒总鲜重（kg/hm^2）。从每个样点或测产区段随机选取部分稻粒测定含水率。

3. 稻粒含水率测定

（1）仪器测定法。用国家认定并经校正后的种子水分测定仪，测定稻粒含水量，每份样品重复测定 10 次，求平均值。

（2）烘干法。脱下的谷粒按十字分割法，取 0.5～1.0 kg 籽粒（要准确称重，为稻粒鲜重），在 105 ℃烘箱杀青 30 min，在 80 ℃下烘至恒重，称稻粒干重（kg），计算稻粒含水率（%）。

$$\text{稻粒含水率}=\frac{\text{稻粒鲜重}-\text{稻粒干重}}{\text{稻粒鲜重}}\times 100\%$$

样品留存，备查或等自然风干后再校正。

4. 实收产量计算

$$\text{实收产量}=\frac{\text{稻粒总鲜重}\times(1-\text{籽粒含水率})}{1-\text{籽粒的标准含水量}}$$

式中，实收产量单位为 kg/hm^2；水稻籽粒的标准含水量：籼稻、杂交稻为 13.0%，粳稻为 14.5%。

四、棉花的产量测定

（一）田间测产的时机

目前，棉花以测定理论产量居多，一般在有效铃达到成铃标准、单株有效铃数定型后进行理论产量测定，多数棉区在 9 月上、中旬。小区实收测产一般在收获前进行。随着棉花机械收获技术的应用，在收获时进行实收产量测定得到普及。

（二）理论产量的测定

棉花理论产量的测定方法如下（二维码 3-6）。

1. 选样点

一般大田测产棉花采用对角线法选取 3～5 个样点，小区试验可适当减少样点数，一般每个处理取 3 个样点。样点应与路边和地边有一定距离，样点内棉株的生育状况和配置方式应有代表性。

二维码 3-6（视频）

2. 单位面积株数的测定

每样点量 21 行之间的距离除以 20，得平均行距(m)；再从连续 10 行中按一定规则间隔选出 3 行，每行测量 51 株之间的距离除以 50，得平均株距(m)。然后计算单位面积株数(株/亩)。

$$\text{单位面积株数}=\frac{666.7(\mathrm{m}^2)}{\text{行距}\times\text{株距}}$$

3. 测定单株铃数

每样点选取 10～20 株，计数成铃数(含已裂铃和吐絮的铃)，计算平均单株铃数。

计数铃数时应把幼铃折合为成铃。测产时期不同，其折算方法不同，一般 9 月上旬测产，一个幼铃折为半个成铃，蕾和花不计；9 月中、下旬和 10 月测产，不计幼铃，只计成铃(含已裂铃和吐絮的铃)，如有烂铃，可按其烂铃程度加以扣除。

4. 铃重的测定

在大田或小区内，随机采收 50 个吐絮铃，带回晒干，称籽棉重，计算出平均铃重(kg)。也可参照历年该品种的铃重，结合当年气候条件和长势长相加以估计。

5. 计算理论产量

$$\text{籽棉产量}=\text{单位面积株数}\times\text{单株铃数}\times\text{铃重}\times10^{-3}$$

$$\text{皮棉产量}=\text{籽棉产量}\times\text{衣分(常年平均)}$$

式中，籽棉产量和皮棉产量的单位为 kg/亩，10^{-3} 为单位换算系数。籽棉产量和皮棉产量乘以测产校正系数，即可计算出测产产量。例如，在田间无畦埂等占地的情况下，棉花采用机械收获，收获损失率在 10%以下，测产校正系数可取 90%。

(三)实收产量的测定

1. 取样和测定方法

小区试验去除边行后收获中间区域棉花；机采棉田可以进行大面积实收测产，脱叶催熟后 15～20 d 用采棉机随机实收 1 亩以上连片棉花，收获后称重并合计总产量(kg)。田间脱落棉、挂枝棉不计算重量。

2. 含杂率测定

机采棉花需测定含杂率(%)。随机取 2～3 kg 籽棉，挑出其中茎枝、叶片、铃壳等杂质后称重(kg)。

$$\text{含杂率}=\frac{\text{杂质重量}}{\text{籽棉重量(含杂质)}}\times100\%$$

3. 计算实测产量

$$小区实测产量=\frac{小区实收棉花产量\times 666.7(m^2)}{小区面积}$$

$$机采棉田实测产量=\frac{实收棉花产量\times(1-含杂率)\times 666.7(m^2)}{实收面积(m^2)}$$

式中，实测产量的单位为 kg/亩。

五、花生的产量测定

(一)田间测产的时机

花生一般在收获前半个月至收获期进行田间测产。

(二)理论产量的测定

荚果产量可分解为单位面积株数、单株荚果数和荚果重 3 个产量构成因素。籽仁产量分解为单位面积株数、单株荚果数、荚果重和出仁率 4 个产量构成因素。分别测定这些产量构成因素，就可得出单位面积理论产量(二维码 3-7)。

二维码 3-7(视频)

1. 样点选取

大面积测产，首先根据品种、地力、花生的长势将整个待测产区域分成 5 个点，每个点选取有代表性的 1～3 个地块进行测产。对每个待测地块，遵循随机的原则选取样点。一般，面积约 10 亩的地块可按对角线法选取 5 个样点；面积约 100 亩的地块可等分成 5 个测产单元，每个单元采用三角法取 3 个样点，总计 15 个样点。每个样点面积为 10 m^2。

2. 测定单位面积株数

测定单位面积株数有 2 种做法：一是每个样点面积约 10 m^2，长宽比以 3∶2 为宜，包括 4～8 个播种行，畦作花生取半畦的播种行数(要包括 1 个畦埂或畦沟行)，计样点内的株数，计算单位面积株数(株/亩)。

$$单位面积株数=\frac{666.7(m^2)}{样点面积}\times 样点内的株数$$

二是每个样点测 11 或 21 行之间的距离，求出平均行距；选取 2～3 个播种行，测定 21 穴之间的距离，求出平均穴距；从中选具有代表性的播种行，连续数 20 穴的株数，求出平均每穴株数(株/穴)。

$$单位面积株数=\frac{666.7(m^2)}{平均行距\times 平均穴距}\times 平均每穴株数$$

3. 测定单株荚果数

每个样点连续取 10～20 株，将植株上的有产量果均摘下，计数有产量果数，求出平均每株荚果数，即单株荚果数。

4. 测定荚果重

荚果重可用百果重表示，一般按该品种前三年的平均值或品种公告公布的数值计算。

5. 计算理论产量

$$荚果产量=\frac{单位面积株数\times单株荚果数\times百果重}{10^3\times100}$$

式中，荚果产量的单位为 kg/亩，10^3 为单位换算系数。理论产量乘以测产校正系数（缩值系数），即可计算出测产产量。100 亩以下的花生高产田，测产校正系数一般取 1。10 000 亩（667 hm^2）规模的花生高产示范片，测产校正系数取 0.9。

（三）实收产量的测定

1. 样点选取

花生大面积测产，从理论产量测定时划定的 5 个自然片中分别挑选 1～2 块有代表性的地块，每个地块面积不得小于 3 亩，所种品种必须具有代表性，并在每个备选地块上选定测产区，测产区面积为 1 亩。

2. 田间收获和荚果鲜重测定

分别刨出各个测产区所有的花生植株，摘取有产量荚果，去杂、去土，称取鲜果重（kg），计算出每亩荚果鲜重（kg/亩）。

3. 折干率的测定

从已测鲜重的荚果中随机取 20 kg 混匀，从中取 5 份果样，每份 2 kg，烘干测定荚果干重（kg）。

烘干测定的方法：将果样放入烘箱，105 ℃烘 4～6 h，再在 80～90 ℃烘 8～10 h，然后称重，再继续烘，每 2～4 h 称一次重量，直到恒重，计算折干率（%）。

$$折干率=\frac{烘干果重}{鲜果重\times(1-10\%)}\times100\%$$

式中，10%为花生荚果的标准含水量。

4. 实收产量计算

$$实收产量=每亩荚果鲜重\times折干率$$

式中，实收产量的单位为 kg/亩。

小区试验以生育期间未经取样等影响的各个小区为测产区，刨出整个小区全部植株，摘取有产量荚果，去杂、去土，分别自然风干，称取风干果重（kg）。

六、油菜的产量测定

（一）田间测产的时机

油菜一般在单株有效角果数和每角粒数定型期到收获期进行理论产量的测定。在油菜联合机械收获技术成熟的地区，可以在黄熟后期至完熟期进行实收产量的测定。

（二）理论产量的测定

油菜理论产量的测定方法如下（二维码 3-8）。

二维码 3-8（视频）

1. 样点选取

油菜大面积丰产示范区可根据地块的自然分布划分为 5 片左右，每片选取种植品种和长势有代表性的 1～3 个地块，每个地块面积不小于 1/5 hm^2。也可根据长势将地块分成好、中、差三大类，估计每类在总面积中所占的比例，每类选取种植品种和长势有代表性的 2～4 个地块进行测产。

每个地块可根据面积、形状和长势确定样点的数目和分布，例如：面积约 1/3 hm^2、长势一致的长方形地块，可采用对角线法选取 5 个样点；面积约 1/5 hm^2、长势一致的长方形地块，采用对角线法选取 3 个样点。小区试验一般每个处理的测产样点不少于 3 个，样点为小区的中间 2～3 行。每个测产样点的面积为 9～10 m^2。

2. 单位面积株数(收获密度)

测定 11 行之间的距离，计算平均行距(m)。从每个样点中选择有代表性的一行，测定 11 株之间的距离，计算平均株距(m)。然后计算出单位面积株数(株/亩)。

$$单位面积株数=\frac{666.7(m^2)}{行距\times株距}$$

3. 单株角果数

连续取 10～20 株，按有效角果的结实粒数不少于 5 粒的标准，计数每株的有效角果数，取平均值。

4. 每角果粒数

从代表性植株(单株角果数接近平均值)中随机选取 50 个角果，计数每个角果的结实粒数，取平均值。

5. 千粒重

根据品种特性及气候条件估计千粒重。

6. 计算产量

$$理论产量=单位面积株数\times单株角果数\times每角果粒数\times千粒重\times10^{-6}$$

式中，理论产量的单位为 kg/亩，10^{-6} 为单位换算系数。理论产量乘以测产校正系数(折扣系数)，即可计算出测产产量。测产校正系数根据沟或畦埂占地面积和收获时损失的大小来确定，一般为 0.85～0.98。

(三)实收产量的测定

1. 样点选取

大面积丰产示范区参照理论产量测定的方法确定测产地块，每个地块选具有代表性的区段进行实收测产。

2. 田间收获和籽粒重量测定

在每个备选地块进行实收实脱。收割前对收割机进行清仓检查，并准确测定实际收获面积，实际收获面积不小于 1 亩。称取籽粒重量(不计田间落粒的重量)，得到每亩籽粒鲜重；用水分测定仪测定含水量(%)，按 14%的标准含水量计算产量。

3.计算产量

$$实收产量=\frac{每亩籽粒鲜重\times(1-含水量)}{1-14\%}$$

式中,实收产量的单位为 kg/亩,14%为油菜籽的标准含水量。

七、大豆的产量测定

(一)田间测产的时机

田间测产一般在黄熟期进行,而实收产量的测定常常在完熟期,与机械联合收获作业结合进行。

(二)理论产量的测定

大豆理论产量的测定方法如下(二维码 3-9)。

二维码 3-9(视频)

1.样点选取

大面积丰产示范片,可根据地块的分布分为 5 个自然片,每片选取种植品种和长势有代表性的 1~3 个地块。每个地块按对角线法随机选取 3~5 个样点,每个样点离地头 5 m 以上,每个样点面积 2~5 m^2 以上。小区试验,每个处理随机选取至少 3 个样点,样点面积 2 m^2。

2.测算平均行距

采取等行或宽窄行播种的,在样点中连续测量 11 行的距离,分别除以 10,计算出平均行距(m)。

3.调查单位面积株数

每个样点选择具有代表性的相邻两行进行调查,测定调查的长度(依据平均行距和样点面积计算的结果),计数调查范围内的株数,计算单位面积株数(株/hm^2)。

$$单位面积株数=\frac{样点内的株数}{样点面积(m^2)}\times10^4$$

式中,10^4 为换算系数。

4.调查单株粒数

每个样点连续测定 10 株的单株粒数,并计算出平均单株粒数。

5.计算理论产量

$$理论产量=单位面积株数\times单株粒数\times百粒重\times10^{-5}$$

式中,理论产量单位为 kg/hm^2,10^{-5} 为单位换算系数。

百粒重可采用所测品种前三年平均值或品种公告公布的百粒重,也可将样本植株的全部荚果脱粒、晒干后,测定百粒重。

理论产量乘以测产校正系数才是测产产量,大豆的测产校正系数一般为 0.9。

(三)实收产量的测定

1. 样点选取

大面积丰产示范片可参照理论产量测定方法选取测产地块。每个地块在远离边际的位置选取有代表性的测产区段,要求面积≥1亩,并准确丈量其实际收获面积。小区试验一般将小区内植株全部收获,面积按小区面积计算。

2. 田间收获和籽粒重量测定

大面积实收测产,收割前由专家组对收割机进行清仓检查,然后,对选定的测产区段进行实收实脱,称取其籽粒重量(不计田间落粒的重量)。小区试验则收获小区内的全部植株,脱粒,称取籽粒重量。

3. 籽粒含水率测定

(1)仪器测定法。用国家认定并经校正后的种子水分测定仪测定籽粒含水量(%),每点重复测定10次,求平均值。

(2)烘干法。脱下的鲜籽粒按十字分割法,取0.5~1.0 kg籽粒,在105 ℃烘箱杀青30 min,在80 ℃下烘至恒重,称重(kg),计算籽粒含水率(%)。

$$\text{籽粒含水率}=\frac{\text{籽粒鲜重}-\text{籽粒烘干重}}{\text{籽粒鲜重}}\times 100\%$$

样品留存,备查或等自然风干后再校正。

4. 实收产量计算

$$\text{实收产量}=\frac{\text{籽粒鲜重}\times(1-\text{籽粒含水率})}{1-13.5\%}$$

式中,实收产量单位为kg/hm^2,13.5%为大豆籽粒的标准含水量。

八、甘薯的产量测定

(一)田间测产的时机

甘薯田间测产最好在收获期进行。因工作安排的需要,也可提早5~10 d进行理论产量的测定。

(二)理论产量的测定

二维码3-10(视频)

甘薯理论产量的测定方法如下(二维码3-10)。

1. 样点选取

小区试验一般测定每个小区的中间2~3行,测产面积不少于10 m^2。大面积丰产示范片则随机抽取3~5块田进行测产,每块田选取3~5个样点。一般每个样点不少于5行,样点的面积不小于45 m^2。

2. 测定单位面积株数(收获密度)

每个样点测定11行之间的距离,除以10,得到平均行距。然后,测定样点的长度,计算样点面积。

$$样点面积(m^2)=样点长度\times行距\times行数$$

逐行计数样点内的株数，计算出单位面积株数(株/亩)。

$$单位面积株数=\frac{样点株数\times666.7(m^2)}{样点面积(m^2)}$$

3.测定单株结薯数

选取20～30个样株，逐株挖根，计数最大直径1 cm以上的薯块数，求出单株结薯数(平均值)。

4.测定单薯重

计算从上述样株中收获的薯块总数，并除去薯块上的泥土，称薯块鲜重(g)，计算出单个薯块鲜重的平均值，即单薯重(g)。

5.计算单位面积产量

$$单位面积产量=单位面积株数\times单株结薯数\times单薯重\times10^{-3}$$

式中，单位面积产量的单位为kg/亩，10^{-3}为换算系数。

也可在测得单位面积株数后，直接测定单株鲜薯重(kg)。选取20～30个样株，并收获所有薯块，除去薯块上的泥土，称薯块鲜重(kg)，计算出单株鲜薯重(平均值)。然后，计算甘薯的理论产量，即单位面积产量(kg/亩)。

$$单位面积产量=单位面积株数\times单株鲜薯重$$

(三)实收产量的测定

1.样点选取

测定甘薯的实收产量可参照甘薯理论产量测定的方法选定样点。甘薯品种区域试验要求小区面积不少于20 m^2，包括4～5行，测定实收产量时，以中间2～3行为测产样点。

2.田间收获并称薯块鲜重

大面积测产利用收获机收获薯块。小区试验翻挖出样点内的全部植株，收获所有薯块。然后，除去薯块上的泥土，称薯块鲜重，即样点薯块重量(kg)。

3.计算单位面积产量

$$单位面积产量=\frac{样点薯块重量\times666.7(m^2)}{样点面积(m^2)}$$

式中，单位面积产量的单位为kg/亩。

九、马铃薯的产量测定

(一)田间测产的时机

马铃薯田间测产的时机因品种的熟性而异。早熟、中早熟和中熟品种以成熟期为宜，中晚熟和晚熟品种一般于收获前1～2 d进行田间测产。如果测产工作量大，可提早到收获前7 d以内。

二维码 3-11(视频)

(二)理论产量的测定

马铃薯理论产量的测定方法如下(二维码 3-11)。

1. 样点选取

大面积(10 000 亩)丰产示范片,可根据地块的自然环境和品种分布情况划分为 15 个测产单元,每个测产单元随机选取 2 个样点,共计 30 个样点。100 亩高产示范片则分成面积大致相同的 10 个测产单元,每个测产单元随机选取 1 个样点,共计 10 个样点。10 亩左右的高产攻关田可采用对角线取样法选取 5 个样点。面积不足 1/3 hm^2 的地块可采用对角线取样法选取 3 个样点。每个样点取长方形小区,样点面积不小于 45 m^2,行数不少于 6 行。

2. 测定单位面积株数(收获密度)

每个样点测定 11 行之间的距离(以行的中央为基点),然后除以 10,得到平均行距。根据平均行距(m)、行数和样点面积(m^2),划出测产样点,即测定和标示出样点的长度(m)。

$$样点长度=\frac{样点面积}{行距\times行数}$$

逐行计数样点内的株数,由 1 块种薯长出的植株(无论是一个主茎,还是多个主茎)计为 1 株(下同)。然后,计算单位面积株数(株/亩)。

$$单位面积株数=\frac{样点株数\times666.7(m^2)}{样点面积}$$

或者从每个样点选出具有代表性的一行,测量 11 株之间的距离,除以 10,得平均株距(m),然后计算单位面积株数(株/亩)。

$$单位面积株数=\frac{666.7(m^2)}{行距\times株距}$$

3. 测定单株块茎数

每个样点选取具有代表性的 10 个样株,逐株挖根,计数 10 个样株的块茎总数,除以 10,得出单株块茎数。

4. 测定单薯重

除去上述 10 个样株的所有块茎上的泥上,称取块茎鲜重,除以块茎总数,得出单薯重(kg)。

5. 计算单位面积产量

$$单位面积产量=单位面积株数\times单株块茎数\times单薯重\times10^{-3}$$

式中,单位面积产量的单位为 kg/亩,10^{-3} 为单位换算系数。

也可在测得单位面积株数后,直接称取单株块茎重。即每个样点选取具有代表性的 10 个样株,逐株挖根,收获所有块茎,并除去块茎上的泥土,称取块茎鲜重,除以 10,求出平均值,即得出单株块茎重(kg)。然后,计算单位面积产量(kg/亩)。

$$单位面积产量=单位面积株数\times单株块茎重$$

(三)实收产量的测定

1. 样点选取

大面积丰产示范片和生产试验可参照马铃薯理论产量测定的方法选定样点。马铃薯品种区域试验要求小区面积为0.02～0.03亩,实收产量的测定时,要求缺株不超过15%,并以全小区为测产样点。有些小区试验,测产样点可酌情去掉边行。

2. 田间收获并称块茎鲜重

大面积测产利用收获机收获块茎。小区试验翻挖出样点内的全部植株,收获所有块茎。然后,除去块茎上的泥土。将商品薯和非商品薯分开,分别称块茎鲜重(kg)。非商品薯指重量小于50 g的小薯以及病薯、烂薯和绿皮薯等。

3. 计算单位面积产量

单位面积产量以单个样点计算。各类薯的实收产量的单位均为kg/亩。

$$\text{商品薯实收产量}=\frac{\text{单个样点商品薯重}\times 666.7(\text{m}^2)\times(1-\text{杂质含量})}{\text{样点面积}(\text{m}^2)}$$

$$\text{非商品薯实收产量}=\frac{\text{单个样点非商品薯重}\times 666.7(\text{m}^2)\times(1-\text{杂质含量})}{\text{样点面积}(\text{m}^2)}$$

式中,杂质含量一般按收获薯块总重的1.5%计。然后,计算每个处理、地块或丰产示范片的平均实收产量。

$$\text{商品薯平均实收产量}=\frac{\text{各样点商品薯平均亩产量之和}}{\text{样点个数}}$$

$$\text{非商品薯平均实收产量}=\frac{\text{各样点非商品薯平均亩产量之和}}{\text{样点个数}}$$

最后得到实收产量,即

$$\text{平均实收产量}=\text{商品薯平均实收产量}+\text{非商品薯平均实收产量}$$

如果收获时薯块带土较多,每个样点收获时可取5 kg薯块,冲洗前称重,冲洗、沥干,晾至薯块表面刚好变干,立即称重,计算杂质率,按下式计算实收产量。

$$\text{平均实收产量}=(\text{商品薯平均实收产量}+\text{非商品薯平均实收产量})\times(1-\text{杂质率})$$

第三节　主要作物的经济性状考查

一、小麦的经济性状考查

小麦收获前,每个处理选取有代表性的样品至少10株,3次重复,然后进行经济性状考查(二维码3-12)。

二维码 3-12(视频)

(一)产量性状

1. 单株成穗数

单株成穗数是每个植株有效穗数的平均值。考查时,分别计数每个植株的有效穗数,包括主茎成穗数和分蘖成穗数,其中有效穗(或称成穗)的标准是一个麦穗的结实粒数至少5粒。

2. 分蘖成穗率

分蘖成穗率又称为有效分蘖率,是指分蘖成穗数(或称有效分蘖数)占最高分蘖数的百分率(%)。以每亩分蘖成穗数占每亩最高分蘖数的百分率计算,或以单株分蘖成穗数占单株最高分蘖数的百分率计算。

3. 分蘖穗百分率

分蘖穗百分率是指分蘖成穗数占总成穗数的百分率(%)。以每亩分蘖成穗数占每亩成穗数的百分率计算,或以单株分蘖成穗数占单株成穗数的百分率计算。

4. 生物产量

生物产量是指单位面积小麦的干物质(不含根,亦称生物质)重量。成熟期,取1米双行样段,待小麦样株风干后,剪去根系,称取样株的干物质重量,换算成单位面积生物产量(kg/亩)。

5. 经济产量

经济产量是指单位面积小麦的籽粒重量,折合至标准含水量,并将单位换算成kg/亩或 kg/hm^2。

6. 收获指数

收获指数又名经济系数。

$$经济系数=\frac{经济产量}{生物产量}$$

计算时要注意,经济产量与生物产量的测定对象和样品是要对应的。

二维码 3-13

(二)穗部和籽粒性状

观察穗部和籽粒性状,要从小麦样株中挑出主茎,进行如下性状的考查(二维码3-13)。

1. 穗长

测量最下部小穗着生处至麦穗顶端(不含芒)的长度(cm)。

2. 总小穗数

计数麦穗上的小穗数量,包括结实小穗数和不孕小穗数。

3. 不孕小穗数

计麦穗上不孕小穗的数量。不孕小穗是没有有效籽粒的小穗,一般麦穗基部1~2个小穗以及顶端倒数第二个小穗容易成为不孕小穗。

4. 结实小穗数

计麦穗上的结实小穗数量。结实小穗的标准是至少有 1 粒有效籽粒。

$$结实小穗数=总小穗数-不孕小穗数$$

5. 穗粒数

计麦穗上全部有效籽粒的数量。

6. 强势粒数

计麦穗上全部强势籽粒的数量，一般每小穗基部第一、第二小花结实形成的籽粒是强势粒。

7. 弱势粒数

计麦穗上全部弱势籽粒的数量，一般每小穗第三、第四小花结实形成的籽粒是弱势粒。

8. 千粒重

充分混合晒干(标准水含量 13%)、扬净的小麦籽粒，采用四分法(对角线法)抽取样品，从中随机数 2 组籽粒，每组 1 000 粒，分别称重(g)。要求这两组的重量相差不超过 3%～5%，否则，重测第三组样品，直到合乎要求。然后将合乎要求的 2 组数据取平均值，得出千粒重。

二、玉米的经济性状考查

玉米测产时，每个处理选取 10～20 个果穗，选取的果穗要有代表性。然后，对选取的果穗进行经济性状考查(俗称考种)，彩图见二维码 3-14。

二维码 3-14

(一)果穗性状

1. 果穗长度

从果穗基部至顶端(包括秃尖)的距离，即为果穗长度(cm)。

2. 穗粗

将一个处理所选取的全部果穗首尾相间紧密摆放成一行，测定果穗中部的总长，除以果穗数，得到果穗平均直径即为穗粗。也可用卡尺逐个测量果穗中部最粗处的直径，即为穗粗(cm)。

3. 秃尖长度

测量果穗顶端没有结实或结实未成熟部分的长度即为秃尖长度(注意测量点要能代表所测量果穗秃尖的情况，cm)，也可据此计算秃尖率(%)。

$$秃尖率=\frac{秃尖长度}{果穗长度}\times 100\%$$

4. 穗行数

计每个果穗中部的籽粒行数(一般为偶数)，求平均数，即穗行数。

5. 行粒数

每个果穗计一个中等长度行的籽粒数，求平均数，即行粒数。

6. 穗粒数

$$穗粒数=穗行数\times行粒数$$

也可实际计数每个果穗上的籽粒总数,求平均数,即为穗粒数。

7. 果穗重

称取风干果穗的重量,求平均数,即为果穗重(g)。

8. 穗粒重

逐个对风干果穗进行脱粒,并称取一个果穗的全部籽粒的重量,求平均数,即为穗粒重(g)。

9. 穗轴率或出籽率

$$穗轴率=\frac{穗轴重}{果穗重}\times100\%$$

$$出籽率=\frac{穗粒重}{果穗重}\times100\%$$

(二)产量性状

1. 千粒重

数 1 000 粒自然风干种子,称重(g),2 次重复,求平均值。要求 2 次重复的重量相差不超过 4～5 g,否则,需进行第三次重复,取相近的 2 组数据,求其平均值。最终千粒重要按玉米籽粒标准含水量 14%进行折算。

2. 生物产量

成熟期每处理取 5～10 个样株,风干或烘干后测定每个植株的重量,除根以外,包括籽粒、穗轴、苞叶、雄穗、茎秆和叶。然后,计算平均单株干物重及生物产量。

3. 经济系数

$$经济系数=\frac{经济产量}{生物产量}$$

三、水稻的经济性状考查

收获前,每个处理选取有代表性的 5～10 穴水稻植株,或者取定点处的水稻植株,然后对这些水稻样品进行经济性状考察。

(一)产量性状

1. 有效穗数

对于定点处的水稻样品,考查每穴的有效穗数,有效穗的标准是每穗结实粒在 5 粒及以上,实际考查时,白穗也算有效穗。取每穴有效穗数的平均值(2 个重复的平均值),结合每亩穴数,计算出每亩有效穗数,以万个/亩为单位,保留至小数点后一位。

2. 单株成穗数

单株成穗数是指一个水稻植株的成穗数(即有效穗数),包括单株主茎成穗数和有效分蘖数(即分蘖成穗数)。利用每穴有效穗数的平均值除以每穴基本苗数的平均值,即可算出单株成穗数。

3. 成穗率

成穗率是指有效穗数占最高苗数的百分率(%),并保留至小数点后二位。

$$\text{成穗率}=\frac{\text{有效穗数}}{\text{最高苗数}}\times 100\%$$

4. 谷草比

谷草比是谷粒重量与其秸秆重量的比值,即谷草比=谷粒重量/秸秆重量。测定时一般在田间选取 0.01 亩的样点,将水稻植株齐泥割下,把谷粒与秸秆分开、风干,然后分别称量其谷粒干重和秸秆干重,即可计算出谷草比。或将用于经济性状考查的水稻样株全部烘干,将谷粒与秸秆(齐泥面剪去根和分蘖节)分开,分别称重后,计算谷草比。

5. 经济系数

根据谷草比测定的结果即可计算经济系数(收获指数)。

$$\text{经济系数}=\frac{\text{经济产量}}{\text{生物产量}}=\frac{\text{谷粒重量}}{\text{谷粒重量}+\text{秸秆重量}}$$

(二)穗部和籽粒性状

水稻穗部和籽粒性状的考查见二维码 3-15。

二维码 3-15

1. 穗长

测量从穗颈节至穗顶(不连芒)的长度(cm)。

2. 一次枝梗数

计穗轴上的一次枝梗数量。

3. 每穗总粒数

每穗总粒数也称为每穗颖花数,计每个有效穗上的谷粒数,包括瘪粒数和实粒数。一般调查 3 穴或 10 株,所有有效穗谷粒数(颖花数)之和除以有效穗数即每穗总粒数。

4. 每穗实粒数

计每个有效穗上的实粒数。实粒的标准是谷粒的充实度在 1/3 以上,落粒也要计入实粒数。一般调查 3 穴或 10 株,所有有效穗实粒数之和除以有效穗数即每穗实粒数。

5. 结实率

结实率是指每穗实粒数占每穗总粒数的百分率(%),保留至小数点后一位。

$$\text{结实率}=\frac{\text{每穗实粒数}}{\text{每穗总粒数}}\times 100\%$$

6. 千粒重

千粒重即 1 000 粒稻谷的重量。在考种后风干的实粒中,随机取 1 000 粒称重(g),重复 2 次,其差值不超过其平均值的 3%(否则须进行第三次重复),取符合要求的 2 次重复的平均值(g),保留至小数点后一位。

四、棉花的经济性状考查

(一)产量性状

1. 铃重

铃重是指一个棉铃的籽棉重量(g)。一般取中部果枝靠近主茎的正常吐絮棉铃,每株取 1 个铃,共取 50 个,晒干后称籽棉重,除以 50 即得出铃重,保留至小数点后一位。铃重的测定也可与大田测产结合进行,即测产时取第二、第三次收花的正常吐絮棉铃 50 个,晒干后称籽棉重,计算出铃重的平均值。

2. 衣分

衣分是指皮棉重量占籽棉重量的百分率(%),保留至小数点后一位。测定方法如下:每个处理从测完铃重的籽棉中随机取 3～5 份样品,或于第二、第三次收花时,从每个处理的籽棉中随机取 3～5 份样品。每份样品除去僵瓣、烂花之后,重 50～100 g。晒干后,准确称取籽棉重量(g),然后,用轧花机轧下纤维,称其重量,即皮棉重量(g)。分别求出籽棉重量和皮棉重量的平均值,最后计算衣分。

$$衣分=\frac{平均皮棉重量}{平均籽棉重量}\times 100\%$$

3. 衣指

衣指是指 100 粒籽棉上纤维的重量(g),陆地棉一般为 4～7 g。衣指的测定方法如下:从每个处理测完铃重的籽棉中随机取 50 个瓤,每瓤取中部籽棉 2 粒。共取 100 粒,称重(g)。然后,用轧花机轧下纤维,收集全部纤维并称重(g),重复 2 次,取平均值,保留至小数点后一位。

4. 籽指

籽指是指 100 粒籽棉除去纤维后棉籽的重量(g),陆地棉一般为 9～12 g。一般与衣指的测定结合进行,即测定衣指时,取轧去纤维的 100 粒棉籽称重(g),也是重复 2 次,取平均值,保留至小数点后一位。

二维码 3-16

5. 不孕籽率

不孕籽率是指不孕棉籽(二维码 3-16)粒数占全部籽粒数的百分率(%),保留至小数点后一位。每处理随机取正常吐絮的带壳棉铃 15～30 个,计每个棉铃的不孕籽粒数和正常棉籽数,以每个棉铃不孕籽粒数和正常棉籽数的平均值计算不孕籽率。

$$不孕籽率=\frac{不孕籽粒数}{不孕籽粒数+正常棉籽数}\times 100\%$$

(二)品质性状

1. 纤维长度

纤维长度是伸直纤维两端间的距离(mm)。其测定方法因具体的表示方法而异,常用的纤维长度表示方法有主体长度、平均长度、跨距长度、上半部平均长度等。

籽棉分梳法是一种经典而易于掌握的纤维长度测定方法，具体操作步骤如下（二维码 3-17）。

二维码 3-17（视频）

(1)取样。随机取有代表性的籽棉 20 瓤，从每瓤中部取下 1 粒棉籽，共计 20 粒。抽取时，两手抓住瓤中籽棉的两端轻轻向两端拉伸，使其从瓤中部断开，然后从断开处抽取 1 粒疏松的棉籽。

(2)梳理。首先用挑针从珠柄开始，沿种脊将棉籽表面的纤维分向两侧（要有明显的中分线），过合点端后，也要用挑针将棉籽表面的纤维分向两侧，注意使两侧的纤维量相当。然后，用小梳向左右分梳。梳理时，先用稀齿梳轻梳，一手把纤维基部连同棉籽一起捏紧，另一手从纤维尖端开始梳，并逐渐向纤维基部推进，待纤维基本梳顺后，再按同样的操作方法梳另一侧的纤维。换密齿梳按上述操作方法分别梳中分线两侧的纤维，直至梳直为止。注意尽量避免梳断纤维。最后，去掉游离纤维，将中分线两侧的纤维整理成束，让棉籽的腹沟朝下，放置在黑绒板上稍压紧。注意使中分线两侧纤维束的宽度与棉籽的长度一致，且纤维束与中分线垂直。

(3)测量。待梳好的棉籽全部摆在黑绒板上以后，用小钢尺的棱在每粒棉籽的两侧纤维束上压印痕，印痕压在大多数纤维尖端，以不露黑绒板为标准（二维码 3-16）。印痕与纤维的中分线平行，用钢尺测量 2 条印痕之间的距离并除以 2，即纤维长度(mm)。

2. 纤维整齐度

根据上述棉纤维长度测定的结果来计算纤维整齐度(%)。

$$\text{纤维整齐度}=\frac{\text{平均纤维长度}\pm 2\ \text{mm 的棉籽粒数}}{\text{考查的棉籽总粒数}}\times 100\%$$

一般纤维整齐度大于 90%为整齐，80%～90%为一般，80%以下为不整齐。

五、花生的经济性状考查

花生测产或收获时，每个处理选取 10～20 个代表性植株进行经济性状考查（二维码 3-18）。

二维码 3-18

(一)产量性状

1. 结果枝数

逐株计整个植株上 5cm 以上且结有产量果的分枝数，单位为条，以平均值表示。

2. 有效枝长

测量从子叶节至第一对侧枝上最远结实（有产量果）节的距离，即为有效枝长(cm)。其中，第一对侧枝上从子叶节至最远结实节，这一段被称为有效枝段。

3. 结实节数

结实节数亦称有效节数，是第一对侧枝上有效枝段的节数，即第一对侧枝有效结荚范围的节数，单位为个，以平均值为单位，精确到小数点后一位。

4. 地上果针数

逐株计整个植株上尚未入土的果针数，即为地上果针数，单位为个，以平均值表示，精确到小数点后一位。

5. 地下果针数

逐株计整个植株上已入土的果针（含子房略有膨大的果针）数，即为地下果针数，单位为个，以平均值表示，精确到小数点后一位。

6. 单株成针数

单株成针数是地上果针数和地下果针数之和，包括地上果针、已入土且子房略有膨大的果针、幼果、秕果、饱果、虫蚀果、烂芽果数，单位为个，以平均值表示，精确到小数点后一位。

7. 单株定形果数

逐株计整个植株上定形果的个数，即为单株定形果数，以平均值表示，精确到小数点后一位。定形果是果壳大小已定形，籽仁有雏形的嫩果及在此基础上继续发育的荚果。

8. 单株结实数

逐株计整个植株上秕果、饱果、虫蚀果、烂芽果数，即为单株结实数，单位为个，以平均值表示，精确到小数点后一位。

9. 单株结果数

逐株计整个植株上有经济价值的荚果个数，即为单株结果数，以平均值表示，精确到小数点后一位。有经济价值的荚果包括秕果和饱果，不计幼果等。

10. 单株幼果数

逐株计整个植株上的幼果个数，即为单株幼果数，以平均值表示，精确到小数点后一位。幼果是处于子房膨大阶段、尚无经济价值的幼小荚果。

11. 单株秕果数

逐株计整个植株上的秕果个数，即为单株秕果数，以平均值表示，精确到小数点后一位。秕果是果壳发黄，果壳内侧海绵体呈白色，籽仁未充实饱满的荚果。

12. 单株饱果数

逐株计整个植株上的饱果个数，即为单株饱果数，以平均值表示，精确到小数点后一位。饱果是果壳硬化，网纹清晰，壳内海绵体变褐色，籽仁充实饱满的荚果，不论单、双、三仁果，包括只有一室充实饱满、其他室未充实饱满的荚果。

13. 饱果率

饱果率是指成熟期的单株饱果数占单株结果数的百分率（%），精确到小数点后一位。

14. 双仁果率

双仁果率是指单株双仁荚果（包括饱果和秕果）数占单株结果数的百分率（%），精确到小数点后一位。

15. 单株生产力

摘取每个处理的 10 个样株上所有有经济价值的荚果，充分晒干后称重，求单株平均重量，即为单株生产力，以 g 为单位，精确到小数点后一位。

(二)荚果和籽仁性状

1. 果形

以每个品种的多数荚果的果形为标准，判断并记载果形。花生的果形分成葫芦形、曲棍形、蜂腰形、普通形、斧头形、串珠形和蚕茧形 7 种。

2. 百果重

随机称取晒干荚果 500 g，从中选取 100 个大果称重(g)，重复 2 次，重复间差异小于 5%，取平均值，精确到小数点后一位。

3. 百仁重

随机称取晒干荚果 500 g 剥壳，从全部籽仁中选取 100 个大籽仁称重(g)，重复 2 次，重复间差异不得大于 5%，取平均值，精确到小数点后一位。

4. 千克果数

随机称取晒干荚果 1 000 g，计数荚果数，重复 2 次，重复间差异不得大于 5 %，单位为个，取平均值，精确到整数位。

5. 出仁率

随机称取晒干荚果 500 g(精确到小数点后一位)，剥壳后称取籽仁重量(g)，精确到小数点后一位。按下式计算出仁率(%)，精确到 0.1%。

$$出仁率=\frac{籽仁重}{荚果重}\times100\%$$

六、油菜的经济性状考查

(一)产量性状

油菜一般在人工收获的适宜期选取样株，进行经济性状考查(彩图见二维码 3-19，视频见二维码 3-20)。每个处理不少于 10 个样株，3 次重复。考查指标如下。

二维码 3-19

二维码 3-20(视频)

1. 有效分枝高度

测量从子叶节至最下一个有效分枝着生处的距离(cm)，即有效分枝高度。

2. 一次有效分枝数

计主茎上着生的且具有至少 1 个有效角果的一次分枝数，即一次有效分枝数，也称为有效分枝数，以个/株为单位。与之相对的是无效分枝数，是指主茎上着生的且没有有效角果的一次分枝数。

3. 二次有效分枝数

计一次分枝上着生的且具有至少 1 个有效角果的二次分枝数，即二次有效分枝数，以个/株为单位。

4. 主轴有效长度

测量从主轴基部第一个有效角果着生处至主轴顶部最上一个有效角果着生处之间的距离(cm)，即主轴有效长度。

5. 主轴有效角果数

计主轴上含有至少 1 粒正常种子的角果数，即主轴有效角果数。

6. 结角密度

$$结角密度=\frac{主轴有效角果数}{主轴有效长度}$$

式中，结角密度的单位为个/cm。

7. 单株有效角果数

计整个植株(包括主轴与各分枝)上含有至少 1 粒正常种子的角果数，即单株有效角果数，以个/株为单位。

8. 角果长度

将主轴分成上、中、下三段，按比例随机摘取正常角果，共 20 个，测量果身(不包括果柄和果喙)的长度(cm)，即角果长度。

9. 角果宽度

将主轴分成上、中、下三段，按比例随机摘取正常角果，共 20 个，测量角果最宽处的宽度(cm)，即角果宽度。

10. 每果粒数

将主轴分成上、中、下三段，按比例随机摘取正常角果，共 20 个，计数正常种子的总数，计算平均每个角果的种子数，即每果粒数。

11. 单株生产力

从样株中随机取 5 株，分别脱粒，扬净，风干，用精度为 1/100 或 1/1 000 天平称取种子的重量，计算出单株生产力，以克/株为单位，以平均值表示。

12. 千粒重

从晒干(含水率不高于 10%)的纯净种子中，用四分法或分样器等方法，随机取样 3 份，各数 1 000 粒，用精度为 1/100 或 1/1 000 天平分别称重。取差异不超过 3%的二或三个样本求平均值，即为千粒重(g)。

13. 经济产量

以小区或样点实收产量为准，晒干(或测定含水量后折算)，扬净后称重(kg)，单位折算成 kg/亩，准确到小数点后两位。

14. 生物产量

将样株的茎、枝、叶、角果(含种子)及主要根系晒干称重(kg),单位折算成 kg/亩,精确到小数点后两位。

15. 经济系数

$$经济系数=\frac{经济产量}{生物产量}$$

(二)品质性状

采用残渣法或近红外光谱分析法测定种子含油量,用气相色谱仪测定各种脂肪酸的组成。

七、大豆的经济性状考查

(一)产量性状

大豆一般在黄熟期取样株,每个处理不少于 10 个样株,然后进行经济性状考查。

1. 单株荚数

逐株计每个样株上的有效荚数和无效荚数,统计二者之和,以每个处理所有样株的平均值表示,即单株荚数,单位为个/株,精确到小数点后一位。

2. 单株有效荚数

逐株计每个样株上的有效荚数,以每个处理所有样株的平均值表示,即单株有效荚数,单位为个/株,精确到小数点后一位。有效荚的标准是至少含有 1 粒饱满种子的荚果。

3. 单株粒数

逐株计数每个样株的豆粒数,包括成熟豆粒、未熟粒、虫食粒、病粒,不计未成形粒(籽粒极小或薄片状),以每个处理所有样株粒数的平均值表示,即单株粒数,单位为粒/株,精确到小数点后一位。

4. 单荚粒数

$$单荚粒数=\frac{单株粒数}{单株有效荚数}$$

5. 单株粒重

收集每个处理所有样株的豆粒(包括成熟豆粒、未熟粒、虫食粒、病粒),筛去杂质,称重,以平均值表示,即单株粒重,单位为 g/株,精确到小数点后一位。

6. 百粒重

将每个处理的所有豆粒晒干、扬净后,从中随机选取 100 粒,称重,即百粒重(g)。重复 2 次,重复间相差不超过 0.5 g,否则,进行第三次重复。取符合要求的两次重复的平均值,保留至小数点后一位。

7. 虫食粒率、紫斑粒率、褐斑粒率

从每个处理晒干、扬净的豆粒中随机取 300 粒,挑出虫食粒、紫斑粒和褐斑粒,分别计数,然后计算出其百分率(%)。例如:

$$虫食粒率=\frac{虫食粒数}{300}\times 100\%$$

8. 生物产量

将测产样点所有植株的茎、枝、叶、荚果(含籽粒)及主要根系烘干,称重(kg),并折合至标准含水量,将单位换算成 kg/亩或 kg/hm^2,精确到小数点后两位。

9. 经济产量

将测产样点所有植株的籽粒烘干,称重,折合至标准含水量,将单位换算成 kg/亩或 kg/hm^2,精确到小数点后两位。

10. 经济系数

$$经济系数=\frac{经济产量}{生物产量}$$

二维码 3-21

(二)荚果和籽粒性状

大豆荚果和籽粒性状的考查见二维码 3-21。

1. 荚熟色

豆荚成熟时,观察并记载荚果的颜色,分为灰褐、淡褐、褐、深褐、黑、黄等。

2. 荚形

观察并记载荚果的形状,分为直葫芦形、弯镰形、扁平形 3 种。

3. 粒形

观察并记载籽粒的形状,分为圆形、椭圆形、扁椭圆形、长椭圆形、肾形、扁圆形。

4. 粒色

观察并记载籽粒的颜色,分为浅黄、黄、深黄、黄绿、绿、褐、暗红、黑、双色。

5. 脐色

观察并记载籽粒的种脐颜色,分为白、淡黄、黄、淡褐、褐、深褐、灰、蓝、黑。

6. 种皮光泽

观察并记载籽粒光泽的强弱,分强光、微光和无光。

八、甘薯的经济性状考查

收获期或收获前 5～10 d(可与测产结合),选取不少于 10 个样株,除调查单株茎叶鲜重、单株鲜薯重、蔓薯比值(T/R 值)、单株结薯数和单薯重外,还要考查如下经济性状。

(一)产量和品质性状

1. 结薯习性

根据植株结薯情况,分别调查结薯的集中性(集中或分散)和整齐度(整齐或不整齐)。

2. 大中小薯分类

按单薯重划分,250 g 以上为大薯,100～250 g 为中薯,100 g 以下为小薯。分别计大薯数、中薯数和小薯数，并分别称重，计算大薯率、中薯率和小薯率。大薯率是收获期样本中大薯重量占样本总薯重量的比率(%)；中薯率是收获期样本中的中薯重量占样本总薯重量的比率(%)；小薯率是收获期样本中小薯重量占样本总薯重量的比率(%)。

3. 商品薯数

根据大、中、小薯分类的调查结果，可得到样本中的商品薯数。商品薯是收获期重量为100 g以上的薯块。

4. 商品薯重

根据大、中、小薯分类的调查结果，大薯重量与中薯重量之和即商品薯重。

5. 商品薯率(上薯率)

商品薯率是指商品薯重占总薯重量的比率(%)。

6. 单株商品薯数

样本中的商品薯数除以样株数即单株商品薯数。

7. 薯干品质

取中等薯块纵切成0.5 cm厚的薯片，晒干后根据薯干的洁白程度和平整度分为一、二、三级。

8. 干物率(出干率)

干物率是指甘薯块根的干物质重量占鲜重的百分率。要求在收获期的前后一个星期内进行测定。测定时取中等大小的薯块，称取鲜薯重(总重不少于300 g)，切成丝(0.5 cm粗细)，在烘箱中80 ℃烘至恒重后，称重(g)。每个处理3个重复，取平均值计算出干物率(%)。

$$干物率=\frac{烘干后的块根重}{鲜薯重}\times 100\%$$

9. 食味评价

食味评价采用人工品尝法。要求在收获后一周内，取中等大小薯块蒸熟，通过人工(不少于10人)品尝，从肉质黏度(黏、硬)、甜味(甜、较甜、甜味小、酸)、香味(香、较香、淡)、面度(粉、糯)、纤维感(有、无)等方面加以综合评价，用优、中、差表示。或以对照品种为参照，设定其食味为70分，采用百分制逐项评分，最后进行综合评价。

(二)薯块性状

1. 薯形

薯形有球形(长/径1.4以内)、短纺锤形(长/径1.5～1.9)、纺锤形(长/径2.0～2.9)、长纺锤形(长/径3.0以上)、圆筒形(各点直径略同)、上膨纺锤形、下膨纺锤形等。

2. 薯皮色

薯皮色有白、黄白、棕黄、黄、淡红、赭红、红、紫红、紫等颜色。

3. 薯肉色

薯肉色有白、淡黄、黄、橘黄、橘红、红或带红、带紫晕等颜色。

九、马铃薯的经济性状考查

马铃薯经济性状的考查见二维码 3-22。

二维码 3-22

(一)产量性状

马铃薯产量性状在收获时调查。要求每个处理调查 3 个小区，每小区取有代表性的 10 株，共计调查 30 株。

1. 结薯集中性

测量每株的最长匍匐茎的长度，单位为 cm，精确到小数点后一位。根据各处理最长匍匐茎长度的平均值确定结薯集中性，分为集中(匍匐茎长度<5.0 cm)、中(匍匐茎长度 5.0～10.0 cm)和分散(匍匐茎长度>10.0 cm)。

2. 单株块茎数

逐株计块茎数量，以平均值表示，即单株块茎数，单位为个/株，精确到小数点后一位。

3. 单株块茎重

逐株称块茎的总重量，以平均值表示，即单株块茎重量，单位为 g /株，精确到小数点后一位。

4. 单薯重

单株块茎重除以单株块茎数即单薯重。

5. 块茎产量

收获当日，将每个小区的块茎称重(g)，以同一处理各小区的平均值表示，精确到小数点后一位。再将单位换算成 kg/亩或 kg/hm^2，精确到整数位。

(二)块茎质量性状

1. 块茎整齐度

收获时调查块茎整齐度，每个处理随机调查 2 个小区，以各小区收获的全部块茎为观测对象，去除块茎上的泥土。按单薯重将块茎划分，分成大薯(单薯重>150 g)、中薯(单薯重 75～150 g)和小薯(单薯重<75 g)三级，分别称重，计算出每个级别的块茎重量占小区块茎总重量的百分数(%)，精确到 0.1%。根据考查结果和如下标准，确定并记载块茎整齐度。马铃薯的块茎整齐度分为整齐(块茎大小整齐，同一级别薯占 80%以上)、中(块茎大小比较整齐，同一级别薯占 60%～80%)和不整齐(块茎大小不整齐，同一级别薯占 60%以下)。

2. 块茎大小

基于块茎整齐度的考查结果，根据大、中和小薯的比率确定块茎大小。马铃薯的块茎大小分为大(大薯率≥80%)、中(中薯率≥80%)和小(小薯率≥80%)。

3. 薯形

收获时，每个试验小区取 20～30 个健康块茎，以多数块茎为标准，按最大相似原则确定薯形。马铃薯的薯形分为圆形、扁圆形、长圆形、卵圆形、椭圆形等

4. 块茎芽眼深度

收获时，每个试验小区取 20～30 个健康块茎，用卡尺测量芽眼的凹陷深度，单位为 mm，

精确到小数点后一位。根据其平均值和如下标准确定并记载块茎芽眼深度。根据芽眼与块茎表面的相对深度分为：凸起（芽眼于块茎表面）、浅（＜1 mm）、中（1～3 mm）和深（＞3 mm）。

5. 薯皮光滑度

收获时，每个试验小区取 20～30 个健康块茎，以多数块茎的表皮为标准，确定薯皮光滑度。马铃薯的薯皮光滑度分为光滑（表皮光滑，无网纹）、中（表皮较光滑，有网纹或点）和粗糙（表皮粗糙，有重麻皮或色裂）等。

6. 块茎皮色

收获时，每个试验小区取 20～30 个健康块茎，以多数块茎的皮色为标准，确定块茎皮色。马铃薯的块茎皮色有白、浅黄、黄、棕、紫、淡红、深红、玫瑰红及杂色等。

7. 块茎肉色

收获时，每个试验小区取 20～30 个健康块茎，以多数块茎肉色为标准，确定块茎肉色。马铃薯的块茎肉色有白、浅黄、黄、红、紫、蓝及杂色等。

（三）块茎数量性状

1. 商品薯率

收获时，每个试验小区的块茎按大小分级，称重（g），并计算商品薯率（%），精确到小数点后一位。

$$\text{商品薯率}=\frac{\text{商品薯重}}{\text{块茎总重}}\times 100\%$$

商品薯的标准：对于鲜薯食用型品种，西南区、二季作区、冬作区为单薯重≥50 g，一季作区为单薯重≥75 g；薯条加工型品种为单薯重≥150 g；薯片加工型品种为单薯直径 4～10 cm。

2. 青头薯率

从每个试验小区的块茎中挑选出所有的青头薯，即顶部为青色的块茎，称青头薯重（g），并计算青头薯率（g），精确到 0.1%。

$$\text{青头薯率}=\frac{\text{青头薯重}}{\text{块茎总重}}\times 100\%$$

3. 块茎干物质含量

收获时，从每个试验小区随机取无损伤、无病的块茎 5～10 kg，将块茎洗净、晾干，在两周内采用水比重法测定块茎干物质含量。测定步骤如下。

（1）用精度为 1 g 的天平称取 5 kg 洗净、晾干的样品块茎，得出空气中块茎质量（m_1）。

（2）在直径 60 cm、高 100 cm 水桶中加入适量 17.5 ℃水，用精度为 0.1 g 的天平去皮后，将样品块茎放入水桶中，称重，得出水中块茎质量（m_2）。注意：样品块茎要全部淹没在水中、且不可碰到水桶壁（可将样品块茎装入铁丝制成的网袋内），水温应维持在 17.5 ℃。

（3）计算样品块茎的比重（精确到小数点后四位）。

$$\text{比重}=\frac{m_1}{m_1-m_2}$$

(4)根据块茎比重查 Mepkep 干物质含量表(表 3-4),得知相应的干物质含量(%),精确到 0.01%。平行测定值之差不得超过 0.5%。

表 3-4 Mepkep 干物质含量表

5 kg 块茎水中重/g	比重	干物质含量/%	淀粉含量/%	5 kg 块茎水中重/g	比重	干物质含量/%	淀粉含量/%
235	1.049 3	13.100	7.385	375	1.081 1	19.921	14.150
240	1.050 4	13.300	7.585	380	1.082 2	20.157	14.390
245	1.051 5	13.600	7.785	385	1.083 4	20.414	14.647
250	1.052 6	13.800	8.085	390	1.084 6	20.670	14.903
255	1.053 7	14.100	8.285	395	1.085 8	20.927	15.160
260	1.054 9	14.300	8.585	400	1.087 0	21.184	15.417
265	1.056 0	14.600	8.785	405	1.088 1	21.419	15.652
270	1.057 1	14.800	8.885	410	1.089 3	21.676	15.909
275	1.058 2	15.000	9.285	415	1.090 5	21.933	16.166
280	1.059 3	15.300	9.485	420	1.091 7	22.190	16.423
285	1.060 4	15.500	9.685	425	1.092 9	22.447	16.680
290	1.061 6	15.748	9.981	430	1.094 1	22.703	16.936
295	1.062 7	15.948	10.217	435	1.095 3	22.960	17.193
300	1.063 8	16.219	10.453	440	1.096 5	23.217	17.453
305	1.065 0	16.476	10.709	445	1.097 7	23.474	17.707
310	1.066 1	16.711	10.944	450	1.098 9	23.731	17.964
315	1.067 2	16.947	11.180	455	1.100 1	23.978	18.220
320	1.068 4	17.204	11.437	460	1.101 3	24.244	18.477
325	1.069 5	17.439	11.675	465	1.102 5	24.501	18.731
330	1.070 7	17.696	11.929	470	1.103 8	24.779	19.012
335	1.071 8	17.931	12.164	475	1.105 0	25.036	19.279
340	1.0730	18.188	12.421	480	1.106 2	25.293	19.526
345	1.074 4	18.423	12.656	485	1.107 4	25.549	19.775
350	1.075 3	18.680	12.913	490	1.108 6	25.806	20.039
355	1.076 4	18.916	13.149	495	1.109 9	26.085	20.318
360	1.077 6	19.172	13.405	500	1.111 1	26.341	20.574
365	1.078 7	19.408	13.541	505	1.112 3	26.598	20.831
370	1.079 9	19.665	13.898	510	1.113 6	26.876	21.109

(引自门福义和刘梦芸,1995)

4. 块茎淀粉含量

根据块茎比重查 Mepkep 干物质含量表(表 3-4)，也可查到相应的淀粉价，由此可计算出样品块茎的淀粉含量(%)，精确到小数点后二位。平行测定值之差不得超过 0.1%。

$$淀粉含量=淀粉价\times(1-0.015)\times100\%$$

(四)块茎生理缺陷

收获时，每个处理调查 3 个小区，每小区取有代表性的 10 株，共计调查 30 株，刨出全部样株，计数所有的块茎数，再进行如下调查。

1. 二次生长

计数发生二次生长的块茎数，并计算二次生长的块茎数占块茎总数的百分率，即二次生长率(%)。二次生长也叫次生生长，是指已经形成或正在生长的块茎，在生长过程中受到某些条件的影响，暂时停止了生长，当条件得到恢复后，某些部分又重新生长，结果形成各种畸变的过程。常见的畸形块茎有：块茎不规则伸长、芽眼处接生出子薯、多处芽眼突出形成肿瘤状块茎等。

2. 裂薯

计数裂薯数，并计算裂薯数占块茎总数的百分率，即裂薯率(%)。

3. 空心

每个处理取 30 个大块茎，调查空心薯数及占调查块茎总数的百分率，即空心率(%)。

复习思考题

1. 试举例说明各类作物的产品器官和主要用途。
2. 不同作物的收获指数有所不同，其原因有哪些？
3. 简述测定作物理论产量与实测产量的异同。测定作物理论产量的理论依据是什么？
4. 作物产量测定的几种方法分别有什么特点？
5. 怎样选择测产样点？选择的原则是什么？
6. 根据小麦、玉米和大豆的特点，就其理论产量测定的样点面积进行简要的分析。
7. 针对一种作物已选定的一个地块，请简述测产操作的步骤(包括测定指标和操作要点)。
8. 针对一种作物，起草一份在一定区域(如县域)进行测产的组织和实施方案。
9. 试比较小麦与水稻在经济性状上的异同。
10. 简述玉米经济性状考查的项目、方法和相应的标准。
11. 简述棉花的铃重、衣指、籽指和衣分的关系。
12. 比较大豆与花生在经济性状上的异同。
13. 简述油菜经济性状考查的项目、方法和相应的标准。
14. 比较甘薯与马铃薯在经济性状上的异同。

第四章　作物生产的主要环节

第一节　整　　地

一、农田耕作法

（一）耕翻

耕翻是用犁进行全耕作层翻土的作业。通过翻转耕层土壤，可将上下层土壤交换，耕层变得疏松，总体积、总孔隙和非毛管孔隙增加，通水、通气性增强。同时，也有利于好气性微生物活动，可加速土壤养分的分解和释放。耕翻还具有消除地表残茬、杂草和病虫害，掩埋肥料，调整养分垂直分布的作用。此外，耕翻结合干旱交替或冻融膨胀收缩作用，可促进土壤熟化。但耕翻消耗大量人力、物力和能量，耕翻次数多、强度大，还易引起水土流失。根据耕翻时间可以分为秋翻、春翻和夏翻。

耕翻深度各地差异较大，应根据作物根系发育特性、土壤质地、肥力水平等确定。一般作物根系随耕层加深，纵向分布增加，但各种作物根系都有一个相对集中层，耕深应大于其集中层的深度。肥力高、质地黏的土壤可适当深一些；肥力低、轻质壤可适当浅一些；白浆土不宜翻上白浆层；冲积土不能翻上沙粒。通常浅耕在 15～18 cm，深耕在 20～25 cm，甚至更深一些。

翻耕时要求深浅一致，扣严垡垄，表面大致平整。掌握好适耕期，及时耕翻，翻后应达到土壤大致细碎，不起明条。同时，地头、地边尽量翻全，不漏白茬等。

（二）耙地

耙地是土壤表层整地的一种耕作方式，通常采用钉齿耙、圆盘耙、星形耙等工具进行。主要作用有粉碎坷垃、疏松表土、破除板结层、平整地面、混拌土肥、粉碎根茬、消除杂草、覆盖种子等。

根据实际需要，耙地可在耕后整地时进行，用于耙碎表层坷垃，踏实土壤。也可在播后进行，用于种子覆盖，还可在作物生长期间进行，可提高地温，消除板结层，减少水分蒸发。

耙地深度以达到生产要求为准。耕后耙地一般不少于 10 cm。春耙地和秋耙地 5～7 cm 即可。耕后耙地的次数和轻重，应根据耕地质量来确定。垡片大，地面粗糙，应增加耙地次数，且第一次耙应重耙，以平整土地为主时应轻耙；垡片小，地面坷垃少，可减少耙地次数，轻耙就能达到要求。

（三）镇压

镇压是利用重力作用于土壤表层的耕作措施，一般由石磙或铁制镇压器完成。镇压后能达到土壤紧密、压碎土块、平整地面的效果，也有减少土壤水分蒸发和保墒的作用。

一般生产上有播前镇压、播后镇压和苗期镇压。播前镇压能创造平整而紧密的种床，确保播种深度一致;播后镇压具有使种子和土壤充分接触,提墒保全苗的作用;苗期镇压具有消除土壤皲裂,防止幼苗旺长的作用。

(四)中耕和培土

中耕是在作物生育期内进行的一项表土耕作措施,也称为锄地或耪地。常用的工具有锄(耪)、中耕机、无壁犁等。中耕的作用在于消除土壤板结层,疏松表土,改善土壤通气状况,减少水分蒸发,提高地温等,还具有消除田间杂草,促进作物根系下扎,控制地上部生长的作用。

中耕的时间和次数,应根据作物生长发育特性和环境条件灵活掌握。一般作物封垄前中耕次数较多,后期相对要少一些。中耕作物一生中须多次中耕,其他作物次数少,且多在前期进行。徒长苗应增加中耕次数,结合表层断根,可抑制地上部生长。移栽苗适时中耕,可促进缓苗。中耕深度应根据作物种类、行距大小等确定。一般作物中耕以"浅—深—浅"的原则进行,即在苗期根系入土浅,中耕也宜浅(3 cm 左右);中期根系下伸扩展,应加深中耕(10 cm);后期(封垄后)根系已大量向纵横发展,中耕又要变浅(以不伤根为准)。行间中耕,根据土壤紧实情况定深浅,原则上深一些好。

培土是在作物生长期间将行间的土壤填壅到植株根部周围的措施。中耕作物如棉花、马铃薯、甘薯等作物一般都须培土。培土有利于作物根系或块根(茎)的生长发育,并可提高作物抗倒伏能力。培土后地面成垄形,增加了受光面积,有利于提高地温,便于田间灌排水。培土通常在作物封垄前,结合第二或第三次中耕进行。培土高度一般为 10～20 cm,底宽为 20～30 cm。潮湿地块适当加大培土体积,干旱地块体积宜小一些。

(五)深松耕法

深松耕法是搅动心土而不翻转耕层的一项耕作措施,常采用心土犁、凿形犁、松土铲来进行。心土犁松土深度一般大于 30 cm,具有消除土壤坚实层(包括犁底层),促进作物根系下扎,提高土壤水分利用率等作用。凿形犁松土适用于旱地,深度可达 35～40 cm,具有疏松土壤坚实层,促进作物根系深扎,充分利用土壤下层水分的作用。松土铲松土的深度比普通犁地深 10～12 cm,主要作用是破除犁底层,增加土壤通透性,促进作物根系发育,适用于白浆土和腐殖质薄的土壤。

深松耕法作业方式多种多样,可以先浅耕随后深松,也可以直接耙茬深松。有时还可以把深松和旋耕结合起来代替常规耕作法或在作物生育期间用凿形犁深松代替中耕。一般耙前深松并非每年都需要进行,而是隔年或隔几年深耕一次即可。

(六)少、免耕法

少耕法是减少土壤耕作环节和作业次数的一类耕法。免耕法是少耕法的极端形式,一般对土壤不进行耕作而直接用免耕机铁茬播种,也称为零耕或直播法。

少、免耕法比常规耕作法减少了作业环节和次数,少搅动土壤或不搅动土壤,节省人力、物力和能量的投入,特别有利于抢夺农时、适时播种。少、免耕法还具有保护耕作层,减少流失的作用。但少、免耕法对除草剂、农机具、施肥方式、作物品种等要求较严,产量不稳定,有待于进一步研究。

少、免耕法的作业方式很多,常见的有以下几种。

(1)耕翻法。翻地和播种一次作业完成。

(2)松土播种法。先用中耕机灭茬,再用凿形松土犁开沟播种,不进行行间耕作。

(3)松、耕、播一次作业法。用集松土、旋耕、施肥、播种、镇压于一体的联合作业机,一次作业完成各项作业。

(4)旋耕直播法。用旋耕机整地后,及时播种。

(5)带状耕种法。只耕播种带,行间不耕,保留残茬。

(6)免耕法。用免耕播种机进行播种、施肥、镇压等作业。免耕法常和秸秆覆盖相结合,有利于表土富集养分,减少水土流失等。

二、起垄与作畦

(一)起垄

垄高于地面,一般垄底宽、垄顶窄,横切面似半圆形。垄作是把农作物种在垄上的栽培形式,垄作有如下优点。

(1)有利于提高地温,改善土壤水热状况。垄作与平作相比,土壤表面积增加 30%以上,接受太阳辐射能增加,因而,垄作能提高 5 cm 土层的地温。

(2)有利于抗旱防涝。垄沟可接纳较多的降水和灌水,提高蓄墒抗旱能力,且垄沟易于排水,加之垄台地形较高,因而,不易产生涝害。

(3)增加熟土层。起垄后垄高一般超过 15 cm,总的熟土层可达 30 cm 以上,垄作比平作熟土层明显增加,特别适合于马铃薯等薯芋类作物生长。

(4)便于集中施肥和其他作业。垄作不仅基肥可集中施在要求的土层内,而且追肥也可根据作物根系分布状况,集中用肥。此外,也便于培土、除草、防虫等措施的实施。

起垄时,通常用有壁犁内外翻转土壤形成垄后,人工再用铁锹适当修补定型即可。面积较小的地块,也可直接用铁锹起垄。

起垄大小应根据作物、土壤及栽培要求确定。一般垄高不低于 15 cm,垄宽 30～100 cm。直立生长作物垄可小些,匍匐生长作物垄应大些;春播作物垄应大些,夏播作物垄适当小些;较肥沃的土壤垄可小些,瘦薄地可大些。地下水位低的地块不适宜垄作,因为起垄后作物易受盐碱危害;沙土地也不适合垄作,因为起垄后土壤蒸发面加大,作物易受旱害。

(二)作畦

土壤翻耕后整地作畦,目的是便于排灌。畦的形式因当地气候(主要是降雨量)、土壤条件及作物种类等而异,生产中常用的有以下几种。

1. 平畦

平畦的畦面与田间通道相平。当地面平整后,不需要起畦埂或畦沟。适宜于排水良好、雨量均匀、不需要经常灌溉的地区。雨水多、地下水位高、地势高低起伏的地块不宜采用。但需要强调,随着技术的进步和农业生产条件的改善,如果具备微喷灌、滴灌等灌溉条件,地势高低起伏的地块亦可采用平畦。

2. 低畦

低畦的畦面低于地面,是畦间走道比畦面高的栽培形式。平畦利于蓄水和灌溉,在少雨季节、干旱地区应用较为普遍。建造低畦时,首先将土地平整,然后按设定的栽培畦规格用皮尺量好距离，再按量好的距离划线。在线的左右取土做成畦埂，畦埂高于畦面 10～15 cm。四面畦埂按同一规格做好后，如需施基肥，可在畦面施基肥，然后翻耕，将肥料均匀混入耕层，再将畦面耙平，待播。

3. 高畦

高畦的表面平整，是高出走道或畦沟的栽培形式。适合于降水量大且集中的地区应用。起高畦时，首先将土地平整，然后按设定的畦宽和沟宽规格用皮尺量好距离，再量好畦长并划线，沿畦沟方向取土放在畦面，使畦面高出地面 10～20 cm，用平耙将畦面搂平。如有必要，可用铁锹轻拍畦面或脚踩畦面，使土面紧实。一般来说，南方和多雨地区高畦的畦面较宽，每畦种植的行数较多，要求深沟高畦，沟深 30～40 cm，畦沟的侧壁较陡，甚至是垂直的；北方及降雨少的地区，高畦的畦面较窄，每畦种植的行数较少，畦沟较浅，高畦的横切面多为梯形。

三、主要作物的整地

（一）麦田耕整

麦田要求基本苗较多，没有间苗、定苗管理环节。麦田耕整需要达到“早、深、细、实、平”的状态，其中“早”是早耕早整；“深”是适当加深耕层，深度应大于 20 cm；“细”是翻平扣严，不漏耕、漏耙，耙深、耙细、无明暗坷垃；“实”是土壤上虚下实，表层疏松透气，下层不架空；“平”是地面平坦，畦平埂直，有利于灌溉。针对不同麦田类型，耕整地要求的重点有所区别。

水肥地土层深厚、肥力高、耕性好，一般通过深耕，加深耕层，增加水肥库容，促进养分转化。深耕的适宜深度以 20～30 cm 为宜，一般不宜超过 30 cm。

前作收获较早的早茬地，底墒充足的，应及时灭茬，早深耕，深度不应浅于 20 cm，耕后要及时耙地保墒，要求耙透、耙碎、整细；底墒不足的，应先灌水保墒，掌握好适耕期，及时耕耙整地。前作收获较晚的晚茬地，距播麦时间近，应及早腾茬、早灭茬、早耕翻、早耙地。耕作深度不要求太深，以 18～20 cm 为宜。

旱地小麦需要增加土壤贮存水分的能力，最大限度地利用自然降水是旱地小麦增产的关键措施。对于一年一熟麦田，采用伏深耕，以充分利用夏季降雨，实现伏雨春用，应根据土层深浅确定耕作深度，一般不低于 20 cm。还应在耕后多次耙耢，达到蓄墒目的。对于一年两熟麦田，应在晚秋作物生长季节进行多次中耕，既有利于当季作物生长，又可接纳较多伏雨，为下茬小麦保蓄底墒。晚秋作物成熟后，及时收割腾茬，随犁随耙，反复细耙保墒。在干旱年份，也可不耕翻，应直接旋耕 10～15 cm，再耙 1～2 遍，以确保土壤墒情。

盐碱地具有表层积盐的特点，可以用大马力机引犁深耕翻（30～60 cm），既把表层的积盐翻入下层，又将下层的淡化土或黏土夹层翻到地表。同时，深耕可打破隔盐层，使松土层加厚，提高接纳灌溉水和雨水的能力，也有助于盐分的淋溶。盐碱地也可采用伏前作垄，利用夏季雨水淋盐，雨后在沟内深锄保墒，使盐分聚集在垄背，沟内盐分少，可播种小麦。

（二）玉米田的耕整

我国玉米分布范围较广，有春玉米、夏玉米和秋玉米之分。根据不同熟制下玉米的季节茬口特点，正确合理地运用耕作措施，创造适宜的种床结构，以提高玉米的产量。

1.春玉米田的耕整

春播玉米在前作收获后，休闲时间较长，应以深耕作业为宜，一般深度不宜浅于 20 cm。在冬季雨雪较多，低洼潮湿，有灌溉条件的地区，耕后不进行耙整作业，而是进行“晒垡”，以促进土壤熟化和改善土壤结构。翌年春天再进行耙耢整地。在冬季雨雪较少，春季易干旱的地区，耕后应及时耙耢作业，以确保土壤墒情。没有秋耕的农田，春耕宜早，宜浅（15～18 cm），以免失墒和土壤过松，不利于播种。

2.夏、秋玉米田的耕整

夏、秋玉米的前茬主要是麦类和小春作物（油菜、蚕豆、豌豆等），虽然作物残留量不大，但由于是紧接上茬作物播种，土壤较板结，不利于直接播种，还须进行必要的耕整。夏、秋玉米可利用的生长季节较短，在玉米生产过程中，争时抢耕整、播种是关键。简化作业环节或降低作业强度，提高作业效率是玉米田耕整的基本要求。一般在前作收获后，以浅耕深耙为宜，或以重型圆盘耙交叉耙地灭茬，或以旋耕机旋耕灭茬，或在播种沟内局部整地后播种，争取早播夏、秋玉米。由于播前整地较粗，要求玉米出苗后，多次中耕除草，疏松土壤，促进作物根系发育。

（三）水稻田的耕整

典型的水稻土是在长期灌水耕作下形成的，与旱地相比存在 2 个明显特点，即有层次分明的土壤剖面以及耕作层的氧化还原层分化。发育良好的水稻土，在土壤剖面能清楚地看到耕作层、犁底层、心土层和底土层 4 个层次。耕作层又称为熟土层或淹育层，是稻根主要活动层，受田间耕作影响大。其表层为氧化层，1 cm 左右，含氧量较高，呈氧化状态，土色黄褐色；下层土壤为还原层，含氧量很少，还原反应强烈，土色青灰色。

稻田一般以旱耕为主，深耕、浅耕结合，既能改善土壤通透性，又能增大土壤蓄水、蓄肥能力。一般在秋季进行翻耕，经过冬季冻垡，可加速土壤熟化，提高土壤肥力。在春季只进行浅耕和旱耕。目前一般进行翻耕与旋耕结合，即翻耕 1 年，旋耕 2～3 年，也可以进行旋耕与深松相结合。耙地分为干耙和水耙。干耙也称为旱耙，能起到碎土作用，耙后进行旱打埂埝、旱地整平；水耙也能碎土，但主要作用是起浆，促使犁底层形成，减少渗漏，保水保肥。泡田耖地，插秧前进行水耙整地。放水泡田，耙平田面，保持水层，等待插秧。

盐碱地春季不翻耕，只进行干耙 1～2 次。麦茬稻只进行浅耕，旋耕或圆盘耙深耙一次。

（四）棉花田的耕整

棉花根系庞大，入土较深，棉花田要求耕层深厚，疏松肥沃，排灌水方便。

北方春播棉花要求秋深耕，春季化冻时，早耙耢保墒。有灌溉条件的，可于冬耕后封冻前灌溉或早春灌溉，春天耙耢整好地。南方棉区，春季多雨，棉田多采用沟厢种植。一般棉田以冬深耕晒垡，开春后耕耙碎土，播前开沟作畦。

特早熟棉田和两熟棉田，以浅耕深耙或深旋耕耙地灭茬为宜，及时播种。特早熟棉田，一般春季雨少、风大，夏季降雨集中，可采用垄作棉花，做到早打垄，并根据墒情镇压垄背保墒。两茬棉田，最好在前作整地时进行深耕，耕后耙细整平，或在预留棉行进行局部深耕。

（五）花生田的耕整

花生是地下结实作物，根系与根瘤菌共生，最适宜土层深厚、耕作层疏松的沙质壤土。沙质壤土通气好、地温高、昼夜温差大，有利于根系扩大、果针入土及荚果发育，还有利于根瘤菌的繁殖和固氮作用。

春播花生田的耕翻一般在秋冬进行，有利于土壤熟化和保墒。秋冬耕地应在早春顶凌耙地，春耕地应随耕随耙耢。播前遇雨，地表板结，还应及时耙耢破壳，以增温保墒。深耕是花生高产的基础，耕翻深度不应低于 20 cm，耕层较薄的农田应逐年加深耕层。

套种花生田在前作深耕基础上，还应加强前作后期的中耕松土管理，特别不能忽视花生预留行内的中耕松土，以便蓄水保墒，及时套种。夏播花生应在前茬作物收获后及时灭茬，浅耕深耙，抢时早播。

（六）油菜田的耕整

油菜根系发达，主根入土深，油菜田要求土层深厚、疏松、肥沃。油菜田整地首先是要深耕晒垡，耕深一般应达 20 cm 以上。通过深耕可打破犁底层，加深耕层，增加土壤孔隙度，既有利于油菜根系充分向纵深发展，又有利于蓄水保墒，减轻病虫草害。一般在前作收获之后，立即抢时耕翻，然后立即进行耙耱，要耙细耱平，以利保墒播种。

冬油菜要在土壤墒情适宜时进行耕耙保墒，要求随耕随耙，重耙轻耱，为及早播种、提高播种质量创造条件。若土壤干旱，应浇足底墒水，然后翻耕。油菜田要求达到耕层土壤细碎、疏松、上虚下实、干湿适度，田面平整，南方还要整好沟厢。如前茬为水稻，在水稻收获前适时排水晒田，待水稻收获后，抓住晴天及时耕翻晒垡，切忌湿耕。然后耖细整平，整好沟厢，待播。对旱区夏闲地，应于夏季耕翻带耙，每逢雨后及时耙地收墒，一般在播种前半个月，结合施肥浅耕耙耱，然后等待冬油菜播种。

春油菜区要结合秋耕，施足基肥，并加强蓄墒保墒措施，春季播种前浅耕、耙细、整平地面。油菜也可实行免耕直播或免耕移栽。南方油菜区降雨多，为了排水防渍，无论采取传统的耕作方式，还是免耕，必须开沟作畦，做到“四沟”配套，沟沟相通。一般畦宽 1.5～3.0 m，沟宽 0.3 m，沟深 0.2 m。对于土壤黏重、地势低、排水困难的田块，宜采用深沟窄畦，畦宽 1.65～2.0 m，沟深 0.35 m。北方油菜区降雨少，而油菜一生中需水量较多，因此，必须起垄作畦，以便灌溉。

（七）大豆田的耕整

大豆是直根系作物，大豆根系及其根瘤在土壤结构上虚下实，含水量在 20%以上时，才能良好发育。因此，通过合理耕翻、精细整地，创造良好的耕层结构十分必要，尤其是重迎茬地块。其方法要根据当地的生态特点、生产条件及茬口等灵活运用。

平播大豆土壤耕作时，无深翻基础的地块采用伏秋翻或旋耕同时深松，或耙茬深松。耕翻深度 18～20 cm，翻耙结合，无 5 cm 以上大土块和暗坷垃，深松深度 25 cm 以上。有深翻深松基础的麦茬，要进行伏耙茬。玉米茬要进行秋耙茬，耙茬深度 12～15 cm，要耙平、耙细。春整地时，因风大易失墒，应尽量做到耙、耢、播种、镇压连续作业。

垄播大豆土壤耕作时，麦茬伏翻后起垄，或搅麦茬起垄，垄向要直。搅麦茬起垄前灭茬，破土深度 12～15cm，然后扶垄，培土。玉米茬春整地时，实行顶浆扣垄并镇压。有深翻深松基础的玉米茬，早春清理残茬并耢平茬坑，达到待播状态。也可以采取秋季灭茬起垄镇压一次完成作业，灭茬深度 10～15 cm，粉碎根茬长度 5～6 cm。实施秸秆粉碎还田地块，采取秸秆覆盖或耙地处理，秸秆粉碎率98%以上，秸秆长度为5～10 cm。有条件的采用全方位深松，深松深度40～50 cm。

(八)甘薯田的耕整

甘薯对土壤的适应性比较强，从粗沙土到重黏土各类土壤都可栽种甘薯。甘薯是块根类作物，要取得高产稳产，也要求土壤结构疏松、土层深厚。

1. 平作薯田

春薯田在前茬收获后，有充分的时间进行耕作，应在冬前进行耕翻，耕翻深度以20～30 cm为宜，一般不超过30 cm。经过冬季冻晒，接纳雨雪后，早春进行顶凌耙地，要耙深耙细。未经冬耕的地，早春要抓紧耕地，耕翻深度以15～20 cm为宜，随耕随耙。

夏秋薯田由于受前茬收获期的限制，又要抢时早栽，耕翻深度可适当浅一些，耕后及时耙整地。

2. 垄作薯田

垄作是甘薯生产中普遍采用的栽培方式。除土层较浅的沙土、斜坡地不宜垄作外，一般农田春、夏、秋薯都可垄作。

(1)垄作的方式与规格。各地垄作方式多种多样，常见的有大垄单行、大垄双行和小垄单行等方式。

①大垄单行：一般垄距在100 cm左右(包括垄沟)，垄高30～40 cm，每垄插一行秧苗。这种垄型垄高沟深，便于排灌，通气状况好，有利于合理密植。

②大垄双行：一般垄距90～120 cm(包括垄沟)，垄高30～40 cm，每垄交叉插两行秧苗。适合于水肥条件好，质地疏松的平地上采用。同样的种植密度，大垄双行的株距要大于大垄单行的，植株分布较合理，可改善株间拥挤现象。因而，在土质疏松的平地上采用大垄双行具有一定的优越性。

③小垄单行：一般垄距60～80 cm，垄高20～40 cm，每垄插一行秧苗。小垄单行特别适合地势高，土层薄，水肥条件较差的条件下采用。小垄单行密度不能太大，否则茎叶封垄早，通风透光差，植株常出现"平铺"现象。小垄也不利于排水和蓄水，多雨季节易受涝，干旱年份易干透，不利植株生长。

(2)起垄的方法和质量。常见的起垄方法有耕后起垄、板田起垄和等高起垄。

① 耕后起垄：优点是土壤松碎，栽插方便，适合于春薯。一般在耕耙耢的基础上，先用起垄犁或普通犁内、外翻做成垄形，然后再适当培土、修整，打碎表面的土块，并搂平垄面保墒。

② 板田起垄：优点是熟土在垄体内，生土在垄体外，有利熟化，节省人力和时间，适合于夏秋薯和土质疏松的农田采用。一般前作收获后，先外翻1～2犁，将垄底翻出，再内翻培土作垄，保持垄土疏松，最后适当人工修整即可。

③ 等高起垄：适合斜坡地，能有效地加厚旱薄地的熟土层，增强蓄水保肥能力。一般在前作板田上，做成行距100 cm左右、垄高20～30 cm、垄向与山坡等高线基本平行、稍有倾斜的垄形，并在第二年进行垄沟轮换。

起垄的质量对甘薯产量有直接影响。起垄要求达到垄体直，垄面平，垄距匀，垄面松而不虚，垄内要耕透，不留硬茬，还应掌握宁干勿湿的起垄原则。春薯宜在湿润地随起垄随栽秧，其优点是垄体松，便于栽秧，杂草少，种植方便。干旱地应早起垄，蓄水保墒。夏、秋薯则在前茬收获后早起垄，干起垄，争取早栽。

(九)马铃薯田的耕整

马铃薯以地下块茎为收获产品，创造良好的土壤环境有利于促进其高产。在土壤深耕或深松基础上，疏松土壤、平整地面，是播种保全苗的关键。整地要精细，达到土壤疏松、透气、保水、保肥。

南方马铃薯冬作区，在晚稻收获后要立即排干积水，犁耕灭茬，翻土晒垡。其他栽培春薯的田地，应在秋作物收获后，结合施基肥立即进行深耕冻垡，减少土壤中越冬害虫基数，风化土壤。冬季雨雪稀少的地方，应在耕后立即耙地，以利保墒。基肥可以在春季土壤解冻后播种前结合浅耕施用。马铃薯可进行冬灌或春灌，以满足其播种后薯块发芽和出苗对水分的需要。春季解冻后，要及时早耙、早耕，随耕随耙，及时播种。

在春作区，冬季深耕一般不能浅于 23～25 cm，最好是 30 cm 左右，以提高保墒能力。春耕应在冬耕的基础上进行，一般要求 12～15 cm。秋作马铃薯要在春夏作物收获后，立即施肥、浅耕灭茬、耙地，播种进行耕耙灭草，以减轻杂草和病虫的危害。南方雨水多的地区种植马铃薯均采用高畦，畦宽 85 cm，沟宽 30 cm，畦上种 2 行，行距 25～30 cm，株距 25 cm 左右。

高产马铃薯多采用垄作栽培，该种栽培方式的优点：土层深厚，肥料集中，有利于充分发挥肥效；土壤受热面大，地温高，有利于出苗；土壤疏松，可调节水、热、气状况；能减轻风速，防止幼苗受风害和土壤风蚀；便于排水，可减轻涝害。马铃薯起垄栽培，行距以 66 cm 或 70 cm 为宜，垄高为 12～15 cm。

第二节　播　　种

一、种子发芽率的测定

(一) 种子的萌发条件

水分、温度及氧气是种子萌发的主要制约条件，密切影响着作物的播种与出苗。

1. 水分

水分是种子萌发的第一个重要因素。一般风干种子含水量仅为 10%～12%，原生质处于凝胶状态，代谢活动受到抑制。只有当种子吸足水分后，才开始萌动，使处于凝胶状态的原生质转变为溶胶状态。同时，贮存的营养物质发生降解，形成的中间物质和释放出的能量转运到胚部。不同作物的种子其萌发所需的吸水量存在差异，一般当种子吸水量接近其饱和含水率时，发芽快而整齐，而且不同作物种子萌发时的吸水率存在很大差异(表 4-1)。

大田播种时，种子吸水状况直接受土壤含水量的影响。土壤水分过低，无法满足种子对水分的需求，过高则会让土壤通气状况恶化，也不适宜种子发芽。一般以土壤含水量占田间最大持水量的 60%～70%为种子发芽最适宜的土壤含水量。

2.温度

温度是仅次于水分的重要因素。种子萌发的生理生化过程是在酶的催化下完成的，而且酶的催化主要受温度的制约。温度对发芽的影响表现为三基点温度，即最高、最适和最低温度。最适温度是种子萌发最快的温度；最低温度是种子萌发的下限温度，若是温度低于这个值，则不会萌发；最高温度是种子萌发的上限温度，温度高于这个临界值，种子萌发就会受到抑制。不同作物种子萌发的三基点温度存在较大差异（表 4-2）。

表 4-1　几种作物种子萌发时的吸水率（吸水量占种子干重的百分率）　%

作物	吸水率	作物	吸水率
小麦	45.6～60	油菜	46.3～60
玉米	37.2～40	向日葵	56.5
棉花	50.0～60	谷子	26
花生	40	蚕豆	157
水稻	22.6	豌豆	85～105
大豆	120	黍子	25～38.2

表 4-2　几种作物种子的萌发温度　℃

作物	最低温度	最适温度	最高温度
大麦、小麦	0～4	20～28	30～33
玉米	5～10	32～35	40～45
水稻	10～12	30～35	38～42
棉花	10～12	25～32	40
花生	12～15	25～37	40～46
大豆	6～8	25～30	39～40
高粱、谷子	6～7	30～33	40～45
甘薯（育苗）	20	28	40
马铃薯（块茎）	12	15～16	—
向日葵	5～10	31～37	37～44
甜菜	4～5	25	28～30
大麻	0～2	37～40	50～51

3.氧气

氧气也是种子萌发不可缺少的外界因素。作物种子萌发是一个有氧呼吸过程，如果氧气不足，正常呼吸受阻，发芽受到抑制。土壤中空气状况直接影响到种子的发芽，空气少、水分多，种子往往是厌氧呼吸，不利于发芽；空气多，水分少，水分又成为限制因素。因此，土壤中空气与水分的比例应协调，才有利于种子发芽。花生、大豆、棉花等脂肪含量较多的种子，萌发时对氧气要求严格，土壤太紧实，通气状况较差，不利于发芽。水稻种子忍受缺氧的能力比其他作物高，但当水分多、氧气少时，会先发芽后长根，芽长得快，根长得慢；反之，根长得快，芽长得慢。

（二）种子的萌发过程

种子萌发过程一般包括 3 个阶段，即吸胀阶段、生物化学阶段和生物学阶段。

1. 吸胀阶段

当种子遇水后，首先是一个吸水过程，直至饱和，这一阶段称为吸胀阶段。没有生活力的种子也有这一阶段，因此，吸胀阶段是一个物理过程，种子内的原生质由凝胶状态变为溶胶状态。

2. 生物化学阶段

当具有生活力的种子吸足水分后，生物酶开始活动，且酶的数量和活性呈增强趋势，呼吸作用也加强，种子内的生物大分子物质如蛋白质、碳水化合物、脂肪分别水解为氨基酸、可溶性糖、甘油和脂肪酸等，这些物质成为种子萌发的代谢基质。同时，种子呼吸作用释放出的能量，也将成为种子萌发动力。因此，这一阶段是酶促下的生化反应过程。

3. 生物学阶段

在酶和能量的作用下，呼吸作用产生的各种代谢基质运转到胚部，进入生长阶段。一般胚根先生长，其后胚轴、胚芽相继生长。当胚根与种子等长时，称为完全萌发或发芽。因此，这一阶段称为生物学阶段。在田间条件下，胚根形成幼苗的主根，胚芽则逐步形成幼苗的茎、叶等器官。

（三）无性繁殖体的发芽

有些作物生产上并不用种子进行繁殖，而是用其无性繁殖体直接形成幼苗。如甘薯的块根、马铃薯的块茎、甘蔗的茎节、苎麻的地下茎等均可作为无性繁殖体。甘薯块根内的薄壁细胞（主要是中柱薄壁细胞）具有分化能力，形成的不定芽原基在一定条件下不断发育，突破周皮而发芽，最后成为幼苗。马铃薯、甘蔗、苎麻的无性繁殖体的茎节上，有休眠芽存在，在适宜条件下发育伸长，最后也形成幼苗。

无性繁殖体的芽具有下列特点：

①块根（茎）有许多芽，一般顶端和上部的芽先萌发，然后依次向下萌发。有时下部芽受上部芽的抑制而不萌发或萌发缓慢，这种现象称为芽的顶端优势。

②无性繁殖体上长出的众多芽，可分离独立移栽成株，生产上可利用这一特点进行育苗移栽。

③无性繁殖体含水量高，没有吸胀阶段，但有生物化学阶段和生物学阶段。总体要求的外界条件不高，在一定的温度、氧气、湿度条件下就可发芽。

二、播前的种子处理

（一）生产上对种子质量的要求

农业生产上为了确保一次播种达到苗全、苗齐、苗壮，首先要求有优良合格的种子。合格的种子一般应具备下列条件。

1. 生活力强

发芽势和发芽率是衡量种子生活力强弱的主要指标。发芽势是反映种子发芽、出苗整齐程度的指标。发芽率是反映能正常长芽的种子数。生活力强的种子，发芽势和发芽率均高，一般要求发芽率达到95%以上。

2. 成熟饱满

充分成熟、大粒饱满的种子内含养料多，生活力强，出苗快，生根快，幼苗壮。千粒重(或百粒重)是衡量种子大小和饱满程度的主要指标。千粒重高的种子，大而饱满，成熟充分，在同等条件下，田间出苗状况要比千粒重低的种子好。

3. 整齐一致

用整齐一致的种子播种，田间幼苗生长整齐，发育健壮，个体均匀。用参差不齐的种子播种，长出的幼苗大小不均，壮弱不一，易出现大小苗现象。一般认为同一品种的种子，80%以上达到大小相似，才算整齐度高。

4. 纯净度高

种子纯净度包含2个方面的指标，即纯度和净度。种子纯度是品种在特征、特性方面典型一致的程度，用本品种的种子数占供检本作物样品种子数的百分率表示。田间用种的纯度一般要求达98%以上。种子净度是指样本中去掉杂质后的种子重量占去杂质前种子重量的百分数，田间用种的净度也必须大于90%。

5. 无病虫害

许多病虫害是通过种子传播的，因而，要求播种材料的外部和内部，应无感染病害，无害虫蛀蚀，无潜伏害虫。

(二)种子精选

种子精选是种子播前准备的一个环节。“好种出好苗，好苗产量高”，种子精选是提高种子质量，取得理想出苗效果的重要手段。收获的种子，常混有泥沙、茎叶、碎片、杂草种子、虫瘿等，同时还有空、秕、机械损伤、病虫为害等的籽粒存在。因而，播前需要进行精选，除去这些杂质和不合格的籽粒。

生产上一般通过筛选、风选和比重法进行种子精选。其中，比重法选种常见的有液体比重法和精选机分选法2种。

1. 液体比重法

利用不同液体，分选出轻重不同的种子。在一定比重的液体中，种子群体是分层分布的，成熟饱满的种子沉入底层，空秕粒漂浮在上层，中等重量的种子悬浮在液体中层。通过分层捞出的办法，达到选取饱满种子的目的。常用的液体有清水、盐水、泥水、硫酸铵溶液等。实际应用液体比重法时，应根据种子类型来选用或配制不同比重的液体，如小麦的溶液比重以1.16为宜，籼稻适合的溶液比重为1.08～1.12，粳稻为1.11～1.13，油菜为1.05～1.08等。

2. 精选机分选

精选机分选是根据种子比重上的差异性来分选的。精选过程中，把种子放在振荡而倾斜的筛台上，通过筛台下的风扇产生的气流，把筛台上的种子抛向不同的方向，比重小的空秕粒由台上边筛落，比重大的饱满籽粒由下边筛落，而比重适中的籽粒由筛台中间筛落，进而把不同质量的种子分开。

(三)种子发芽率的测定

1. 发芽势和发芽率

发芽势和发芽率是衡量种子生活力强弱的主要指标。

(1)发芽势。在一定(适宜)条件下 3 d 内,发芽种子数占供试种子数的百分数,是反映种子发芽快慢和整齐度的指标,关系着出苗的整齐程度。

$$发芽势=\frac{3\ \text{d}\ 内发芽的种子数}{供试的种子数}\times 100\%。$$

(2)发芽率。在一定(适宜)条件下 7 d 内,发芽种子数占供试种子数的百分数,是反映种子能否发芽和能够发芽数量多少的指标,关系着出苗的多少。

$$发芽率=\frac{7\ \text{d}\ 内发芽的种子数}{供试的种子数}\times 100\%$$

二维码 4-1(视频)

2. 测定步骤

种子发芽率(二维码 4-1)和发芽势的测定过程如下。

①选取供试种子。严格按取样程序进行,样本要有代表性和随机性,除去杂物和烂子、虫蚀、碎子等。

②准备发芽床,摆放种子。发芽床中第一天加水至平放有水层(水层厚度约为种子厚度的 1/4),第二天后少加水(不能有水层)。

③贴标签,加盖,放入调好温度的培养箱或恒温箱内。

④每天换水,取出发芽的种子,计数并记载。换水两遍,洗发芽床和种子,重新摆放种子。

⑤计算发芽势和发芽率。

(四)种子处理

种子处理是种子播前准备的一个环节。种子处理可以提高种子的发芽势和发芽率,减少病虫为害,加速田间出苗过程,并为作物苗期生长奠定基础。种子处理的方法很多,最常见的方法有下列几种。

1. 晒种

晒种可以提高种子内部生物酶的活性,促进呼吸作用和营养物质的转化,增强胚的生活力和种皮的透气性,是提高种子发芽势和发芽率的简便途径。晒种特别有助于成熟度稍差的种子萌发。此外,晒种过程中,日光的紫外线还能杀灭种皮上的部分病菌。晒种方法比较简单,一般在播种前,选择晴朗的天气,将种子摊开晒在干燥向阳的场院或席上,种子厚度 4～5 cm,反复翻晒 2～3 d 即可。

2. 浸种

根据浸种液作用的不同,常见的浸种方法有催芽浸种、肥液浸种和植物生长调节剂浸种等。其中,催芽浸种是晚播早出苗和缺苗补种的主要措施,通过浸种可以加速种子内营养物质的转化,促进酶的活动,使播种后缓慢进行的生理生化过程提前进行,有利于田间早出苗、出壮苗。

在催芽浸种时,种子充分吸水后,还要有一个堆闷过程。堆闷时间长短,应根据种子特性和生产要求而定。用于晚播早出苗的浸种,一般堆闷时间较短,种子刚萌动或“露白”即可;而用于缺苗补种的浸种，堆闷时间较长，一般种子出芽后才进行带芽播种。

3. 药剂处理

当前生产上，药剂处理以种子包衣处理为主，其成分主要为杀虫剂、杀菌剂等，主要用于防治地下害虫、作物病害以及鸟、兽的为害。

三、播期、播量及播种方式的确定

(一)播种期的确定

适期播种有利于作物充分利用光热资源，为培育壮苗、形成合理的群体结构和产量结构奠定基础。适期播种也能增加作物的干物质积累，避开不良的气候条件，增强抗逆性，减轻病虫害，达到适时成熟，是一项经济有效的增产措施。

影响作物播期的因素很多，包括气候条件、土壤条件、栽培条件、品种特性等，但最主要的因素是土壤温度、农时季节和品种特性。不同生长季的作物，确定其播期时，重点考虑的因素也不同。

1. 春播作物播期的确定

春播作物(如春玉米、春小麦、早稻、春大豆、春花生、春棉花、春甘薯等)的播期确定，重点考虑因素是地温。地温高低直接影响到播期早晚，过早播种，温度低，种子萌动缓慢或不萌动，容易引起烂种、烂芽，降低田间出苗率；过晚播种，虽因温度高，出苗快，容易抓全苗，但影响作物对光能的利用，人为缩短作物的生育期。春播作物一般 5～10 cm 地温稳定在 12～14 ℃以上时，才开始播种，多在清明至谷雨前后。平原地区或以地膜覆盖的播期偏早，而丘陵山区的播期稍晚。

同一地区，一般向阳地、沙性地，温度上升快，应先播；黏土地、低洼潮湿地，温度上升缓慢，可以后播；盐碱地因温度上升慢，应适当晚播。春天播种还应考虑到寒流、霜冻对幼苗的危害，安排的播期应达到作物出苗后，能躲过早春寒流为宜。干旱地区在适宜播期内，根据早春寒潮变化规律，抓住冷尾、暖头，及时抢墒播种。

2. 夏播作物播期的确定

夏大豆、夏玉米、夏花生、晚稻、夏甘薯等夏播作物，一般播种时温度较高，因而温度不是限制因素。夏播在农业生产上正处于“夏收、夏播、夏管”最忙的季节，时间短，农活多，劳力紧张，最易出现推迟播种现象。如果农事作业不及时，难以安排成熟期偏晚，产量较高的品种，即使播上了这类品种，往往影响到作物个体的正常发育，造成成熟度不够，或者影响到秋播作物的适期播种。因此，为达到适期播种取得夏播作物的丰收，应有序安排各项农活，提前作好种子的准备和处理，及时收获，及时浇地，简化耕整作业，及时灭茬整地，才能为及时播种提供条件。

3. 秋播作物播期的确定

我国北方秋播作物主要是冬小麦。冬小麦播期的确定需要考虑气温、品种、地力、墒情等因素(详见小麦播种技术)。

(二)播种量的确定

在一定的栽培条件下，作物的群体结构和产量结构与播种量有很大的关系。因此，确定合理的播种量，形成适宜的基本苗数，能协调作物与环境、作物群体与个体的关系，是提高作物产量的基础。播种量是指在单位面积上所需要的种子重量(kg/亩)。一般用下式计算：

$$播种量=\frac{每亩计划基本苗数\times 千粒重}{发芽率\times 种子净度\times 田间出苗率}\times 10^{-6}$$

上式中,发芽率、种子净度、千粒重是种子本身质量指标,可通过种子精选来优化种子。单位面积基本苗数(每亩计划基本苗数)和田间出苗率受自然和人为因素的制约。确定这些指标时,需要考虑多种因素,如气候条件、土壤条件、植株形态和生活习性等。

1. 气候条件

因不同地区的光、温、水等气候条件变化很大,同一作物在不同地区生长发育特性有较大差异,因而,要求的基本苗和播种量也不一致。种植在温度高、降雨多、生长季长的地区,一般表现出生长繁茂、分枝(或分蘖)多,基本苗和播种量要适当小一些;反之,种植在温度较低、降雨较少、气候干燥的地区,基本苗和播种量适当大一些。

2. 土壤条件

一般质地疏松、肥力高、墒情好、整地质量高的地块,田间出苗率高、发苗快,播种量可酌情减少;而黏质、地力低、墒情差、整地质量不高、地下病虫草害严重的地块以及盐碱地,田间出苗率低,容易缺苗,播种量适当加大,以保证适宜的田间基本苗数。

3. 植株形态和生长习性

同一作物不同品种或不同类型在植株形态和生长习性上有差异,如小麦、水稻不同品种的分蘖力有强有弱,植株有高有矮;棉花果枝有长有短;大豆、花生的植株有直立型和匍匐型。一般植株高大而松散、分枝多而长(或分蘖强)、植株匍匐、生育期长的品种,播种量适当小些;而植株较矮、株型紧凑、分枝少而短(或分蘖力弱)、植株直立、生育期短的品种,播种量应适当加大。

4. 其他因素

自然灾害频繁,病虫草害严重的地区,应增加播种量和基本苗。早播可适当降低播种量,晚播应加大播种量。条播、撒播的播种量一般比点播或精量播种要多,直播的用种量比育苗移栽要多。

(三)播种方式的确定

各地气候、土壤、生产条件等差异很大,播种方式也多种多样,常见的有点播、条播和精量播种等。

1. 点播

点播是比较精细的一种播种方式。在垄作、畦作及制种上采用较多,适合于播种面积较小或种子量不充足的地块。点播通常按一定的行距挖穴,每穴播 1 粒或多粒种子,然后覆土,这类点播法叫穴点播。有时在挖好的播种沟上按计划的株距进行点播,这类点播法叫条点播。点播一般能够保证计划出苗数,有利于节约用种,也适合集中施肥和田间管理,但比较费工、费时。

2. 条播

条播是生产上广泛应用的一种播种方法。条播落籽均匀,覆土深浅一致,出苗成条且整齐,便于田间管理。此外,还具有播种速度快,省工省时的优点。根据作业工具的类型,条播可分为机条播、耧条播、犁播等形式。其中,机条播通过采用拖拉机牵引条播机进行播种,具有播种速度快、落籽均匀、覆土深浅一致、出苗齐的优点,大面积平作或大畦种植常采用该法。

3. 精量播种

精量播种既具有点播的精细特点,又具有条播速度快的特点。精量播种采用专用的精量播种机进行,能够把单粒种子按一定的株距和深度,精确地播入土内,适用于夏播作物(温湿条件好)和大粒种子的作物(玉米、大豆、花生)。精量播种要求种子质量要高,并且要经严格的种子处理,同时,整地质量也要好,才能充分发挥精量播种省时、省工、出苗匀、出苗整齐的优点。

四、冬小麦的播种

二维码 4-2(视频)

冬小麦的播种视频见二维码 4-2。

1. 播前准备

选择高产、稳产、优质、抗逆、适应力强的小麦良种。在播种前通过机械筛选取粒大饱满、整齐一致、无杂质的种子。针对当地苗期常发病虫害进行药剂拌种或种子包衣。同时,进行发芽试验,为确定播种量提供依据。

2. 播种期确定

适时播种可以充分利用秋末冬初的光温资源,让幼苗在越冬前生长一定数量的分蘖,形成较大的根系,积累较多的营养物质,为安全越冬,提高分蘖成穗率和争取壮秆大穗奠定基础。但播种过早或过晚都不利于小麦高产。

播期主要根据气温决定。一般冬性品种的适宜播种期为平均气温 16～18 ℃。我国冬小麦的播种适期从北向南逐渐推迟。如北方麦区冬性品种播种适期在 9 月中、下旬至 10 月上旬,要求越冬前单株具有 3～4 个分蘖;长江中下游麦区半冬性和春性品种,一般在 10 月中旬至 11 月中旬播种,要求越冬前单株有 2～3 个分蘖。在适期播种范围内,还应根据品种、地力、土质、墒情等实际情况,合理安排播种的先后顺序。

3. 播种量

基本苗数是实现合理密植的基础。生产上通常采取“以地定产,以产定穗,以穗定苗,以苗定籽”的原则确定播种量,即以土壤肥力高低确定产量水平,根据计划产量和品种的穗粒数确定合理穗数,根据穗数和单株成穗数确定基本苗数,再根据基本苗和品种千粒重、发芽率及田间出苗率等确定播种量。

麦田的肥水条件、使用的品种和播种期是确定播种量的主要依据。肥水条件好的高产田,单株分蘖多,成穗率高,可以充分利用分蘖穗,播种量宜少些;肥水条件较差的低产田,植株生长较弱,穗少而小,基本苗也宜大一些。分蘖力强的品种,密度可小些,分蘖力弱的品种密度宜大些。播种早的播种量可小些,播种晚的宜加大播种量。一般来说,在适期播种情况下,分蘖成穗率低的大穗型品种,每亩适宜基本苗 15 万～18 万株;分蘖成穗率高的中穗型品种,每亩适宜基本苗 12 万～15 万株。各麦区小麦以窄行条播畦作较为普遍。一般麦田行距 15 cm 左右,行距大小以适合植株均匀生长和群体内通风透光较好为宜。

4. 播种质量

冬小麦播种时使用播种机播种,要求播量精确,下种均匀,深浅一致,保证播种质量。北方麦区，秋旱较多，冬季温度低，一般播深以 3～4 cm 为宜；南方麦区气候温暖，在土壤湿度较高的情况下，播种适当浅些，以 2～3 cm 为宜。北方麦区播后应及时镇压，沉实土壤，使种子与土壤紧密结合，有利早出苗，出全苗。南方麦区如遇干旱，土壤水分不足，发芽出苗困难，也应及时镇压。在严重干旱情况下，应及时浇水催苗，并进行表层松土。

五、玉米的播种

玉米的播种视频见二维码 4-3。

二维码 4-3(视频)

1. 播前准备

选择适应本地光热条件、综合抗性好、高产优质的优良杂交种，选购符合农作物种子质量标准的商品种子。提前晒种 2～3 d，可提高播种出苗率，早出苗。如购买的是未包衣种子，选择商品种衣剂，按包衣剂和种子比例 1∶50 进行包衣，有利于苗期抗病、抗虫，促进生根发芽。

2. 播种期确定

适期早播是春玉米增产的重要途径，一般在 5～10 cm 地温稳定在 10～12 ℃时播种，华北地区春玉米一般在 4 月中、下旬播种。播种过早，春季地温低，寒潮频繁，种子发芽缓慢或不发芽，甚至引起烂种、缺苗多。播种过迟，发芽出苗量快，但拔节早，营养生长不足，根系发育不好，后期温度高、湿度大或遇伏旱，不利于开花授粉与灌浆成熟。夏玉米原则上播种越早越好，但其播种时间的早晚主要决定于前茬作物收获的早晚，一般华北地区在 6 月上、中旬播种。

3. 播种量

播种量因种子质量、种植密度、播种方法的不同而不同。大粒种子、发芽率偏低和种植密度大时，适当增加播种量；反之，宜适当减少。玉米出苗后一般需要间苗和定苗，实际播种量要大于理论播种量。不同播种方法，播种量有差异，一般条播每亩下种量为 3～4 kg，点播或精量播种每亩下种量为 2～3 kg。

4. 播种质量

播种方式主要有条播和点播 2 种，其中条播用机械播种，工效较高，适用于大面积种植。播种时宜做到深浅一致，落籽均匀，一般播种深度以 3～5 cm 为宜。黏重和墒情好的土壤适当浅一些，4～5 cm 即可。质地疏松，易干燥的沙质土壤，应深一些，可增加到 5～8 cm。春播玉米播后还应适当镇压。

六、棉花的播种

棉花的播种视频见二维码 4-4。

二维码 4-4(视频)

1. 播前准备

选用抗病的优质高产品种，品种纯度应达到 95％以上，发芽率在 90％以上。在播种前选择晴天进行晒种 3～5 d，有利于提高出苗率。棉籽硫酸脱绒能消灭棉花种子外的病菌，控制枯萎病、黄萎病的传播，提高发芽率。脱绒后的光籽，便于机械精量播种，可节约用种。光籽吸水快，有利于发芽出苗，出苗整齐，减少间、定苗用工。生产上将工业硫酸加热至 115～120 ℃，按硫酸与种子质量 1∶10 比例混合，搅拌至种子表面短绒全部烧掉，种壳发亮为止。随后用清水反复洗涤干净，捞出饱满下沉的种子，摊开晒干待用。硫酸脱绒后，还应进行种衣剂包衣，有利于防治苗期病虫害，提高出苗率，促进幼苗生长。

2. 播种期确定

适宜播种期主要根据温度和晚霜期决定。春季气温多变的棉区，以 5 cm 地温稳定在 14 ℃以上播种为宜，其他棉区 5 cm 地温稳定在 12 ℃以上时，即可播种。晚霜期是播种时考虑的另一个重要因素，原则上以幼苗出土后不致遭受霜冻为宜。因此，应在晚霜结束后播种或霜前播种，霜后出苗为妥。

播种早晚与棉苗的全、齐、匀、壮和开花结铃关系极大。适期播种，既可以确保全苗、壮苗，又可以使棉花株型适中，现蕾早，增加结铃时间，有利于高产。过早播种，温度低，发芽出苗缓慢，易致烂种、烂芽，发生缺苗断垄；过晚播种，温度高，出苗快，易达到全苗，且第一果枝节位提高，现蕾、开花、结铃推迟，不利于单株结铃。

3. 播种量

播种量受种子质量、播种方法、种植密度和土壤条件等影响。棉花出苗后常需要间苗和定苗，实际下种量要大于留苗密度。一般条播播种量是留苗密度的 8～10 倍，每亩下种量为 5～8 kg，点播下种量较少，每亩下种量为 3～4 kg。在种子质量差、土块黏重、墒情较差，盐碱地、病虫害严重及早播等情况下，适当增加播种量。

4. 播种质量

棉花种子子叶肥大，出苗时，随下胚轴伸长形成的弯曲幼茎一起出土，增加出苗难度。因此，棉花种子发芽顶土能力比禾谷类作物弱，出苗慢，对播种质量要求较严，特别是春棉播种。

播种深浅影响棉花出苗早晚和出苗质量。一般适宜的播种深度，北方棉区为 3.5～5 cm，南方棉区为 1.5～2 cm。播种过浅，种子容易落干，不易出苗或带壳出土，子叶伸展慢，难以形成壮苗；播种过深，种子周围地温低、空气少，致使发芽慢，出土难，易烂种，造成缺苗或弱苗，特别是播后遇雨出苗率更低。播种后尚未出苗时，若遇雨地面板结，应及时进行耙地或锄划，破除板结，改善土壤通气状况，助苗出土。

覆膜可使棉花提前播种，促进棉苗早发，加快棉株生育进程。覆膜时，要做到薄膜紧贴地面，松紧适中，膜入土 5～6 cm，距播种行 10 cm 压实。

二维码 4-5(视频)

七、花生的播种

花生的播种视频见二维码 4-5。

1. 播前准备

选用适合当地生态条件、发芽率高、发芽势强的花生种子，是保证苗齐、苗全和苗壮的内因。播种前进行晒果 3～4 d，可促进种子后熟，提高种子发芽率和出苗整齐度。进行分级粒选，使种子大小一致，让其发芽和出苗整齐，幼苗均匀健壮。播种前可酌情催芽，有利于种仁吸足水分，缩短出苗时间。

2. 播种期确定

温度是确定播期的主要依据，珍珠豆型早熟花生，5 cm 地温稳定在 12 ℃以上即可播种，而普通型花生需要 5 cm 地温稳定在 15 ℃以上时才能播种。东北花生区 5 月上、中旬为播种适期，黄淮花生区4月下旬至5月上旬(谷雨至立夏)播种为宜，长江流域花生区可在4月播种，南方花生区播期一般在2月中、下旬至3月中、下旬。播种过早，温度低，种子在土壤中停留时间长、养分消耗多，出苗时间长，幼苗出土后瘦弱，不易形成壮苗。且种子在土壤内易遭受病虫为害，造成烂种缺苗。播种过晚，缩短生育期，开花和果针入土的时间偏晚，赶上后期气温低，荚果发育受到影响，不利于花生高产。不同类型的花生对温度的要求不一致。

3. 播种量

正常情况下，珍珠豆型中粒花生的适宜密度为每亩9 000～11 000穴(每穴播2粒)，普通型大花生为每亩7 000～9 000穴(每穴播2粒)。一般条件下，平作花生的行距大于穴距，普通大花生的行距常为40～45 cm，珍珠豆型小花生的行距常为38～42 cm。垄作花生中，单行垄作的垄距以45～50 cm为宜，双行垄作的垄距以80～85 cm为宜。根据计划的种植密度，再确定出适宜的穴距。土壤条件好，种子发芽率高可实行单粒精播，每穴播1粒种子，每亩播13 000～15 000粒(穴)。

4. 播种质量

花生种子大，价格高，生产上常根据需要苗数按粒播种，不进行间苗，大田缺株率一般在10 %左右，加上花生从播种到出苗需10～15 d，出苗后再行补苗，效果不大。因此，为确保花生一播全苗或降低缺株率，除了种子精选、种子处理、整地保墒、适时播种外，还要提高播种质量。

虽然花生种子大，顶土力强，易出苗，但也要求有适宜的播种深度。一般播深为3～5 cm，土质黏重、墒情好可浅些，但不宜浅于3 cm；沙土地墒情差，播深亦不宜超过5 cm。土质黏，多雨地区适当浅一些，反之，宜深些。播种太深，出苗慢，幼苗弱，不利于第一对侧枝的良好发育和早期花芽的分化。遇多雨低温年份，深播易缺氧，会造成烂种缺苗。北方花生区，播种太浅，常由于春季干旱蒸发量大，种子落干而影响出苗。北方花生区，播后镇压是一个重要环节，使种子与土壤充分接触，防止跑墒，确保全苗。南方花生区，应根据降雨、土壤墒情等情况，灵活掌握镇压。此外，为了保温增温，保墒提墒，增加花生产量，花生地膜覆盖技术正在推广，具体要求可参考棉花地膜覆盖。

八、油菜的播种

油菜的播种视频见二维码4-6。

二维码 4-6(视频)

1. 播前准备

油菜种子可在播种前晒2～3 d，或用8%～10%的盐水(即每1 000 g水加食盐80～100 g)选种，达到去秕粒、霉粒、菌核、病粒和虫蛀粒的目的。然后，用清水洗净晾干后播种。可用80 mg/kg尿素加16 mg/kg硼砂溶液浸种5 h，晾后播种，以促进萌发出苗和壮苗早发。采用油菜专用种衣剂对种子进行包衣，可有效预防油菜根肿病。

2. 播种期

直播冬油菜的播种期一般略晚于移栽油菜。直播冬油菜的适宜播种期，黄土高原和黄淮平原亚区分别在9月上旬和9月下旬；长江中上游和长江下游分别在9月中旬和9月下旬，不晚于10月上中旬。

春油菜的适宜播种期取决于地温。一般当5 cm地温稳定通过2～3 ℃就要适时抢早播种。黄淮平原可在 2 月播种，其余春油菜产区多在 3—4 月播种，个别高寒地区在 5 月播种。

3. 播种量

冬油菜主产区的播种量一般 200～400 g/亩，杂交品种要比常规品种适当降低播种量，晚播、土壤肥力较差以及秸秆还田的田块，应酌情增加播种量。

春油菜的播种量，一般甘蓝型为 300～600 g/亩，白菜型为 300～500 g/亩；个别高寒地区，白菜型和芥菜型的播种量较大。

4. 播种质量

直播油菜要保证一播全苗，其关键是在精细整地的基础上，提高播种质量。冬油菜的行距可参考移栽油菜，春油菜的行距宜适当缩小(可缩至 15 cm)。要做到开沟深浅一致、落籽均匀、覆土深度适宜(2～3 cm)。如整地质量差或免耕播种，应适当增加播种量。如土壤墒情不好，应灌小水。

二维码 4-7(视频)

九、大豆的播种

大豆的播种视频见二维码 4-7。

1. 播前准备

选用适合本地的高产优良品种和良好播种品质的种子，该类种子发芽率和发芽势高，出苗整齐苗壮。种子要求净度达 97%以上，品种纯度高于 96%，发芽率高于 95%，含水量低于 13%。播种前使用根瘤菌拌种，处理后 24 h 内进行播种，播完后立即盖土，切忌阳光暴晒。为防治蛴螬、地老虎、根蛆、根腐病等苗期病虫害，常使用含有杀虫剂和杀菌剂的种衣剂进行种子包衣处理。

2. 播种期确定

适时播种对大豆产量和品质的影响非常大。地温与土壤水分是决定春播大豆适宜播种期的 2 个主要因素。一般认为，北方春播大豆区，5～10 cm 土层日平均地温 8～10 ℃时，土壤含水量为 20%左右，即可开始播种。播种过早，土壤温度低，发芽迟缓，易发生烂种现象；播种过晚，出苗虽快，但苗不健壮，如遇墒情不好，还会出苗不齐，且有贪青晚熟减产的危险。适时播种，保苗率高，出苗整齐、健壮，生育良好，茎秆粗壮。黄淮海地区和南方地区的大豆种植区，大豆的播期受后茬和后期低温的制约。

3. 播种量

种植密度与产量有密切关系，合理的种植密度主要应考虑品种、肥水条件、品种类型和种植季节等因素。植株高大，分枝较多，株型开展，大叶型品种，种植密度宜小；植株矮小，繁茂性差的品种，或植株虽较高，但分枝少，株型收敛的品种，宜采用较大的密度。同一品种在肥水条件较好时，植株生长繁茂，密度宜小；反之，肥水条件差，密度应较大。一般春大豆生育期较长，植株高大，种植密度宜稀；夏大豆生育期较短，秋大豆生育期最短，植株较矮小，宜适当密植。由于各地的气候、土壤条件不同，栽培制度各异，管理水平和种植的品种不一，大豆种植密度在上述一般原则上灵活变化。

北方春大豆区，在肥沃土地上，种植分枝性强的品种，亩保苗 0.8 万～1.0 万株为宜。在土壤瘠薄地块上，种植分枝性弱的品种，亩保苗 1.6 万～2.0 万株为宜；高纬度高寒地区，种植早熟品种，亩保苗2.0万～3.0万株；在种植大豆的极北限地区，极早熟品种，亩保苗3.0万～4.0万株。黄淮平原和长江流域夏大豆区，一般每亩1.5万～3.0万株，平坦肥沃，有灌溉条件的地块，亩保苗1.2万～1.8万株；肥力中等及肥力一般的地块，亩保苗2.2万～3.0万株为宜。

4.播种质量

播种方法主要分条播、穴播和点播3种。其中，条播法在种子播下后形成宽度为5～10 cm的条形苗带。穴播法是在苗带上，按一定距离成穴种植大豆，每穴播种4～6粒，出苗后每穴一般留3株。点播法按密度要求，在苗带上等距离种单粒或双粒，是一种精量播种的方法。无论采用何种播种方法，均要求下粒均匀、覆土深浅一致，才能有利于苗全、苗匀、苗壮。覆土深度一般以3～5 cm为宜。过浅，种子容易落干或带帽出土，过深则子叶出土困难。

十、马铃薯种薯切块、催芽和播种

马铃薯切块催芽能节约种薯，降低生产成本；同时，能打破休眠，促进发芽、出苗，克服顶端优势。马铃薯的顶端芽眼具有顶端优势，其首先发芽，并有抑制中、下部芽眼萌发的作用。如果顶端幼芽遭受损伤或被切除，则其他芽眼会迅速萌发。催芽可促进种薯解除休眠，缩短出苗时间，促进生育进程。

1.种薯切块

北方地区一般在播种前10 d进行种薯切块（二维码4-8），即催芽前切块，催芽后播种。南方因多雨、空气潮湿，种薯切块催芽易在催芽过程中腐烂，应在播种前3～4 d切块，即催芽后、播种前切块。切块使用的刀具用75%的酒精或0.5%的高锰酸钾溶液消毒，要求做到一刀一沾，以防病害通过切种过程传播。烂薯要及时淘汰，切到烂薯要把切刀擦拭干净后再用酒精消毒。

二维码4-8（视频）

每个切块重35～40 g，每个切块带2～3个健全的芽眼。对于50 g以下的小薯可采用整薯播种；50～100 g的种薯，从顶端纵向切开，一切2瓣，每个切块都有顶芽；100～150 g的种薯，采用一切三开纵斜切法，即把薯块切4瓣；150～250 g的种薯，一般从块茎脐部（尾部），根据芽眼多少和螺旋排列，纵斜方向向顶斜切成立体三角形的若干小块，每个小块要有2个以上健全的芽眼，切成5～7块。

在切块时，随时将薯块切面蘸上含有多菌灵或浸泡、喷洒代森锰锌成分的杀菌剂，待薯块拌匀晾干后，再进行催芽处理。

2.种薯催芽和管理

在较温暖的室内（18～20 ℃）或防雨大棚内进行种薯催芽（二维码4-9），平整催芽畦面，铺垫5～10 cm的湿润蛭石或沙土（不要用刚浇水的蛭石，以免病害传染造成种薯腐烂），铺一层种薯，上盖约5 cm湿润蛭石，再铺一层种薯，上盖约5 cm湿润蛭石。若温度低于18 ℃，上面再覆盖稻草、草帘、塑料薄膜等进行保温催芽。

二维码4-9（视频）

如覆盖的蛭石（沙土或细土）变干，可用洒水壶喷水，但要注意防止覆盖物过湿，以免种薯腐烂。待幼芽长出5 mm左右时，揭去覆盖物和土，给种薯适当降温（12～15 ℃），并逐渐暴露在散射光下壮芽，每天小心轻翻种薯，避免下层薯块芽太长，令芽均匀粗壮。催芽期间，应每隔

5～7 d检查一次发芽情况，如发现烂薯，应及时将其挑出，同时，将其他薯块也都扒出来晾晒一下，然后再催芽。

二维码 4-10(视频)

3. 田间播种

马铃薯田间播种方式有露地直播(二维码 4-9)和覆行膜直播(二维码 4-10)。马铃薯田间播种一般以气温稳定在 5～7 ℃，10 cm 地温稳定在 7～8 ℃时为宜。播种前进行开沟划线，做到沟直，深浅一致，沟深以 10～12 cm 为宜。

播种时按芽长挑选薯块，将芽长相近的薯块播在同一条垄上，以便齐苗管理，并按拟定株距摆放薯块。同一垄的两行最好错位摆放，摆放薯块时，芽眼要向上。同时，根据薯块的厚薄情况调整播种深度，芽眼要处在相同深度的土层。摆放完薯块后，从垄沟取土覆盖薯块，垄沟宽约 30 cm，深约 25 cm。薯块覆土深度为 10～12 cm，不少于 8 cm，覆土后修理垄面和垄沟，垄坡要陡，垄面要平，以便地膜紧贴地面。覆膜时在垄的两端先开好覆膜沟，将上风一端的地膜压入覆膜沟，顺风铺地膜，两侧压入垄沟。从沟底取土压住地膜，膜面要拉平，地膜要紧贴畦面，地膜四周用土压实封严(二维码 4-10)。

第三节　作物的育苗与移栽

一、育苗和苗床管理

(一)作物育苗的意义

作物育苗是指移植栽培作物在苗床中从播种到定植的作业过程。目的是为作物的早期生长营造一个适宜的环境条件，达到延长生长季节，增加种植茬口，提高土地利用率，从而增加作物产量，提高经济效益。

大田作物生产上通过育苗移栽的作物主要有水稻(麦茬直播稻除外)、马铃薯、甘薯等，以及小麦一棉花轮作生产方式中的夏播棉花等。与直播栽培相比，作物育苗栽培的重要意义有如下几个方面。

(1)促进作物早熟丰产，延长生长季节。当外界条件不适合作物生长发育时，如黑龙江地区的有效积温影响水稻生产，通过利用保护地设施提早育苗，当外界气温适合时，再移栽到大田，作物很快就开花结实。这样可解决露地直播前期低温影响生长的难题，相对地延长作物的生长期。

(2)合理利用土地资源，提高土地利用率。集中育苗占用土地面积小，能减少生产田的使用，从而节省土地。在前茬作物收获整地后，移栽定植第二茬幼苗，在同一块土地上可以进行多茬次栽培，提高土地利用率，增加复种指数。长江沿岸地区双季稻栽培，就是通过预留秧田进行育秧栽插实现的。

(3)便于栽培管理，省工省力。育苗场所相对集中，通过专业技术人员进行管理，既能节省劳力，又可使育苗管理规范化。另外，育苗集中管理有利于防治病虫害。

(4)节省种子用量，降低农资成本。对于种子价格昂贵的作物，育苗可比直播节省种子用量 30%～50%，对于直播“一播保全苗”有技术困难的作物节约种子的效果更显著。另外，作物育苗也能实现集约化经营，节约种子、肥料、农药等生产投资。

(5)减少和避免逆境为害，培育壮苗。由于育苗是在保护地中进行，即使在外界低温、大风、霜冻等恶劣的气候条件下，也可人为创造优越的环境条件，满足秧苗生长发育的需要。移栽时可以选择优质壮苗，去掉弱苗、病苗，提高幼苗素质。这样可保证作物移栽定植到田间后，生长发育整齐一致，为丰产丰收打下坚实的基础。育苗可按计划密度移栽，保证单位面积上的合理密度和苗全、苗壮。

当然，作物育苗移栽也存在一些不足，如根系受损伤较多，移栽后存在缓苗期影响生长，根系较浅，不利于吸收土壤深层养分，抗倒伏力较弱等。另外，作物育苗后的人工移栽费工、费时，劳动强度较大。

(二)常见的育苗方式

作物育苗方式较多，根据育苗利用的能源不同，可分为露地育苗、保温育苗和增温育苗三大类。露地育苗是利用自然温度，如湿润育秧等；保温育苗是利用塑料薄膜等覆盖保温，如各种农用薄膜育苗；增温育苗是利用各种能源增温，如生物能(酿热)温床育苗、蒸汽温室育苗、电热温床育苗等。各种育苗方式所需的成本、劳力、技术水平有所不同，所以生产上应根据实际情况选用。现将常见的育苗方式的技术要点介绍如下。

1.营养钵育苗

营养钵是用预先配制好的营养土制成钵，在钵内播种育苗，到可移栽叶龄时连苗带钵移栽到大田。营养钵育苗方便，容易起苗，不伤根，成活率高，秧苗健壮，适合于棉花、玉米等育苗移栽。

营养钵内的原料配比，可根据具体条件就地取材。一般肥沃表土占70%～80%(去净草根、石块等)，腐热的堆肥、厩肥占20%～30%，再加少量氮肥、磷肥、草木灰(或钾肥)。各种原料应先打碎过筛，然后加水拌匀(含水量占总重的25%～30%)。以手握能自然成团，1 m高自然落地散开为标准。拌好后的原料压制成直径5～7 cm、高7～9 cm的营养钵。把压制好的营养钵有序地排列成畦，畦宽1～2 m，钵间填沙，四周用土围好。每钵点种2～3粒后，覆盖湿土1 cm左右，浇水湿润即可。营养钵育苗也可覆盖地膜，增温保墒。

2.阳畦育苗

地膜阳畦育苗是北方常用的育苗方式，通过便于采光的阳畦结合覆盖塑料薄膜提高和保持床内温度和湿度，具有操作简便、幼苗健壮的优点。

床址选在背风向阳的地方，阳畦无病虫害源和盐碱危害。苗床四周筑土框，框长6～7 m，宽1.5～2 m，前壁高30～45 cm，后壁高45～60 cm，壁厚30～40 cm，北面还应设置风障。苗床要精细整地，施足底肥，土肥拌匀，畦面平整，墒情不足还应浇水。播种覆土后，再覆盖地膜，夜间加盖苇席或草帘，以保温御寒。

3.湿润育秧

湿润育秧多用于水稻，是通过沟内灌水保持畦面湿润的露地育秧方式。它既可育适龄壮秧，拔秧栽插；也可育短龄秧，带土移栽。通过湿润管理，满足秧苗对水肥气的要求，达到壮苗的目的。

苗床选择背风向阳、地势平坦、土壤肥沃、灌溉方便的地块。在精细整地，施足底肥后，做成宽1.2～1.5 m，长10～13 m，畦埂高0.3～0.4 m的畦。畦的四周设润水沟，沟宽20～25 cm，沟深10～15 cm，畦面耥平后即可播种，播后塌谷“以泥保芽”。育秧期间，沟内灌水，保持畦面湿润。

4. 工厂化育苗

工厂化育苗又称为温室育苗。水稻进行工厂化育苗最为常见，具有省种、省工、省秧苗、利于机插或抛秧的优点。

(三)苗床管理技术要点

1. 温湿度管理

在发芽出苗阶段苗床温度一般保持在 32～35 ℃，超过 35 ℃幼苗容易出现旺长，甚至发生灼伤现象，应适当通风通气降温。床土湿度应保持在田间持水量的 70%左右，床内相对湿度以 95%左右为宜。如果床土湿度不够时，应在晴天上午 10 点左右或下午 5—6 点适当浇水；湿度过大时，及时晾晒床，适当降低湿度。在幼苗生长阶段床内温度应保持在 20～25 ℃为宜，床内相对湿度以 70%～80%为宜。

2. 养分管理

苗床未施或少施底肥的应及时追施速效肥料，以促进幼苗生长，提高秧苗质量。以水稻提苗肥为例，不能单纯施氮肥，应当氮、磷、钾三要素配合。苗床肥力差的可在一叶一心和三叶期各追肥一次；苗床肥力好的可在二叶一心期追肥一次，必要时在移栽前一周再施一次肥。

3. 其他措施

在幼苗阶段，根据天气情况，晴天应揭膜透光透风炼苗。苗小时，揭两头稍通风，苗大时，逐步打开大通风。幼苗过分拥挤时，应早疏苗、疏匀苗，防止出现高脚苗、弯脚苗。疏苗过程中，可结合苗床除草。在床土消毒和种子消毒的基础上，苗床期应注意防治病虫害，如棉花的立枯病、炭疽病、地老虎，水稻的稻瘟病、稻蓟马、螟虫，油菜的蚜虫、猝倒病等都是常见的病虫害。除了苗床期用药防治外，移栽前一周内还应施一次药，防止幼苗把病虫带入大田。

二、水稻的育秧和插秧

(一)水稻育秧

生产上多采用半旱育秧和旱育秧(二维码 4-11)，其中旱育秧集约化程度高，适于机械化操作，近年来发展很快。

二维码 4-11(视频)

1. 播种期与播种量

一般根据计划插秧期时间减去秧龄确定播期。日均温达 12 ℃，是水稻安全播种期。薄膜保温育秧时可提早到日均温 6～8 ℃，也可根据安全揭膜期确定播期，即日均温 13 ℃以上，无 7 ℃最低气温，叶龄为 2.5～3.0。

播种量与秧龄有关，一般来说，3.5 叶龄、4.5 叶龄和 5.5 叶龄播种量分别为 450 g/m^2、300 g/m^2 和 200 g/m^2。杂交稻旱育秧一般播种量为 250 g/m^2。

2. 种子处理

选择晴天晒种 3～4 d，可提高种子发芽率和出苗率。选用充实饱满的种子，进行浸种和催芽。控制温度 30～32 ℃，24 h 催芽至露白或幼根、幼芽各 1 mm。

3. 秧床准备

一般采用旱整地水做床，施足基肥。整地做到床面平整、无稻茬草根、无大坷垃、松软、不烂不板、上虚下实、土肥相融。苗床宽 1.2～1.5 m，床间沟宽 0.2～0.5 m，深 0.1～0.15 m。床面在耥平沉浆后播种。

4. 播种

种子均匀播撒，种子入泥 2/3，深浅一致，覆盖厩肥、堆肥、草炭等覆盖物 1 cm 左右。保温育秧在播种后立即覆膜。

5. 秧田管理（以半旱育秧为例）

（1）从播种至一叶一心为密封期，薄膜必须严格封闭，创造高温、高湿条件令水稻迅速生根立苗，膜内适宜温度 30～35 ℃。温度太高时，打开两头降温。床面保持湿润，干旱时沟内保持水层。

（2）在二至三叶期，膜内温度可达 40 ℃，需要加强通风，床面上水降温保湿，从而减慢秧苗的生长速度。揭膜炼苗令其逐渐适应外界条件，炼苗时间逐渐加长，5～6 d 后完全揭膜。揭膜前深水护苗。炼苗期间施断乳肥硫酸铵 150 kg/hm^2。

（3）从三叶至拔秧期间，注意灌水施肥。4 叶期施壮苗肥硫酸铵 225 kg/hm^2，拔秧前 4～5 d 施送嫁肥硫酸铵 150 kg/hm^2。浅水管理为主，苗旺时落干蹲苗。

北方稻区粳稻大苗壮秧标准为：干物质含量大，5～6 叶龄，无分蘖，百株干重为 8～10 g。杂交稻有 2～3 个分蘖，3～4 层根，苗高 17～20 cm，叶色绿，茎基扁平，根白短粗。

（二）水稻插秧

1. 插秧期确定

地温稳定在 15 ℃时开始插秧（二维码 4-12），18 ℃最适宜。

二维码 4-12（视频）

2. 合理插秧密度

一般每公顷栽插 22.5 万～52.5 万穴，每穴 4～7 苗，基本苗 90 万～375 万株。插秧行距一般有 20，23 或 26 cm，机插秧行距 30 cm。

3. 保证插秧质量

要求浅（栽插深度 2～3 cm）、直（秧苗垂直，不东倒西歪）、匀（行距、穴距和每穴苗数要均匀）、齐（秧根对齐，插秧深浅一致）。

4. 插秧形式

插秧形式分人工插秧和机械插秧 2 种。

三、棉花的育苗和移栽

（一）育苗方式

棉花的育苗方式主要有塑膜棚架育苗、营养块育苗、地膜平铺育苗等方式，其中塑膜棚架育苗是全国各生态棉区大多采用的育苗方式。该方式是在播种、覆土之后，上弓架、覆膜，将四周封严，齐苗后通风降温。棚架材料一般用毛竹片，其长度一般为苗床宽度的 1.5～2 倍，除两端插入地下外，中间还要高出床面 40～50 cm。棚架搭扎后，立即将塑膜覆盖在弓棚上，苗床两边用土埋好并踩紧，以防大风吹掀薄膜。

营养块育苗又称为方格育苗，因增加土块中的有机营养物质而得名。用河泥、塘泥等作为床土进行方格育苗的，称为河泥方格育苗。地膜平铺育苗是在苗床上直接铺覆薄膜，棉芽顶土时，将地膜破一小洞，使棉苗露出地膜。在此基础上，还发展了双膜育苗，即在播种覆土后先平铺一层地膜，再加盖棚膜的方式。

（二）棉花移栽的技术要点

1. 适期适龄移栽

影响移栽棉苗发根和缓苗的主要因素是温度，温度过低时移栽，幼苗发根慢，缓苗期长。移栽后如遇低温阴雨，棉苗常出现子叶脱落，茎秆变红，迟迟不发新根，成为僵苗，造成缓苗期延长。温度高时移栽缓苗快，但苗大伤根，移栽后也易增加缓苗期。因此，棉苗的适宜移栽期一般要求气温稳定在 15 ℃以上，地温稳定在 17 ℃以上。北方特早熟棉区以 5 月中旬为宜，黄河流域棉区以 4 月下旬至 5 月初为宜，南方麦行套种以麦收前 15 d 为宜。

缓苗期的长短不仅与栽期早晚有关，而且还与苗龄大小有关。苗龄过大移栽，因叶片多，伤根过多，不利于缓苗。子叶期、一叶期移栽，虽缓苗期短，但缓苗后幼苗的生长发育不如二、三叶期壮苗移栽的好。北方棉区春季雨少，土壤干燥，以 2～4 叶移栽为宜；南方棉区气温高，降雨多，土壤湿度大，移栽时的叶龄可大一些，一般早茬苗 3～4 叶时移栽，中茬苗 4～5 叶时移栽，晚茬苗 6 叶时移栽。

2. 提高移栽质量

提高移栽质量，缩短缓苗期，除了适期适龄移栽外，还要求精细移栽。棉花育苗多采用营养钵或营养块（方格）育苗，起苗前 1～2 d 要浇好“起身水”，以保证起钵或切块时不散钵（块），但水量不能太多，多时会引起散钵（块），散钵（块）的棉苗不能用来移栽。在浇好“起身水”的基础上，钵（块）的“起、装、运”要格外小心，防止损坏钵（块）体，断裂苗根，坚持边起、边装、边运、边栽。在移栽前要开好沟或挖好穴，沟或穴深以 15～17 cm 为宜，且深浅一致，带苗的钵（块）埋入地表 1.5 cm 以下，在沟内或穴内施少量“安家肥”，亩施氮肥 6～8 kg，磷肥 10 kg。

移栽时，要大小苗分类。防止田间栽苗参差不齐，以株距定点摆放钵（块）后，先封约钵（块）高一半的土，然后浇“团结水”（使钵块与大田土壤弥合接上底墒），水量不宜太大，以免土壤板结，降低地温，影响发根缓苗。待水渗下后，封满土，盖严实。

3. 移栽后促缓苗措施

移栽后如遇旱情，土壤墒情不足，可采取沟灌浇水的办法，进行活棵缓苗，严重干旱时，应浇“活棵水”。移栽后，及时中耕松土，破除板结，提高地温，促进新根产生，有利于缩短缓苗期，促进棉苗早发。中耕时，应尽量避免摇动钵（块）体，以防伤根。

四、油菜的育苗和移栽

育苗和移栽是我国冬油菜主产区的 2 种重要栽培方式。

（一）育苗

油菜育苗的目标是培育老健壮苗，其技术要点主要有 4 个。

1. 准备好苗床

要提早留足苗床。秧田与大田比例一般为 1∶（4～5），应选择无病、便于灌溉和管理的苗床地。要结合整地,施足基肥。基肥以优质有机肥为主,配合适量的氮、磷、钾肥。要精细整地,整地质量要高。

2.适时播种

应综合考虑温度、品种和茬口等因素来确定适宜的播种期。

(1)温度。一般以5 cm土层地温稳定降至16~22 ℃即可开始播种。播种期还要满足油菜壮苗、安全越冬的最低要求,也就是播种后3 ℃以上的天数应达到40~50 d。

(2)品种。温度降至22 ℃,可播种冬性强、晚熟的品种,春性强、早熟的品种不能早播。否则,易早蕾,不能安全越冬,或越冬后因早蕾早花而减产。

(3)茬口。要考虑苗龄和茬口衔接。根据茬口定移栽期,再根据移栽期定播种期,避免形成老化苗和高脚苗。

一般,长江中上游可于9月上旬开始播种、育苗,长江下游则为9月中旬,黄淮平原和黄土高原于8月下旬至9月上旬播种。

3.精细播种

播种前,对种子进行晒种、选种,以及用油菜专用种衣剂进行包衣。

甘蓝型常规品种一般按每亩苗床用精选种子0.5~0.7 kg,甘蓝型杂交品种每亩苗床用种子0.4~0.5 kg。

采用精量播种技术,分厢(畦)定量播种,坚持稀播。为确保撒种均匀,可将种子与细土掺匀后撒播,或者对种子进行丸粒化处理(能节省用种量、节省间苗定苗用工)。种子的覆土深度以2~3 cm为宜,绝不能超过4 cm。可用草木灰覆盖(可提高土温)。播后如表土层干旱,应及时浇水(要避免大水冲刷表土)。如晴天、温度高,可在出苗前覆盖秸秆保墒。

4.苗床管理

根据油菜幼苗期的生长特点,苗床管理应当采取"前促后控"的管理原则,具体的管理措施如下。

(1)早间苗、早定苗。2次间苗,齐苗后第一次间苗,达到苗不挤苗;一、二叶期再次间苗,使苗间距为3~5 cm。三叶期再定苗,保证苗间距8~9 cm。

(2)早追肥。苗床施肥不足的,应于三叶期追肥,以促进幼苗生长。

(3)勤浇水、排水。油菜苗床期易遇秋旱,要勤浇水,以维持苗床湿润。如遇绵绵秋雨,特别是在水田、坪地育苗,必须清理厢沟,设法排水,以降低苗床湿度,使菜苗矮壮敦实。

(4)早防治病虫草害。如蚜虫、菜青虫等,苗期病害有猝倒病、霜霉病、病毒病等。

(5)化学防控。在二、三叶期喷施多效唑(100 mg/kg),以控制缩茎段伸长。

(6)五叶期后控制施氮肥和浇水。防止油菜苗生长过旺、过嫩。

(二)移栽

油菜移栽要保证活棵(即保证种植密度)和早活棵,关键是要保证移栽质量。

1.准备好本田

如条件允许,要在施足基肥的基础上,深耕细整本田。

2. 适龄壮苗移栽

(1)适龄。苗龄 30～35 d,达到该苗龄就要适时早栽。

(2)壮苗的标准。植株健康,株型矮壮,叶数多,根茎粗短,主根粗壮,根系发达。简而言之,单株绿叶数 6～7 片,株高约 21 cm,根颈粗约 0.7 cm。

3. 合理密植

油菜的适宜种植密度应综合考虑油菜类型、品种特性、土壤肥力、茬口及种植方式等因素。移栽油菜的种植密度一般以 6 000～ 8 000 株/亩为宜,但云南临沧油菜高产田的种植密度为 9 000 株/亩。

移栽油菜的行距一般为 30～40 cm,可采用等行距或宽窄行种植(如宽行距 50 cm,窄行距 30 cm)。

4. 移栽技术

油菜秧苗不带土(裸苗)移栽,有比较高的成活率,但缓苗期长,因此最好带土移栽。传统的人工移栽方式用工多,应利用穴盘工厂化、自动化育秧,采用机械移栽。

传统的油菜育苗移栽,移栽前一天要浇水湿润苗床,以便取苗时不伤根或少伤根。穴盘育苗,在移栽前 3～5 d 适当控水练苗,以移栽时不散土团为度(土团过干或刚浇水都易散)。取苗时,尽量多带土、少伤根,并按大小苗分级。移栽时,大小苗要分开,按计划行、株距,做到行直、深浅一致(栽插深度以不埋没菜心为度)、棵正(根不卷曲)、根稳。

为使油菜早活棵、成活率高,应边起苗、边移栽、边浇水,以促进活棵。栽后还要及时查苗补栽,及时提苗(追肥、浇水),抓紧中耕松土。

五、甘薯的育苗和栽秧

(一)育苗

1. 苗床准备

(1)苗床地选择。选择背风向阳,排水良好,地下水位低,地势平坦,疏松肥沃,无病菌的沙质壤土作为苗床地。

(2)苗床的形式。有温床和冷床 2 种类型。

①温床:包括人工加热温床和酿热温床。人工加热温床是利用煤炭、柴草或电等热源生热的苗床,其特点是便于调节温度,苗床温度均匀,保温性能好,出苗快而多、出苗齐。酿热温床是利用微生物分解驴、马粪中的纤维素发酵生热的苗床,其特点是育苗前期温度较高,后期温度较低,采苗数量虽然比火炕少,但比较经济、易于管理。

②冷床:包括露地冷床(阳畦)和塑料薄膜覆盖冷床。北方可采用日光温室内搭建小拱棚的方式。

2. 播种

(1)播种期。当气温稳定在 7～8 ℃时,即可播种。种薯上床后经约 30 d 即可开始采苗栽秧。

(2)床土配制。床土用无甘薯病害的沙质壤土 2 份与腐熟的有机肥 1 份混合均匀,筛细后填入苗床，厚度以 8～10 cm 为宜。填入床土后，撒施尿素 50 g/m^2，以促进秧苗生长。

(3)种薯处理。选择具有本品种特征，大小适中，无病害、无破伤、未受冷害和湿害的薯块，并用 50%多菌灵 800 倍液浸种 10 min，以防黑斑病。

(4)排种方法。有平排、斜排、直排 3 种。以前多采用斜排法，种薯头尾相压不超过 1/4，分清头尾，不能倒排。目前生产上以平排法为主，首先对种薯按大小分类，然后分别排薯，做到大薯密排，小薯稀排，一般排种 20～25 kg/m^2。利用平排法的甘薯，每个薯种上出苗数较多，可充分利用有限的苗床面积，能为大面积生产提供足够的种苗。

(5)覆土。排种后盖约 5 cm 厚的细沙，覆土厚薄要一致，以盖严种薯为宜。地下害虫较多的苗床，结合覆土用 3%辛硫磷颗粒 4 kg/亩进行地下害虫防治，以提高出苗率，促进苗齐、苗匀和苗壮。

(6)浇水。覆土后及时采用人工浇泼或微喷灌。

(7)盖膜。灌水后及时盖膜。选用 1.5 m 宽的薄膜进行覆盖，盖膜时两边拉紧、拉直，紧贴土面，四周压紧、压实，以增温保湿，促进种薯早生快发和苗齐、苗壮。

3.苗床管理

(1)从排种到出苗阶段。在排种薯前 1～2 d 加温或加盖地膜，在床土温度(床温)上升到 32 ℃左右时开始排种，保持 32 ℃的床温，3～4 d，种薯开始萌芽。再使床温上升到 35～36 ℃(床温最高不宜超过 38 ℃)，保持 3～4 d，以抑制黑斑病病菌的侵染。然后，把床温降至 31 ℃直至出苗。种薯上床时浇足水，幼芽拱土前一般不浇水。

(2)从出苗到炼苗阶段。种薯出苗后，把床温降到 28 ℃左右。当苗高 10 cm 时，把床温降到 25 ℃左右。可结合揭开草帘，晒苗使秧苗生长健壮。并注意白天揭膜通风降温，防止烈日烤苗，夜间加盖草帘保温。一般每天要浇 1 次水，以保持床土湿润。采苗前 2～3 d，把床温降到 20 ℃左右，停止浇水，并注意逐渐揭膜炼苗。

(3)采苗阶段。当苗高达 20 cm 以上时，要及时采苗，以免捂坏小苗和减少下一茬的采苗数量。在采苗的当天不要浇大水，以利种薯伤口愈合。采苗后可少量喷水，采苗后 1 d 浇水时，可结合施尿素 50 g/m^2 催苗，并盖膜升温到 32～35 ℃，促使秧苗生长，过 3～4 d 后，又转入低温炼苗阶段。

(二)栽秧

1.栽秧期

当 5～10 cm 地温稳定在 16～17 ℃时为春薯适宜的栽秧期。甘薯栽秧的视频见二维码 4-13。适期早栽可延长生长期，增加薯块重量和出干率。过早栽秧，因气温较低，幼苗生长缓慢而形成僵苗，甚至遭受霜害，导致缺苗减产。春薯的适宜栽秧期，华北平原一般在 4 月下旬至 5 月上旬，华北平原以北在 5 月上、中旬，长江流域在 4 月中、下旬。

二维码 4-13(视频)

夏、秋、冬薯的栽秧期的早晚主要取决于前作茬口的早晚。应在前作收获后抢时早栽。夏薯的栽秧期，黄淮流域一般在 6 月中旬至 7 月上旬，长江流域在 4 月底至 6 月初，华南在 5—6 月。南方秋薯的栽秧期在 7—8 月，冬薯则在 11 月上旬栽秧。

2.栽秧密度

栽秧密度应根据各地的气候、品种、肥水条件和栽插期等实际情况来确定。北方春薯的栽秧密度一般以 3 500～4 500 株/亩为宜，夏薯则为 4 000～5 000 株/亩；南方春、夏薯的栽秧密度一般为 3 000～4 000 株/亩，秋薯为 4 000～5 000 株/亩。

3.栽秧方法

甘薯栽秧的主要方法如下。

(1)直插法。要求秧苗有 3～4 个节，长约 15 cm。栽秧时，将秧苗垂直插入土中，入土深 7～9 cm，外露 1～2 个节。由于入土垂直、且入土深，易于吸取土壤下层水分，因此，秧苗成活率高、省工、抗旱。但较少的茎节处于适宜结薯的土层，导致单株结薯数少，难获高产。该方法适用于旱地和丘陵瘠薄地。

(2)水平法。要求秧苗长 20～30 cm。栽秧时，将秧苗水平摆放在 4～5 cm 深的沟内，封垵时，除顶芽露出地面 3～5 cm 外，秧苗的主体部分水平压入土内 4～5 cm。水平法栽秧的秧苗入土浅，入土节数多，能生根结薯的节数多，结薯早，结薯多而均匀，易获高产。但不抗旱，较费工。该方法适用于水浇地和南方湿润地区。

(3)斜插法。要求秧苗长 15～20 cm。将薯苗斜插入土 10～15 cm，顶芽露出地面 3～5 cm。斜插法的秧苗成活率较水平法高，但由于入土深浅不一，单株结薯较少，薯块大小不均。该方法适用于山岭旱地。

4.栽秧深度

甘薯栽秧有“浅栽保薯，深栽保苗”的说法。适当浅栽，使甘薯苗较多的茎节处于浅土层，浅土层的温度较高、水气协调，有利发根、早结薯和多结薯；深栽则能充分利用土壤水分，有利于保全苗，但结薯晚，结薯少。因此，土壤墒情好时，宜浅不宜深，以 5～8 cm 为宜；土壤墒情较差时，宜深一些，但不应超过 10 cm。就栽秧方法而言，直插法栽秧较深，水平法栽秧较浅，斜插法居中。

5.栽秧步骤和操作要点

(1)秧苗处理。秧苗要在栽秧前剔除病苗，并按大小进行分级，选壮苗栽秧或将大苗与小苗分开栽秧，以免壮苗欺弱苗，保证秧苗生长均衡。为防治黑斑病，可用 50%多菌灵可湿性粉剂兑水 1 000 倍液浸泡秧苗基部 10 min。

(2)开沟或做窝。按计划行距划线、开沟，或在起好的垄上开沟。沟深 4～5 cm。旱地则按计划密度所设定的行距、株距挖 4～5 cm 深的土窝。

(3)浇透水。在开好的沟或土窝内浇足水。

(4)栽秧。趁水尚未完全下渗，抓紧时间栽秧，最好是边浇水、边栽秧。甘薯栽秧方法关系着成活率、单株结薯数、薯块重和单产的高低，要根据生产条件、土壤墒情和秧苗质量等，因地制宜地加以选择。

(5)封垵。要边栽秧，边封垵。封垵时，要用土将沟或窝填平，同时压实，达到湿土抱苗，使秧苗与土壤紧密接触，以免因漏风跑墒而死苗。最好是表面覆盖一层细土。为防治地下害虫，可在封垵前，按穴撒施辛硫磷毒饵。为防治线虫病，也可在封垵前，按穴撒施 5%克线磷颗粒剂 1.5～2 kg/亩。

第四节 田 间 管 理

一、冬小麦的田间管理

(一)前期(出苗—起身)

根据苗相,结合播种基础(地力、整地质量、播期、播量)、土壤墒情、气温变化等因素,准确判断冬小麦苗的生长趋势,对各类麦苗采取与之相对应的管理措施。冬小麦前期各类苗相特征见表4-3。

表4-3 冬小麦前期不同阶段苗相的特征

时期	壮苗	旺苗	弱苗
出苗—冬前	植株敦实,单株分蘖4～5个,次生根10条以上;叶片大小适中,叶色绿而不浓不淡	①氮剩旺苗:叶色浓,叶片下披,叶质嫩;单株分蘖过多,长势猛,根系浅。 ②密播旺苗:植株徒长不敦实,叶片下披,叶鞘细长,分蘖少。 ③早播旺苗:春性品种植株高,分蘖少,次生根少,头重脚轻;冬性品种分蘖过多,群体大,致密	①晚播弱苗:植株瘦小,分蘖少,叶尖遇低温发紫。 ②深播弱苗:地中茎长,叶片窄小,叶鞘细长,分蘖及次生根均少。 ③干旱弱苗:分蘖易缺位,心叶少,叶色灰绿,干尖,早晨叶尖无露水,下部叶变黄。 ④缺肥弱苗:缺氮分蘖常缺位,叶片窄,色淡,下部叶片变黄,次生根不足;缺磷分蘖出现迟,叶尖发紫无光泽,根小;缺钾叶片卷曲,叶发黄,严重时呈暗色并带有白条纹
返青—起身	叶色青绿或深绿,不退黄。苗敦实,次生根15～20条	春生蘖过多,株间拥挤,叶片下坡,苗细长	①缺肥弱苗:叶色淡,下部叶枯黄,长势弱,单株蘖少。 ②晚播弱苗:苗龄小,生长弱,分蘖少。 ③盐碱弱苗:春季返盐期,麦苗长势弱,下部黄叶多,叶尖发紫或带盐斑。 ④冬前旺返青后变弱苗:生长势减弱,春生分蘖少,遇倒春寒时,易受冻,大蘖枯黄,新根少

1.冬前田间管理

(1)促弱变壮。因地力不足或水分不足形成的弱苗,分蘖后及时浇水追肥,施氮量以2～4 kg/亩为宜,并结合中耕培土,以促根增蘖,使弱苗变壮苗。因晚播形成的弱苗,可进行2～3次浅锄松土,以增温促苗。旱地和黏重地麦田,封冻前碾压1～2次,并中耕1～2次,以保墒增温,促弱变壮。

(2)控旺转壮。对旺苗应及时用耘锄深锄或用耧深耠,切断部分根,达到控制的目的。还可用石磙碾压,抑制主茎和大蘖的徒长,或叶面喷施调节剂控旺。

(3)保持壮苗。对于肥力足底墒稍差,或肥力稍差底墒足,或肥水都稍差,但生长均属正常苗的情况的,应根据缺肥、缺水状况,及时补足,以防壮变弱现象发生。

(4)浇好冬水。浇好冬水可保证麦苗安全越冬,并实现冬水春用。因此,正常生长的麦田,越冬前土壤水分不足，应及时灌冬水。冬灌掌握“夜冻昼消”或平均气温 3 ℃以上时为宜。弱苗田可不冬灌，要充分利用冬春的有效积温生长，并防止冬灌后加重冻害。旺苗田除非严重缺水，一般不灌冬水或推迟灌冬水，来控制其生长。

(5)防治病虫草害。冬前主要防治的病害有锈病、纹枯病、全蚀病，虫害有蚜虫、飞虱、叶蝉等传播病毒的媒介昆虫。小麦苗后应抓紧利用冬前的温暖天气，进行化学除草，结合冬锄除草，有利于保根增温，促进小麦安全越冬。

2. 返青—起身期田间管理

(1)合理肥水。对于弱苗田应及时跟上肥水，一般返青期结合浇水，每亩条施或沟施碳铵 15～25 kg，以增加春分蘖，保冬蘖，长壮蘖，扩大总茎数。对于壮苗或偏旺田，除非有脱肥现象，应以控为主，一般不浇水施肥，以减少春季分蘖，加速两极分化，防止封垄过早郁蔽。对于冬前旺苗而返青后脱肥变弱的麦田，应适当追施氮肥，以巩固冬前蘖，形成合理的群体。返青期麦田水分保持田间持水量的 60%～70%为宜，有不足趋势时应浇返青水。

(2)及时中耕。各类麦田返青期均应中耕，以增温保墒，防除杂草。对于持旺不降的旺苗田，应结合控水肥进行深锄(10 cm 左右)，切断部分侧根，以控制地上部生长。必要时也可用石磙碾压，使基部节间变短，以防止后期倒伏。

二维码 4-14(视频)

(二)中期(起身—抽穗)

中期各类株相(植株长势长相，下同)的特征见表 4-4。冬小麦拔节期株相特征见二维码 4-14。

表 4-4　冬小麦中期不同株相的特征

株相	主要特征
壮株	植株生长稳健，基部第一、第二节间伸长不过快，不太慢，第一节间长度以 5～7 cm 为宜，叶片大小适中，无披叶出现，叶色青绿带黄，且保持一致。株高整齐一致，株间通风透光，封垄时地面见光
旺株	①突发性旺株：冬前和返青时长势弱，但因早春追肥过多，随气温不断升高而猛长，春生分蘖多，大小蘖档次不明显，两极分化延迟，叶片细长，叶色鲜绿，群体偏大，株间拥挤，部分叶片发黄，用手掰开植株后不能迅速恢复原状，植株疲软 ②氮多旺株：群体过大，两极分化出现慢，植株过高，长势猛，叶色黑绿发亮，叶片长而宽，下披。底部节间长，茎秆细弱，组织多汁。挑旗前已封垄，株间荫蔽，下部黄叶多
弱株	拔节开始晚，局部有小老苗，茎细苗矮，基部老叶黄枯并依次向上发展，新生叶伸出慢。叶片小而短，叶尖干枯，组织老化，叶色不一致，灰绿或淡黄，叶鞘发锈，分蘖大量死亡，群体不足。新生根少，老根多呈锈色

1. 起身期田间管理

起身期田间管理目标是合理控制两极分化，以保证适宜的成穗数，并促进小花分化发育，为增粒数奠定基础。

(1)壮苗管理。对于沙壤土麦田，因其保水、保肥能力差，如果前期追肥不多，苗色有变淡趋势时，应及时追肥浇水，以防拔节期脱肥。对于黏土、壤土麦田，因其保水、保肥能力强，若苗色较深，且已经过冬灌，可不灌水或推迟灌水；未经冬灌的麦田，苗色有旱象时应浇水，浇后中耕松土。

(2)弱苗管理。肥水不足形成的弱苗,起身期应及时浇水施肥,以延缓两极分化,起到保蘖增穗的作用。施肥量根据苗情和地力而定,一般每亩施硫酸铵 10～15 kg。

(3)旺苗管理。起身期一般不浇水施肥,以抑制旺长,防止后期倒伏。还应进行中耕,长势过旺的也可深锄断根,或叶面喷施调节剂控旺促壮。控制水肥可以加速旺苗的两极分化,促使小分蘖早亡,苗脚利落。

2. 拔节期田间管理

拔节期田间管理目标是促使植株健壮生长,形成发达根系,以达到稳定穗数和增加粒数的目的。

(1)叶色浓绿的麦田。对于叶色浓绿、群体较大、地力较好、没有脱肥趋势的麦田,或起身期已施肥浇水且长势很强的麦田,一般拔节期不再施肥和浇水,必要时适当深锄控制旺长。

(2)叶色偏淡的麦田。对于群体较小、叶色偏淡的麦田,如果起身期已施肥浇水,可适当推迟浇水施肥,但最迟不应晚于第三节伸长时浇水施肥;如果起身期未施肥浇水,应在第一节伸长时及时浇水。

(3)未施肥浇水的旺苗田。对于起身期未施肥浇水,只进行中耕控制的旺苗田,可在拔节初期(1～2 节伸长)进行浇水施肥。

(4)防治病虫草害。此时是麦蜘蛛、地下害虫和杂草为害盛期,重点应以防治麦田杂草、纹枯病、根腐病为主,兼治小麦白粉病和锈病。

3. 孕穗期田间管理

孕穗期田间管理目标是保根护叶,延长叶片寿命,以达到减少小花退化,增加结实率的目的。

(1)浇好孕穗水。是此时的主要管理措施,土壤水分应保持田间持水量的 70%以上,若土壤水分不足,应及时浇水。

(2)施肥情况。孕穗期是否追肥,应根据苗情和土质而定,一般挑旗过早,叶姿挺直,色淡而薄,下部叶片逐渐枯黄并向上发展的麦田,应适当追施氮肥。沙质土壤后劲不足,为防脱肥,可结合浇水适量追肥。黏土麦田孕穗期不宜再追肥,否则易引起后期青干,若速效养分供应不足,可采用叶面喷施的施肥法。

(3)防治病虫草害。重点以防治吸浆虫、麦蚜、麦蜘蛛,监测白粉病、锈病、赤霉病、纹枯病等为主。

(三)后期(抽穗—成熟)

后期又可分为抽穗开花和灌浆成熟 2 个生育时期。

1. 合宜株相与不合宜株相

(1)抽穗开花期的合宜株相。株高一致,穗层整齐。植株青绿色,健壮,有弹性,无效蘖死完,叶面积指数 3(大穗型)～5(多穗型)。冬小麦开花期群体特征见二维码 4-15。

二维码 4-15(视频)

(2)灌浆成熟期的合宜株相。接近成熟时穗、叶、茎逐渐转黄,上三叶仍为青绿色,仍有活力。穗不炸芒,芒整齐斜向两侧不紊乱,正常变黄。茎秆柔韧,弹性好,不倒伏。不孕小穗和小花少,千粒重高,穗形一致。

(3)不合宜株相。常见不合宜株相有以下 4 种。

①倒伏株相。因春季管理不当,底节过长,植株弹性差,抽穗后发生倒伏,在密度大、湿度高的环境中,更易倒伏。倒伏后茎秆背地性曲折,穗节抬起,植株呈弯曲状。

②青枯株相。施肥偏晚，氮肥用量大，灌浆期受干旱、高温、干热风等因素的影响，麦芒乱炸开，植株青枯而死，严重时，远看呈青灰色。

③贪青晚熟株相。后期氮肥多，小蘖迟迟不死，苗脚不干净，株间湿度大，腐生菌大量繁殖，成熟时，下部叶片黑色，上部叶片过大呈黑绿色，致使小麦延迟成熟，粒重下降。

④穗层不整齐株相。地力高的麦田，因分蘖多，冬前苗弱，春季管理不善，形成主茎穗、大蘖穗、小蘖穗“三层楼”，植株高低、大小差异较大，成熟早晚不一。

2. 田间管理

(1)后期浇水。合理浇水是小麦后期田间管理的主要措施。小麦生育后期保持适宜的土壤水分，能起到养根护叶的作用，可保证麦株有较强的光合能力，促进籽粒积累更多的干物质，最终达到籽粒饱满，粒重增加的目的。抽穗扬花水要浇足浇透，灌浆水应以早浇为宜(开花后10～15 d)。麦黄水一般在土壤水分缺乏时有一定效果。而在土壤水分不太缺乏，并已浇灌浆水的情况下，浇麦黄水后往往灌浆速度降低，推迟成熟，易遭受干热风危害和发生雨后青干，会缩短灌浆时间，所以一般情况下麦黄水可不浇。

小麦灌浆后穗变重，灌后土壤湿软，遇风易倒伏，因此，灌浆水和麦黄水不能大水漫灌，地面不能积水，且遇大风应停灌。

(2)根外追肥。小麦后期脱肥，植株易早衰，绿色面积下降快，灌浆期缩短，粒重降低。因此，对于缺肥有早衰趋势的麦田可进行根外追肥。一般用2%～3%的尿素溶液，每亩喷施50～60 kg，以补充氮素营养。也可用0.3%～0.4%磷酸二氢钾溶液，每亩喷洒50～60 kg，以补充磷钾营养，还可防叶片早衰。

(3)防治病虫草害。此期主要是吸浆虫、麦蚜、红蜘蛛、赤霉病、白粉病、散黑穗病以及禾本科杂草、阔叶杂草等。灌浆期是多种病虫为害的高峰期，也是防治关键期。此期各病虫发生时间相近，可进行病虫兼治。

二、玉米的田间管理

(一)前期(出苗—拔节)

前期各类株相特征见表4-5。

表4-5 玉米前期不同苗相的特征

苗相	主要特征
壮苗	幼苗长势强，粗壮敦实，茎叶浓绿色，根系发达，地下节根多。叶面积扩展快，鞘茎扁，出叶速度表现为“快—慢—快”，即第1～3叶每1～2 d出1片新叶，第4～6叶每5 d出1片新叶，第7～9叶又变成每1～2 d出1片新叶
旺苗	幼苗徒长，不壮实，根系小，入土浅，氮多时植株柔嫩，叶鞘长
弱苗	①缺氮弱苗：幼苗下部叶片的叶尖发黄，并向中脉发展，严重时整个叶片都发黄，植株矮小，生长量不足 ②缺磷弱苗：幼苗生长缓慢，细弱，叶片暗绿或者紫红，且下部叶片先出现症状，逐步上移 ③缺钾弱苗：幼苗生而不长，未熟先衰。下部叶片尖端及叶缘黄绿色，严重时，整个叶片为黄绿色，甚至干枯 ④干旱弱苗：茎叶细小黄绿色，出叶慢，甚至缺位。根系小，生长弱，似“小老苗”

1. 查苗补苗

发现有零星缺苗现象时应及时补救。最好用浸种催芽的种子进行补种，以利提早出苗。

2. 间苗定苗

适时间苗、定苗（二维码 4-16），防止幼苗拥挤和相互遮光，节省养分和水分。一般幼苗达 3～4 叶时间苗，5～6 叶时定苗。对于密度超出计划株数不严重时，也可 3～4 叶时，结合中耕一次定苗。

3. 中耕除草

一般中耕（二维码 4-17）2～3 次，定苗前中耕 1～2 次，拔节前中耕 1 次，株间宜浅，行间宜深（10 cm 左右）。

二维码 4-16（视频）　　**二维码 4-17（视频）**

4. 蹲苗控制

在小麦拔节期前，通过控制浇水，不施肥，只中耕，保持土壤上干下湿状态。即使土壤水分降至田间持水量的 55%以下时，也应浅浇水或小水。拨土晒根，结合定苗时进行，以幼苗根际周围露出第一层节根为宜，晒 10～15 d 即可。这样能适当控制地上部生长，促进根系发育，使幼苗敦实健壮，为中后期抗旱防倒，增强吸肥、吸水能力打下基础。一般只对地力肥、墒情好的壮苗或旺苗进行蹲苗，而弱苗田不蹲苗，以促为主。夏玉米或麦套玉米因生长季短，一般不蹲苗或短期蹲苗。蹲苗一般在拔节前结束，以免影响植株穗分化和营养体的建成。

5. 弱苗促壮

对于生长不匀、营养体不足的三类苗，以及补种苗或移栽苗，适当浇水施肥，促进其生长，使其及时赶上正常苗。肥料多用硫酸铵、碳酸铵、人粪尿等速效性肥料，施肥时浇水。夏秋玉米及套种玉米，因抢时播种来不及施底肥或种肥时，定苗后要抓紧追施"提苗肥"，浇"提苗水"。

6. 病虫害防治

前期应及时防治蝼蛄、地老虎和黏虫等害虫。在矮花叶病和粗缩病流行地区，应积极防治传毒媒介蚜虫、灰飞虱等。

（二）中期（拔节—抽穗）

中期各类株相特征见表 4-6。

1. 合理施肥

（1）轻施攻秆肥。对于春玉米旺苗田和壮苗田，如果基肥充足，长势强，拔节前后可不施肥或轻施肥。攻秆肥应以腐熟的有机肥料为主，并配合磷、钾肥，适当控制氮肥的用量，避免茎叶徒长。对于弱苗田，应适当追施氮、磷、钾速效肥料，以促进茎叶生长，由弱转壮。

表 4-6 玉米中期不同株相的特征

株相	不同特征
壮株	植株健壮敦实，高度适中，基部节间短，节的横切面为椭圆形；根系发达，气生根多；上部叶片生长集中，挺拔有力，大喇叭口出现早；植株雌、雄株分化早，幼穗分化期长
旺株	植株徒长，茎叶繁茂，叶色暗绿，组织质嫩，机械组织差。氮肥和水分过多，雌穗分化速度慢，生长期长，易形成高株小穗的低产株型
弱株	植株细弱矮小，根系不发达，气生根少，上部叶片伸出间隔时间长，大喇叭口出现晚。3 种类型较为常见。 ①水分过多过少弱株：叶片少，叶面积小，根系不发达，雌穗分化延迟 ②缺氮弱株：植株矮小，下部叶片先出现枯黄，然后向上部叶片发展 ③缺磷弱株：根、茎、叶生长缓慢，雌、雄穗的小花分化延迟，分化期缩短

(2)重施攻穗肥。攻穗肥是取得春玉米高产的关键措施，对于形成大穗和提高穗粒重有重要作用。一般在大喇叭口前后施攻穗肥，施肥量占总追肥量的 60%以上。

夏秋玉米追肥量应集中，因其生长期短，生长速度和吸收养分均较快。总追肥量多时，可采取“前重后轻”两次追肥法(拔节前后重施，大喇叭口前后轻施)；总追肥量不多时，可在雌穗小花分化期一次集中施肥。

2. 灌溉

在拔节—抽穗期间，需水量占总需水量的 40%～50%，只有满足玉米对水分的要求，才能建立起丰产营养体，并促进幼穗分化。大喇叭口时期是玉米需水临界期，土壤水分应保持田间持水量的 70%～80%，若水分不足，会发生“卡脖旱”，造成严重减产。因此，应结合施肥，浇好拔节水和攻穗水。

3. 中耕培土

中期一般须中耕 2 次。其中拔节—小喇叭口期一次，深度 6～7 cm。小喇叭口—大喇叭口期一次，行间宜深，根旁宜浅。结合中耕还应进行培土，以提高肥效，减轻草害，防止倒伏。

4. 化学调控

在拔节期(7～9 展叶期)进行叶面喷施植物生长调节剂，防倒促壮。

5. 病虫害防治

根据预测、预报及时防治玉米螟以及大、小斑病等。

(三)后期(抽穗—成熟)

后期又可分为抽穗开花期和灌浆成熟期。

1. 合宜株相

(1)抽穗开花期的合宜株相。株高整齐一致，茎粗壮，叶片肥大，气生根发达，叶色浓绿，适期抽穗，授粉正常，授粉率高，无病虫为害或为害很轻。

(2)灌浆成熟期的合宜株相。灌浆快，落黄缓慢，果穗大小整齐，粒饱，空粒少，无秃尖。活秆成熟，茎及中上部叶片寿命长，不倒伏，不早衰，不贪青。

(3)籽粒成熟过程中的特征变化。可分为 4 个时期。

①籽粒形成期:受精后 25 d 内,果穗接近正常大小,穗粗已达到正常粗度的 80%以上。种子内各部分已分化,具有发芽能力,但种子干物质积累少,含水量高达 85%～92%。

②乳熟期:受精后 15～35 d,种子内含物不断增加,胚乳开始呈乳状,随干物质增加,逐渐由乳状转为浆糊状,含水量开始下降,籽粒体积达最大。

③蜡熟期:籽粒处于脱水阶段,含水量为 40%～45%,干物质积累速度减慢,胚乳由浆糊状变为蜡状。植株茎叶和果穗苞叶渐呈黄绿色。此期经历 10～15 d。

④完熟期:籽粒继续脱水,当含水量降到 40%以下时,灌浆停止,籽粒坚硬,有光泽,千粒重达最大值。

2. 田间管理

(1)补施粒肥。为保持叶片具有较强的光合能力,防止脱肥早衰,可及时补施攻粒肥。攻粒肥以早施为宜,雌穗抽丝前施用效果较好。追肥量不宜太多,约占总追氮量的 10%。除追速效氮肥外,也可用腐熟的有机肥(每亩 500～1 000 kg)作攻粒肥。根外追肥对增加粒重有一定效果。在雌穗开花至乳熟阶段,喷施 1%～2%尿素溶液和 500～800 倍磷酸二氢钾溶液,可促进玉米的灌浆。

(2)灌水和排水。玉米抽穗开花期对水分敏感,土壤水分应保持田间持水量的 70%～80%为宜。及时浇好抽穗开花水,可促进开花授粉,增加粒数。进入灌浆后,缺水对籽粒灌浆及粒重影响较大。因此,遇旱应及时浇灌浆水,但灌水量不宜太大,切忌大水漫灌,地面积水,造成倒伏。后期遇大雨或阴雨连绵天气,应注重排水,以防田间积水形成涝害,造成倒伏减产。

(3)中耕通气。后期灌水后可浅锄一次,破除板结,可促进通气增温,增强根系呼吸和吸收能力,以防早衰。

三、水稻的田间管理

(一)前期(移栽返青—分蘖期)

前期生育特点是制造充分的有机物质以供植株生长需要,植株形成健壮的根群,地上部分不断生长叶片和分蘖,形成适宜的叶面积。各类株相特征见表 4-7。

表 4-7　水稻前期不同株相的特征

株相	主要特征
壮株	植株返青快,叶片转色快,生长速度快,叶片色比叶鞘色深,叶耳距只在移栽后较短,以后恢复正常递增。分蘖在第二片新叶露尖时普遍发生,长势蓬勃,长相清秀。从群体角度看,当水稻进入无效分蘖期后,叶色有所退淡,逐渐近于叶鞘色,晒田后叶色转淡落黄,总茎数适宜,全田封行不封顶
旺株	植株出叶快而多,叶色黑过头,在进入无效分蘖期后叶色深绿,叶鞘细长,叶耳距仍急剧递增,叶片软弱,株型松散。从群体角度看,在分蘖末期,叶色“一路青”,总茎数过多,全田封行又封顶
弱株	植株叶色黄绿,叶片和株型直立,出叶慢,分蘖少,叶耳距迟迟不恢复正常递增。群体在分蘖末期,叶色出现“脱力黄”,总茎数不足,全田不封行

前期栽培管理目标是培育足够数量的健壮大蘖，培植强大的根群，形成合理的叶面积，积累一定数量的干物质。应加强田间管理，实现穗多、穗大的高产栽培目标。

1. 水分管理

移栽后至返青期间，水层保持 6～9 cm 深，创造比较稳定而适宜的温、湿度环境，减少秧苗蒸腾，有利于早发新根，加速返青。进入分蘖期后，进行浅水灌溉，提高水、土温度，增加土壤氧气，促进养分的释放，增大昼夜温差，使稻株基部光照充足，促进根系的生长和分蘖的发生、成长，形成强大的根群和多穗。

水稻达到最高茎蘖期时进行够苗晒田，能更新土壤环境，提高根苗活力并促进根系生长，使白根增多；能促进根系生长的同时能控制无效分蘖的发生，确保健壮大蘖的形成，提高成穗率；也能促进稻株的生长中心由前期的以氮代谢为主向以碳代谢为主的方向转化。一般来说，漏水田和砂土田可以不晒或轻晒；透水性不良、土质黏重的冷浸田或生长过旺的田块则要重晒，晒至叶色褪淡、叶片挺起时(5～7 d)，要注意及时复水。

2. 养分管理

在施足底肥的基础上，插秧后 15 d 之内对返青迟、发棵慢的地块，应及早酌情补施返青分蘖肥，可每亩施用 2～4 kg 尿素。

3. 中耕除草和病虫害防治

在进行化学除草的前提下，在分蘖末期稻株活棵扎根稳苗后，及时中耕除草(薅秧)，能疏松土壤，补充土壤空气，消除土壤中的还原性有毒物质，加速肥料和土壤有机质的分解，促根增蘖等。

(二)中期(拔节—孕穗)

中期又称为拔节孕穗期，是指从水稻幼穗开始分化至稻穗抽出剑叶这段时间，一般经历 30 d 左右。该期为穗分化、节间伸长和新叶发生同时进行，营养生长和生殖生长同时进行，是水稻对外界环境条件反应最敏感的时期。各类株相特征见表 4-8。

表 4-8　水稻中期不同株相的特征

株相	主要特征
壮株	叶色在拔节始现“一黄”，孕穗转青绿，现“二黑”；长势表现为剑叶露尖适期封行；长相表现为基部茎节由扁变圆，茎秆粗壮，叶片挺直不披垂，根系发达
旺株	叶色“一路青”，无效分蘖多，叶片软弱搭蓬，倒一倒二叶过长
弱株	叶色落黄不转绿，稻苗未老先衰，难封行

中期栽培管理目标是在保蘖增穗的基础上，争取穗大粒多，促进壮秆、防徒长和倒伏，为提高千粒重和结实率奠定基础。

1. 水分管理

幼穗发育期光合作用强，代谢作用旺盛，蒸腾量较大，是水稻一生中需水最多的时期。这个时期的需水量约占全生育期的 40%，尤其减数分裂期对水分亏缺最为敏感，同时也是耐旱最弱的时期。如果此时缺水，幼穗分化就会受影响，造成穗短小、粒少、空瘪粒多。因此，要适当加深水层，一般可以保持 6～8 cm。抽穗期 3～5 d，稻穗的各部器官发育完成时，要及时排水晒田，晒到田面不裂纹、稻退青转黄为宜。

2. 养分管理

巧施穗肥，促进穗大粒多。穗肥以氮为主，配施少量磷钾肥，有助于巩固前期有效分蘖，减少和防止颖花退化，促使稻穗良好发育。施穗肥最好分 2 次进行，第一次施穗肥的适期为抽穗前 20 d 左右，若中期长势好的地块，应适当延迟穗肥时期，出穗前 15 d 左右为宜，每亩施用硫酸钾 5～8 kg 和尿素 3～5 kg；第二次施穗肥的适期是水稻进入孕穗期，抽穗前 5～10 d 叶色变黄时，亩施硫酸铵 5 kg。施用第一次穗肥之后，叶色一直不减退时，可以不施第二次穗肥。穗肥施用的总体原则是坚持“五看”。

(1)叶色。叶色不褪不施肥，早褪早施，迟褪迟施，叶色淡黄的要施。

(2)群体。群体大迟施轻施，群体小早施重施。

(3)生育进程。生育进程快早施，生育进程慢迟施。

(4)品种。耐肥型品种重施，反之轻施。

(5)天气。阴雨天不施，晴天抢施，高温天气耗肥大，宜重施。施肥前，田水保持 3～5 cm 深，堵好上下水口。

3. 病虫害防治

水稻中期有螟虫、稻瘟病、纹枯病等为害，应根据预测、预报，结合田间发生情况，及时防治，减轻危害。

(三)后期(抽穗结实—成熟)

在生育后期，生殖生长处于主导地位，叶片、茎秆、叶鞘等贮藏的养分均向穗部输送，是决定粒数和粒重的关键时期，特别是上部三片叶制造的碳水化合物向籽粒转移，籽粒逐渐充实并成熟。各类株相特征见表 4-9。

表 4-9 水稻后期不同株相的特征

株相	主要特征
壮株	叶色在抽穗时现“三黄”或“二黄”，因品种、生态环境而异，灌浆后茎叶渐黄或秆青籽黄；长势长相表现为根系活力强，白根褐根比黑根多
旺株	叶色乌绿，贪青迟熟，秕谷多
弱株	叶色枯黄，剑叶早黄，黑根多，千粒重低，出现早衰现象

后期栽培管理目标是维持和延长上部三片叶功能期，确保“源”丰、“流”畅，提高籽粒灌浆速率和千粒重。此期管理既要防止水稻早衰和贪青晚熟，又要防治好病虫害。其主要管理措施如下。

1. 水分管理

水稻后期植株需水较多，根系需氧气较多，因此需要解决土壤中形成的水与气的矛盾，达到养根保叶的目的。一要加固埂埝，疏通排水，降低地下水位，增强土壤的垂直渗透能力，将土壤中的盐碱、硫化氢等有害物质淋走，把溶于水中的氧气带入土壤下层，增强根系活力；二要实行浅水灌溉，进入灌浆期后实行间歇灌溉，干湿交替。水层 2～3 cm，待其自然渗干，达到进人不陷脚，田面不裂缝时，再灌下茬水；三要掌握好停水期，一般在收割前 7～10 d 为宜。

2. 养分管理

在水稻齐穗后，不宜再根际追施氮肥，可追施叶面肥防止水稻早衰和贪青晚熟。按常量喷施磷酸二氢钾等叶面肥一次，有利于促进灌浆和促早熟增产。

3. 病虫害防治

水稻生育后期需要注意防治白背飞虱、褐飞虱、黏虫和稻纵卷叶螟等虫害和稻瘟病。

四、棉花的田间管理

（一）前期（出苗—现蕾）

二维码 4-18（视频）

前期各类苗相特征列于下表 4-10。主要的田间管理措施如下（二维码 4-18）。

表 4-10　棉花前期不同苗相的特征

株相	主要特征
壮苗	根系健壮，主根入土大于 10 cm。株高日增量前慢后快，平均保持 0.3～0.5 cm，茎粗苗横，茎的红、绿色各占一半。叶位（顶部四叶的排列位序）以 4321 或（43）21 为宜，即顶芽及以下 1～2 片叶下凹，倒四叶高于倒三叶或者两者等高，叶片肥厚，叶色浓绿，1～2 叶全缘，3～4 叶缺裂浅
旺苗	棵大叶肥，腿高节稀，旺而不壮。侧根少，主根入土小于 10 cm。株高日增量超过 0.5 cm，主茎绿色部分超过 70%。倒五叶高于倒四叶，顶凹深。叶色乌黑，质嫩，叶片大而薄
弱苗	根系瘦小，白根少，黄黑根多、株高日增量不足 0.3 cm，茎细，红色多，红色超过 70%。出叶慢，顶芽冒尖。倒三叶高于倒四叶，叶位 3214 或 2341。叶片小而缺裂深，叶色发黄

1. 查苗补种

棉花显行后，针对缺苗情况，灵活采用催芽补种、芽苗移栽、幼苗带土移栽等补救措施。

2. 间苗、定苗

棉花下种量大，出苗后相互拥挤，应及时间苗、定苗。病虫害严重的地块可进行 2 次间苗，1 次定苗，即齐苗后间苗 1 次，1～2 片真叶间苗 1 次，三叶期定苗。间苗时应留壮苗，拔弱苗和病苗，做到叶不搭叶。病虫害轻的地块可 1 次间苗，1 次定苗。

3. 中耕松土

苗期中耕有利于改善幼苗生长环境，促进根系下扎，形成壮苗。北方棉区苗期一般中耕 3 次，即子叶期（结合间苗）、三叶期（结合定苗）和现蕾期。中耕深度原则上头遍浅（4～5 cm），二遍适中（6～7 cm），三遍深（7～8 cm）。南方棉区苗期多雨，土表易板结，通气差，地温低，杂草易滋生，因而，中耕松土、防除杂草十分重要。一般棉苗显行就浅锄，真叶出现后还应进行中耕，松土深度适当深些，以破除板结，降低表土湿度，减少苗病。麦套棉田，小麦收获后，更应抓紧中耕灭茬松土。

4. 弱苗促壮

地力较差，基肥又少的棉田以及套作棉田、移栽棉田较易形成弱苗。除了适时间苗、定苗和中耕外，还须适当肥水管理，以攻根促苗争早发，为蕾期搭好营养体架子奠定基础。苗肥要早施，一般在三片真叶前，结合定苗、中耕进行，每亩施硫酸铵 3～5 kg，或有机肥 150～200 kg。对个别三类苗可适当多施一些，套作棉田和移栽棉田的棉苗有一段停滞生长时期，应施 1～2 次提苗肥。苗期土壤田间持水量以 55%～70%为宜，北方棉区若遇旱，土壤水分不足，适当小水轻灌。特别施苗肥后，如无降雨更应适当浇水。

5. 旺苗的控制

(1)缩节安浸种。缩节安是一种植物生长调节剂，它通过影响植物内激素系统而达到调控棉株生长发育、促根壮苗、塑造株型、增加产量的目的。在地力肥沃、棉苗易旺长的棉田，在播种前用缩节安浸种，可起到控上促下的作用。一般用缩节安 200 mg/L 浸种 12 h，晾干后即可播种。

(2)不施肥或轻施氮磷。旺苗田一般苗期不施肥、不浇水，以控制其生长。但有些旺苗田有脱肥趋势时，应补施一些肥料，但应氮、磷配合施用，适当增加磷肥的比例。

(3)深锄断根。对持旺不降的棉田，苗期进行深中耕(10 cm 以上)，断部分侧根，可起到抑制地上部生长的作用。

6. 病虫害防治

加强病虫调查，及时防治立枯病、炭疽病和猝倒病等病害，防治蚜虫、红蜘蛛、地老虎等虫害。

(二)中期(现蕾—吐絮)

中期包括蕾期和花铃期 2 个生育时期。中期不同株相的特征见表 4-11。

表 4-11　棉花中期不同株相的特征

时期	壮株	旺株	弱株
蕾期	株高适中，茎粗节密，开花时株高北方棉区 40～50 cm，南方棉区 50～60 cm，红绿茎比初蕾期以 6∶4 为宜，盛蕾期以 7∶3 为宜。开花时主茎叶可达 16～17 片，顶端肥大，且与顶部其他 4 片展开叶保持同一高度，不下陷，不冒尖，上部 4 片真叶的叶位初蕾时是 4321，盛蕾时为(43)21	茎叶徒长，节稀茎高，开花时红茎部分小于 50%。叶片大而薄，质嫩，初蕾时叶色仍为浓绿色。顶芽下陷，顶端倒四叶显著高于倒三叶。蕾数少，且较小	棉株矮小，茎细，现蕾时红茎超过 60%，盛蕾时超过 70%。出叶慢，叶小发黄，顶芽冒尖，上部四位叶位 2134 或 2(31)4。果枝、果节伸出慢，蕾小而少
花铃期	打顶时株高北方棉区 80～100 cm，南方棉区 90～110 cm，红茎部分初花时为 70%～80%，盛花后接近 90%。株型紧凑，基部节短而粗，向上渐细，果枝健壮，横长。叶片大小适中，叶色初花时为淡绿，上部四叶位初花时为 3421，盛花后为(321)4，并持续到打顶	棉株偏高，节间长，初花时红色部分小于 70%，盛花后不足 90%。叶片大而薄，叶绿嫩，叶柄长，叶尖下垂，赘芽多，丛生，封行早，无效花蕾多	株小果枝少，红茎比例大，初花时超过 80%，盛花后接近全红。叶薄，叶色变黄，蕾铃脱落增加，顶芽冒尖，上四位叶叶位 2134 或 2(31)4 或 1234(缺肥早衰型)，上部叶片暗绿，叶片萎缩下垂，下部叶片黄，甚至干枯(缺水早衰型)

1. 蕾期(现蕾—开花)田间管理

(1)轻施蕾肥。对弱苗棉田原则上以促为主,促发"营养架",但施肥量不能过多过猛,以防棉株徒长,而应发中求稳。对壮苗和旺苗田应控氮,增磷钾,以达到防壮转疯和治疯转稳的目的,形成丰产的长势、长相。

北方棉区,对基肥不足、未施种肥、棉株长势较弱的棉田,若化肥使用量不足,只追一次肥,以集中蕾期施用效果较好。中上等地力尤其是高产田,应强调蕾肥,将化肥与饼肥并用,氮磷配合施用。一般蕾肥亩施氮肥 5～7 kg,饼肥 15～25 kg 和过磷酸钙 10～15 kg。南方棉区,蕾肥常以腐熟的有机肥料为主,并据苗情配合少量化肥,以达到蕾肥花用的目的。

(2)轻灌蕾水。北方棉区,地力偏弱、棉株长势不足的棉田,如无降雨,应在麦收前浇蕾水,水量宜小,最好隔沟浇,切忌大水漫灌。对壮苗和旺苗棉田,应适当推迟浇头水,使棉株稳长,形成发达根系,增强后期抗旱能力。南方棉区,蕾期一般降雨较多。不应浇蕾水,而应清沟排水,防涝防渍。

(3)中耕培土。蕾期中耕可起到抗旱、消灭杂草、促根系下扎的作用。对有旺长趋势的棉田,可控制其营养生长,令其形成壮苗。蕾期一般中耕 3～4 次,做到"雨后锄,浇后锄,灌后锄"。旺长田应锄深 10～14 cm,并断部分根系,以控制其生长。封垄前结合中耕应分次进行培土,雨季之前结束中耕培土。培土高度以 15～17 cm 为宜。培土可起到保墒、提温、促根、防倒、易浇水等作用。

(4)整修棉枝。棉花整枝可起到减少养分消耗,改变养分分配运输方向,促进棉枝和蕾铃发育,减少脱落,改善通风透光条件的作用。

整枝的主要方法如下。

①去叶枝:棉株现蕾后,能清楚地分出果枝和叶枝(营养枝)时,应及时将第一果枝以下的叶枝去掉,但应保留 2～3 个主茎叶片为棉株制造养料。旺长田应把第一果枝以下的叶全部打掉,以控制其徒长。

②抹赘芽:主茎和果枝的叶腋里常会长出一些芽,这些芽既消耗养分又影响通风透光,因而称为赘芽。生产上对于赘芽要及时和彻底地用手抹掉。

③去早蕾:去除早期的花蕾。主要是利用棉株自身所具有的结铃调节能力和补偿能力,达到减少伏前桃(容易烂桃),增加伏桃和早秋桃,提高内围和中部果节结铃比例,促进根系发育和提高根系活力,延长叶片功能期的目的。去早蕾宜在水肥条件好的高产棉田进行,并与增施花铃肥及盛蕾初花期防徒长等措施配合。一般以棉株达 6～7 个果枝时进行为宜,把基部 2～3 个果枝上的全部花蕾去掉即可。

(5)化学调控。苗蕾期喷缩节安进行化学调控,该调控方式具有促进根系发育,使植株稳长,定向整形,促进早开花的作用,同时也有利于增强植株抗旱、涝能力,有利于协调水肥管理,简化前期整枝。苗蕾期喷缩节安以棉株达 8～10 叶至 4～5 个果枝期间进行为宜,用量 0.5～1.0 g/亩兑水 10～15 L/亩,均匀喷雾。

(6)病虫害防治。及时防治枯萎病和黄萎病等病害和棉铃虫、盲蝽象等虫害。

2. 花铃期(开花—吐絮)田间管理

(1)重施花铃肥。是争取桃多、桃大、不早衰的关键,追肥量应占总肥量的 50%以上。追肥量多时，应分初花期和盛花期。初花肥施用以速效和迟效混合肥料为宜，盛花肥施用以速效化肥为宜。追肥量较少时，以一次性施入为宜。在干旱年份，瘦地苗弱棉田以初花期集中施入为宜；在多雨年份，肥地苗旺棉田应推迟施肥，最好在棉株有2～3桃后再施。

为防止棉株早衰，多结铃，盛花期后还应根据地力和棉株长相适当补施盖顶肥（桃肥）。一般土壤瘠薄、施肥不足、棉株显衰时，施桃肥可防早衰，争取多结秋桃。北方棉区在7月底至8月初，最迟立秋前施桃肥；南方棉区在立秋前后，最迟不晚于8月中旬施桃肥。施肥量每亩不超过5 kg硫铵。对于底肥足、花肥重、棉株旺长的棉田，一般不施桃肥。

(2)灌水和排水。北方棉区始花期雨季尚未到来，棉田缺水时应及时浇足水。棉株长势弱的要适当早浇；棉田肥力足，棉株长势旺的应适当迟浇。一般来说，盛花期处于丰沛雨季，不缺水，不用浇水，如遇干旱也应及时浇水。雨季应注意排水，防止棉田积水影响根系活动，导致蕾铃脱落。南方棉区，花铃期处于伏旱季节，必须及时浇水，以满足棉株需要。

(3)中耕培土。棉田因浇水、培土等田间作业，其土壤易板结，通气性差，导致根系早衰。在花铃期尚未封行时应进行中耕，中耕深度不宜太深，尽量不伤根。在蕾期培土的基础上，花铃期结合中耕还应进一步培土，以利于灌溉、排涝、防倒。

(4)整枝。花铃期主要整枝内容有以下几点。

①打顶：是棉田整枝技术中最重要的措施。适时打顶可抑制顶端生长优势，改变棉株体内养分运输和分配的方向，使养分向生殖器官运输，达到多结蕾铃、增加铃重的目的。打顶也有利于控制主茎高度，改善通风条件，有利于增加产量和提早成熟。打顶时间北方棉区一般7月中下旬为宜，南方棉区以7月下旬为宜。在打顶适期范围内，肥力低、密度大、长势弱、无霜期短的棉区，适当提早打顶；反之，则适当推迟打顶。另外，打顶要做到以密定枝，以枝定时。即在较好的棉田，每亩总果枝数达到6万果枝左右时，进行打顶。

②打群尖（旁尖）：打掉各个果枝的生长点，目的与打顶相似，即抑制果枝的顶端优势，控制棉株横向生长，改善通风透光条件，提高成铃率，促进早熟。打群尖在中、高产田中效果显著，在低产田中作用不大。打群尖时，一般每个果枝留2～3个果节，还要根据栽培要求决定，有的留成宝塔形，即棉株上部果枝的果节少，下部果技的果节多；有的留成花鼓形，中部多，上部和下部少。估计无产量的后期花蕾，应尽早去掉，以免无谓耗养。

③抹赘芽、打疯杈、去老叶：这些整枝措施也是为了控制营养的无谓消耗，改善通风透光条件，促进更大的棉桃形成。主茎和果枝叶腋处长出的赘芽、疯杈应及时抹掉，郁闭较严重的棉田，若下部果枝已有大桃，即可由下向上分期打掉主茎老叶，但不要打掉果枝叶，以免影响棉铃的营养供应。

(5)化学调控。花铃期喷缩节安可分初花期和盛花期2次进行。初花期喷施可起到塑造株型，优化冠层结构，促进早结铃和棉铃发育，推迟封垄，增强根系活力，简化中期整枝的作用。盛花期喷缩节安，可起到增加铃重，防止贪青晚熟，增加早秋桃，简化后期整枝的作用。初花期用药量以1.5～3 g/亩为宜，兑水量10～15 L/亩；盛花期用药量以3～4 g/亩为宜，兑水量15～25 L/亩。

(6)病虫害防治。重点防治枯萎病和黄萎病等病害，棉铃虫和盲蝽象等虫害。

（三）后期（吐絮—成熟）

后期也称为吐絮期，后期不同株相的特征见表4-12。

表 4-12 棉花后期不同株相的特征

株相	主要特征
合宜株相	开始吐絮时，棉株早熟不早衰，生长健壮，下部主茎叶片开始变淡、变黄，中、上部主茎叶片仍呈绿色。一般密度下，开始吐絮时，上部果枝平伸，长 20～30 cm，单株仍有蕾的果枝 10 个以上，果枝 2～3 d 开 1 朵花。白露时棉株上、中、下三部坐桃，9 月底约有一半的棉桃吐絮。
早衰株相	开始吐絮时，中部主茎叶片变淡，下部叶片脱落。白露时大多数叶片落黄，甚至脱落。上部果枝短而细，蕾铃脱落多，空节多。开始吐絮时上部开花基本结束。有的早衰株还出现二次生长现象，棉株衰后又重新长出新芽
晚熟株相	初絮期叶色贪青，茎绿桃青，疯杈、赘芽多。枝繁叶茂，田间荫蔽，顶部果枝伸长过长，大于 30 cm。新蕾不断增加，晚秋桃多。晚桃吐絮慢，开裂时间长，下部烂桃多

1. 根外追肥

发现棉株有脱肥、呈现早衰趋势时，可及时进行喷氮或磷，以延长叶片功能期，保叶防衰。亩喷 1%～2%尿素溶液和 0.5%的过磷酸钙溶液 50～70 kg 即可。

2. 补水养根

遇秋旱年份，高产棉田土壤水分不足，会影响铃重和绒长。因此，遇旱应及时浇水，达到以水保根，以水润肥，促进棉铃发育的目的。

3. 整枝并垄

棉株进入吐絮期后，须继续进行打老叶、剪空枝、打群尖等整枝工作，特别是后期生长较旺、贪青晚熟的棉田，更应按时做好后期整枝，以改善通风透光条件，促使有机养料集中供应正在发育的棉铃，使之提早成熟吐絮，减少烂铃。

推株并垄是贪青晚熟、郁闭较重的棉田经常采用的措施。可起到通风透光、增温降湿的作用，促进棉铃成熟吐絮，减少烂铃率。方法是将相邻两行视为一组，每组的两行棉株推并在一起呈八字形即可。隔 5～7 d 后，以同样的方法，再轮换推并一次，使每行的两侧和行间地面均可得到充足的阳光照射。

4. 病虫害防治

吐絮期的病害主要是烂铃、烂桃，以及红叶茎枯病、红腐病、炭疽病、铃疫病等。棉花吐絮期的虫害以棉铃虫和盲蝽象为主。

5. 催熟脱叶

催熟脱叶见第五章第三节作物化学控制技术要点——棉花化学控制技术。

五、花生的田间管理

(一)前期(出苗—开花)

前期的苗相特征列于表 4-13。

表 4-13 花生前期不同苗相的特征

苗相	主要特征
合宜苗相	根系发达,主根入土深,侧根多;地上侧枝多而粗壮,节间短,节数多,一次侧枝和二次侧枝均发生早;叶色较浓
不合宜苗相	植株矮小或高脚苗,节间长,节数少;侧枝发生较晚且少,侧枝瘦弱细长;根系入土浅,侧根少;出叶速度慢,叶数少,叶色浅

1. 查苗补种

在基本齐苗时,及时查苗,发现缺苗应及时催芽补种。

2. 清棵蹲苗

二维码 4-19(视频)

花生清棵(二维码 4-19)是在第一次中耕时,将花生幼苗周围的土扒开,使子叶节以上部分露出土外见光。清棵可使主根深扎,侧根增多,建立发达根系。清棵有利于第一对侧枝的发育,使幼苗健壮生长,侧枝节间缩短,为以后多开花、多结果打下基础。清棵还可清除根际周围杂草,有利于植株生长和减轻病虫危害。

清棵在齐苗时进行为宜。过早清棵,幼苗嫩弱,扒出土后对外界不良条件的抵抗能力弱;过晚清棵,第一对侧枝基部埋在土里时间长,对其生长不利,节间较长,细弱,成为"高脚苗",且不利于第二对侧枝和二次侧枝的发生。

3. 中耕除草

苗期一般中耕除草(二维码 4-19)2 次,第一次在齐苗时结合清棵进行,第二次在团棵期进行。第一次中耕 2～3 cm,第二次中耕 4～5 cm。

4. 看苗施肥

土壤肥力较差或基肥不足的春花生,幼苗生长不良,根瘤少,为促进其生长,应追施速效肥料。每亩施硫酸铵 5～7 kg,过磷酸钙 10～15 kg。套种花生和夏花生未施基肥和种肥,苗期也应适当追施一定的肥料。

5. 病虫害防治

播种至团棵期间病虫害防治以地下害虫和茎腐病、根腐病为主,兼治病毒病和蚜虫、蓟马、红蜘蛛等。在认真选种、晒种的基础上,应重点做好种衣剂包衣。

(二)中期(开花—饱果)

中期包括花针期(开花—结果)和结荚期(结果—饱果)2 个生育时期。

1. 合宜株相

①花针期:主茎和侧枝粗壮,不徒长,未封垄。开花前期叶色失绿(大量花芽分化需氮增多所致),之后又转深绿。开花数占总花数的 50%～60%,形成的果针数可达总数的 30%～50%,且有相当多的果针入土。

②结荚期:植株健壮不倒伏,营养体生长趋于平稳,叶色深绿,茎齐叶厚,田间封垄,形成的荚果一般占总荚果的 60%～70%,个别可达 90%。果针大量入土,果重可达最后果重的 50%左右。

2. 田间管理

(1)适时培土。花生是果针入土的结实作物。培土可增厚熟土层,缩短果针与地面的距离，使果针容易入土，进而增加单株荚果数。在培土过程中也可消灭杂草。北方花生产区在开花下针后期、封行前进行效果较好；南方花生区以盛花期为培土适期。培土操作时，用小锄或大锄把行间或畦边的表土培在花生基部周围，一般有 2 次培土。第一次培土结合最后一次中耕进行，第二次在第一次培土后 10 d 左右进行。

(2)灌水和排水。南方花生区花针期和结荚期正值雨季，一般能满足花生对水分的需要，但年度间雨量差异较大，有时出现短期干旱，因此，遇旱应及时采用沟灌或喷灌的方式浇水。北方花生区花针期和结荚期有时出现不同程度的伏旱，对花生结荚影响很大，应重视开花结荚期的灌溉。

花生最怕地面积水，水多时，土壤空气少，花生根系呼吸和养分的吸收受到影响，造成根系发育不良，根瘤少，固氮能力弱，植株发黄矮小，开花节位提高，下针困难，结实率和饱果率降低，其产量和品质都受影响。因此，多雨季节应注重花生田的排水，防止积水成涝现象的发生。

(3)适量补肥。高产花生在花期适当补施肥料，以满足花生植株开花、下针、结果的营养需要，因这时根瘤菌已开始大量固氮，所以应特别注意磷、钙营养的供应。如果基肥不足或未施苗肥，则应追补花肥。南方一般每亩可追施人粪尿 500～700 kg 或猪粪尿 700～1 000 kg，如追化肥，每亩硫酸铵 5～10 kg 和过磷酸钙 10～15 kg；北方一般每亩用 10～15 kg 过磷酸钙与 150～250 kg 优质圈肥混合施于花生垄上，中耕培土掩入土中。

如果土壤和根瘤供应氮素充足，可用根外追肥的办法施磷钙肥。具体方法是将 2～3 kg 过磷酸钙放入 100 L 水中，搅拌浸泡一昼夜后取出澄清液进行喷雾，一周喷 1 次，共喷 2～3 次；若苗弱，可在喷灌中加 0.2～0.3 kg 尿素混合喷施，效果更好。

(4)病虫害防治。开花下针期重点控制蚜虫为害，同时防治花生叶斑病和棉铃虫、菜青虫、二斑叶螨、蛴螬等虫害。

(三)后期(饱果—收获)

后期又称为饱果成熟期。

1.合宜株相

饱果初期植株中、下部叶片的叶色开始转淡，但茎枝不早衰，功能叶片仍很多，顶叶较绿，收获前主茎叶片最后仍能保持 3～6 片。一般最终主茎高 40～50 cm，侧枝长 50～55 cm，生殖生长逐渐转旺。果针数、总果数不再增加，饱果数和果重却大量增加。

如果后期植株叶色转淡过早、过重，落叶多，则是早衰株相的表现特征；反之，植株叶色迟迟不转淡，茎枝浓绿，营养生长仍保持旺盛，则是贪青晚熟株相的表现特征。

2.田间管理及收获

(1)根外追肥。为促进荚果充实饱满，在饱果初期每亩用 2%～3%的过磷酸钙澄清液 70～80 kg 作叶面喷施。对于有早衰趋势的花生田，还可添加 0.2～0.3 kg 尿素混合喷施，效果更好。

(2)病虫害防治。此期为花生多种病虫盛发期，主要有第二代和第三代棉铃虫、蛴螬及叶斑病等。

(3)适时收获。适时收获不仅能提高产量，而且能提高油分品质。花生成熟期不是很明确，一般认为大多数荚果已经饱满，果壳内壁呈褐色，地上部停止生长，中、下部叶片脱落，上部叶片变黄即达到成熟，可认为是收获适期。收获过早，多数荚果尚未成熟，种子不饱满，出仁率低，产量和品质均降低；收获过晚，早期已熟的荚果子房柄易折断，落果、烂果多，收获困难。

生产上花生收获期受气候、栽培、品种等因素的影响，各地收获早晚差异较大。黄淮花生区，一般应不晚于10月上、中旬收获；东北早熟花生区收获期在9月中、下旬收获；南方花生区收获期变化较大，一般春花生7月上旬—8月上旬收获，夏花生在10月上、中旬收获，秋花生11月中旬—12月收获。

六、油菜的田间管理

（一）前期（出苗—现蕾）

1.适宜长势长相

油菜的高产途径不同，对长势长相的要求也不同。冬壮苗要求冬前绿叶数达到7～8片，根颈粗1～1.4 cm，叶面积指数0.5～0.9。冬发苗冬前要有9～10片绿叶，根颈粗1.4～1.6 cm，叶面积指数1.5～2.0。秋发苗冬前要有12～13片绿叶，根颈粗约1.8 cm，叶面积指数2.5～3.0。上述指标还因地而异。

2.田间管理

(1)间苗、定苗。油菜种子小，难以保全苗，生产中往往采用超大播种量，出苗后常常苗多、拥挤，如间苗不及时，则幼苗下胚轴和基部节间伸长，形成瘦长的弱苗。因此，油菜要早间苗。

第一次间苗于出苗期至第一片真叶期（第一真叶展平）进行，2～3叶期（第二、三真叶展平）再次间苗。间苗的原则是间密留稀，原则上留下的苗要叶不搭叶。4～5叶期进行定苗，冬油菜主产区的留苗密度2万～4万株/亩，杂交品种要比常规品种要适当降低留苗密度，晚播、土壤肥力较差的以及秸秆还田的田块，留苗密度应酌情增加。甘蓝型春油菜，青藏高原和蒙新内陆亚区的留苗密度一般为1.6万～2万株/亩，东北平原亚区则为4万～8万株/亩。

(2)中耕、培土。移栽油菜栽后要及时中耕，冬前再次中耕，并结合培土。直播冬油菜于三叶期结合间苗进行第一次中耕，此次中耕要浅，深约3 cm。五叶期定苗时进行第二次中耕，深6～9 cm。冬前进行第三次中耕。北方冬油菜在越冬期前（在土壤封冻前）要进行培土壅根，往往与冬前最后一次中耕结合进行。

(3)施肥。冬油菜前期施肥按时间可分为：提苗肥、腊肥和返青肥。提苗肥于冬前施，要早施，氮肥配合磷、钾肥，可促苗早发、提高幼苗抗寒力。腊肥于冬季施，以有机肥为主，有保暖防冻、腊施春用的作用。返青肥于冬后施，促苗春发稳长。

(4)水分管理。参照第五章有关内容，做好油菜前期的水分管理。

(5)防止寒害、冻害。为保证冬油菜安全越冬，首先，要在选择适宜品种和适期播种的基础上，通过科学的肥、水管理等方面措施来培育壮苗，以增强油菜幼苗的耐寒性。其次，必须加强越冬前及越冬期管理。

①适时、浇足冬水：北方冬油菜浇冬水要比小麦早，一般在日均温降至4～5 ℃时进行冬灌。灌溉量为40～60 m^3/亩。

②培土壅根：越冬前，对冬油菜进行培土壅根（结合冬前最后一次中耕），既可疏松土壤，提高地温，又能保护油菜的根颈和生长点，是保证油菜安全越冬的重要措施。

南方油菜区要将土培住油菜根颈的周围，但土不要压住菜心；北方冬油菜区要将缩茎段都埋在土中，盖土厚度以3 cm左右为宜（冬后再扒土露苗）。

③覆盖保护：越冬前将作物秸秆（如稻草、麦草）等铺盖在油菜的行间，可保护根及根颈。

④增施磷、钾肥：越冬前增施磷、钾肥，可增强油菜的耐寒性。

⑤壅施腊肥，越冬期壅施腊肥（有机肥），既有类似于培土壅根的防寒保暖作用，又有冬肥春用的作用。

(6)防治病虫草害。以预防为主，采取综合防治的策略，防治蚜虫、菜青虫等害虫，特别要通过综合防治蚜虫，预防油菜病毒病。可通过中耕来除草，在机械化生产条件下，可用化学除草替代。

(二)中期(现蕾—终花)

1.适宜长势长相

高产油菜蕾薹期要求单株绿叶 15 片，叶片挺而不披，叶色深；薹上下粗细均匀，临花前出现“抽薹红”（薹的向阳面有紫色），有较多蜡粉；适时到达平头，平头高度适中（约 40 cm）。

高产油菜开花期要求中、上部叶片青绿，基部叶片逐渐变黄脱落；分枝封行；冬壮春发苗叶面积指数 2.5～3.0，冬春双发苗叶面积指数 3.5～3.8，秋发苗叶面积指数 3.8～4.2。

2.田间管理措施

(1)水分管理。南方油菜区要在做好田间沟系建设的基础上，重点做好清沟降渍、预防湿害的工作，要求田无积水。

北方油菜区要及时浇好蕾薹水，以满足现蕾抽薹需水。开花期要及时浇水抗旱，灌溉量要大于蕾薹水。

(2)施肥。要根据不同的苗情，稳施薹肥，巧施花肥。

①薹肥要看苗稳施：壮苗（叶片色深、挺而不披，薹上下粗细均匀）于抽薹中期施尿素 7～10 kg/亩。春前个体发育差、苗小、叶色淡黄或发红，则应早施重施（约占总追肥量的 40%）。前期肥足、苗大，一般迟至抽薹后期施，施肥量不宜大。

②花肥要看苗巧施：春发较好，生长稳健，前期肥效已退劲（叶色出现“二黄”；茎色褪绿，出现“抽薹红”），可于初花期施适量肥料。春发不足，个体较小，在开花前施肥，施肥量不宜多。春发较好，初花期长势未退、群体大，不宜施花肥。

(3)防治病虫害：要注意防治蚜虫，特别要通过综合防治蚜虫，预防油菜病毒病。防治菌核病可于盛花期前，当植株叶片发病达 10%时，抢晴时，用 40%菌核净或 50%多菌灵可湿性粉剂兑水，重点对植株中下部茎叶和地面喷施。

(三)后期(终花—收获)

1.适宜长势长相

高产油菜后期要求植株弯腰而不倒脚，成熟叶落黄，角果成熟一致；每株 8～10 个有效分枝（含主茎），每株约 300 个角果，千粒重约 3 g；最大角果皮面积指数 3.0～4.2。

2.田间管理

(1)水分管理。南方油菜区要搞好清沟排水，北方油菜区要酌情浇水抗旱。

(2)施肥。终花期前看苗补施攻粒肥。一般用尿素、磷酸二氢钾等进行根外追肥。

(3)一喷多防。根据需要将氮、磷、钾肥与适当的杀菌剂、杀虫剂等混配喷雾。

(4)收获。及时收获，争取丰产丰收。

七、大豆的田间管理

(一)前期(出苗—分枝)

前期各类苗相特征列于表 4-14。该阶段以根、茎和叶分化与生长为中心,田间管理目标是苗全、苗壮,促分枝。

表 4-14 大豆前期不同苗相的特征

株相	主要特征
壮苗	根系发育良好,主根粗壮,侧根发达,根瘤多;幼茎粗壮,不徒长;节间适中,叶间距≤3 cm;子叶、单叶肥大厚实,叶色浓绿
旺苗	根系不发达,侧根、根瘤较少;幼茎细长;节间过长;子叶、单叶大而薄,叶色淡绿
弱苗	根系欠发达,侧根、根瘤较少。幼茎较纤弱;节间过短;子叶、单叶小而薄,叶色黄绿

1. 查苗、补苗和间苗

出苗后要及时地查苗,发现有缺苗严重的现象要及时补苗。在补苗时,同时进行间苗,将病、弱、小、密集苗和杂苗剔除,留下相对粗壮的苗,并根据品种、土壤的肥力以及当地气候特点确定适宜的密度,达到苗全、苗壮的目的。补苗时可以补种或芽苗移栽。

2. 中耕培土

间苗后要立即进行中耕除草培土,在大豆的苗期要中耕 2～3 次。中耕深度随根系生长状况由浅到深再浅的方式进行。随中耕锄草,向根部拥土,逐渐培起土埂,该法不仅利于耐旱、抗倒、排涝,还可为根瘤的发育创造良好的土壤环境。

3. 追肥和灌溉

为了保证幼苗健壮,并且促进大豆分枝形成、花芽分化和根瘤形成,可在幼苗期追肥,一般使用硝酸铵和过磷酸钙。对大豆进行灌溉要根据实际土壤的墒情来确定,要合理灌溉,如果缺墒,应及时浇水、灌溉;如遇涝害,要及时排水防涝。

4. 防治草害与虫害

播种后,对全田土面均匀喷洒除草剂,进行出苗前的土壤封杀杂草;也可以在大豆 2～3 片复叶期,使用苗后除草剂;同时,根据害虫发生情况,防治蚜虫和地老虎。

(二)中期(初花—结荚)

中期又称为开花结荚期,该阶段以根、茎、叶生长为主,同时进行花芽分化、开花和结荚,是营养生长与生殖生长并进时期。田间管理目标是植株健壮、花早、花多、花齐,防止花荚脱落,增花和增荚。

1. 合宜株相

植株生长稳健,茎秆粗壮挺立;叶片厚实浓绿,青秀无斑点,不卷曲;在盛花期封行;主茎和分枝节数多;花簇茂盛,花荚脱落少。

2. 田间管理

(1)中耕培土。此期气温高、光照强、植株生长速度快,一般平均株高日增长 2～3 cm,在高肥水地块极易徒长而倒伏减产。因此，在大豆开花封垄前应中耕 1 次，结合培土，使土壤保持良好的通透性，以利于根系发育，增加侧根，防止倒伏。

(2)灌溉与排水。开花期是大豆需水的关键时期，此期大豆植株叶面积达到最大值，蒸腾强度增加并达到高峰，耗水量增加。当叶片颜色出现老绿、中午叶片萎蔫时，要及时灌溉，否则花荚脱落。如雨水过多，要适时排涝。

(3)施肥。在大豆初花期，每亩追施尿素 5～10 kg。如果土壤供肥力强，植株生长健壮，应少施或不施，以免引起植株疯长，造成倒伏或增加花荚脱落。配合花期追施氮肥，叶面喷施磷、钾肥和硼、钼等微肥，具有好的增产效果。花荚期追施磷肥可改善籽粒品质，具有促进成熟的作用。

(4)化学调控。

①三碘苯甲酸：大豆初花期使用，可抑制大豆营养生长，有增花、增粒、矮化、壮秆的作用，一般可增产 5%～15%。

②矮壮素：能抑制大豆徒长，防止倒伏，对增强抗病、抗旱、抗涝能力有一定作用。在花期喷施，适宜浓度为 0.125%～0.25%，超过 0.25%有危害。

③增产灵：化学名称为 4-碘苯氯乙酸，能防止花荚脱落、增荚、增粒、增重。在盛花期和结荚期喷施，喷施浓度为 10～30 mg/L。

(5)防治病虫害。以豆荚螟为防治重点，兼治大豆卷叶螟、蜗牛，查治霜霉病。

(三)后期(鼓粒—成熟)

后期又称为鼓粒成熟期，是大豆积累干物质最多的时期，也是产量形成的重要时期。此期管理目标是促进营养向籽粒转移，以达到籽粒饱满。

1.合宜株相

植株粗壮整齐，枝多，节多，荚多，荚色整齐，荚荚饱满，粒粒鼓圆，落叶整齐，成熟一致。

2.田间管理

(1)适时灌溉。浇好鼓粒水，促进养分向籽粒中转移，促粒饱，增粒重，以水攻粒。若缺水会使秕荚、秕粒增多，百粒重下降。

(2)叶面追肥。大豆进入鼓粒成熟期，根系吸肥能力逐渐减弱，但叶片吸肥能力仍很强。因此，根外追肥即叶面喷肥效果好，有利于大豆增产。

(3)防治荚粒虫害。重点防治大豆食心虫和豆荚螟。

八、甘薯的田间管理

(一)前期(栽秧—封垄)

1.适宜长势长相

高产甘薯要求前期茎叶早发，叶片较厚，色泽浓绿，叶面有光泽，早结薯。春薯要求栽后 3～5 d 扎根，8～10 d 返苗并开始展叶，30 d 开始分枝，65 d 后逐渐封垄；夏、秋薯要求栽后 1～2 d 发根，3～5 d 活棵返苗，新叶展叶，再经 20 d 逐渐封垄。封垄时，叶面积系数达到 2.5～3.0，T/R 值应在 2.0 以上(如山东高产春薯为 2.0～2.5)。T/R 值低于 2.0 就表明前期茎叶生长不足，难以高产。

2. 田间管理

(1)及时补苗。甘薯栽秧后 4～5 d 进行查苗。一旦发现缺苗，应及时用壮苗进行补苗。

(2)灌溉。栽秧后要及时浇活棵水，隔 4～6 d 可再浇一水。到封垄期前，如土壤相对含水量低于 60%，应立即灌溉。

(3)中耕除草(二维码 4-20)。中耕宜早不宜迟。在秧苗成活后，应立即进行中耕除草，以促进茎叶早发和早结薯。一般每 10～14 d 进行一次中耕，封垄期停止中耕，共中耕 2～4 次。中耕深度应掌握“先深后浅，垄底深锄，垄背浅锄；土壤水分多深锄，水分少浅锄”的原则。第一、二次中耕深度一般 6～7 cm，以后中耕深度以 3～5 cm 为宜。中耕时要注意除净杂草。

二维码 4-20(视频)

(4)培土(二维码 4-20)。垄作甘薯要在第一次中耕时，结合培土来恢复垄形，以后中耕时也要结合培土，以维持垄形。

(5)追肥。

①北方甘薯一般施足基肥后，大田生长期不再追肥。但补苗后可及时施速效氮肥。

②南方甘薯依据“前轻、中重、后补”的原则追肥。栽秧后 7～15 d，可施促苗肥(尿素 3～5 kg/亩)。基肥、苗肥不足或土壤肥力低的地块，栽秧后约 30 d 施壮株肥(尿素 5～6 kg/亩)。在结薯数基本定型至封垄前，施夹边肥(重施，氮、钾肥配合)，以促使薯块持续膨大。

(二)中期(封垄—茎叶生长高峰期)

1. 适宜长势长相

高产甘薯要求中期茎叶生长健壮，叶面积适中。在栽插 60 d 左右，叶面积指数达到 2.5～3.5。春薯在 8 月中、下旬，夏薯在 9 月上、中旬茎叶生长达到最大值，叶面积指数达到 4.0～4.5(不能超过 5)。T/R 值由 2.0 以上逐渐下降至 1.5，到茎叶生长高峰期 T/R 值为 1，这是甘薯地上部与地下部增重的平衡点。平衡点出现过晚，说明茎叶徒长，地上部与地下部生长失调；平衡点出现过早，说明茎叶生长不良。

2. 田间管理

(1)控制徒长。高产薯田在蔓薯并长期常因水、肥过多导致地上部茎叶生长过旺，影响块根膨大和产量。因此，要通过控制茎叶生长来协调地上部和地下部生长的矛盾。控制茎叶生长过旺的具体措施有控制氮肥施用、控制浇水、提蔓等。

①提蔓：可拉断藤蔓上的根，减少对水、肥的吸收，从而控制茎叶徒长，促进块根膨大。高产薯田一般要提蔓 1～2 次，如茎叶生长过旺，应增加提蔓次数(2～3 次)。天气干燥、茎蔓生长不良时，不宜提蔓。操作时，用 3 齿或 4 齿的小铁钩，安上木柄，顺着垄沟将薯蔓钩住向上提，然后，仍放回原地(不要弄乱茎、叶的自然分布，减少茎叶损伤)。

②化学控制：高产薯田在封垄前后，用 1 000 mg/kg 矮壮素溶液进行喷雾，用液量约 30 kg/亩。

(2)水分管理。这一生长阶段，北方薯区正值雨季，要重视排水防涝；南方薯区常遇伏旱，要适当灌水。

(3)防治虫害。要注意防治斜纹夜蛾、卷叶虫、造桥虫、黏虫以及地下害虫等。

(三)后期(回秧—收获)

1. 适宜长势长相

后期叶片逐渐衰老、死亡,生长中心转向地下部块根。高产甘薯要求后期叶片大小正常,叶色转淡,不早衰。收获时,叶面积指数为 2.5～3.0。春薯 T/R 值一般为 0.4～0.5,夏薯 T/R 值一般为 0.6～0.7。

2. 田间管理

(1)追肥。对前、中期施肥不足和长势差的地块,可于回秧前后追施裂缝肥(尿素 5～8 kg/亩),或进行根外追肥(喷洒 0.2%磷酸二氢钾或 2%硫酸钾溶液 100 kg/亩)。

(2)水分管理。如遇水涝要迅速排涝。如土壤相对含水量低于 55%,要灌溉,但灌溉量要小。

九、马铃薯的田间管理

(一)前期(芽条生长—现蕾)

前期包括芽条生长期和幼苗期。

1. 芽条生长期

种薯播种后芽眼开始萌芽,至幼苗出土,称为芽条生长期。块茎萌发时,首先幼芽发生,其顶端着生一些鳞片状小叶,即胚叶,随后在幼芽基部的几节上发生幼根。该时期是以根系形成和芽条生长为中心,是马铃薯发苗扎根、结薯和壮株的基础。田间管理措施主要如下。

(1)查苗补苗。出齐苗后,要及时进行查苗,有缺苗的及时补苗,以保证全苗。

(2)中耕。提高地温,保墒,促进马铃薯根系纵深发展,增强根系对水肥的吸收能力。同时,出苗前如土面板结,应进行松土,以利出苗。

(3)及时破膜放苗。如地膜覆盖栽培,当幼苗出土,第一片叶展平时就应破膜放苗。放苗不及时,容易烫伤叶片,甚至烫死苗。马铃薯出苗很不整齐,要勤巡查,达到标准一棵放一棵。

2. 幼苗期

幼苗出土到现蕾为幼苗期,该期以茎叶生长和根系发育为主,同时伴随着匍匐茎的伸长以及花芽和侧枝茎叶的分化,是决定匍匐茎数量和根系发达程度的关键时期。多数品种在出苗后 7～10d 匍匐茎伸长,再经 10～15 d 顶端开始膨大。植株顶端第一花序开始孕育花蕾,侧枝开始发生,标志着幼苗期的结束,一般经历 15～20 d。田间管理的主要目标,在于促根、壮苗,保证根系、茎、叶和块茎的协调分化与生长。田间管理措施主要如下。

(1)中耕与培土。齐苗后及时进行第一次中耕,深度 8～10 cm,并结合除草。首次中耕后 10～15 d,进行第二次中耕,宜稍浅。结合第二次中耕进行培土,第一次培土宜浅。

(2)灌溉和追肥。一般在旱区,只要施足底肥,幼苗期可以不进行追肥。同时,幼苗期耗水较少,但如干旱时仍须灌水。如采用地膜覆盖,土壤水分蒸发量减少,只要确保播种时土壤墒情好,在施足底肥的基础上,出苗前不须追肥、浇水。当幼苗出齐并长至 10 cm 高时浇齐苗水,要小水慢灌,防止大水漫垄。苗期土壤含水量保持在 60%～70%。

(3)病虫害防治。此时期注意防治地上、地下害虫,可能发生黑痣病和黑胫病。

(二)中期(现蕾—茎叶衰老)

中期包括块茎形成期和块茎增长期。

1. 块茎形成期

现蕾至第一花序开始开花为块茎形成期。经历地上茎顶端封顶叶展开,第一花序开始开花,全株匍匐茎顶端均开始膨大,直到最大块茎直径达 3～4 cm,地上部茎叶干物重和块茎干物重达到平衡。该期经历 30 d 左右,其生长特点是由地上部茎叶生长为中心,转向地上部茎叶生长与地下部块茎形成并进阶段,是决定单株结薯数的关键时期。田间管理措施主要包括以下几种。

(1)中耕、培土(二维码 4-21)。现蕾时,进行第三次中耕,比第二次中耕更浅。同时,进行第二次培土,土层稍厚,并培成“宽肩垄”,总厚度不超过 10～15 cm,以增厚结薯层,避免薯块外露而降低品质。

二维码 4-21(视频)

(2)追肥。现蕾期结合培土追施 1 次结薯肥,以钾肥为主,配合氮肥,施肥量视植株长势、长相而定。

(3)灌溉。马铃薯匍匐茎伸长并结薯,一定要注意保持田间水分。浇水适宜采用小水勤浇的方式,以“见干见湿”为原则。

(4)及时打顶。马铃薯现蕾以后很快进入开花期,要消耗大量养分,应及早打顶并把花蕾摘掉。摘除花蕾时,不要伤害主茎叶片。

(5)病虫害防治。针对可能出现的早疫病、晚疫病、黑胫病、枯黄萎病、干腐病及土传病害等进行辨别防治,开始预防蚜虫。

2. 块茎增长期

盛花至茎叶衰老为块茎增长期,经历 15～25 d。该期茎叶和块茎生长都非常迅速,是马铃薯一生中增长最快、生长量最大的时期。地上部制造的养分不断向块茎输送,块茎体积和重量不断增长,该期是决定块茎体积大小的关键时期,也是一生中需水、肥最多的时期。

(1)灌溉。充分满足对水肥的需要,是获得块茎高产的重要保证。该时期的管理要点是,尽力保持强盛的同化力,加速同化产物向块茎转运和积累,有浇水条件的地方保持 7～10 d 浇一次;无灌水的地方,应抓住降水时机,以追施氮肥为主。掌握土壤湿度的原则是,垄上马铃薯根系周围的土壤“握则成团,落之即碎”。尤其是遭遇较长时间干旱之后,首次浇水不可过大;否则,容易诱发裂薯,影响品相和商品性。

(2)控制徒长。此期马铃薯的生长中心从地上部分转移到地下部分。茎叶很少生长,大部分营养都用来供给薯块生长,促进薯块膨大。该期既需要防止茎叶徒长,消耗过多养分,又要避免茎叶生长不良。在生产上,除控制水肥供给外,常使用植物生长调节剂,调节地上部与地下部生长量,促进结薯。

(3)病虫害防治。此期易发生流行马铃薯晚疫病,可在发病前期进行预防。同时,注意防治蚜虫。

(三)后期(茎叶衰老—成熟)

后期包括淀粉积累期和成熟期。茎叶开始衰老到植株基部 2/3 左右,茎叶枯黄为淀粉积累期,经历 20～30 d。该期茎叶停止生长,但同化产物不断向块茎中运转,块茎体积不再增大,但重量仍在增加,是淀粉积累的主要时期。田间管理的任务中心是尽量延长根、茎、叶的寿命,减缓其衰亡，加速同化物向块茎转移和积累，使块茎充分成熟。

1. 合宜株相

(1)合宜株相。表现为植株停止生长，叶色由绿逐渐变枯黄，块茎从匍匐茎相连处容易脱落，表皮粗糙老化，色泽正常，水分含量下降，块茎中的干物质含量和重量均达到最高限度。

(2)不合宜株相。表现为植株茎叶生长过旺，茎节变长，茎秆细弱，叶片薄而大，叶色黄绿，结薯期茎叶仍然猛长，严重时植株倒伏，致使块茎形成、膨大受阻，降低结薯数量和重量，有些则贪青推迟成熟期。植株徒长危害很大，既浪费水肥，又降低产量，还易诱发病害。

2. 田间管理

(1)灌溉。防止干旱，适量浇水，收获前 15 d 开始停水，以保证种薯质量，减少烂薯。

(2)病虫害防治。重点防治晚疫病、茎腐病和蚜虫。

(3)适时收获。当马铃薯植株生长停止，茎叶大部分枯黄时，块茎很容易与匍匐茎分离，周皮变硬，比重增加，干物质含量达很高限度，即为食用块茎的适宜收获期。种用块茎应提前 5～7 d 收获，以减轻生育后期高温的不利影响，提高种性。收获要选择晴天进行，以防晚疫病菌传染给块茎。留种田为减少病毒侵染块茎，可提早收获或提早除掉茎叶。

第五节　收获与贮藏

一、冬小麦的收获与贮藏

(一)适时收获

小麦收获适期很短，易受雨季或风、雹等自然灾害的威胁，及时收获可防止小麦断穗落粒、穗发芽、霉变等收获损失，一般认为蜡熟中期到蜡熟末期为小麦的收获适期。人工收获时，在割后至脱粒前有一段时间的铺晒后熟过程(籽粒仍继续积累干物质)，故可在蜡熟中期收割。此时，植株茎叶全部变黄，下部叶片枯脆，穗下节间已全黄或微绿，籽粒全部变黄，用指甲掐籽粒可见痕迹，含水量 35%左右。机械收获和种子田收获以蜡熟末期到完熟初期为适宜，此时，植株全部枯黄，籽粒色泽和形状已接近品种固有特征，较坚硬，含水量为 20%～25%。

(二)收获技术

腊熟中期收获可以人工割麦或者采用小型铺放式收割机(配套动力：手扶和小四轮拖拉机)进行收获，收获后要及时晾晒、脱粒。腊熟末期至完熟初期收获可以采用谷物联合收割机进行收获，有自走式收割机、背负式收割机和牵引式收割机等，可以一次性完成小麦切割、输送、脱粒等任务。收获后籽粒要及时晾晒或者干燥，当籽粒含水量低于 12.5%，即可入库贮藏。

(三)贮藏特性与贮藏

1. 贮藏特性

小麦具有种皮薄、组织结构疏松的特点，是一种重要的储备粮，其贮藏特性如下。

(1)后熟期长。小麦的后熟期较长，可达 2 个月。小麦在后熟期间，呼吸作用强，代谢旺盛，释放出大量的水分和热量。在完成后熟作用后，生理活动减弱，品质也有所改善，对于安全贮藏非常有利。

(2)耐热性强。小麦具有较强的耐热性,在一定的高温范围内不会丧失生命力,也不会降低品质,甚至可以改善品质,但过度的高温会引起蛋白质变性。水分低时,即使受高温影响,蛋白质也较稳定。一般而言,小麦水分越低,耐热性越好。

(3)吸湿性强。由于小麦没有外壳保护,且含有大量的亲水物质,故吸湿能力强。品种不同,其吸湿能力有所不同。小麦吸湿后,麦粒变软,容易受到霉菌和害虫的侵害,引起发热霉变。

(4)耐贮性好。小麦通过后熟期后,呼吸作用微弱,具有较好的耐贮性,其贮藏稳定性比稻谷强。新收获的小麦经日晒充分干燥后入库,能较好地贮藏。一般按标准入库的小麦,在常温下贮藏3～5年或低温下(≤15 ℃)贮藏5～8年,其食用品质无明显变化。

(5)易感染虫害。由于小麦无外壳保护,组织松软,抗虫性较差,除少数豆类专食性害虫外,几乎所有的储粮害虫均能对小麦产生危害。加上小麦收获入库时,正值高温、高湿的季节,害虫生长繁殖旺盛,故极易遭受虫害。

2.贮藏方法

小麦虽然耐贮性强,但在贮藏过程中,由于本身的呼吸氧化作用和各种酶的作用,微生物、仓库害虫的侵害等,其品质会逐渐劣变,出现“出汗”“结顶”、发热生霉等不良现象。为此,小麦贮藏过程中要改善或创造条件,为小麦的安全贮藏提供保障。通常可采用控制温度和气体成分、添加化学除虫剂等方法来实现。常用于小麦贮藏的方法有以下几种。

(1)高温密闭贮藏法。小麦的耐高温性强,故利用高温贮藏小麦是一种有效的方法。高温密闭杀虫效果好,能促进小麦的后熟作用,增强其稳定性,提高发芽率。具体方法如下:选择晴好天气,将小麦均匀地摊放在事先扫净的晒粮场地上,厚度以3～5 cm为宜。日光暴晒4～6 h,在晾晒过程中不断翻动,当水分含量降到12%以下,粮温上升到45～48 ℃时起堆,趁热入仓。在仓底和四周铺好塑料布,顶部用事先晒热的席子、草帘等压盖密闭。

(2)低温密闭贮藏法。是小麦长期安全贮藏的常用方法之一。该方法不仅可以防虫、防霉,还可以降低粮食的呼吸消耗,减少某些成分分解引起的损失,保持小麦较好的发芽力和加工品质。具体方法如下:秋凉后对小麦堆进行自然通风或机械通风,使其充分散热,利用冬季低温使其降温,再趁冷密闭。此法对消灭越冬害虫和延缓外界高温有良好的效果。

(3)缺氧贮藏法。主要是指用塑料薄膜或其他密闭容器,将小麦与外界空气隔绝,利用其自身的呼吸作用,达到气调效果的一种方法。对于新收的小麦,由于其生理活动旺盛,呼吸强度大,故可自然降氧。操作时,要做到仓储容器或仓房上不漏、下不潮、四周无缝隙,以防进入湿热空气。这样可以保持小麦干燥、低温,达到安全贮藏的目的。

(4)化学防虫贮藏法。适用于小麦的长期贮藏,通过加入化学防虫剂,可有效防止虫害和霉菌繁殖,大大提高贮藏的可靠性和稳定性。一般防虫剂有磷化铝、磷化氢、苯氧威等。

小麦安全贮藏是一个系统工程,需要全程控制。从原料的收购、库房的建设、贮藏过程中的管理到出仓等各个环节,都要严加控制。第一,要保证库房的质量,防潮、防雨、防虫、防污染等;第二,小麦入库时严把质量关,要分品种、分级入库,做到种类、好次、干湿、新陈、有虫无虫“五分开”,避免良莠不齐,影响品质;第三,要加强小麦储藏期间的管理,对仓内小麦要定期检查,包括气温、仓温、粮温、气湿、仓湿的检测,储粮害虫的检查,粮堆结露的检查,发热霉变的检查等,做到全面细致,不留死角。发现问题,应及时采取措施,以免造成更大的损失。

二、玉米的收获与贮藏

(一)适时收获

因玉米成熟时不易落粒,为了让营养物质完成转化过程,使籽粒充分脱水成熟,收获适期可比其他作物稍晚一些,一般以完熟初期到完熟中期收获为宜。这时果穗苞叶轻散,籽粒内含物完全硬化,指甲不易挤破,籽粒表面有光泽,靠近胚的基部出现标志生理成熟的黑层,植株多黄色。

(二)收获技术

美国玉米生产在20世纪50年代全面实现机械收穗,70年代全面实现机械收粒。欧美等国家的机械化生产向高效、高通量、自动化方向发展,品种选育和栽培技术向密植、高产方向发展,并与机械化技术高度融合。随着我国农村城镇化进程加快,大量农业劳动力向城市转移,玉米生产方式和劳动力结构正在发生剧变,玉米的收获由机械收穗向收粒过渡。

(三)贮藏特性与贮藏方法

1. 贮藏特性

(1)种胚大,易发热。玉米属大胚种子,种胚的体积几乎占整个籽粒的1/3左右,重量占全粒的10%~12%,从它的营养成分来看,其中脂肪占全粒的77%~89%,蛋白质占30%以上,并含有大量的可溶性糖。由于胚中含有较多的亲水基,其比胚乳更容易吸湿。在种子含水量较高的情况下,胚的水分含量比胚乳高,而干燥种子的胚,水分却低于胚乳。因此,玉米种子吸水性较强,且呼吸量比其他谷类种子大得多,在贮藏期间稳定性差,容易引起种子堆发热,导致发热霉变。

(2)易受虫霉为害。胚部水分高,可溶性物质多,营养丰富。为害玉米的害虫主要是玉米象、谷盗、粉斑螟和谷蠹,为害玉米的霉菌多半是青霉和曲霉。当玉米水分适宜于霉菌生长繁殖时,胚部长出许多菌丝体和不同颜色的孢子,被称为“点翠”。完整粒的玉米霉变,常常是从胚部开始的,这是玉米较难贮藏的原因之一。

(3)易酸败。玉米种子脂肪含量绝大部分(77%~89%)集中在种胚中,加上种胚吸湿性较强,因此,玉米种胚非常容易酸败,导致种子生活力降低。特别是在高温、高湿条件下贮藏,种胚的酸败比其他部位更明显。

(4)易遭受低温冻害。越冬贮藏时,玉米水分高于17%易受冻害,发芽率迅速下降。

(5)玉米穗轴特性。果穗在贮藏期间,种子和穗轴水分变化与空气相对湿度有密切关系,都是随着相对湿度的升降而增减的。玉米穗轴在乳熟及蜡熟阶段柔软多汁。成熟时穗轴的表面细胞木质化变得坚硬,轴心(髓部)组织非常松软,通透性较好,具有较强的吸湿性。种子着生在穗轴上,其水分的大小在一定程度上决定于穗轴。潮湿的穗轴水分含量大于籽粒,而干燥的穗轴水分则比籽粒少。相对湿度低于80%的地区,以穗藏为宜;超过80%的地区,则以粒藏为宜。

2. 贮藏方法

(1)穗藏法。果穗贮藏法有挂藏和堆藏2种。挂藏是将果穗苞叶编成辫,用绳逐个连接起来,挂在避雨通风的地方。有些是采用搭架挂藏,也有将玉米苞叶联结后围绕在树杆上挂成圆锥体形状，并在圆锥体顶端披草防雨。堆藏则是在露天地上搭建圆形通风仓，将剥掉苞叶的玉米穗堆在里面越冬，次年再脱粒入仓，该法有利于种子后熟和干燥，减少仓虫和微生物的为害。

(2)粒藏法。粒藏法可提高仓容量，密度为55%～60%，空气在籽粒堆内流通性较果穗堆内差。如果仓房密闭性能较好，可以减少外界温、湿度的影响，种子在较长时间内可保持干燥，且在冬季入库的种子，能保持较长时间的低温。因粒藏易生虫、霉变，粒藏法对种子要求较严格。一般相对湿度80%以下，以穗藏为好，适合于农家少量贮藏；相对湿度80%以上，以粒藏为好。粒藏时，可用低温压盖密闭法，使种子保持低温状态，减少虫、霉为害。

三、水稻的收获与贮藏

(一)适时收获

稻谷的蜡熟末期至完熟初期，其含水量在20%～25%最为适宜。此时，稻谷植株大部分叶片由绿变黄，稻穗失去绿色，穗中部变成黄色，稻粒饱满，籽粒坚硬并变成黄色(农谚：九黄十收)，应立即收获。收获后的稻谷含水量往往偏高，为防止发热、霉变，产生黄曲霉，应及时将稻谷摊于晒场上或水泥地上晾晒2～4 d，使其含水量降到14%，然后入仓。

(二)收获技术

水稻的收获可用人工和机械收获。常见收获技术如下。

1. 人工收割

采用人工收割，要捆小捆，直径20 cm左右，码人字码，翻晒干燥，稻谷水分降至16%时及时上小垛，防止因雨使稻谷反复干湿交替，降低稻谷品质。

2. 机械分段收获

机械分段收获要先用割晒机将水稻割倒，成条铺放在田里，然后在田里或运到场院用脱粒机脱粒，有的要用扬场机等再次清选。

3. 机械直收

稻谷水分降到16%以下时，使用联合收割机一次完成收割、脱粒、清选等作业，适合大面积收获。

(三)贮藏特性与贮藏方式

1. 贮藏特性

(1)贮藏稳定性较好。稻谷籽粒具有完整的稻壳保护，有较好的抵抗虫、霉菌为害和湿、热等环境变化的能力。

(2)稻谷的后熟期短，易生芽。籼稻无明显的后熟期，粳稻的后熟期仅有4周左右。当稻谷含水量达到25%以上，只要温度适当便能发芽。因此，稻谷受雨淋或受潮，容易发芽变质。

(3)稻谷容易陈化。高温能加速稻谷陈化，使脂肪酸值升高，发芽率下降。长期保管过程中每经过一个高温季节，其种用品质和食用品质会逐渐下降。

(4)贮藏期病虫害物种类较多。玉米象、米象、麦蛾、赤拟谷盗和锯谷盗等是为害稻谷的主要害虫。每年4—5月害虫便开始繁殖，高温季节为害更加严重。放线菌、细菌、酵母菌以及霉菌中的根霉、毛霉容易引起高水分的稻谷发热霉变，干生性的霉菌如灰绿曲霉菌易引起低水分的稻谷发热霉变。

2.贮藏方法

(1)贮藏条件。稻谷含水量控制在12%～14%。仓具要求干燥、不易受潮、阴蔽低温、不易发热、空气流通、结构坚固严密、可防鼠害等。

(2)稻谷的保管方法。

①保证稻谷的入库质量:及时晾晒控制籼稻谷水分在13%以下,粳稻谷在14%以下。利用风选去除杂质。

②仓具消毒:稻谷入库前要做好仓库和器材的清洁消毒工作。利用磷化铝药剂缓释熏蒸技术防病虫害。

③适时通风:适时通风,结合深翻粮面,散发粮堆湿热,以防结露。

④低温密闭:冬季寒冷干燥天气进行通风,使粮温降低到10 ℃以下,水分降低到安全标准以内。在春季气温上升前进行压盖密闭,以便安全度夏。

四、棉花的成熟与收获

(一)适时收获

棉铃充分开裂见到白絮即为吐絮。在正常情况下,棉铃开裂到吐絮为脱水成熟期,须5～7 d。棉花吐絮期较长,需近2个多月甚至更长。因此,棉花采摘也将分期进行。采摘棉絮时应注意先收充分开裂、铃壳已经干燥的棉铃,一般棉铃裂缝后5～7 d即可采摘。同时,还应将僵瓣花、烂花和好花分别收摘。进行化学脱叶催熟的棉田,脱叶率和吐絮率均达到95%以上,可进行机械采收。机械采收的采净率应在93%以上,含杂率应低于8%。

(二)收获方式

一般有2种方式,即人工采收和机械收获。

1.人工采收

需要人工采收的棉田,棉花吐絮持续时间长,因此,棉花采摘需分期进行。一般下部棉铃吐絮后进行第一次采摘,中部棉铃吐絮后进行第二次采摘,上部棉铃要进行第三次采摘。对于成熟较晚的品种或地区,可以对上部棉铃喷洒乙烯利进行催熟,以便尽快采收。

2.机械收获

用机械收获棉花,有一次收获法和分次收获法2种。一次收获法通常使用摘棉桃机(如梳齿式采棉机),一次摘取全部吐絮和未吐絮的棉桃;然后,将籽棉同未成熟棉桃分开,用剥棉桃机从未成熟棉桃中剥出籽棉。这种方法所用机器的结构较简单,收摘效率和摘净率较高,但在收获的籽棉中含有大量铃壳、断枝和碎叶等杂质。因而,只适用于棉桃吐絮期比较集中、抗风性较强的棉花品种。分次收获法通常使用水平摘锭式或竖直摘锭式摘棉机,可以分次采摘吐絮棉桃中的成熟籽棉。这种方法的适应性较强,摘棉机采摘籽棉的质量较好,但机器的结构复杂、造价高。

在用机械收获棉花前,须喷洒化学制剂进行脱叶催熟,棉铃集中吐絮,让大部分棉叶干枯脱落,以免在收获时妨碍机械作业,同时,也可减少收获籽棉中的含杂量。

(三)贮藏特性与贮藏方法

1. 贮藏特性

(1)棉籽呼吸旺盛。温度较高时，会引起棉胚内部游离脂肪酸增多，呼吸旺盛，微生物大量繁殖，以致发热霉变，丧失生活力。

(2)通气性差。棉籽表面着生单细胞纤维称为棉绒。棉花堆在潮湿条件下易滋生霉菌，相对湿度在 84%～90%时，霉菌生长很快，放出大量热量，积累在棉花堆内而不能散发引起发热。干燥的棉花很容易燃烧，在贮藏期间要特别注意防火。

(3)含油分多，易酸败。棉籽的脂肪含量较高，占 20%左右，其中不饱和脂肪酸含量比较高，易受高温、高湿的影响而酸败。

2. 贮藏方法

棉花一般存放在专业的棉花储备库内，通常棉花储备库房有砖混仓和钢板仓 2 种。储存库要求交通便利、防火、通风、防潮、防霉变等，特别是防火。棉花储备库都是特级防火单位。一般来说，棉花应库内堆垛存放，库外存放要盖苫布。棉垛下要打好垫基(枕木或石块)，堆垛时包应平放，上下层交叉压缝。垛与垛之间应留出必要的通道。棉花库区要设立气象观测百叶箱，每栋库房都要配备温、湿度计。保管员应每天查库，测量温、湿度，并做好记录。根据天气变化和库内外温、湿度差异，应适时采取通风散湿或关闭仓库等措施。一般库内温度应保持在 30 ℃以下，最高不得超过 35 ℃；相对湿度不得超过 70%，保管中的棉花含水率不得超过 10%。

在正常的储存条件下，棉花的保质期较长，但由于棉花内含有一定的水分，在高温的情况下，尤其是温度超过 35 ℃时，颜色可能会发生变化，出现自然变异，进而影响到棉花的品级。一般来说，符合国标规定水分的(回潮率不超过 10.5%)新棉花放置在正常保管的仓库内，夏热高温前一般不会发生自然变异，但夏天来临后，由于温度升高、湿度增大等原因，可能会引起棉花自然变异，新棉花在一个棉花年度内可能会平均下降一个等级。棉花品级越高，质量越稳定，品级越低，质量越不稳定，越容易发生自然变异。

五、花生的收获与贮藏

(一)适时收获

相对其他作物而言，花生荚果的成熟不一致，成熟特征不是十分明确的。花生的成熟特征，一般以地上部分停止生长，中、下部叶片脱落，上部叶片变黄为准。当大多数荚果已经饱满，果壳上网纹清晰，果壳内壁呈褐色，种子与果皮分离，种子呈本品种固有的颜色时，认定为花生成熟的标志性特征。此时，应及时收获。

(二)收获方法

收获方法主要有拔收、刨收、犁收、机械收获等。一般情况下采用刨收、犁收、机械收获方法。刨收、犁收是比较原始的方法，关键要掌握好刨、犁深度。过深，既费力，花生根部带土又多，造成拾果抖土困难，易落果；过浅，易损伤荚果或将部分荚果遗留在土中。犁、刨深度以 10 cm 为宜，并应边犁、刨，边拾果抖土，以免犁、刨出土后，土壤水分散失，土壤结块，造成抖土困难，增加落果。机械收获是花生收获发展的方向，有分段收获和联合收获 2 种方式：分段收获先机械挖掘、抖土、放铺后，在田内晾晒至荚果含水量为20%以下，再用摘果机捡拾、摘果；联合收获为机械挖掘、抖土、摘果一次完成。

(三)贮藏特性与贮藏方法

1. 贮藏特性

荚果的安全贮藏含水量应小于10%，籽仁的安全贮藏含水量应小于7%，当含水量较高且温度较高时，便易发霉变质。

2. 贮藏方法

(1)适时收获，及时晾晒。收获后，将植株倒放5～7 d，晒干后摘果，接着再晒几天，使其充分干燥，冷却后入仓。

(2)入仓时要严格控制水分和温度。无论是散装、围装和袋装，荚果水分含量都要降到10%以下，温度控制在17 ℃以下，这样才不会发霉。

(3)通风降温。入库初期，呼吸强度大，散发热量和水分多，要注意通风，以排湿降温，否则会造成闷仓、闷垛，严重影响花生质量。

(4)留种的荚果最好用麻袋装，并预先剔除破损粒和秕粒。堆垛要稍低一些，并定期进行检查。如果是散装的，最好在种子表面盖一层粗席，再在席上盖一层麻袋片。这样既可隔热防潮，又可防止种子因踩踏而受损伤。低温保存有利于保持种子活力，使其品质不易受影响。

六、油菜的收获与贮藏

(一)适时收获

油菜的开花期持续约30 d，导致角果成熟很不一致。油菜收获过早，部分种子未成熟、未充实、未完成油脂转化过程，游离脂肪酸含量高，产量、含油率和油的品质都不高。收获过迟，部分已成熟的角果开裂、落粒，或种子在植株上呼吸消耗，使粒重和含油率降低。因此，油菜必须适时收获。油菜收获的适宜时期与收获方法有密切的关系。

人工收获和机械分段收获可在黄熟期进行，一般达到如下标准即为油菜收获的适宜时期：主花序基部角果呈黄白色；种子呈现固有色泽；整个植株上，2/3角果呈现黄色，分枝上部尚有1/3的角果呈现绿色。机械化联合收获以黄熟后期至完熟期为适宜，一般比人工收获期迟5～7 d，以全田油菜95%以上角果呈枯黄色为判断标准。

(二)收获技术

油菜的适宜收获期短暂，要掌握好时机，抓住晴天抢收。

人工或机械分段收割最好在早晨带露水时进行。为避免主轴和上部分枝的角果开裂和落粒，收获时要轻收、轻放、轻捆、轻运，并要边割、边捆、边运、边堆垛。堆垛可使部分未完全成熟的角果完成后熟。堆垛应在便于收集落粒的场地，否则，应铺帆布或塑料布。堆垛不宜过大、过高，堆心不要过实，以利通气散热。在堆垛期间，应注意防雨。适期收获的油菜经过4～6 d堆垛，即可脱粒。

机械联合收获宜选用抗裂角的品种，于黄熟后期收获。过早则脱粒不净，过晚则落粒损失大。

籽粒要及时晒干或烘干，当籽粒含水量降至8%，即可入库贮藏。

(三)贮藏特性与贮藏方法

1. 贮藏特性

(1)吸湿性强。油菜种子的种皮薄、脆,组织疏松,籽粒细小,暴露的表面积大。冬油菜主产区,收获后即进入梅雨季节,很容易吸湿回潮。

(2)通气性差,容易发热。种子近似圆形,密度较大,加之在脱粒和干燥过程中容易破碎,或者在收获时混有泥沙等因素,往往种子堆的密度增大,孔隙度特别小,不易向外散热、散湿,因油菜种子发热,其堆心温度甚至高达 70～80 ℃。

(3)含油量高,易酸败。种子的脂肪含量较高,一般为 35%～42%,在贮藏过程中,脂肪中的不饱和脂肪酸会自动氧化成醛、酮等物质,发生酸败。尤其在高温、高湿的情况下,这一变化过程进行得更快。种子发芽率会随着贮藏期的延长而逐渐下降。

2. 贮藏方法

(1)干燥除杂。收获、脱粒后的油菜籽应及时晾晒,把水分降至 7%以下。晾晒后,风扬、过筛以除杂,冷却后方可入仓。菜籽颗粒小,吸湿快,散热也快,1 d 可降低水分含量 5%～8%,不会影响出油率和发芽率。如遇久雨不晴,应用烘干的方法降低菜籽的水分含量,烘干时温度控制在 40～50 ℃,干燥后清理除杂,减少杂尘,增加透气性。

(2)合理堆存。干燥降水除杂后的油菜籽应根据加工要求和菜籽本身的情况合理堆放。含水量在 10%以下准备加工榨油的,可堆 2 m 高,存放到高温多雨季节来临前,存放期 1 个月左右;水分含量为 10%～13%,矮堆或包装存放,此种菜籽只能保存 1～3 周;若想长期存放,应将菜籽的含水量降至 8%以下。

(3)密闭缺氧药剂贮存。油菜籽新收获时含水量高,若遇阴雨天无法干燥时,可采用该方法进行短期保藏。方法如下:用塑料薄膜严密封闭,2～3 周内自然降氧,积累二氧化碳抑制菜籽本身和微生物的呼吸,从而达到保鲜的目的。或用磷化铝片剂按 9～12 g/m^3 标准进行熏蒸,可杀死和抑制霉菌,防止油菜籽发热和出芽。

七、大豆的成熟收获与贮藏

(一)适时收获

大豆叶片变黄脱落,豆粒脱水,呈现品种固有性状,即为成熟期。在大豆主茎的任何一节上出现一个正常的、已变成成熟颜色的豆荚,即为生理成熟。当茎秆呈棕黄色,杂有少数棕杏黄色,有 7%～10%的叶片尚未落尽时,是人工收获的适宜时期。当茎秆变褐色,除少数品种外,叶及叶柄全部脱落,且 95%以上的豆荚呈成熟色,摇动植株,种子在荚内发出响声,种子变圆变硬,呈现出原品种所固有的特征时,是机械收获的适宜时期。

在生产上,见到大豆成熟的 4 个标志就可以收获了。大豆在进入成熟季后,叶片会逐渐发黄脱落。茎秆会开始变黄,且田间大部分大豆茎秆都开始变黄,此时就能够进行收获了。豆荚进入成熟期后,会逐渐脱水、变干,在进入收获时间后,大豆的豆荚开始变成枯黄色,豆荚皮变得干脆,晃动豆株,能听到籽粒的声响。如果土壤较为干燥,且田间有零星植株豆粒散落,说明大豆已经进入成熟阶段,是收获的最佳时间。

(二)收获方式

收获时间的要求很严格,收获过早,籽粒尚未充分成熟,百粒重、蛋白质和油分的含量均低,且籽粒含水分过多,不适宜贮藏;收获太晚,籽粒失水过多,会造成大量炸荚掉粒,如遇连阴雨,还会使种子失去应有的光泽,降低品质。因此,必须准确掌握大豆收获时机。

大豆收获方式有2种,具体如下:

1. 人工收获

人工收获割茬低,不留马耳朵,不留底荚,放铺规范,不易过厚,有利于干燥降水,及时拉打。人工收获损失率小于2%,脱粒后进行机械清粮。

2. 机械收获

机械收获不留底荚,割茬一般在5~6 cm为宜,收割损失率小于1%,脱粒损失率小于2%,破损率小于5%,综合损失率小于3%,清洁率大于95%。

一般最好在早晨有露水时收割,割倒后要轻放,尽量避免籽粒散失。割倒的大豆应及时运回脱粒,去杂、晒干后入仓贮藏。

(三)贮藏特性与贮藏方法

1. 贮藏特性

(1)吸湿性强,易生霉。籽粒种皮薄,发芽孔大,吸湿能力比小麦、玉米强。大豆吸湿返潮后,体积膨胀,极易生霉。开始时,豆粒发软,种皮灰暗,泛白,出现轻微异味;继而豆粒膨胀,变形,脐部泛红,破碎粒出现菌落,品质急剧恶化。

(2)易走油、赤变。经过高温季节贮藏的大豆,往往出现2片子叶靠脐部色泽变红,之后子叶红色加深并扩大,严重的发生浸油,同时高温、高湿还使大豆发芽力降低。大豆走油赤变后,出油率减少,豆油色泽加深,做豆腐有酸败味,做豆浆颜色发红。

2. 贮藏方法

(1)严格控制入库水分。大豆长期贮藏水分不能超过12%。大豆收获后,要在豆荚上充分晒干再脱粒。入库后水分偏高的大豆,可采取日晒处理,但要摊凉后才可入仓。

(2)适时通风,散热散湿。新入库的大豆籽粒间水分不均匀,加上大豆的后熟作用,堆内湿热容易积聚,引起发热霉烂,因此,要适时通风,散热、散湿。

(3)低温密闭贮藏。进入冬季后应加强通风降温,趁春暖前采用压盖或塑料薄膜密闭贮藏,一般可以安全度夏。

八、甘薯的收获与贮藏

(一)适时收获

甘薯无明显的成熟期,只要气候条件(主要是温度)适宜,块根就能持续膨大、增重。因此,过早收获,不利于块根膨大、充实,还会导致产量降低,干物率等品质性状下降。但过晚收获,块根易遭受冷害,不耐贮藏,干物率亦降低。

适宜收获期一般根据气温确定。当日平均气温降至15 ℃时,薯块已基本上停止增重,即可开始收获，至日平均气温降至 12 ℃时完成收获。在此范围内，先收种薯。

收获期也可根据市场销售和加工企业的需要，适当提早。多熟制地区，还应根据茬口来安排收获期。

(二)收获技术

收获应选择晴天进行。若土壤墒情正常，应随割蔓随收获；若土壤过湿，应先割蔓，晾晒后再刨薯；若土壤过干，应先期少量浇水，再割蔓刨薯。收薯时应做到要轻刨、轻装、轻运、轻放，避免薯块破损，还要尽量减少搬运次数，严防破皮受伤，以便贮藏。薯块要避免暴晒、雨淋和霜冻。

(三)贮藏特性与贮藏方法

1.贮藏特性

(1)呼吸作用旺盛。在贮藏期间仍有旺盛的呼吸作用，呼吸强度比谷类种子大十几倍到几十倍。甘薯在氧气充足时进行有氧呼吸，吸入氧气较多，放出的二氧化碳和热量也多；当氧气不足时，甘薯进行无氧呼吸，产生酒精、二氧化碳和少量热量，酒精对薯块有毒害作用，易引起烂窖。

(2)无生理休眠期。甘薯块根具有很强的根出芽特性，一般无生理休眠期，在贮藏期间块根内部的生命活动仍在进行，只是由于缺少必要的生长条件(主要是温度)，才强迫休眠。贮藏期间温度、湿度较高(温度 15～20 ℃以上，湿度 85%以上)，通风不好，甘薯会随时发芽。发芽不仅消耗内部营养，还会导致其不能食用，且没有休眠现象。

(3)薯块愈伤组织的形成。入贮初期须进行高温愈合处理，在薯块进窖后 15～20 h 内将窖温升到 34～37 ℃，相对湿度 85%，破伤薯块形成愈伤组织，防止病害传播，并保持 4 d。高温处理后进行短时间的通风散湿，令窖温降至 10～15 ℃，相对湿度 85%～90%。

2.贮藏方式

(1)棚窖贮藏法。在户外挖窖，深 2 m，宽 1.5 m，长度随贮量而定。窖顶每隔 80 cm 放木柱 1 根，铺 20 cm 厚的玉米秸、稻草或麦秸。上覆土 0.5 m 左右，南边留出口。

(2)井窖贮藏法。北方寒冷地区，可用此法。挖井深 3～5 m，上井口直径 1 m 左右，下口直径 1.5 m，在井底部两边挖贮藏洞，井底须垫黄沙。

(3)管理措施。应掌握前期通气降温，中期保温防寒，后期平稳窖温 3 个原则。

①贮藏初期：甘薯在入窖后 20 d 内，温度高，湿度大，常发生“发汗”现象，造成堆表薯块湿害，可在薯堆上覆盖一层干草。另外，注意不要过早封窖口。

②贮藏中期：甘薯入窖后 20 d 到翌年 2 月初为中期，此时气温低，易受冷害，要封闭窖口，加强保温防寒，严防薯堆受到低于 9 ℃以下的低温冷害。另外，薯堆上盖草也能防止冷害。

③贮藏后期：甘薯经长期贮藏后生理机能衰退，此时气温回升，应注意及时打开窖口进行短时间通风换气，降低窖内温、湿度。

在贮藏期间要注意两点，一是勤检查，发现烂薯及时剔除；二要防止窖内缺氧，下窖前一定要用灯试验，如火不灭，才能进窖。

九、马铃薯的收获与贮藏

(一)适时收获

采收过早,产量较低;采收过迟,如果遇上阴雨天,块茎易腐烂,影响产量。因此,适期(马铃薯生理成熟期)收获是获得马铃薯丰产的关键。马铃薯生理成熟表现在:植株叶色由绿逐渐变黄转枯,茎叶大部分枯黄,块茎脐部与着生的匍匐茎易于分开,块茎表皮韧性较大、皮层较厚、色泽正常,薯块间摩擦不易掉皮。

(二)收获方式

马铃薯达到生理成熟时收获,可根据用途和耕作制度的要求调整收获期。

1. 收获前植株处理

在收获前 2～3 d 采取机械杀秧的方法把地上植株割倒,清除田间残留枝叶,以免病菌传播,留茬 10～20 cm,有利于土壤水分蒸发,便于收获。收获时土壤湿度以块茎干净不带泥土为最佳。

2. 选择适宜天气

收获要选晴天,块茎收后可适当晾晒干燥。块茎在秋高气爽的阳光下,其表皮水分易晒干,带病菌和虫蛀的块茎可表现出特征和特点,易被发现并将其剔除。

3. 减轻机械损伤

收获方式可用机械收获,也可用人力挖掘。不论用什么方式收获,第一,收获过程中要尽量减少机械损伤,如发现损伤过多时应及时纠正;第二,若土壤黏重应适当晾干再拾捡装袋,但不要在烈日下暴晒。

4. 收获后包装运输

在田间要将病虫伤害及机械伤害的块茎剔除,进行分级包装。破损、病薯应单独装袋存放。运输途中应注意防止机械损伤、风吹和日晒。

(三)贮藏特性与贮藏方法

1. 贮藏特性

适宜贮藏温度为 3～5 ℃,过高易诱发萌芽,过低又会促使淀粉向糖转化。加工制造薯片或油炸薯条的马铃薯,宜贮藏在 10～13 ℃的条件下。贮藏场所的相对湿度应为 80%～85%,过高易增加腐烂,过低则失水增大,损耗增多。适当的通风和气体循环可调节库内的温湿度,也可减轻病害。

2. 贮藏方法

(1)沟藏。收获后的马铃薯先在阴棚或空屋里预贮,直到 10 月下沟贮藏。沟深 1～1.2 m,宽 1～1.5 m,薯块堆至距地面 0.2 m 处,上面覆土保温,覆土总厚度 0.8 m 左右,要随气温下降分次覆盖。沟内堆薯不能过高,否则沟底及中部温度易偏高,薯受热会引起腐烂。

(2)窖藏。多用井窖或窑窖贮藏,每窖可贮 3 000～3 500 kg,由于只利用窖口通风调节温度,所以保温效果较好,但入窖初期不易降温,因此,薯块不能装得太满,并注意窖口的启闭。窖藏马铃薯易在薯堆表面“出汗”,可在严寒季节在薯堆表面铺上草帘,转移出汗层,防止萌芽与腐烂。

复习思考题

1.列举主要的农田耕作法。

2.简述中耕与培土的概念,举例说明其主要作用。

3.举例比较高畦和作垄2种栽培方式的异同。

4.典型的水稻土有哪些明显的特点?

5.甘薯垄作的优点有哪些?简述甘薯起垄的具体操作。

6.作物种子萌发需要哪些条件?这些条件是如何影响作物田间出苗率的?在生产中,如何创造良好条件来保证一播全苗?

7.合格的种子质量一般应具有哪些条件?

8.简述种子发芽率测定方法。

9.如何确定作物的合理播种量?

10.以一种作物为例,如何确定田间播种期?

11.简述棉花播种前进行棉籽硫酸脱绒操作的方法与意义。

12.以一种作物为例,分析田间播种质量对作物萌发出苗的影响。

13.马铃薯种薯催芽和管理的技术要领有哪些?

14.相对于直播技术,作物育苗移栽有哪些积极意义?

15.作物苗床管理一般有哪些技术要点?

16.水稻旱育秧的秧田管理环节有哪些?

17.甘薯栽秧方式有哪些?简述甘薯栽秧的步骤和操作要点。

18.简述冬小麦起身—拔节期不同株相的特征。

19.简述玉米蹲苗控制的时期、方法和意义。

20.简述水稻晒田的时期、方法和意义。

21.棉花整枝的主要内容有哪些?

22.简述花生清棵操作的时期、方法和意义。

23.简述如何防止冬油菜越冬冻害。

第五章　作物田间管理专项技术

第一节　田间施肥技术要点

肥料是农业生产各种物资投入中所占份额最大的农业资源，是取得作物优质高产的物质基础和实现农田可持续利用的基本保证。肥料施用不合理，不仅影响农产品产量和品质，还将造成耕地地力下降、资源浪费和环境污染等一系列问题。合理施肥是在综合考虑土壤供肥能力、作物需肥特点、肥料特性、生态条件与耕作栽培措施等因素的基础上，以培肥地力、增加作物产量、改善农产品品质、提高经济效益与保护生态环境多目标相统一为目标，将肥料以适宜的用量与比例，在适宜的时间以适宜的方式方法施于土壤或植株中的一项农业技术措施。同时，保证国家粮食安全，提高耕地产出率和农田可持续利用能力，最大限度减少施肥对环境的不良影响是国家的战略需求。最大限度提高肥料利用效率，最大限度减少肥料损失是农业生产对施肥技术的具体要求。

一、施肥原则

在植物营养和施肥科学的发展史中，科学家们先后提出了养分归还学说、最小养分律、报酬递减律和因子综合利用律等学说，不仅为科学施肥提供了较为系统的理论依据，也是指导合理施肥的重要原理。

土地是农业生产最基本的生产资料和作物生长发育的场所。地力是土地能够生长植物的能力。地力的维持和提高是农业生产可持续进行的基本保证，不断培肥地力可使农业生产得到持续的发展和提高，从而可以满足人们对农产品在量和质上不断提高的需求。诸多耕作栽培措施，如耕作、施肥、灌溉、轮作等都具有一定的培肥地力的作用，其中施肥是培肥地力最有效和最直接的途径。

在作物施肥过程中，需要遵守协调营养平衡、增强产量与改善品质相统一、提高肥料利用效率和环境友好等原则。同时，合理施肥必须依据作物的营养特性、土壤状况、肥料性质、气候条件、轮作制度、耕作栽培措施和生产技术水平等因素，最大限度地满足作物对各种养分的需求。

二、肥料种类

作物生长发育需要的营养元素很多，其中有 16 种元素是必不可少的，称其为必需元素。在这 16 种必需元素中，碳、氢、氧、氮、磷、钾、钙、镁、硫等 9 种元素作物需求量较多，称其为大量元素;铁、锰、硼、铜、钼、氯、锌等7种元素需求量较少,称其为微量元素。上述元素中,碳、氢、氧来自空气和水中,而其他13种养分基本来自土壤,常把这13种元素又统称为矿质元素。

我国农田土壤一般氮、磷、钾养分较缺,是作物生产的限制养分,尤以氮最突出,其次为磷,钾虽较缓和,但南方淋溶强烈的农田和北方有些高产农田也出现缺钾问题。因此,生产上含有氮、磷、钾元素的肥料用得最普遍,用量也较多,称其为肥料的"三要素"。

肥料种类很多,一般可将肥料分为有机肥料、无机肥料和微生物肥料三大类。

(一)有机肥料

有机肥料也称为农家肥料或粗肥,主要有粪尿肥、堆沤肥、饼肥、绿肥、泥炭和泥土肥等。

(1)有机肥料养分全面,肥效长而平稳,是土壤矿质营养的重要来源,也是作物CO_2营养的一个来源。有机肥料是土壤有机质的重要来源,对于改善土壤物理、化学性质有重要作用,具有改良土壤、培肥地力的作用。有机肥也为土壤微生物活动提供养分和能量。多施有机肥,可以提高土壤活性和生物繁殖能力,从而提高土壤的吸收性能、缓冲性能和抗逆性能。此外,增施有机肥具有增加作物产量和改善农产品品质作用,有机肥是生产绿色食品的主要肥源。

(2)有机肥料尽管其养分种类多,但因其释放速度慢,肥料利用率仅20%～30%,远低于化肥,其中某些养分如氮、磷、钾等不能满足高产农田的需要。因此,生产上有机肥常和无机化肥配合施用,能取长补短,充分发挥各自的肥效。有机肥多作为基肥施用,一些高度腐熟的有机肥料也可用作追肥或种肥。

(3)绿肥也是一种有机肥料。凡是把绿色植物翻入土壤当作肥料用的均称为绿肥。有些作物如毛叶苕子、田菁、苜蓿、三叶草、沙打旺、红萍等是专门用作绿肥的作物,称为绿肥作物。绿肥也含有氮、磷、钾等多种元素,并含有15%左右的有机质。一般绿肥作物在花期前后进行翻压,称为压青。

(二)无机肥料

无机肥料也称为化学肥料。化肥种类有:氮肥、磷肥、钾肥、微量元素肥料以及复合(混)肥料等,各类化肥中还有许多品种。

1.氮肥

氮肥可分为硝态氮肥、铵态氮肥和酰胺态氮肥3种。

(1)硝态氮肥。主要品种有硝酸钠、硝酸钾、硝酸钙、硝酸铵等。硝态氮肥的共性是易溶于水,在土壤中可移动性大,不宜在水田中使用,易燃、易爆性,吸湿性强。施用原则为硝态氮肥是速效性氮肥,不宜做基肥,不能做种肥,适合于按照"少量多次"的原则作追肥;硝态氮肥适宜于在旱地施用,要避免在水田施用。

(2)铵态氮肥。主要品种有氨水、碳酸氢铵、硫酸铵、氯化铵等。铵态氮肥的共性是易溶于水,可被土壤胶粒吸附,碱性条件下易分解,在土壤中易产生形态转变。铵态氮肥为速效氮肥,既可做基肥又可做追肥,施用的关键技术是深施覆土,防止氨的挥发损失,才能提高氮肥利用效率。

(3)酰胺态氮肥。主要品种有尿素,在常用的氮肥品种中,尿素占到一半以上。其主要特点是含氮量高,水溶性的速效氮肥,中性的分子态有机氮化物,必须经转化才能被作物大量吸收。尿素可以做基肥和追肥施用,其中作基肥使用时,使用量一定要适当,否则会造成营养失调,降低氮的利用率。

2. 磷肥

磷肥可分为水溶性磷肥、混溶性磷肥、弱酸溶性磷肥和酸溶性磷肥等。

(1)水溶性磷肥。如过磷酸钙、重过磷酸钙等属于水溶性磷肥,具有易溶于水,磷释放快,作物易吸收的特点,但水溶性磷肥施入土壤后易被土壤固定而降低肥效(北方土壤磷素易与钙质发生化学作用,南方土壤磷素易与铁、铝发生化学作用,形成溶解度极小的化合物,称为磷素的化学固定)。

(2)混溶性磷肥。指硝酸磷肥,也是一种氮磷施用二元复合肥,最适宜在旱地施用,在水田和酸性土壤施用易引起脱氮损失。

(3)弱酸溶性磷肥。如钙镁肥,难溶于水,但能被作物根系所分泌的弱酸溶解。施入土壤后,不易流失,不易被固定,肥效较长,但肥效比水溶性磷肥慢。

(4)酸溶性磷肥。如磷矿粉,只能被较强的酸所溶解,肥效缓慢但持久,可持续数年。

3. 钾肥

目前,施用较多的钾肥品种有硫酸钾和氯化钾,草木灰和窑灰是含有丰富钾素的钾肥。此外,复合肥中有硝酸钾和其他含钾复混肥。

硫酸钾和氯化钾均为生理酸性肥料,易溶于水。在酸性土壤中长期施用可能会引起土壤酸度增加,所以要考虑配合石灰施用。硫酸钾可以作基肥、追肥和种肥施用,一般要施入土层中,避免表层土壤干旱交替带来的钾固定。氯化钾可作基肥、追肥施用,但适用范围相对硫酸钾小,对氯敏感作物葡萄、薯类、烟草等作物谨防使用,以免产生“氯害”。另外,氯化钾不适用于盐碱土。

4. 微肥

微量元素包括锌、硼、钼、锰、铁、铜元素,都是作物生长发育必需的,仅仅是因为作物对这些元素需要量极小,所以称为微量元素。微肥是指含有微量元素的肥料,如硫酸锌、钼酸铵、硼砂、硫酸铜等。微肥多能溶于水,适合作根外追肥或种肥,作基肥或追肥时应与其他肥料混合施用。

5. 复合(混)肥料

复合肥料是指同一化学肥料中含有氮、磷、钾中的 2 种或 2 种以上主要营养元素的肥料。含氮、磷、钾中任何两种元素的肥料称为二元复合肥,如磷酸二铵、硝酸钾等;含有氮、磷、钾 3 种元素的肥料称三元复合肥,如尿磷钾、硫磷钾等。并用 $N—P_2O_5—K_2O$ 的配合式表示相应氮、磷、钾的百分比含量。

复合肥具有养分较全面、含量较高、配比多样化、物理性状好、副成分少、成本较低等优点。我国目前生产上多为氮、磷、钾营养元素间的复合肥料，有的复合肥料也加入某些微量元素。复混肥料根据氮、磷、钾总养分含量不同，可分为低浓度（总养分≥25%）、中浓度（总养分≥30%）和高浓度（总养分≥40%）复混肥。根据其制造工艺和加工方法不同，可分为复合肥料、复混肥料和掺混肥料。

复混肥料应作基肥施用，做基肥可以深施，可以满足作物中后期对磷、钾养分的最大需要。原则上不提倡用三元复混肥料，原则上不能用高浓度的复混肥料做种肥，如做种肥要掌握“种子与肥料分开”的原则。

6. 缓控释肥料

缓控释肥料是指采用一定的工艺手段，可减缓或控制养分释放速度的新型肥料。广义上的缓控释肥包括缓释肥与控释肥两大类型。

缓释肥料主要为缓效氮肥，也叫长效氮肥，是通过化学反应制成的缓释肥料，一般在水中的溶解度很小。缓效氮肥主要是尿素与醛反应所形成的水溶性低的聚合物，这种聚合物进入土壤后，在化学或微生物的作用下，逐渐分解并释放出尿素。

控释肥料是以颗粒化肥（氮或氮磷复合肥等）为核心，表层涂覆一层水溶性或微溶性的无机物质或有机聚合物，如树脂、聚乙烯、石蜡等作为成膜物质，通过包膜扩散或包膜逐渐分解而释放养分。其释放速度只受土壤温度的影响，同时，土壤温度也影响植物吸收养分的速度。

缓控释肥与普通肥料比较，缓控释肥能提高化肥利用效率，减少化肥用量；减少施肥的次数，降低成本；减轻农作物病害，改善农产品品质；减少环境污染，保护生态。

（三）微生物肥料

微生物肥料又称为接种剂、生物肥料、菌肥等，是指含有特定微生物活体的制品应用于农业生产，通过其中所含微生物的生命活动，增加植物养分的供应量或促进植物生长可提高产量，改善农业产品品质及农业生态环境。它具有制造和协助作物吸收营养，增进土壤肥力，增强植物抗病和抗干旱能力，降低和减轻植物病虫害产生的多种生理活性物质刺激，调控作物生长，减少化肥使用，促进农作物废弃物、土壤环境的净化和修复作用，保护环境以及提高农作物产品品质和食品安全等多方面的功效，在可持续农业战略发展及在农牧业中的地位日趋重要。

目前，农业上应用最广泛的是根瘤剂，其次是抗生菌肥料和固氮菌剂，近年来磷细菌剂、钾细菌剂、放线菌类微生物菌剂等应用也日趋广泛。生物有机肥是由微生物菌剂和优质有机肥混合而成的生物肥料，在生产中效果较明显，应用逐渐扩大。

施用菌肥的最佳温度是25～37 ℃，低于5 ℃或高于45 ℃施用效果较差。施用时需要适宜的土壤湿度，如固氮菌最适宜的土壤相对含水量为60%～70%。不应将菌肥与杀菌剂、杀虫剂、除草剂、含硫的化肥（如硫酸钾等）以及稻草灰混合用。

三、施肥量的估算(养分均衡施肥估算法)

(一)养分平衡施肥估算法

养分平衡法又称为目标产量法。其核心内容是农作物在生长过程中所需的养分是由土壤和肥料 2 个方面提供的。

估算一个合理的施肥量,必须考虑作物的计划产量,土壤供肥情况、肥料特性、管理措施和气候条件等,也就是说必须结合本地区具体情况进行。养分平衡施肥估算法是根据作物计划产量需肥量与土壤供肥量之差计算施肥量(kg)。其计算式为

$$施肥量=\frac{农作物需肥量-土壤供肥量}{肥料中有效养分含量\times肥料利用率}$$

其中,肥量是按 N,P_2O_5 和 K_2O 计算的。

(二)方法步骤

1. 目标产量的确定

目标产量即计划产量,是决定肥料需要量的依据。目标产量应根据土壤肥力来确定,通常用经验公式来表达。先做田间试验,用不施任何肥料的空白区产量和最高产量区(或最经济产量区)产量进行比较。在不同土壤肥力条件下,通过多点试验,获得数据,以空白产量作为土壤肥力的指标,用 x 表示自变量,其最高产量用 y 表示,为因变量,求得一元一次方程的经验公式:

$$y=bo+bx \text{ 或 } y=x/(bo+bx)$$

式中,x 为空白产量;y 为最高产量;bo 为基础最高产量;bx 为产量增加系数。

应用上述公式,只要得到当地空白产量 x,就可求得目标产量。依据目标产量求出所需养分总量。

2. 养分总量确定

有了目标产量,参考表 5-1,按照下面公式,即可求出实现目标产量所需养分总量。

$$实现目标产量所需养分总量=\frac{作物目标产量指标}{100}\times形成 100\text{ kg }经济产量所需养分的量$$

表 5-1 常见作物形成 100 kg 经济产量所需的养分量(养分系数) kg

作物	收获物	形成 100 kg 经济产量所需的养分数量		
		N	P_2O_5	K_2O
水稻	稻谷	2.10～2.40	0.90～1.30	2.10～3.30
冬小麦	籽粒	3.00	1.25	2.50
春小麦	籽粒	3.00	1.00	2.50
大麦	籽粒	2.70	0.90	2.20
荞麦	籽粒	3.30	1.60	4.30
玉米	籽粒	2.57	0.86	2.14

续表5-1

作物	收获物	形成 100 kg 经济产量所需的养分数量		
		N	P_2O_5	K_2O
谷子	籽粒	2.50	1.25	1.75
高粱	籽粒	2.60	1.30	3.00
甘薯	鲜块根	0.35	0.18	0.55
马铃薯	鲜块茎	0.50	0.20	1.06
大豆	籽粒	7.20	1.80	4.00
豌豆	籽粒	3.09	0.86	2.86
花生	荚果	6.80	1.30	3.80
棉花	籽棉	5.00	1.80	4.00
油菜	菜籽	5.80	2.50	4.30
芝麻	籽粒	8.23	2.07	4.41
烟草	鲜叶	4.10	0.70	1.10
甜菜	块根	0.40	0.15	0.60
甘蔗	茎	0.19	0.07	0.30

3.估算土壤供肥量

作物在不施任何肥料的情况下，所得的产量称为空白区产量。所吸收的养分，全部取自土壤，通过空白区产量就可估算出土壤供肥量。按下式进行估算：

$$\text{土壤供肥量}=\frac{\text{空白区作物产量}}{100}\times\text{形成 100 kg 经济产量所需要养分数量}$$

4.计算肥料利用率

肥料利用率是把营养元素换算成肥料实物量的重要参数，它对肥料定量的标准性影响很大。在进行肥料利用率的田间试验时，可安排单施某一营养元素肥料和不施任何肥料 2 个处理，分别收割作物地上部分的产量，然后按下列公式计算肥料利用率(%)。

$$\text{某元素肥料利用率}=\frac{\text{施肥区作物含该元素总量}-\text{空白区作物含该元素总量}}{\text{施入肥料中含该元素总量}}\times100\%$$

当然，也可以利用前人这方面所做工作找出某种作物对某种肥料的利用率，最好是本地区的资料。

5.估算施肥量

估算的实现目标产量所需养分总量减去土壤供肥量，即为需要通过施肥补充的养分量，而后根据具体作物确定基肥和追肥的比例及肥料利用率，按下式分别估算出基肥与追肥的计划施肥量。

$$\text{计划施肥量}=\frac{\text{需要通过施肥补充的养分的量}}{\text{该肥料某种养分含量}\times\text{该肥料的利用率}}$$

注意事项如下：

①在推广用试验法确定目标产量时，常常不能预先获得空白区产量，可采用当地前三年作物的平均产量为基础，增加 10％～15％作为目标产量较为合适。

②所计算出的施肥量不必保留小数，应取整数。

③是否施钾肥也要看当地肥力状况和有机肥含钾量。

④计算的施用量是否合适，最好做一些小试验，以便校验估算的正确性，也便于第二年继续推广应用。

四、施肥方法

主要的施肥方式有基肥、种肥和追肥等。

（一）基肥

基肥是在播种前施入的肥料，又叫底肥。施用基肥的作用主要有 2 个方面：一是培肥地力，改良土壤；二是为作物生长不断地提供养分。用作基肥的肥料以有机肥和缓效肥为宜，如厩肥、堆肥、磷矿粉等。磷、钾肥一般作基肥，与有机肥料一起施用。速效性氮肥，不宜过多的施用，以免造成养分流失，同时也会导致作物前期生长过旺，易染病虫害。基肥用量一般占总用肥量的绝大部分。具体施用还应根据作物种类、土壤条件、耕作方式、基肥用量和肥料性质，采用不同的施用方法。

1. 撒施法

在作物播种前，将肥料均匀地撒施于地表，然后翻耕入土。该施肥方式适用于种植密度较大的作物，如小麦、水稻等。该法施肥量大，对全面改善土壤肥力状况非常有益。

2. 条施和穴施法

条施和穴施法指在播种前结合整地做畦、开沟或开穴，将肥料施入其中后覆土播种。该法适用于条播或穴播作物。这属于集中施肥，肥效较高。但应注意肥料的浓度不宜过高，所用的有机肥应充分腐熟。

3. 分层施肥法

根据所用基肥的性质结合深耕，把迟效性肥料施入下层，上层施速效性肥料，各层肥料应分布均匀，这种施肥方式可以满足作物根系生长时对养分的需要，对生长期长、深根性作物效果更明显。

（二）种肥

种肥是在作物播种、栽培块茎或移植幼苗时施用的肥料，目的是为培育壮苗提供必需的养分。种肥一般采用速效性氮、磷肥或腐熟的有机肥，因为肥料与种子或秧苗接触较近，故在肥料选择和使用方法上，应预防肥料对种子或秧苗可能产生的腐蚀、灼伤和毒害作用，如肥料的浓度、酸碱反应、有机肥料的腐熟程度等。种肥的施用方法一般有下列几种。

1. 拌种法

用少量的肥料和种子拌和在一起播种。拌种肥用量都较少，拌种时，肥料和种子应该都是干的，随拌随播，增产效果好。

2. 浸种法

用某些肥料做成稀溶液，将种子浸泡一定时间后，取出播种。经过处理的种子，发芽出苗比较整齐健壮，抗逆性增强，有利于作物增产。但要严格掌握溶液浓度、浸泡时间，以免对种子造成不良影响。

3. 蘸秧根法

蘸秧根法是在作物秧、苗栽插时，蘸上一定的肥料，随蘸随栽的一种施肥方法，其施肥效果良好。如栽甘薯秧时蘸草木灰，可收到有效的省肥效果。

4. 条施与穴施法

在人工和机械播种时，开沟将肥料成条地施用于作物行间或行内土壤的方式，通常适用于条播作物。穴施法又称为点孔肥，适用于穴播或稀植作物，在作物预定种植的位置或种植穴内，边播种边施肥。如施化肥，必须使种子与肥料隔开，避免烧种、烧苗。穴施法肥料用量比条施法更少，且肥效显著。

5. 盖种肥法

播种以后，再用一定量的肥料盖在种子上面的方法，称为盖种肥法多用于有机肥料。肥料除供给作物养分外，还有保墒、保温作用，还可以促进作物的早期生长。在作物套种或穴播时，也可采用此法。

(三)追肥

在作物生长过程中，根据作物各生育阶段对养分需求的特点进行施肥的措施，称为追肥。通常情况下，追肥以速效性的无机肥为主，生长周期长而基肥又不足的，可补施缓效性肥，如饼肥、腐熟的优质圈粪。如果需要磷肥，应选择水溶性磷肥。追肥方法有以下几种。

1. 撒施法

撒施法一般适用于作物植株密度较大，根系遍布于整个耕层，追肥用量又多的情况，要求撒施均匀，并与中耕、除草和灌排水相结合。撒施法简便易行，但肥料利用率不高，经济效益差。

2. 条施法

条施法适用于条播作物，如小麦、谷子等，追肥时，可先中耕除草，然后在行间开沟，将肥料施入其中，覆土。施肥深度应与作物根系入土深度相适应。

3. 穴施法

穴施法是指在株行距较大的大田作物(如花生、甘薯、烟草等)的株间或行间开穴施入肥料的方法。此法肥料用量少，可减少肥料损失，但费工。

4. 环施法

环施法多在果树追肥时使用。即沿树干周围开环状沟，将肥料施于沟内然后覆土，环状沟的直径和深度应与果树根系分布的区域相适应。

5. 喷施法

喷施法是将肥料配制成一定浓度的溶液，喷洒于作物叶片上的方法，又称为根外追肥。该法适用范围广，肥料用量少，见效快，利用率高。当作物出现营养元素缺乏症状时，可用根外喷施方法纠正。

五、作物对养分需求特性

(一)作物营养的选择性

不同作物所吸收的矿质养分及其总量差异较大,如小麦、玉米、棉花、油菜、麻类作物等需氮量较多,高粱、谷子、薯类等作物需氮量相对较少,而豆类作物前期需要一定量的氮素,中后期因根瘤固氮能力提高,需氮量减少。禾谷类、豆类作物需磷量较多,而马铃薯、棉花、向日葵、玉米等作物需钾量较多。又如豆科、茄科作物对钙的需求量较多,油类作物对镁的需求量较多,而油菜、棉花、甜菜等双子叶作物对硼敏感,豆科作物对钼有特殊需要,禾谷类作物对镉、锌、钼反应都较敏感等。因此,作物根据自身生长发育的需要对营养元素主动吸收的特点称为作物营养的选择性。

(二)作物营养的阶段性

同一作物在不同生长发育阶段对矿质元素的种类和数量要求也存在着差异,如小麦从出苗至越冬期,氮的吸收量大于磷钾,拔节至孕穗期氮、磷、钾的吸收量都显著增加,而抽穗后钾的吸收量几乎停止,锌的吸收也显著下降,对氮仍有相当的吸收量。因此,作物不同生育阶段吸收养分的不平衡性,称为作物营养的阶段性。

(三)作物营养的临界期

作物在生长发育过程中,有一个阶段对某种养分的绝对需求量并不多,但却非常敏感和迫切,若不能满足需要,就会对其生长发育产生难以恢复的影响,常把这一阶段称为作物营养临界期。作物氮素的临界期常出现在营养生长向生殖生长转折阶段,缺氮影响营养体建成和幼穗(花芽)的分化,如小麦氮素临界期为幼穗分化期(伸长期—减数分裂)、玉米为穗分化期、棉花在初蕾期。多数作物磷素的临界期在幼苗期,此时正是种子营养向土壤营养转折的时期,作物根系小,吸肥能力差,加之土壤温度较低,有效磷释放慢,移动差,因而易出现缺磷。如小麦、水稻磷素的临界期在3叶期,玉米、油菜在5叶期以前,棉花在2～4叶期。

(四)作物营养的最大效率期

作物在生长发育过程中,有一个营养绝对需求量最多、肥效最明显、增产效率最高的时期,常把这一时期称为作物营养的最大效率期。多数作物的营养最大效率期在生育中期,是营养生长和生殖生长并进旺长阶段。如氮素的最大效率期小麦为拔节至孕穗期,玉米为大喇叭口至抽雄初期,甘薯为分枝结薯期;磷素的最大效率期小麦为孕穗开花期,玉米为开花后。氮、磷、钾最大效率期处于同一阶段的棉花为花铃期,花生为花荚期,麻类为茎秆旺长期。

(五)作物的缺素症状

作物需要一定的矿质营养供应,才能正常生长发育,如果缺乏某种元素,必然影响其体内代谢活动,在叶色(黄黑)、长势(强弱)、长相(株型或整齐度)等外观上表现出不正常现象,这种缺肥的外观表现称为作物的缺素症状。

作物缺乏不同矿质元素,表现出的症状也不同(表5-2)。由于不同矿质元素在作物体内的移动性存在差异,所以各种缺素症的初发部位也不同。氮、磷、钾、镁等元素在作物体内移动性较大,易转移,缺素症首先从下部老叶开始,逐步向上发展;硫、铁、锰、硼等元素移动性较小,转移慢,缺素症先从幼嫩部分开始。此外,不同作物缺乏同一元素所表现的症状也不一致。

表 5-2　作物缺素症状

缺乏元素	植株长势长相	叶	茎与根	生殖器官
N	生长矮小，分枝或分蘖减少，叶的生活期及功能期缩短；地上部受影响较地下部明显	叶小，整个叶片显黄绿或黄色，有的叶色呈黄绿并带红色	茎细小，多木质，黄绿色，有时含有较多的花青素；根受影响较小，当植物吸收较多的磷时，根冠较大	花果发育慢，黄化或白化，易脱落，种子小而轻
P	生长矮小，分枝或分蘖均少，地上部及地下部生长都受抑制	叶小，暗绿或红紫色，从下部叶开始，叶缘渐变黄，然后枯落	茎细小，多木质，含有较多的花青素；根不发达，主根瘦小，枝根少	花、果实及种子都减少，开花期和成熟期延迟，种子不饱满
K	较正常植株矮小，但比缺N及缺P的稍大些，植株较柔弱，易感染病虫害，抗旱及抗寒性减弱	叶缘变黄色，逐渐变褐而干枯，叶片常有坏死斑点；边缘卷曲或皱缩，较易萎蔫	茎细小，柔弱，易倒伏；根系生长较差	结实较少，种子不饱满
S	生长受抑制，茎叶普遍缺绿	幼叶先变黄色，叶脉先缺绿，遍及全叶	茎细长，根稀疏，分枝少	开花结果期延迟，果实减少
Mg	植株大小无显著变化	缺绿，下部老叶发黄，渐向上部扩展。叶肉发黄，叶脉仍为绿色，时期延长则渐变褐死亡	变化不大	开花受抑制，花色苍白
Ca	矮小，组织坚硬，病态先发生于根及地上幼嫩部，未老先衰	幼叶卷曲，脆弱，叶缘发黄，渐坏死	短小，茎和根尖分生组织细胞逐渐腐烂死亡	不结实或很少结实
Fe	矮小，生长不良，明显缺绿	幼叶黄绿至灰白色，以后枯死。叶片薄，易脱落	茎、根生长均被抑制	果实小
Cu	矮小，缺绿症，易发生病害	禾谷类叶尖缺绿，幼叶易萎蔫	发育不良	果实，种子均少
Mn	矮小，缺绿	大小较正常，脉间缺绿	茎生长势弱，黄绿色多木质	花、果减少
B	茎及枝条的生长点死亡。植株减少，尖端发白	叶易碎，叶柄易断，新叶粗糙，淡绿，常呈烧焦状斑点	茎脆，分生组织死亡；根粗短，根尖死亡，块根空心	易落花，果实种子不充实
Zn	矮小	新叶脉间缺绿，叶易碎而皱折，形成小叶	枝条停止生长，枝条节间缩短成叶簇；根系生长差	果实及种子小而少，易脱落

（引自郑广华，1980）

六、冬小麦的施肥技术

(一)需肥规律

一般冬小麦每生产 100 kg 籽粒，大致需吸收纯氮 3 kg 左右，磷(P_2O_5)1～1.5 kg，钾(K_2O)2～4 kg，氮、磷、钾三者的比例约为 3∶1∶3。

高产麦田小麦生长发育过程中氮的吸收率有两个高峰：其一为分蘖至越冬阶段，吸氮量占总吸氮量的 13%～14%；其二为拔节至孕穗阶段，吸氮量占总吸氮量的 37%～38%，是小麦一生中需氮量最多的时期。小麦对磷、钾的吸收，一般随小麦生长期的推移而逐渐增加，拔节后吸收率剧增，占总吸收量的 40%以上。

中产麦田小麦各阶段吸收养分的趋势大体与高产田相似，尤以拔节至孕穗阶段对氮、磷、钾的吸收急剧增长。孕穗至成熟阶段，高产田吸氮率显著减少；而中产田仍保持一定的吸氮水平，但对磷、钾吸收率却显著减少。

(二)施肥技术

施肥采用以基肥为主，追肥为辅的原则。根据冬小麦生产经验，在土壤肥力较好的情况下(0～20 cm 土层土壤有机质 1%，全氮 0.08%，水解氮 50 mg/kg，速效磷 20 mg/kg，速效钾 80 mg/kg)，产量为每公顷 7 500 kg 的小麦，大约每公顷施优质有机肥 45 t，纯氮 158 kg 左右，施磷(P_2O_5)84～105 kg。缺钾地块应施用钾肥。

1. 施足基肥

施足基肥有利于促进幼苗早发，培育冬前壮苗，增加有效分蘖数和壮秆大穗。在基肥中，在掌握有机肥为主体肥料的同时，还应将粗肥与化肥结合，氮、磷、钾肥结合，迟、速效肥结合等。一般高产麦田有机肥中氮素量占总施氮量的 60%～80%，化肥氮只占 20%～40%；中低产田麦田有机肥的氮素量占总量 50%～76%，要达到一定的产量水平，化肥的用量必须适当提高。由中低产变高产，必须重视增加有机肥的施用量。

2. 灵活应用追肥

不同土质的麦田追肥的施法和用量应有所区别，保水保肥性差的砂土麦田，应掌握“少量多次”的原则，施肥要平衡，防止脱肥、早衰现象的发生；保水保肥性强的黏土、壤土麦田，一次可以施肥量大些，但应防止贪青晚熟，追肥期适当提前；中低产麦田化肥不足时，应把有限的肥料一次性施在最大效率期。

高产田追肥应根据苗情而定，常见的追肥时期有冬前追肥和春季追肥。

(1)冬前追肥。主要为了“冬肥春用”促进小麦返青，多扎根，巩固冬前分蘖，提高冬前分蘖的成穗率。一般在冬前，结合浇冬水，追施一部分速效氮肥，特别是基肥中速效氮肥施用较少的麦田应重视施冬肥。麦苗生长健壮的麦田，一般不进行冬前追肥，以防旺长。

(2)春季追肥。常分为返青肥、起身拔节肥、孕穗肥 3 次。

①返青肥：增加有效分蘖，提高分蘖成穗率。已追施冬肥或没有缺肥迹象的麦田，一般不施返青肥，以控制群体。

②起身拔节肥：促进麦株生长和大蘖成穗，促进小穗小花分化，争取穗大粒多。高产麦田这次追肥很重要，是施肥的最大效率期；已施冬肥的麦田，宜在起身期重施；已施返青肥的麦

田，宜在拔节期重施。

③孕穗肥：防止小穗、小花退化，提高结实率，增加穗粒数，延长上部叶片功能期，促进灌浆。一般在旗叶开始伸出时，施孕穗肥，施肥量不宜太大，以防贪青晚熟。

七、玉米的施肥技术

(一)需肥规律

玉米一生对矿质元素吸收最多的是氮素，其他依次为钾、磷、钙、镁、硫、铁、锌、锰、铜、硼、钼。玉米吸收氮、磷、钾的数量和比例受土壤、肥料、气候、栽培技术等的影响，各地不尽一致。一般在 6 000～9 000 kg/hm^2 产量水平下，每生产 100 kg 籽粒约需氮 2.49 kg、磷(P_2O_5) 1.03 kg、钾(K_2O)2.38 kg，氮、磷、钾三者比例约为 2.4∶1∶2.3。

拔节至抽雄阶段是玉米吸收氮、磷、钾的高峰期或关键期，吸收率和吸收量均较高。抽雄之后，春玉米和夏玉米的吸氮量都呈下降趋势，春玉米的吸磷量仍保持较高水平，而吸钾量呈下降趋势，夏玉米抽雄后吸磷量呈下降趋势。夏玉米一生中吸钾量有 2 个高峰，其一是拔节到抽雄阶段，其二是乳熟至成熟阶段。抽雄后玉米对养分的吸收虽有不同程度下降，但因其营养体较大，吸收养分量仍很高，直到乳熟末期才下降。

(二)施肥技术

施肥原则是基肥为主，追肥为辅；有机肥为主，化肥为辅，有机与无机配合；氮、磷配合，增钾补微；基肥、种肥及追肥平衡配合施用。玉米适宜的施肥量可根据目标产量所需要的氮、磷、钾肥数量，及土壤供肥能力和肥料利用率计算。一般每公顷施有机肥 15～30 t，氮肥 120～150 kg，磷肥(P_2O_5)120 kg，钾肥(K_2O)150 kg。

1. 施足基肥

春玉米基肥的施用量一般占总施肥量的 60%～70%，高产田甚至更高。基肥以有机肥为主，配以一定的磷、钾肥和少量氮肥。夏玉米因农时紧或肥源不足常不能施用基肥，应适当增加前茬作物的基肥用量，以便在夏玉米上发挥其后效。未施基肥的夏玉米应施种肥和增施追肥，以供给充足的养分。

2. 适当追肥

氮肥是玉米的主要追肥肥料，肥料有限时以抽雄前(大喇叭口期)1 次追肥为宜。肥料充足时或高产田应按需肥规律而追施，根据追肥时期可分为攻秆肥、攻穗肥、攻粒肥 3 次。

(1)攻秆肥。拔节前所施肥料为攻秆肥，主要作用是促进营养生长，扩大营养体。一般地力弱、基肥少、苗弱时，特别是套种玉米、移栽玉米和夏玉米应施攻秆肥，用量不宜太多。正常生长的玉米一般不施攻秆肥，以蹲苗为主。

(2)攻穗肥。抽雄前所施肥料为攻穗肥或抽雄肥。这时施肥可为玉米提供充足的氮素，以满足营养生长和生殖生长之需要，促进小花分化，提高穗粒数。该时期是肥料利用的最大效率期，无论春玉米或夏玉米均应施用，增产效果明显。

(3)攻粒肥。授粉后所施肥料为攻粒肥，可促进籽粒形成和灌浆，增加粒重。前期施肥不多、植株缺氮时，应施少量攻粒氮肥。在生产中，由于玉米后期植株高大，追肥操作难度较大，生产中该种施肥方式越来越少。如果有滴灌水肥一体化设备则可实现按需施肥。

追肥要深施，深层施肥肥效长而稳，可促进根系生长，扩大吸收营养的面积，提高根系活力，有利于增产。施用量少时可施得浅些，量大时施得深些，达 12～16 cm，深施用工多，但损失少，增产效益大。此外，玉米生产上也有施用玉米专用缓释复混肥的，它是按照玉米生育期中对氮、磷、钾及微量元素的需要，运用平衡施肥原理配置的多元复合肥，具有养分含量高、配比合理、肥效长、使用方便、增产增效等优点。复混肥分解慢，肥效长，应做底肥，并根据土壤肥力施用专用肥，同时要与单质化肥配合施用。

近年来，由于控释肥等现代肥料技术的发展，玉米生产中出现了种肥同播一次性施肥技术，也能保证较高的产量和养分利用效率，可节约成本，提高经济效益。

八、水稻的施肥技术

（一）需肥规律

水稻需肥量和氮磷钾比例受土壤、肥料和栽培技术等因素的影响。一般地，每生产 100 kg 稻谷需要吸收氮素 1.6～2.5 kg，磷（P_2O_5）0.8～1.2 kg，钾（K_2O）2.1～3.0 kg，三要素的比例大约为 2∶1∶3。

水稻对氮素的吸收量在分蘖期和抽穗开花期达到高峰，如果抽穗前氮素供给不足，会造成籽粒营养减少，灌浆不足，稻米品质降低。水稻对磷的吸收在各生育期差异不大，吸收量最大的时期是分蘖至幼穗分化期，磷肥能促进水稻根系发育和养分吸收，增加分蘖，增加淀粉合成，促进籽粒充实；水稻对钾的吸收主要是穗分化至抽穗开花期、分蘖至穗分化期 2 个时期。钾肥能促进淀粉、纤维素的合成和运输，提高根系活力，延缓叶片衰老，增强抵抗病虫害能力。硅和锌 2 种微肥对水稻的产量和品质影响较大，在新改水田、酸性土壤以及冷浸田中作用更明显。

（二）施肥技术

施肥的原则是有机肥与无机肥结合；氮、磷、钾、微肥结合；施足基肥，早施蘖肥，巧施穗粒肥，平稳促进。目前多采用平衡施肥，即测土配方施肥，根据土壤供肥能力和水稻生长发育的需要，确定施用的肥料种类、数量和各生育阶段的分配比例。一般每公顷生产 8～10 t 稻谷时，施氮肥 120～200 kg/hm^2，磷肥（P_2O_5）70～120 kg/hm^2，钾肥（K_2O）100～150 kg/hm^2，根据土壤肥力高低施肥量逐渐增加。缺硅、缺锌的地块还应适当增施硅、锌肥。耐肥抗倒的品种，氮肥施用量偏多些，不耐肥的品种偏少些。

1. *施足基肥*

基肥应重施有机肥。有机肥料肥效长，养分全，含有大量水稻生长所必需的营养元素。有机肥具有很高的黏结性、吸附性和代换量，能增加土壤团粒结构，提高土壤保水保肥能力，是良好的土壤改良剂。秧田期一般施用有机肥 7.5～15 t/hm^2，同时施用尿素 45～75 kg/hm^2，磷酸二铵 150～225 kg/hm^2，氯化钾 120～150 kg/hm^2 或施复合肥 300～450 kg/hm^2，以促进苗壮苗齐。移栽前 4～5 d 施送嫁肥尿素 90～105 kg/hm^2 或高氮复合肥 120～150 kg/hm^2，有利于秧苗移栽后尽快返青生长。大田基肥一般施有机肥 30～45 t/hm^2，化肥包括尿素 105～120 kg/hm^2、过磷酸钙 450～600 kg/hm^2、氯化钾 120～150 kg/hm^2 或复合肥（15%∶15%∶15%）450～600 kg/hm^2，另外增施硅肥 90～120 kg/hm^2、硫酸锌 15～22.5 kg/hm^2。大田基肥在插秧前结合耕耙稻田施用，深施到 12～20 cm 土层，减少铵态氮的挥发和流失。

2. *早施蘖肥*

移栽返青后应早施用分蘖肥，可促进低节位分蘖的生长，增加水稻成穗。第一次在返青后，施尿素 105～120 kg/hm^2，配合适量硫酸钙、硫酸锌，能起促蘖作用；第二次在分蘖盛期，施尿素 105～120 kg/hm^2，保证稻株生长整齐，促进分蘖成穗。

3. 巧施穗肥

在水稻倒二叶开始出叶，幼穗长约 1 cm 时，每公顷追施尿素 120～180 kg 或高氮复合肥 150～225 kg，能控制无效分蘖，确保养分转向生殖生长，增加颖花数量，减少颖花退化，促穗大粒重，同时能起到养根、健叶、壮秆和防倒伏作用。群体过小的田块可以提前到穗分化时期施用穗肥。

4. 补施粒肥

抽穗至成熟期期间，一般每公顷喷施 0.2%～0.3%的磷酸二氢钾溶液 750～900 kg；出现缺锌症状的地块，每公顷喷施 0.1%～0.3%的硫酸锌溶液 750～900 kg；抽穗前叶片出现褪绿发黄的地块，每公顷施尿素 45～60 kg 或高氮复合肥 60～75 kg。补施粒肥能有效增加植株的抗逆抗病性能，延长叶片功能期，防止早衰，改善根部养分供应，提高根系活力，加快灌浆，促进成熟和籽粒饱满，从而增加稻谷产量，改善稻米品质。对于前期养分充足、中期分蘖过多过旺、叶色浓绿、有贪青晚熟势头的地块，不追施粒肥。

九、棉花的施肥技术

(一)需肥规律

棉花吸收氮、磷、钾养分的数量，随着产量的提高而增多。根据各地资料，每生产 100 kg 皮棉需氮 10～15 kg、磷(P_2O_5)5 kg、钾(K_2O)10～15 kg。三者比例大体为 3∶1∶3，与小麦的吸收比例接近。

各生育时期对氮、磷、钾的吸收量表现为不平衡性，苗期和成熟期吸收较少，现蕾后逐渐增多，花铃期是吸收高峰，也是肥料的最大效率期，一般此期吸收量占吸收总量的 50%～60%。

(二)施肥技术

施肥原则为基肥追肥相结合，增施有机肥，轻施苗肥，巧施蕾肥，重施花铃肥，补施桃肥。一般皮棉产量为 1 500 kg/hm^2 时，施氮 225～332 kg/hm^2，磷(P_2O_5)72～150 kg/hm^2，钾(K_2O)100～150 kg/hm^2，沙壤土的施氮量大于重壤土，抗虫棉的施钾量大于非抗虫棉。

1. 增施有机肥，培肥地力

基肥中有机肥的施用量因生产水平而异，一般每公顷产 1 500 kg 皮棉需 45～90 t 有机肥。高产棉田基肥用量按纯氮计算，应占总施氮量的 60%～80%，有机肥中氮素不足，要用化学氮肥补足。磷肥以全部基施为好，钾肥以基施和蕾期追施各 50%效果较好。

2. 轻施苗肥

苗期营养体小，吸收消耗较少，需肥也不多，地力较差，基肥不足，特别是生长不足的二、三类苗的棉田，应施一定量的苗肥，以促进营养生长，为早现蕾打下基础。一般每公顷施纯氮 15～30 kg 即可。套作移栽棉也应施一定量的苗肥，以促进壮苗早发。

3. 巧施蕾肥

蕾肥具有促进棉株发棵，搭起丰产架子，为花铃期提供一定的营养基础，减少蕾铃脱落的作用。近年来，随着缩节安的合理应用，植株徒长现象得到有效控制，蕾肥的施用量有增加趋势。

北方棉区应强调“蕾肥花用”的原则。一般基肥不足、未施苗肥、棉苗营养不足时，每公顷施硫酸铵 75～150 kg 和过磷酸钙 150～225 kg。高产棉田改初花肥为蕾肥，也是一条“蕾肥花用”的重要途径。南方棉区蕾肥以缓效的有机肥为主，既可“蕾肥花用”，也可防止棉株徒长，个别苗弱的棉田可配施适量化肥。

4. 重施花铃肥

花铃期是棉花营养最突出的一个时期，养分需要量多，且肥料效率也最高，这一时期棉铃连续大量形成，花铃肥具有促伏桃，增秋桃，增大桃和多桃，不早衰的重要作用。一般花铃肥约占追肥量的 1/2 或略多。

中低产棉田花铃肥可一次重施，高产棉田未施蕾肥的可分初花期和盛花期施肥；已施蕾肥的棉田，花铃肥可在盛花期一次追施；移栽棉和易早衰的品种，应早施花铃肥。

5. 补施桃肥

桃肥也叫盖顶肥，有防止棉株早衰，促进多结桃的作用，有早衰趋势的棉田应补施一定的桃肥。一般在盛花期后，每公顷施硫酸铵 60～75 kg 即可，也可根外追肥，喷施尿素或磷酸二氢钾或微肥。微肥中硼肥增产效果明显。

十、花生的施肥技术

(一)需肥规律

花生的需肥量随产量的增加而提高，综合各地研究结果，每生产 100 kg 荚果大体需要氮 4.7～6.1 kg，磷(P_2O_5)0.8～1.3 kg，钾(K_2O)1.9～3.3 kg，钙(CaO)1.5～3.5 kg。

花生苗期氮、磷、钾三要素的吸收量占全生育期吸收总量的 5%左右；开花下针期氮素吸收量占总量的 17%左右，磷、钾各占 22%左右；结荚期氮素吸收量占总吸收量的 42%以上，磷占 46%左右，钾占 60%左右，因此，结荚期是花生营养的关键时期，是肥料最大效率期。饱果成熟期氮素吸收量占总量的 28%左右，磷(P_2O_5)20%左右，钾(K_2O)7%左右。花生属喜钙作物，荚果缺钙，种子发育受阻，易形成秕果；缺钙严重时，可导致种子败育，产生大量空壳果，甚至绝产。花生对钙的吸收以结荚期最多，开花下针期次之，苗期和饱果期较少。

(二)施肥技术

花生施肥应遵循重施基肥，增加缓控释肥和生物肥等新型肥料以及钙肥的施用，适当追肥，有机肥与氮磷钾肥料配合施用的原则。一般产量为 7 500 kg/hm^2 左右的高肥力地块，施有机肥 60～75 t/hm^2，氮 150～180 kg/hm^2，磷(P_2O_5)150～180 kg/hm^2，钾(K_2O)120～150 kg/hm^2，产量为 5 500 kg/hm^2 左右的中等肥力地块，施有机肥 45～60 t/hm^2，氮 120～150 kg/hm^2，磷(P_2O_5)90～120 kg/hm^2，钾(K_2O)60～75 kg/hm^2、钙(CaO)30～60 kg/hm^2。另外，钾肥尽量采用草木灰或者硫酸钾，不宜用氯化钾，以免影响根瘤固氮。

1. 重施基肥

基肥是花生的主体肥料，一般占总施肥量的 80%～90%，但有些花生田只施基肥，不施追肥。基肥应采用全层施肥法并以深施为主，基肥的 2/3 结合耕翻施入犁底，1/3 结合春季浅耕或者起垄作畦施入浅层，以满足生育前期和结果层的需要。草木灰和钾肥应全部深施于结果层以下。花生对磷较敏感，施磷增产效果明显。基肥中每公顷可施过磷酸钙 150～225 kg，可与有机肥料混施。

花生是固氮作物，但苗期同化氮能力弱，基肥中可增施 75～150 kg 含氮化肥。同时，可用根瘤菌剂拌种，以增加根瘤的数目，提高固氮能力。

2. 灵活应用追肥

高产花生田单靠植株固氮一般不能满足需要，尤其是开花前在根瘤菌固氮较弱的情况下，应追施一定的氮素。基肥较少的春花生和来不及施基肥的麦套花生、夏花生等也应追施一部分氮素。最有效的追肥时间是开花前 10 d，即花芽分化盛期，最晚不迟于大批果针入土之前。一般每公顷追施腐熟有机肥 15 t 或 75 kg 左右含氮化肥，并配施 120～150 kg 过磷酸钙。

钼肥和硼肥是花生最敏感的 2 种微肥，钼肥有利于增强花生蛋白质代谢，促进根瘤固氮；硼肥可以促进钙的吸收，并促进花生体内其他代谢活动。缺乏硼和钼的花生田，应施一定量的钼酸铵和硼砂。钼酸铵叶面喷雾浓度为 0.1%～0.2%；硼肥喷雾每公顷用硼酸 450 g，兑水 1 050～1 500 kg 即可。

3. 实行水肥一体化

实行水肥一体化即结合滴灌随水施肥是近年兴起的花生高效施肥方式，解决了花生生育期间不便追肥的实际问题，可做到定时、定量、定位施肥，利于实现施肥的标准化和智能化，具有广阔的应用前景。

十一、油菜的施肥技术

(一)需肥规律

生产相同单位的产品，油菜对氮、磷、钾的需要量比水稻、小麦、大豆等作物多。如甘蓝型油菜每生产 100 kg 油菜籽，氮、磷、钾的吸收量分别为 11 kg、3.9 kg、9.0 kg。

苗期氮、磷、钾的吸收量占全生育期总吸收量的比例分别为 43.5%、23.5%和 29.8%；蕾薹期氮、磷、钾的吸收量占全生育期总吸收量的比例分别为 44.4%、30.7%和 47.6%；开花至成熟期氮、磷、钾的吸收量占全生育期总吸收量的比例分别为 12.1%、45.8%和 22.6%。苗期是氮、磷营养临界期，尤以二叶期对磷素最敏感。蕾薹期是吸收氮和钾最多的时期，开花至成熟期则是吸收磷素最多的时期。

(二)施肥技术

油菜的施肥量较大，如每公顷产油菜籽 3 000～3 750 kg，在中等肥力田块一般施氮 300～450 kg，磷(P_2O_5)150～225 kg，钾(K_2O)225～375 kg。

施肥应遵循“施足基肥，增施种肥，早施苗肥，重施薹肥，适量追施花肥，重视根外追肥”的原则。肥料种类上要注意增加有机肥的用量，并注意氮、磷、钾肥和微量元素肥料的合理配合。

基肥以有机肥为主，有机肥原则上作为基肥。基肥除施用有机肥以外，一般还包括 40%～60%的氮肥、全部磷肥和大部分钾肥。如土壤缺硼，还要施 15～30 kg/hm^2 硼肥。来不及施基肥或基肥用量不足的极高寒春油菜区，可用磷酸氢二铵或三元素复合肥 37.5～75 kg/hm^2 作为种肥。春油菜在花芽分化前早施苗肥，冬油菜早施苗肥是实现“冬壮春发稳长”的重要措施。

初花期之前适量施花肥也有良好的增产作用。蕾薹期或初花期喷0.2%～0.3%的硼砂溶液对缺硼油菜效果良好，有防止油菜花而不实，提高产量和含油率的效果。此外，在油菜大田生长阶段还要看苗追肥。

十二、大豆的施肥技术

(一)需肥规律

大豆是需肥较多的作物，因为形成蛋白质和脂肪等营养物质需要大量的营养元素，尤其是氮、磷和钾，其中每生产100 kg大豆籽粒需要吸收氮7.3～9.5 kg、磷(P_2O_5)2.8～4.2 kg和钾(K_2O)4.6～6.2 kg。在大豆生长过程中，通过根瘤菌，能从空气中固定本身所需氮素的1/3～1/2。

苗期是由种子营养转为靠自身根系吸收营养时期，要供应充足的磷素，并施入少量氮肥。开花结荚期是大豆营养生长与生殖生长最旺盛的时期，也是氮、磷和钾吸收量最多的时期。鼓粒期以后，根系对养分的吸收能力降低，吸收量明显减少。钼和硼是大豆生长发育必需的微量元素。

(二)施肥技术

施肥体系一般由基肥、种肥和追肥组成。

1. 基肥

施基肥是大豆高产的基础，尤其是春播大豆，生育期较长。基肥应该包括有机肥、磷肥及氮肥，缺钾地块应施用钾肥。有机肥充足，可满足大豆对多种元素需要，尤其是钾及微量元素。施用有机肥作基肥是大豆增产的关键措施。在轮作地上可在前茬粮食作物上施用，而大豆则利用其后效。在低肥力土壤上种植大豆可以用磷钾肥作基肥，对大豆增产很有好处。一般来说，基肥每公顷施腐熟农家肥15～45 t，可加施过磷酸钙或通用型复混(合)肥(18-18-18，16-16-16)300～450 kg/hm^2。

2. 种肥

种肥要满足大豆苗期对养分的需要。由于苗期根少、根小，对养分吸收能力弱，应供应足够的养分，种肥开沟施于种子附近。为促进大豆根瘤菌的形成，提高根瘤数量，早固氮、多固氮，可采用根瘤菌剂拌种，每公顷用根瘤菌剂3 000～3 750 g。播种时，施通用型复混(合)肥(同基肥)75～150 kg，或磷酸二铵120～150 kg，同时配施微肥钼酸铵、硼砂和硫酸锌。种子、肥料间隔6～8 cm，切忌种子与肥料直接接触。

3. 追肥

在施足基肥与种肥的情况下，一般大豆苗期不需要追肥。开花结荚期，由于植株生长旺盛，需要大量养分，此时为满足大豆生长发育的需要，增花保荚，提高大豆产量，应在此期进行追肥，时间掌握在开花前或初花期。其中肥地、长势强的地块为防止植株徒长，用量宜少或不施，肥力低、生长弱的地块宜早施、多施。初花期追肥每公顷150～225 kg尿素，硫酸钾112.5～150 kg，沟施结合中耕培土。结荚期根外追肥，每公顷尿素7.5 kg，过磷酸钙22.5 kg，硫酸钾3.75 kg，兑水750 kg，叶面喷施，施用时间宜于阴天或下午4时后。

十三、甘薯的施肥技术

(一)需肥规律

甘薯产量高,大田生长期需肥量大,尤以钾素最多。平均每生产 1 000 kg 鲜薯,约需吸收氮 3.72 kg、磷(P_2O_5)1.72 kg 和钾(K_2O)7.48 kg,其中氮、磷、钾比例约为 2∶1∶4。

甘薯栽秧后 45 d,植株中氮、磷、钾含量均达到最高，随后下降。从单株和单位面积的积累量来看,氮素积累最快的时期是地上部重量增加最快的时期;钾素积累最快的时期在块根膨大最快的时期;磷素积累速度较缓,以生长中后期的积累速度较快。

(二)施肥技术

施肥的原则以有机肥为主,化肥为辅;以基肥为主,追肥为辅。甘薯单产 45 000 kg/hm^2,一般每公顷施有机肥 45～60 t,化肥(最好用甘薯专用复合肥)折合纯氮 60～75 kg、磷(P_2O_5)30～45 kg、钾(K_2O)120～150 kg。沙土地、瘠薄地和土壤速效氮含量低于 20～30 mg/kg 时,应增施氮肥;前茬为小麦时,要控制氮肥的施用;土壤速效氮含量高于 80 mg/kg 时,可不施氮肥。丰产田应增施钾、磷肥。

北方一般采用全程一次施肥的方法,即在整地前撒施所有肥料(大田生长期不再追肥),然后耕翻土地,让肥料均匀分布在整个耕作层。南方则将有机肥、所有磷肥、60%～80%的氮肥和钾肥作为基肥,在起垄时开沟施于垄下;其余 20%～40%的氮、钾肥在大田生长期追施,一般于栽后 30～40 d 进行,以促进甘薯地上部生长和早结薯。

十四、马铃薯的施肥技术

(一)需肥规律

马铃薯是喜肥作物,尤喜有机肥,因为有机肥既可以提供全面的营养,又可以改善土壤物理结构。马铃薯对肥料三要素的需求量,以钾最多,氮次之,磷最少。每生产 100 kg 鲜块茎约需吸收氮 0.50 kg,磷(P_2O_5)0.20 kg,钾(K_2O)1.06 kg,氮、磷、钾比例约为 2.5∶1∶5.3。

在马铃薯一生中,幼苗期需肥较少,占全生育期需肥总量的 25%左右,块茎形成至块茎增长期需肥最多,占全生育期需肥总量的 50%以上,淀粉积累期需肥减少,占全生育期需肥总量的 25%左右。

(二)施肥技术

施肥最好播种前一次施足底肥,特别是有机肥和钾肥在播种前施入效果更好。因为钾肥与有机肥混施,有利于提高磷、钾肥的肥效,减少土壤对磷的固定,以便马铃薯根系充分发育后土壤能不断提供植株所需的养分。马铃薯在生长期形成大量的茎叶和块茎,需肥量较大,必须增加肥料的投入,做到有机肥与无机肥、底肥与追肥合理搭配。

1. 重施底肥

从出苗至块茎停止膨大仅 80～100 d,此时重施底肥以有机肥为主,同时搭配适量的化学肥料。底肥用量应占施肥总量的 3/5～2/3。一般产量为 30 000 kg/hm^2 左右时,每公顷应施有机肥 30～45 t、混合无机磷肥(过磷酸钙或钙镁磷肥)375～450 kg、硫酸钾 300 kg 或草木灰 2 250～3 000 kg,结合作垄沟施或穴施。

2. 巧施追肥

匍匐茎逐渐膨大形成块茎阶段是决定多结薯的高产关键期，因此必须追肥。芽、苗肥在齐苗前施用效果最好。现蕾开花期应重施1次追肥，这次施肥应以钾肥为主，配合施氮，施后培土，以后每隔7 d左右追施1次肥水，每公顷每次用三元复合肥150 kg，兑清水22 500 kg，连续3～4次。

3. 叶面喷肥

若种植中、晚熟品种，在盛花期每公顷用磷酸二氢钾12 kg兑水750 kg喷施叶面，隔7～10 d喷施第二次，能增产10%～15%；也可以喷施1%过磷酸钙溶液，或0.02%硫酸钾液，或0.1% 高锰酸钾液，隔7～10 d喷施第二次。

第二节　田间灌溉技术要点

一、灌溉量与灌溉方式

水是作物生命活动的必要条件，没有水，作物也就失去生命。水是作物体的构成成分，占作物鲜重的70%～90%；水又是作物光合作用的重要原料，并作为介质参与体内的一切生理生化过程。作物除了以水来维持其固有姿态外，还通过水的蒸腾作用调节体温和促进矿物质的吸收与运输。因此，作物在生长发育过程离不开水，作物在各个生育时期要求与之生长发育相适应的土壤水分含量，水分过多过少都会导致作物生长发育不良，造成产量和品质降低。合理灌溉能调节土壤水分状况，给作物提供适宜的水分条件。

（一）作物需水特性与灌溉量

1. 作物需水量

作物需水量包括生理需水和生态需水两大部分：前者为作物各种生理活动所消耗的水分，如蒸腾、光合作用等；后者为作物生长发育创造良好生活环境所消耗的水分，如棵间蒸发、地下渗漏等。生产上常把作物生理需水和生态需水所消耗的降水，灌溉水和地下水的总量，称为作物的田间需水量。不同作物田间生育期耗水存在较大差异（表5-3）。

表5-3　几种作物的田间耗水量　　m^3/hm^2

作物	全期耗水量	作物	全期耗水量
冬小麦	3 900～6 000	春小麦	3 750～6 000
高粱	3 300～4 500	大豆	5 250～7 500
棉花	5 250～7 200	花生	3 150～4 350
马铃薯	2 250～3 375	单季中稻	5 490～9 690
谷子	4 500	单季稻	7 995～22 995
玉米	3 000～5 250	双季早稻	3 000～5 700
甘薯	6 000～9 000	双季晚稻	3 795～6 990

2. 蒸腾系数和需水系数

作物生理需水中，用于蒸腾作用消耗的水分占其吸收水量的 99%以上，而真正用于生理过程和结构组成的水分却不足 1%。因此，作物的生理需水绝大部分为蒸腾耗水，蒸腾量的多少基本反映出作物生理需水的大小。

蒸腾系数是衡量作物对水分利用状况的指标之一。作物每生产单位重量的干物质所消耗的水分称为蒸腾系数。即

$$\text{蒸腾系数}=\frac{\text{全生育期总耗水量}(\mathrm{kg/hm^2})}{\text{同期干物质总耗水量}(\mathrm{kg/hm^2})}$$

蒸腾系数越大，表明作物形成单位重量的干物质耗水也高，水分利用率也就低，反之亦然(表 5-4)。

表 5-4　几种作物的蒸腾系数

作物	蒸腾系数	作物	蒸腾系数	作物	蒸腾系数
苜蓿	600～1 000	亚麻	400～900	小麦	270～600
三叶草	750～800	水稻	400～800	玉米	250～450
南瓜	700～800	燕麦	450～850	甘薯	300～500
大豆	744	棉花	330～550	马铃薯	300～600
豌豆	600～750	花生	450	谷子	250～280
向日葵	500～580	黍子	130～350		

需水系数也是衡量作物对水分利用状况的指标之一，指作物每生产单位重量的籽粒(棉花为籽棉)所消耗的水分。即

$$\text{需水系数}=\frac{\text{全生育期总耗水量}(\mathrm{kg/hm^2})}{\text{同期籽粒产量}(\mathrm{kg/hm^2})}$$

旱田作物的需水系数多在 500～1 500 之间，多数情况下，随着作物产量的提高，需水系数递减。如小麦亩产 250 kg 以下，需水系数为 900～1 000；亩产 300～400 kg，需水系数为 700～900；亩产 400～600 kg，需水系数为 580～700。

3. 凋萎系数

凋萎系数是作物出现永久性萎蔫时的土壤含水量，也是土壤中有效水分的下限。在不同土壤质地下，作物的凋萎系数存在较大差异(表 5-5)。

表 5-5　几种作物的凋萎系数

作物	凋萎系数				
	粗沙土	细沙土	沙壤土	黏壤土	黏土
小麦	0.88	3.3	6.3	10.3	14.5
玉米	1.07	3.4	6.6	10.2	15.5
大麦	1.04	2.9	6.2	10.5	14.2
水稻	0.96	2.7	5.6	10.1	13.1
燕麦	1.01	3.1	6.1	10.5	14.9
番茄	1.11	3.3	6.9	11.7	15.3
南瓜	1.21	2.6	6.4	9.4	15.1
豌豆	1.02	3.3	6.9	12.4	16.6

(二)灌溉方式

1. 畦灌法

畦灌法是用田埂把农田分隔成一定形状、一定面积的畦,水从输水沟或毛渠中引入畦田内,并沿一定坡度方向流动而湿润土壤的灌溉法。畦灌法灌溉较均匀,易控制灌水量,适合于窄行或密植作物。但畦灌法也有整地筑畦费工费时,水量大时易破坏土壤结构等不足。

畦的大小因地、因作物、因水量而定。一般渠灌畦田以长 50～80 m 为宜,井灌畦田以长 20～30 m 为宜。畦宽 2～3 m,最宽不应超过 4 m。畦面坡度介于 0.001～0.002 之间,坡度太大,水流急,易冲刷土壤;坡度太小,水流慢,用水、用时多。畦埂高度以挡住水不能漫流为原则,一般为 10～15 cm。

2. 沟灌法

沟灌法是先在作物行间开沟,然后把水引入沟内,水在沟内边流动边渗透的一种灌溉法。沟灌法是通过毛细管作用润湿根系周围的土壤,比畦灌法能较好地调节土壤的水、气、养分之间的关系,且节约用水量 1/3 左右。沟灌法适合宽行或中耕作物,如棉花、玉米、高粱、薯类作物等。

采用塑料管道把水直接引入田间,随灌随移动管道,灌完后再收起管道,可代替沟灌法。该法具有节水省工的优点,我国某些地区已采用。

3. 淹灌法

淹灌法采用大区或大畦进行,是大水灌溉或建立水层的一种灌溉法。水田灌溉应用此法最普遍,盐碱地"洗盐"以及旱田的底墒水也常用淹灌法。灌后土壤充分饱和或形成一定水层,用水量大。

4. 喷灌法

喷灌法是通过喷灌设备进行的,基本包括电动机(或柴油机)、水泵和管道系统三大部分。喷灌时电动机或水泵把水抽入管道内,并在一定压力下,进入管道内的水经喷头像雨滴一样喷洒在地面和作物上。该法具有节约用水、节省土地、节约劳力的优点。灌溉质量好,喷后土壤疏松,田间小生境适宜。喷灌还可与喷药、喷肥很好地结合起来。但喷灌法基础投资大,有一定局限性。

5. 滴灌法

滴灌法是将水加压,过滤后引入分布在田间的低压管道系统,各个管道上有许多滴头,水通过滴头并以点滴状缓慢、有规律地湿润作物根部及其周围土壤。这种灌法可使作物根区土壤经常保持适宜的含水量,而株、行间则保持相对干燥的土壤状态。该法土壤的温、湿、气等条件合宜。因此,滴灌法能成倍地节约水,对土壤结构破坏最小,适合各种作物和各种土壤应用。

滴灌系统一般由水泵、流量和压力调节阀、肥料混合罐、过滤器、干管(输入管)、支管(引水管)、毛管(滴灌管)、滴头等组成。

6. 浸润灌溉法

浸润灌溉法是把水引入埋设在地下的暗管道系统,灌溉水借助土壤毛细管作用,由下向上渗透到作物根系分布层。管道材料可因地制宜地选择,如黏土烧管、瓦管、竹管等。浸润灌溉也具有节省水量,节省土地,提高灌水效率,增产增收的优点。灌水时,既可与施肥结合,又不影响田间其他作业的进行，但浸润灌溉地表湿润差。

二、冬小麦的灌溉技术

北方小麦产区因受大陆性季风气候的影响，降水量分布很不均衡。小麦生育期间降水量只占全年降水量的25%～40%，仅能满足小麦全生育期耗水量的1/3～1/5，尤其在小麦拔节至灌浆期为耗水高峰期，春旱缺雨更为严重。因此，北方麦区小麦生育期间的灌溉十分重要。

（一）需水规律

小麦一生中总耗水量大致为3 900～6 000 m^3/hm^2。冬小麦不同生育阶段对水分的需求差异较大，表现为前期少，中后期多。

1. 出苗至拔节期

出苗至拔节期时间较长，但耗水量仅占总耗水量的30%～40%，且耗水以棵间蒸发为主，受温度的影响较大。冬前气温呈降低趋势，日耗水量由15 m^3/hm^2 左右逐渐降到6 m^3/hm^2 左右；冬季日耗水量保持在4.5～6.0 m^3/hm^2 之间；返青后至拔节气温又呈上升趋势，耗水量也呈增加趋势，日耗水量为10.5～21 m^3/hm^2。

2. 拔节至抽穗期

拔节至抽穗期时间相对要短，但日耗水量达30 m^3/hm^2 以上，耗水量占总耗水量的20%～35%，且棵间蒸发下降，叶面蒸腾显著增加。

3. 抽穗至成熟期

抽穗至成熟期耗水量占总耗水量的25%～45%，日耗水量比前一阶段有所增加，一般45 m^3/hm^2 以上。

（二）灌溉技术

灌水量与灌溉时期主要根据小麦需水、土壤墒情、气候苗情等而定。冬小麦不同时期灌水效应和灌水技术如下：

1. 底墒水

底墒水是为小麦正常出苗而进行的一次灌水。小麦播种出苗阶段要求土壤含水量保持在田间持水量的70%～80%。底墒水又分翻耕前灌水、翻耕后灌水及播后灌水3种灌水方式。翻耕前灌水各地采用较普遍，灌水量较小，一般600～900 m^3/hm^2，且灌水期可灵活掌握，有利于选择合适的播期。翻耕后灌水，灌水量大，一般750～1 200 m^3/hm^2，底墒足，对出苗有利，但仅适合于播期较长的麦区应用。播后灌水又叫蒙头水，是抢时播种或底墒不足时的应变措施。一般掌握在播后3～5 d及时灌水，过早过晚都不利于出苗，且灌水量不应超过600 m^3/hm^2。防止大水漫灌，灌后还应锄划，以防止土壤板结，影响出苗。

2. 冬水（封冻水）

冬灌是北方麦区行之有效的增产措施。冬灌能使小麦在冬季有适宜的水分，平抑地温，防止冻害，并可起到冬水春用、春旱冬防的作用。冬灌还有利于踏实土壤，粉碎坷垃，减少耕层架空不实现象。田间持水量低于70%时，可冬灌；肥力中下等麦田结合施肥应适时冬灌。土壤过于疏松或坷垃多的麦田，应及早冬灌；下湿地或稻茬麦田，一般不进行冬灌。冬灌时间应掌握日平均气温 3 ℃左右或日消夜冻时为宜。冬灌的水量不宜过大，以免地面积水结冰，合宜的灌水量为 600～750 m^3/hm^2。

3. 返青水

返青后是中上部叶片形成，冬前分蘖生长，冬后分蘖产生，幼穗开始分化发育的时期，因此浇返青水可巩固分蘖，提高成穗数和穗粒数。返青后土壤含水量保持在田间持水量的 70%～80%，低于 55%时，单株有效穗数和穗部性状受到影响。返青水以 5 cm 地温回升到 5 ℃左右时灌水为宜。一般已灌冬水的麦田可免灌返青水或推迟到起身期灌水，避开二次分蘖盛期，防止群体过大，对于每亩群体不超过 70 万的麦田或弱苗田可适时早浇返青水。年前旺长，冬季受冻，春季生长衰弱的麦田，应早浇返青水。返青水合宜的灌水量为 525～600 m^3/hm^2。

4. 拔节和孕穗水

拔节至孕穗阶段，营养生长和生殖生长并进，需水量猛增。及时浇拔节水能减少中等分蘖死亡，提高单株成穗率，穗也大；浇孕穗水能减少小花退化，提高穗粒数。拔节期土壤水分应保持田间持水量的 70%～80%，最低不能低于 60%。群体不足的弱苗田，应提早浇拔节水，即使浇了返青水也应浇拔节水，以争取多穗，增加干物质积累。群体过大的旺苗田，应控制浇拔节水，加速中小蘖死亡，使群体趋于合理。拔节水合宜的灌水量为 525～600 m^3/hm^2。孕穗期土壤水分应保持在田间持水量的 80%左右，特别四分体时期是小麦水分的临界期，不能低于 70%。于挑旗前及时浇好孕穗水是小麦夺取高产的关键，合宜的灌水量为 525～600 m^3/hm^2。

5. 灌浆水和麦黄水

抽穗后到蜡熟期，麦田的土壤水分应保持在田间持水量的 65%～80%。麦田早浇灌浆水能增加粒重，提高结实率。合宜的灌水量为 525～600 m^3/hm^2。中低产麦田在浇灌浆水的基础上，可推荐浇麦黄水，有利植株养分向籽粒运输，增加粒重，并通过增加田间湿度，降低株间温度，减轻干热风的危害。

由于水资源有限，不一定每个时期都能灌水，因此，在保持充足底墒条件下，在可浇三水的地区，供水时间可确定为冬前、拔节和孕穗或开花，或拔节、孕穗和灌浆初期；能够浇二水的情况下，以冬前和拔节期或拔节和开花为宜；若只允许浇一水，应在拔节期。每次灌水量为 600 m^3/hm^2。灌水方法可以采用畦灌、喷灌、滴灌以及水肥一体化灌溉。一般年份畦灌 2 次水即可实现高产高效，而水肥一体化灌溉能在不增加灌水总量的条件下，进一步提高小麦产量和水分利用效率。

三、玉米的灌溉技术

玉米是高耗水作物，由于各地自然和气候条件的差异，玉米对灌水的需求也不尽相同。在湿润地区一般不需要灌溉。在干旱或半干旱地区，则需要根据情况进行灌溉。

(一)需水规律

全生育期需水量受产量水平、品种特性、栽培条件、气候等诸多因素的影响。一般来说，玉米一生的耗水总量，春玉米为 2 550～6 000 m^3/hm^2，夏玉米为 1 860～4 440 m^3/hm^2。

由于玉米各个生育阶段历时长短、植株生长量、地面覆盖度以及气候变化等诸多因素的影响，不同生长阶段对水分消耗有一定的差异。玉米一生需水动态基本上遵循“前期少，中期多，后期偏多”的变化规律。

1. 播种至拔节期

在播种至拔节期需水量占总需水量的15%～25%。一般夏玉米在这一阶段的需水比例略高于春玉米。日耗水量各地变化较大，春玉米15～22.5 m^3/hm^2，夏玉米22.5～37.5 m^3/hm^2。

2. 拔节至吐丝期

拔节至吐丝期春、夏玉米的需水量占总需水量的20%～40%。日耗水量春玉米一般为37.5～52.5 m^3/hm^2，夏玉米一般为42～60 m^3/hm^2。

3. 吐丝至灌浆期

春玉米在吐丝至灌浆期需水量占总需水量的15%～30%，夏玉米为20%～30%，春玉米日耗量为45～60 m^3/hm^2。

4. 灌浆至成熟期

春玉米在灌浆至成熟期需水量占总需水量的20%～35%，夏玉米占总需水量的15%～30%。春玉米日耗水量一般为30～45 m^3/hm^2，夏玉米为30～42 m^3/hm^2。

(二)灌溉技术

在不同生育时期，玉米的需水量不同，灌溉的增产效果也不同。灌溉时要根据玉米长相、土壤墒情和降雨情况确定灌水时期和灌水量。

1. 底墒水

种子发芽、出苗一般要求适宜的土壤水分为田间持水量的60%～70%，低于50%时难达全苗，而土壤水分过高也不利于苗期“蹲苗”。因此，在底墒不足时，播前灌好底墒水是确保全苗、壮苗的重要措施。

春玉米最好在秋耕的基础上，在冬季进行灌溉，可起到疏松土壤，冻死越冬害虫的作用。若不能进行冬灌，应在早春土地解冻后，及时春灌，灌水太晚不能适时播种。春玉米冬灌或春灌每公顷900 m^3，夏玉米播种前灌底墒水每公顷750 m^3。玉米前作收获后，如底墒不足，应及时灌溉、整地、播种。为抢农时，也可采用浇麦黄水或播后浇蒙头水。

2. 苗期水

正常生长的玉米，苗期一般都需要“蹲苗”，不灌水，以利于控制地上生长和促进根系向纵深发展。在土壤水分不低于田间持水量的55%时，可不进行灌溉。对于底墒严重不足，又遇连续干旱的地块，应及时进行适量灌溉。

3. 拔节水、孕穗水

拔节水能促进玉米建成较大的营养体，积累较多的干物质，并为雌、雄穗的良好分化创造条件。孕穗期对水分非常敏感，水分不足会造成“卡脖旱”，不能正常抽雄授粉，降低结实率。因此，灌孕穗水有利于玉米穗部发育和提高产量。

拔节期土壤水分应达田间持水量的65%～70%，孕穗期应达田间持水量的70%～80%，如果玉米群体生长量不足，叶面积系数较小时，应早浇拔节水，并浇孕穗水。高产田在土壤水分不太缺时，一般不浇拔节水，只浇孕穗水。

4. 抽雄开花水

抽雄开花期对水分的反应也极为敏感，保持土壤适宜的水分能缩短穗的抽出时间，提高花粉和花丝的生活力，防止受旱“晒花”，保证授粉正常进行，减少果穗秃尖长度，促进大穗的形成。

抽雄开花期土壤水分应保持在田间持水量的70%～80%。除遇充足的降雨外，一般春玉米、夏玉米在这一阶段都应灌溉，这是一次增产的关键水。

5.灌浆水

灌浆水对于防止叶片过早衰老，促进籽粒光合产物的积累，提高产量有重要作用。特别是春玉米在这一阶段常遇干旱，更须灌溉。这一阶段土壤水分应保持田间持水量的70%～75%，水分不足时，需适当灌溉。

总之，在保证播种出苗及水分临界期的阶段土壤水分充足供应的基础上，拔节期和灌浆期灌水增产效果显著。夏玉米除灌底墒水外，一般年份不需要灌溉，若遇干旱年份须补水灌溉。

四、水稻的灌溉技术

水稻是喜水作物，科学的水分管理对水稻生长非常重要。科学灌溉不仅能满足水稻生理、生态需水，提高单产，改善品质，改善稻田生态，也能显著节水、节支。

（一）需水规律

稻田需水量包括水稻生长期间植株的蒸腾、株间的蒸发和地下渗漏的水量。各地稻田需水量差异很大，单产5.9～9.7 t/hm^2 需水量为5 200～13 300 m^3/hm^2，以西北地区需水量最多，其次是西南，华南、华北、华中和华东地区依次减少，产量提升需水量也增加。

水稻苗期需水少；插秧、返青至分蘖前期需水多；分蘖后期至拔节初期需水少；孕穗期至抽穗期需水多，是水稻需水的临界期；灌浆成熟期需水少。

（二）灌溉技术

除了生长期间的降水直接供给外，有一部分需要通过灌溉来补充，每亩稻田需要补充灌溉的水量为稻田的灌溉定额。具体灌溉定额需要根据作物长势长相、土壤特点、气候特点和水源情况灵活掌握，北方稻田由于蒸腾量和渗漏量大，而降雨量相对较少，因此，其灌溉定额远远高于南方稻田，一般为7 500～15 000 m^3/hm^2。

一般高产田的灌溉技术是浅水间歇灌溉，即所谓的“浅水插秧，深水活棵，浅水分蘖，够苗晒田，足水孕穗，浅水扬花，湿润壮籽，黄熟落干”。各生育时期灌溉要求如下：

1.返青期

返青期要求“深水活棵”，稻田保持一定水层，创造温湿度较为稳定的环境，促进早发新根，加速返青。但水层不宜过深，否则会影响叶片功能和水稻生长的恢复。

2.分蘖期

分蘖期要求“浅水分蘖”，适宜田间水分是介于土壤水饱和到浅水层（3 cm以内）之间。稻田土壤昼夜温差大，光照好，能促进分蘖早发快发，单株分蘖多，分蘖成穗率较高。

3.分蘖末期

分蘖末期要求“够苗晒田”，适时晒田促根。群体总茎蘖数达到计划数的85%左右开始断水晒田。能改善土壤环境，使叶色转黄，增强抗倒，抑制无效分蘖，改善群体质量，增强基部透光性，消除土壤有毒物质，减轻病虫害，有利于转向碳同化的生殖生长。晒田一般在分蘖末期至幼穗分化初期进行，根据苗情和土壤确定晒田程度。苗数足、叶色浓、长势旺、肥力高的田块应早晒、重晒。反之，应迟晒、轻晒。

4. 幼穗发育期(孕穗期)

幼穗发育期(孕穗期)有“足水孕穗”的说法，也有“寸水养苞”的说法。这个时期是水稻一生中的生理需水临界期，一般占到全生育期需水量的 30%～40%。此时一般采用水层灌溉，维持深水层 3～5 cm，不宜超过 10 cm。

5. 抽穗开花期

抽穗开花期要求“浅水扬花”，此时对稻田缺水的敏感程度仅次于孕穗期，一般要求有水层灌溉，能显著提高结实率。

6. 灌浆结实期

灌浆结实期要求“湿润壮籽，黄熟落干”，采用浅、湿、干间歇灌溉，以湿润为主，促控结合，能延长根系和叶片的功能，防止早衰。乳熟期至收获前，应保持土壤湿润状态，一般在收获前 10 d 左右断水。

五、棉花的灌溉技术

(一)需水规律

棉田需水量受自然条件、农业技术措施和产量水平的影响，黄河流域棉区棉田需水量为 5 500～6 500 m^3/hm^2，北疆和南疆棉区棉田需水量分别为 4 200～4 500 m^3/hm^2 和 5 000～6 250 m^3/hm^2。由于各生育时期的外界环境条件和生育状况不同，对水分的需求有很大区别。

1. 苗期(出苗至现蕾)

从出苗至现蕾这一阶段棉花的阶段需水量仅占总需水量的 15%左右，高产棉田每公顷需水 600～750 m^3。0～40 cm 土层土壤相对含水量以 55%～70%为宜。

2. 蕾期(现蕾至始花)

从现蕾至始花这一阶段，棉花的阶段需水量占总需水量的 20%左右，高产棉田每公顷需水 1 050～1 350 m^3，一般棉田每公顷需水 900～1 050 m^3。0～60 cm 土层土壤相对含水量以 60%～70%为宜。

3. 花铃期(开花至始絮)

从开花至始絮这一阶段，棉花的阶段需水量占总需水量的 45%～65%，高产棉田每公顷需水 2 700～3 600 m^3，一般棉田每公顷需水 2 250～2 850 m^3。0～80cm 土层土壤相对含水量以 70%～80%为宜。

4. 吐絮期(始絮至收花)

从始絮至收花结束这一阶段，棉花的阶段需水量占总需水量的 10%～20%，高产棉田每公顷需水 525～675 m^3，一般棉田每公顷需水 450～525 m^3。土壤相对含水量以 65%为宜。

(二)灌溉技术

棉花灌溉一般分为播前浇底墒水和生育间期灌溉，播前浇底墒水可采用秋冬灌，也可以采用春灌。生育间期灌溉可采用膜下滴灌，该法水肥利用效率高，土壤团粒结构保持较好，土壤疏松不板结，通透性好，可为棉花的中后期生长创造良好的水、肥、气、热环境。不同时期灌水效应如下。

1. 底墒水

适于棉花发芽出苗的土壤水分为田间持水量的70%～80%，大于80%过湿，小于50%过干。北方棉区春播时降雨少，加之土壤蒸发快，土壤水分不足，一般都需浇好底墒水，适墒播种。南方两熟棉区，播种时，一般多阴雨连绵，常造成土壤湿度过大，应注意清沟排水，降低土壤湿度。

2. 苗水

苗期适宜土壤水分应保持田间持水量的55%～70%，大于85%受渍，小于50%受旱。北方一熟棉区，播前浇了底墒水的，苗期一般不浇水，遇严重干旱需要浇水时，也应小水轻浇或隔沟浇。麦套棉遇旱应及时浇水，防止棉苗受旱。南方棉区，苗期雨水多，应强调清沟排渍，以降湿提温，促根防病。

3. 蕾水

蕾期适宜的土壤水分应为田间持水量的60%～70%，大于90%或小于50%，都不利于棉花的生长发育。北方棉区，蕾期一般降雨较少，对于营养体较少、叶面积系数不足的棉田，应适时适量浇水，促进快长，多现蕾，建立起丰产架子。高产棉田一般不浇蕾水，以防徒长。蕾水要控制水量，切忌大水漫灌。南方棉区，蕾期正值梅雨季节，应继续加强清沟排水，清除明涝和暗渍。

4. 花铃水

花铃期适宜的土壤水分为田间持水量的70%～80%，大于90%或小于60%都易引起棉株水分失调，造成大量蕾铃脱落，并导致棉株早衰或贪青。北方棉区初花期一般还未到雨季，常出现干旱，应根据棉株生长情况灵活浇水，棉株长势弱的要适当早浇，长势旺的应适当晚浇。盛花期已进入雨季，土壤一般不缺水，棉株不致受旱，可免浇水。降雨太多时，还应注重排水，防止田间积水，影响根系活动，导致蕾铃脱落。南方棉区，花铃期正是伏旱季节，必须及时浇水，以水调肥。有利于多结铃，少落铃。

5. 吐絮水

吐絮期适宜的土壤水分为田间持水量的55%～70%，大于80%或小于50%对棉桃发育产生不利影响。北方棉区一般年份吐絮期不缺水，无须浇水。特别干旱年份，需要适时浇水，以防早衰。南方棉区吐絮期，通常秋雨较多，应注意排水。

六、花生的灌溉技术

(一)需水规律

花生每生产1 kg干物质，约耗水450 kg。花生耗水量随产量提高而提高，产量为2 250～2 525 kg/hm^2 的普通型晚熟大花生全生育期耗水3 150～3 450 m^3/hm^2；产量为3 750 kg/hm^2 以上，耗水约4 350 m^3。不同生育时期对水分的需求也不同。

1.播种至出苗

播种至出苗阶段的需水量仅占全生育期需水量的4%～7%,田间适宜的水分以占田间持水量的60%～70%为宜,低于50%难以正常发芽出苗,应适当灌水。含水量过高,土壤通气差,影响种子正常呼吸,易造成烂种缺苗。

2.出苗至开花

出苗至开花阶段的需水量占总需水量的12%～24%,土壤水分以田间持水量的50%～60%为宜,适当干旱有可促进根系生长,控制茎叶生长,利于形成壮苗;然而低于40%,则不利于根系对水分和养分的吸收,影响植株的正常生长发育;大于70%,也不利于根系的深扎,且也不能形成健壮的地上部分。

3.开花至结荚

开花至结荚阶段的需水量占总需水量的50%～60%,是需水最多的时期,土壤水分以田间持水量的65%～75%为宜;低于50%时,开花数明显减少;低于40%时即停止开花。因此,一般低于50%时,应及时进行灌溉;土壤水分也不能超过田间持水量80%,否则会引起植株徒长甚至倒伏,抑制荚果发育或烂荚造成减产。

4.结荚至成熟

结荚至成熟阶段的需水量占总需水量的20%～30%,土壤水分以田间持水量的55%～65%为宜,低于50%影响荚果充实饱满,高于70%烂果增加。

(二)灌溉技术

根据花生两头少、中间多的需水特点,在一般情况下,幼苗期遇旱,可不浇水,开花期、荚果形成期、饱果期遇旱,则应适量浇水。高产花生栽培,春花生一生中一般浇水2～3次,秋花生3～5次,每次灌水的水量不宜太大,以300～450 m^3/hm^2 为宜。

在春花生的中、后期和秋花生的前期,由于阳光强,气温高,灌水时应在早晨或傍晚进行,防止引起烂叶和烂果。

由于花生具有“地干不扎针,地湿不鼓粒”的特点,所以灌水时既要及时,又要速灌速排,一般灌至畦高2/3至4/5处,让水分慢慢渗入畦内。当畦中央土面微湿时,就应及时排干,切忌大水漫灌或串灌,较好的灌溉方式是喷灌和滴灌。在易涝的地块,应有良好的排水沟渠,防止田间积水,影响荚果的发育。

七、油菜的灌溉技术

(一)需水规律

油菜是需水量较多的作物。在常规灌溉条件下,全生育期需水量为3 000～4 950 m^3/hm^2。油菜喜湿润,又不耐水渍。

种子萌发出苗期,土壤水分以田间持水量的60%～70%为宜;苗期的土壤水分以田间持水量的70%～80%为宜;蕾薹期是油菜的水分临界期,开花期是油菜的最大需水期,蕾薹期和开花期土壤水分以田间持水量的70%～80%为宜;结角期要求土壤水分为田间持水量的60%～80%。

苗期耗水强度小,但冬油菜苗期长,耗水量占一生总耗水量的30%以上,春油菜占20%左右。薹花期耗水强度大，耗水量占生育期总耗水量的40%～50%。角果发育成熟期耗水强度下降，耗水量占生育期总耗水量的30%左右。

（二）灌溉技术

冬油菜主产区，秋、冬季降水少；春油菜主产区冬、春季降水少。因此，油菜种子萌发出苗期和苗期常遇干旱，应立足于浇好底墒水；旱地要注意及时耙磨，蓄水保墒，力争足墒下种；稻一油两熟地区，对排水不良的烂泥田可在水稻收获前7～10 d四周开沟排水，或采用高畦。苗期要根据需要灌水，特别是北方冬油菜产区，要适时灌冬水，以保苗安全越冬。

南方冬油菜主产区春雨多，因此，春季水分管理的重点是做好清沟降渍、预防湿害的工作。

北方冬、春季一般干旱少雨，因此，北方冬油菜返青期、蕾薹期和开花期都要进行春灌，特别是蕾薹期和开花期灌溉是增产的关键措施；北方春油菜蕾薹期和开花期亦应浇水。终花期后，如遇干旱，可适时灌溉。

八、大豆的灌溉技术

（一）需水规律

大豆是需水较多的作物，俗语“旱谷涝豆”就说明大豆的需水特性。据测定，大豆每形成1 kg干物质需要600～1 000 kg水，是玉米的1倍多。

大豆整个生长过程需水较多，在各生育时期的耗水量差异很大。

1. 播种至出苗

播种至出苗期耗水量大约占总耗水量的5%。这一时期，如水分不足，或中途落干，种子在土壤中容易丧失生根能力，即使勉强发芽出苗，也难以达到苗全苗壮。

2. 出苗至分枝

出苗至分枝期耗水量大约占总耗水量的13%，这时正值大豆蹲苗扎根，若土壤水分过多，根不下扎，茎节细长，中后期易倒伏。这一时期除非特殊干旱，一般不宜灌水。相反，应适当控制水分，促进根系深扎，增强抗倒伏能力。

3. 分枝至开花

分枝至开花期耗水量大约占总耗水量的17%，此期主茎变粗伸长，复叶不断出现，分枝相继产生，根系向纵深发展。与此同时花芽也陆续分化，进入营养生长和生殖生长并进阶段。这一时期大豆对水分的要求开始增长，及时灌水对大豆生长发育均具有促进作用。

4. 开花至鼓粒

开花至鼓粒期大豆需水最多，约占总耗水量的45%，是大豆需水的关键时期，蒸腾作用强度在这个时期达到高峰，干物质也直线上升。因此这个时期及时而充分的供给水分，是保证大豆高产的重要措施。

5. 鼓粒至完熟

鼓粒至完熟期耗水量大约占总耗水量的20%，这一时期若干旱缺水，则瘪粒、瘪荚增多，且粒重下降。在大豆鼓粒期，东北大豆主产区一般降雨较少，往往造成秋吊，这时如能灌鼓粒水，以水攻粒，对提高大豆产量和品质有明显促进作用。

(二)灌溉技术

1.根据生育时期浇水

不同生育时期大豆需水不同,如苗期需水较少,应适当干旱,不浇水或少浇水。在开花、结荚、鼓粒期需水较多,干旱对产量影响较大,遇旱应及时浇水。

2.根据大豆长相灌水

植株生长状态是需水与否的重要标志。如大豆植株生长缓慢,叶片老绿,中午有萎蔫现象,即为大豆缺水表现,应及时灌水。据测定,当大豆植株体内含水量在69%~75%时,为正常生育状态;当含水量降低到65%~67%时,呈萎蔫状态;当含水量降低到59%~64%时,植株凋萎,开花数减少,落花明显增加。

3.根据土壤墒情灌水

土壤含水量是否适宜是正确确定灌水与否的可靠依据。在一般土壤条件下,大豆各生育阶段土壤适宜含水量分别为幼苗期20%左右,分枝期23%左右,开花结荚期30%左右,鼓粒期25%~30%。当土壤含水量低于适宜含水量时,大豆就有受害的可能,应进行浇水。

4.根据天气情况灌水

根据天气情况和天气预报确定灌水,如久晴无雨速灌水,将要下雨不灌水,晴雨不定早灌水。气温高,空气湿度低,蒸发量大,土壤水分不足,应及时浇水,即使土壤水分勉强够用,但由于空气干燥也应适时浇水。

5.根据土质和地势灌水

土质、地势不同,灌水次数、灌水数量也应有所区别。如沙质土蓄水保肥差,大豆易受干旱影响,应轻灌、勤灌。黏重土壤,蓄水力较强,水分容易蒸发,灌水量要适当大些。土壤结构良好,有机质含量高,保水力强,灌水次数和灌水量不可过多。常见灌溉方法如下。

(1)沟灌。适用于垄作地区,水从垄沟里渗到土壤中去,不接触垄上表土,可以防止板结,有利于改善大豆的水、气、热条件。

(2)畦灌。适用于窄行平播大豆。优点是灌水快,省水,灌水量容易控制,不至造成土壤冲刷及肥料流失。但畦灌要求土地平坦,土地不平时,灌水不均匀,灌水后地表土壤易板结。

(3)喷灌。就是用喷灌机进行人工降雨。它可以不受地形限制,减少渠道设置,充分利用土地。

九、甘薯的灌溉技术

(一)需水规律

甘薯田间耗水量相当大,全生育期为5 670~5 775 m^3/hm^2,不同生长阶段的需水量不同。

1.发根分枝结薯期

发根分枝结薯期的需水量占总需水量的20%~30%,每日耗水量在19.5~31.5 m^3/hm^2之间。如水分过少,薯苗发根迟缓,蔓叶生长量不够,小株率增加,不利于大量块根的形成;水分过多,地温低,通气差,也难以形成良好的甘薯根系和健壮的地上部分。

2. 蔓、薯并长期

蔓、薯并长期的需水量占总需水量的40%～45%，日耗水量在75.0～82.5 m^3/hm^2 之间。土壤含水量以维持在田间持水量的70%～80%为宜。供水不足，蔓叶生长减弱，群体光合面积小，光合产物积累少，不利于块根的发育；水分过高，加之高温多肥，极易引起蔓叶徒长，养分失调，也会降低块根产量。

3. 薯块旺长期

薯块旺长期的需水量占总需水量的30%～35%，日耗水量在30 m^3/hm^2 左右。土壤含水量以维持田间持水量的60%左右为宜。受旱常引起早衰，块根有机物积累少，产量降低；受涝则土壤通气条件恶化，块根发育不良，干薯率下降，甚至导致块根“硬心”。

（二）灌溉技术

不同阶段的灌水效应和灌水技术如下。

1. 栽前水

为保证薯秧能够足墒栽插，一般都需灌一次栽前水，掌握在栽插前4～5 d灌完，水量以375～525 m^3/hm^2 为宜。

2. 活棵水

为促进秧苗早发根，缩短缓苗期，提高成活率，一般在栽秧后要及时浇活棵水，要求浇匀，最好是小水勤浇，以保持土壤湿润，土壤相对含水量要维持在70%～80%，直至成活为止。

3. 催苗水

栽插成活后，如遇干旱（土壤相对含水量低于60%），应及时浇水，以促进根系良好发育，加速分枝，早结薯块。催苗水不能太大，以不超过450 m^3/hm^2 为宜。

4. 攻蔓水

在分枝结薯后期和蔓薯并长期如降水较少时，应进行1～2次灌水，以促进茎叶生长，增大光合面积，多结薯，早膨大。灌水量以450～600 m^3/hm^2 为宜。

5. 发薯水

为促进薯块发育，提高产量，高产薯田在蔓薯并长后期至茎叶落黄期间，如秋雨较少、土壤相对含水量低于55%时，应进行灌溉，灌水量以450 m^3/hm^2 为宜；秋雨较多时，一般不灌此水。雨季和降雨量大时，应及时清沟排水，避免水涝；否则，会导致烂苗，影响块根膨大，造成薯块硬心（无食用价值）、切干率降低和不耐贮藏等。

十、马铃薯的灌溉技术

（一）需水规律

马铃薯是需水较多的作物，其蒸腾系数为400～600，即每形成1 kg干物质，需消耗400～600 kg水分。根据蒸腾量的计算，每生产1 kg鲜块茎需耗水100～150 kg。马铃薯不同时期对水分的需求如下：

1. 发芽期

发芽期所需水分主要靠种薯自身薯块里的水分供应，如芽块较大，能达到30～40 g，土壤含水量也能够达到14%左右，就可以保证发芽出苗。

2. 幼苗期

幼苗期叶面积小，蒸腾量不大，因此，此时的耗水量相对较少。一般幼苗期的耗水量是全生育期耗水量的10%。此时不宜水分过剩，否则影响根系发育，降低后期抗旱能力；水分不足则影响地上部分发育，造成发育缓慢，棵小叶小，花蕾脱落。

3. 块茎形成期

块茎形成时期需要充足的水分，此时蒸腾量迅速增大，耗水量占全生育期耗水量的30%左右，此期水分不足会造成植株生长缓慢，块茎减少，影响增产。

4. 块茎膨大期

块茎膨大期是马铃薯需水量最多的时期，此时植株体内营养分配由供应茎叶迅速生长为主，转变为主要满足块茎迅速膨大为主，这时茎叶的生长速度明显减缓。据测定，这个阶段的需水量占全生育期需水总量的50%以上。此时如缺水会导致块茎停止生长。以后即使再降雨或有水分供应，植株和块茎恢复生长后，块茎容易出现二次生长，形成串薯等畸形薯块，降低产品质量。但水分也不能过大，如果水分过大，茎叶就易出现疯长的现象。

5. 淀粉积累期

淀粉积累期需适量水分供应，保证植株叶面积的寿命和养分向块茎转移，淀粉积累期耗水量占全生育期需水量的10%左右。此期不可水分过大，土壤过于潮湿，块茎的气孔开裂外翻，就会造成薯皮粗糙。这种薯皮易被病菌侵入，对贮藏不利。如造成田间烂薯，将严重减产。

（二）灌溉技术

灌溉方法包括沟灌、喷灌和滴灌。沟灌是马铃薯栽培中最为常见的一种灌溉方法，通过垄间的灌水沟进行灌溉。不同时期灌水需求如下：

1. 发芽期

发芽期不灌水。

2. 幼苗期

幼苗期在40 cm土层内保持田间最大持水量的65%左右为宜。

3. 块茎形成期

块茎形成期以60 cm土层内保持田间最大持水量的75%～80%为宜。该期严重缺水的标志是花蕾早期脱落，植株生长缓慢，叶色浓绿，叶片变厚等。

4. 块茎增长期

块茎增长期以60 cm土层内保持田间最大持水量的75%～80%为宜。如早熟品种在初花、盛花及终花阶段，晚熟品种在盛花、终花及花后1周内，应根据降雨情况来决定灌溉措施。勿灌水过多，以免引起茎叶徒长。

5. 淀粉积累期

淀粉积累期以60 cm土层内保持田间最大持水量的60%左右为宜。

6. 成熟收获期

成熟收获期不灌水。收获前15 d停止灌溉，以确保收获的块茎周皮充分老化，便于贮藏。

第三节　作物化学控制技术要点

作物化学控制技术是通过调节植物内部化学信息系统，改变生长发育过程，发挥良种潜能，是作物高效安全生产的重要栽培管理技术。其理论基础是基于生物学研究揭示的植物生长发育受激素等信息调控。其目标是解决农业生产中的问题，提高生产力。该技术一直是理论和实践有机结合、相互促进的典型。植物生长调节剂和激素调控理论在农业生产上的应用更是广泛多样，有很多成功的范例，如赤霉素在杂交稻制种上的应用、甲哌鎓在棉花上的应用、甲基环丙烯在果品保鲜上的应用等，都引起了作物生产和产业的重大技术革新，取得了巨大的经济和社会效益。

一、作物化学控制基本概念、植物生长调节剂分类与施用方法

(一)作物化学控制

作物化学控制技术是指以应用植物生长调节物质为手段，通过改变植物内源激素系统，调节作物生长发育，使其朝着人们预期的方向和程度发生变化的技术。早期多被称为“植物生长调节剂在农业上的应用”，至 20 世纪 70 年代末，原北京农业大学(现中国农业大学)提出了“作物化学控制”的概念，并创立和完善了相关理论。

作物化学控制涉及植物激素、植物生长调节物质等基本概念。

1. 植物激素

植物激素是植物体内代谢产生的，能运输到其他部位起作用的，很低浓度就有明显调节生长发育效应的化学物质。

2. 植物生长调节剂

植物生长调节剂是指人工合成的，低浓度即可影响植物内源激素合成、运输、代谢及作用，调节植物生长发育的化学物质。包括人工合成和提取的天然植物激素，如吲哚乙酸(IAA)、赤霉酸(GA_3)等；人工合成的天然植物激素的类似物，如萘乙酸(NAA)、吲哚丁酸(IBA)、6-苄基腺嘌呤(6-BA)等；人工合成的与天然植物激素的结构不同，但具有调节活性的物质，如缩节安(DPC)、矮壮素(CCC)、多效唑(PP333)、乙烯利等。

3. 植物生长物质

植物生长物质泛指对植物生长发育有调控作用的内源的和人工合成的化学物质。

(二)植物生长调节剂分类

植物生长调节剂种类很多，按照一定的标准对其进行分类，有利于科学研究和生产应用。

1. 根据与植物激素作用的相似性分类

(1)生长素类化合物。常用的、人工合成的具有生长素活性的化合物，按照其化学结构大致可以分为三大类。

①吲哚类：包括吲哚丙酸、IBA 等。应用最多的是 IBA，因为它不能被吲哚乙酸氧化酶分解而失活，活性高而稳定。

②萘酸类：如 NAA，其活性强，是应用最广的生长素类物质。

③苯氧羧酸类：主要有二氯苯氧乙酸（2,4-D）、三氯苯氧乙酸（2,4,5-T）等，这两种物质的活性比 IAA 高 100 倍。另外，还有对氯苯氧乙酸（防落素）、对碘苯氧乙酸（增产灵）、对溴苯氧乙酸（增产素）等。在生产上应用最多的是 2,4-D 和防落素。

（2）赤霉素类化合物。如 GA_3 和 GA_{4+7}。

（3）细胞分裂素类物质。在人工合成的、具有细胞分裂素活性的化合物中，最常用的有激动素（KT）、6-BA、四氢化吡喃基苄基腺嘌呤（PBA）等，由于它们在侧链 R_1 上有环状结构，所以在有些生物测定系统中，它们的活性比天然细胞分裂素要高。

（4）脱落酸类物质。如 S-诱抗素。脱落酸昂贵的价格限制了它在农业生产上的应用。人工合成的脱落酸是天然型与非天然型的混合物。

（5）乙烯释放剂。

①乙烯：在常温下是气体，难以在生产上应用。乙烯利（2-氯乙基膦酸）是一种水溶性的乙烯发生剂，$pH<4.1$ 时稳定，进入植物体后，由于植物组织内的 pH 高于 4.1，则乙烯利被分解释放出乙烯。

②ACC 的形成是乙烯合成的限制性步骤，对植物外用 ACC 可促进内源乙烯的产生。环己亚胺、乙二肟等可造成果皮伤害，促进愈伤乙烯的发生，因此被作为果实脱落剂使用，应用于柑橘等果实的机械采收中。

（6）乙烯合成或作用抑制剂。如氨基乙氧基乙烯基甘氨酸（AVG）和氨基氧乙酸（AOA）是最常见的乙烯生物合成专一抑制剂，抑制 ACC 酶活性。与乙烯竞争作用位点的物质有两大类。

①Ag^+、Co^{2+} 等重金属离子：硝酸银和硫代硫酸银外用于植物是很强的乙烯作用抑制剂。在对乙烯作用发生抑制的浓度范围内，Ag^+ 没有毒害，并且作用专一而持久。

②反式环辛烯：是一种乙烯竞争性抑制剂，它可能是乙烯与受体结合的竞争性抑制剂。另外，1-甲基环丙烯（1-MCP）是近年开发的乙烯受体竞争抑制剂。

（7）油菜素内酯类物质。如 24-表芸苔素内酯（24-epi-brassinolide，BR）、28-高芸苔素内酯（28-homo-brassinolide）以及持效期较长的丙酰芸苔素内酯等。

2.根据植物生长调节剂对植物茎尖的作用方式分类

植物茎尖可分为分生区、伸长区和成熟区。茎的生长主要决定于分生区中的顶端分生组织和伸长区中的近（亚）顶端分生组织。顶端分生组织的细胞不断分裂和分化，近顶端分生组织的细胞以延长为主，也有部分细胞分裂。

（1）植物生长促进剂。凡是促进细胞分裂、分化和延长的化合物都属于植物生长促进剂，它们促进营养器官的生长和生殖器官的发育。如生长素类、赤霉素类、细胞分裂素类、油菜素内酯类、三十烷醇等都属于植物生长促进剂。

（2）植物生长抑制剂。阻碍顶端分生组织细胞核酸和蛋白质的生物合成，抑制顶端分生组织细胞伸长和分化的调节剂称为植物生长抑制剂。植物生长抑制剂使顶端优势丧失，影响当时生长和分化的侧枝、叶片和生殖器官，增加侧枝数目，叶片变小，植物形态发生很大的变化。

①生长抑制剂与摘心剂：如马来酰肼（如青鲜素，抑芽丹）与尿嘧啶的结构非常相似，它进入植物体后可代替尿嘧啶的位置，从而阻止核酸的合成，抑制顶端分生组织细胞的分裂。另一类为直链脂肪醇或酯（如辛葵酯、辛葵醇，$C_8 \sim C_{12}$ 脂肪族烷酯）可透入茎尖幼嫩的角质层，损伤或杀死茎尖，但不能透入植物较老器官的角质层，因此被用作摘心剂（化学修剪或打尖剂），

常用在果树和观赏植物上。

②抗生长素类及生长素运转抑制剂:如三碘苯甲酸(TIBA)与生长素竞争作用位点,使生长素不能与受体结合而发挥生理效应,表现出抗生长素的特性。TIBA 同时又可阻碍生长素的极性运输,使植物顶端优势丧失,导致植株矮化、分枝增多、花数增加。又如整形素(氯甲丹)可抑制顶端分生组织细胞的有丝分裂和生长素的运转,导致茎的顶端优势丧失,促进侧芽的发生,使植株矮化并成为丛生状态,但仍可开花结果。通常用于绿化树篱及观赏植物。一般情况下,外施生长素可逆转抗生长素类及生长素运转抑制剂的效应。

(3)植物生长延缓剂。抑制茎部亚顶端分生组织区的细胞分裂和扩大,但对顶端分生组织不产生作用的调节剂。延缓剂只使节间缩短,而叶片数目、节数及顶端优势保持不变,植株虽矮小但株型紧凑,形态正常。植物生长延缓剂包括季铵类化合物(CCC、DPC 等)、含有以磷或硫原子为中心的类似季铵类的化合物(Phosphon-D)、三唑类化合物(MET、S_{3307})、嘧啶醇等。由于植物生长延缓剂一般抑制 GA 的生物合成,而 GA 在亚顶端分生区中对细胞伸长起主要作用,所以植物生长延缓剂的效应可用赤霉素来逆转。

3.根据实际应用效果分类

根据生产中植物生长调节剂的用途或效果,可分为以下 11 类。

(1)矮化剂。主要用于控制作物生长,使其矮化健壮,增加抗逆性或控制株型的一类药剂,有减缓植物营养生长、缩短节间、矮化茎秆的作用。作用原理是抑制植物体内 GA 的生物合成。如 CCC 能使小麦、黑麦节间缩短,茎秆增粗,叶片变小呈直立型,通风透光,抗倒伏,千粒重增加,产量提高;DPC 可使棉花节间缩短、株型紧凑、叶片变小,还有防止徒长、改善棉铃质量和提高产量的作用。

(2)生根剂。能促进林木插条产生不定根的植物生长调节剂。对加快果树、园林和花卉苗木的无性繁殖有重要意义。常用的有 IAA、IBA、NAA 等。

(3)催熟剂。促进作物产品器官内部生化反应,加速成熟的一类植物生长调节剂。主要有乙烯利和增甘膦等。乙烯利可用于番茄、辣椒、香蕉、柿子、桃、梨、苹果、西瓜、菠萝、柑橘等瓜果催熟,也可用于棉花催熟,促进早收增产。

(4)脱叶剂。能使植物叶片加速脱落的植物生长调节剂。主要有脱叶膦、乙烯利、脱叶脲、噻苯隆等。用于棉花、大豆、马铃薯、甜菜等作物可加速脱叶,便于机械收获。

(5)保鲜剂。可以防止蔬菜和果品的衰变,起到贮藏保鲜的一类植物生长调节剂。主要有 6-BA、2,4-D、1-MCP 等。例如在采收前 3~5 d,以 25~50 mg/L 的 2,4-D 处理大白菜叶片,可以延迟大白菜在贮藏期间的脱梆。甘蓝叶球采收后用 6-BA 蘸浸处理,或采收前叶面喷洒处理,可使产品在贮藏期间颜色碧绿,保持新鲜。

(6)抑芽剂。也称为摘心剂,是对植物顶端生长点有强烈破坏作用,能使顶端停止生长的一类植物生长调节剂。主要有脱落酸、萘乙酸甲酯、青鲜素、抑芽敏、抑芽丹、除芽通等。用于控制花卉、绿篱和树木造型,也用于果树、烟草等摘心打顶终止生长。

(7)疏花疏果剂。可以使一部分花蕾或幼果脱落的植物生长调节剂。常用的有二硝基甲酚、NAA、萘乙酸胺、乙烯利等。萘乙酸常用于苹果和梨树,乙烯利常用于苹果树等。

(8)抗旱剂。黄腐酸、脱落酸、水杨酸可使植物叶片气孔关闭,减少水分蒸发,从而增强植物对干旱的抗性。但在促进气孔关闭减少蒸腾的同时,也影响 CO_2 的交换,对植物的光合作用产生影响。

(9)干燥剂。能使作物产品器官快速脱水成熟,便于集中采收和贮藏的植物生长调节剂。常用的有百草枯、敌草快、乙烯利等。

(10)增糖剂。增甘膦能使植株延缓生长,改变同化产物在器官间的分配,对酸性转化酶具有专一性抑制作用,从而减少蔗糖的转化和消耗,显著增加糖分的积累和贮藏。如甘蔗收获前30～40 d,用0.3%～0.5%的增甘膦全株喷雾,可提前收获,增加蔗糖含量。应用时,应注意使用时期和使用剂量。

(11)杀雄剂。可使植物雄性不育的植物生长调节剂。主要用于杂交育种,促进自花授粉的植物实现异花授粉,获得杂交后代。常用的杀雄剂有乙烯利、杀雄啉、2,4-丁酸和2,3-二氯异丙酸等。

4.根据调节剂的来源分类

(1)天然或生物源调节剂。自然界天然存在的,一般是从植物、微生物、动物及其副产物中提取生产的,如GA_3、玉米素、脱落酸等。

(2)仿生和半合成调节剂。BR等。

(3)化学合成调节剂。DPC、PP333、CCC、S_{3307}等。

(三)植物生长调节剂的施用途径和方法

1.喷洒

将溶液喷洒是最常用的方法。根据应用目的,可以对叶、果实或全株进行喷洒。喷洒时液滴要细小、均匀,药液用量以喷洒部位湿润为度。为了使药液易于黏附在植物体表面,可在药液中加入少许(5%～10%)乳化剂,如中性皂、洗衣粉、烷基磺酸钠,或表面活性剂如吐温-20、吐温-80,或其他辅助剂,以增加药液的附着力。喷施时间以晴天上午10:00以前和下午4:00以后为宜。喷施后7～8 h之内下雨,需要补喷。

2.点滴法

点滴法多用于处理植物茎顶端生长点、花朵或休眠芽等,可将水溶液直接滴入筒状叶中,如用乙烯利促进凤梨开花即用此法。

3.浸蘸法

浸蘸法常用于种子处理、促进插条生根、催熟果实、贮藏保鲜等。一般把调节剂配成一定浓度的溶液,将处理材料放入后即快速取出为“蘸”,“浸”的时间一般长些。

4.涂抹法

涂抹法是用毛笔或其他工具把药液涂抹在植物的某一部分。用2,4-D涂布于番茄花上,可防止落花,同时避免2,4-D对嫩叶及芽的伤害。

对于切割后收集流出汁液的树木,如橡胶、生漆、安息香树等,促进其次生物质的分泌和流出。处理前在切口下方2～3 cm处去掉木栓化树皮,涂抹上含有乙烯利(8%)的载体,如棕榈油、沥青等。处理后橡胶树的流胶时间延长,药效可维持2个月,橡胶可成倍增产。

5.灌注法

灌注法可用于木本植物,例如在7月中旬,在漆树树干基部打洞灌注8%～10%的乙烯利溶液,以提高产漆量。

6. 土壤施用

土壤施用是将调节剂粉剂或溶液施入土壤或与肥料混合使用，通过根系吸收进入植物体内。例如植物对PP333的吸收主要通过根部，可将PP333施用于果树根系附近的土壤。

7. 气体熏蒸

气体熏蒸适用于有挥发性的调节剂。例如，将萘乙酸甲酯药液喷在纸屑上或与细土等混匀，然后与马铃薯块茎混在一起，在密闭条件下贮藏即可抑制马铃薯萌芽。

8. 介导法

为方便处理，要把药剂先吸附在滤纸、棉线、胶带、棉签、木签等材料上。

9. 拌种与种子包衣

①拌种：将液体或固体药剂用水稀释或直接与种子拌匀。处理后的种子一般略晾干再播种。

②种子包衣：把调节剂加入种衣剂中，进行种子包衣。一般种衣剂含有多种成分，调节剂混用前一定要了解是否会影响有效成分的性能，同时考虑机械混合后是否会影响种衣剂包衣性能。

二、小麦化学控制栽培技术

目前，小麦生产中存在倒伏、冬前旺长、越冬不安全、逆境(倒春寒、干热风等)危害、分蘖成穗率低、杂种优势利用难、穗发芽和贮存损失严重等问题。

(一)小麦壮苗促蘖化控技术

壮苗是高产的基础。冬小麦种植后，越冬前若气温较高或暖冬年份，易造成小麦冬前或早春旺长，分蘖节离开地面，遇到寒流极易造成冻害，特别是近年来全球性气候变化、暖冬等异常气候给小麦安全越冬带来威胁。北方二熟冬麦区，晚播小麦弱苗促壮问题更为突出。应用矮壮素、烯效唑、20%甲·多微乳剂、萘乙酸、吲哚乙酸等处理种子(拌种或浸种)或苗后处理(叶面喷施或土壤处理)等化控技术在冬小麦生产上可起到控旺促壮的作用。

在小麦生产中，应用20%甲·多微乳剂种子处理可实现小麦分蘖多、苗壮的目标。

1. 20%甲·多微乳剂培育壮苗的技术要点

(1)处理方式。拌种。

(2)药剂量与种子量比例。20%甲·多微乳剂药液量与种子重量按1∶50(V/m)，药液浓度按商品推荐浓度配制。

(3)拌种操作。量取一定量的20%甲·多微乳剂，配制使用浓度的药液，按药剂量与种子量比例1∶50(V/m)进行快速反复搅拌，使药液与种子混合均匀，在阴凉处堆闷2～3 h，然后摊开晾至种子互相之间不粘连即可播种。实际生产中，若拌种后不能马上播种，可将种子晾干保存，20 d之内不影响出苗和药效。拌种操作宜在塑料布上或塑料袋中进行。

(4)播种。按当地常规播种方式进行。

2. 技术效果

冬小麦播种前用适宜浓度的20%甲·多微乳剂浸种4～6 h或用20%甲·多微乳剂拌种，可明显改善冬前幼苗根系和叶片的发育及功能，促进分蘖发生并提高麦苗的抗寒能力，但对种子萌发和出苗有一定影响。

3. 注意事项

(1)用量。20%甲·多微乳剂用量越大,出苗率下降幅度越大,出苗期推迟时间越长。因此,这项技术的关键之一在于严格掌握20%甲·多微乳剂用量。

(2)品种的敏感性。作物不同品种对同一种调节剂的反应强度不同。如冬性较弱的品种或春性较强的品种对20%甲·多微乳剂的反应相对比较迟钝,在应用上应适当加大剂量。

(3)温度和湿度。20%甲·多微乳剂的有效作用期与温度和湿度呈负相关,即温度越高,湿度越大,有效作用期越短;而温度和湿度越低,有效作用期越长,且作用效果越强烈。因此,20%甲·多微乳剂的用量应根据当时的具体情况进行确定。

(4)播量。20%甲·多微乳剂做种子处理后,发芽率和出苗率有所下降,因此,生产上应适当增加播量(10%~15%),以保证适宜的基本苗数。

(5)播深。种子处理后由于麦苗的胚芽鞘缩短,地中茎不伸长,幼苗顶土力减弱,出苗期推迟。因此,在生产中应严格控制播种深度在3~4 cm,否则造成烂种、烂苗和黄芽苗,严重影响田间出苗率和出苗期。

(6)土壤质地和整地质量。其与20%甲·多微乳剂种子处理后的出苗有关。黏性土壤中幼苗出土阻力大,且20%甲·多微乳剂的降解速度较慢,因而,宜减少药剂用量。

(二)小麦防倒伏高效化控技术

小麦倒伏一直是世界性难题,世界各小麦主产国每年都不同程度地发生小麦倒伏现象,造成大幅度减产20%~50%。应用矮壮素、多效唑、烯效唑以及甲哌鎓和多效唑或烯效唑的混剂等进行化学调控处理,能控制旺长,防止倒伏。

小麦生产中的倒伏大部分属于茎倒。调控小麦茎秆质量是化学调控的靶标。在多年研究小麦化学调控技术的基础上,中国农业大学作物化学控制研究中心研制出20.8%甲·烯微乳剂,并建立了在冬小麦上的防倒增产技术。

1. 技术要点

(1)施用时期。起身期至拔节初期,在此时期处理后可有效控制基部1~3个节间的伸长生长,同时能促进大分蘖生长,有效增加收获时单位面积穗数和穗粒数。

(2)施用浓度。按商品推荐浓度配制,一般药液量为450 kg/hm^2。

(3)施用方法。叶面喷施。

2. 技术效果

在小麦起身至拔节初期应用20.8%甲·烯微乳剂,降低茎秆基部1~3节间长度,增加单位长度干物质,增强抗倒伏和茎秆弯曲能力;同时促进灌浆,改善产量构成因素,增产10%~15%。该产品环境相容性好,技术应用安全性较高,一般不易发生药害。

3. 注意事项

应用剂量的确定需要考虑影响群体大小和植株的长势的各种因素,包括田间气候条件、品种敏感性、播种时期、基本苗、肥水管理措施等。一般来说,如果春季降雨量大、品种的敏感性低、播种期早、播种量大、施肥水平高、返青至起身期追肥,用量应适当增加,反之宜适当减少。

三、玉米化学控制防倒栽培技术

在玉米生产中，为发挥密植增产效应，不仅要选择紧凑型品种，还要通过栽培措施有针对性地合理调控个体株型和群体结构，以提高植株抗倒伏能力。应用植物生长调节剂乙烯利或其与甲哌鎓、羟烯腺嘌呤、芸苔素内酯、胺鲜酯等的复配剂，能有效改善玉米茎秆质量，提高抗倒能力，是解决玉米倒伏的有效途径，已成为我国玉米高产高效栽培中的重要生产技术。

在众多玉米防倒伏丰产化控技术中，30%胺鲜酯·乙烯利水剂（玉黄金）应用较为广泛。具体应用技术要点如下。

1. 技术要点

(1)施用时期。6～9 叶期。

(2)施用浓度。按商品推荐浓度配制，一般药液量为 450 kg/hm^2。

(3)施用方法。叶面喷施。

2. 技术效果

30%胺鲜酯·乙烯利水剂应用可显著抑制玉米茎基部节间伸长，使玉米节间增粗，抗折力增强，穗位降低，田间防倒伏效果显著。同时提高根系和叶片功能，改善产量构成因素，增产10%以上。

3. 注意事项

①施用时期不能超过推荐玉米生育时期。

②施用剂量需要注意水肥条件、田间管理水平、品种敏感性等。

③为挖掘增产潜力，可适当增加种植密度。

四、水稻化学控制栽培技术

水稻栽培中常常遇到秧苗素质差、徒长、倒伏、杂交制种花期不遇、制种产量低等问题，采用常规栽培技术解决这些问题成效不大，且费工费时，应用植物生长调节剂可有效地解决这些难题。目前，在水稻生产上的化控技术主要应用于培育壮秧、防止倒伏、提高三系法杂交稻制种的产量等。

（一）多效唑或烯效唑培育水稻壮秧技术

育秧是水稻生产上的第一个重要环节。在育秧过程中，由于密度大，光照不足和肥水管理不善等原因，容易造成秧苗徒长，形成细高弱苗。我国长江中下游双季稻种植区，连作晚稻正值盛夏，秧苗生长迅速，又因茬口限制，秧龄偏长，移栽时苗体常过大，栽后易败苗、迟发，这不仅延误季节，而且影响产量。因此，培育矮壮秧，增加分蘖数，使移栽后发根快而多，是水稻高效丰产的保障。利用植物生长调节剂促进壮秧的研究已开展多年，目前在生产上得到应用推广的是多效唑和烯效唑的壮秧技术。

1. 技术要点

(1)施用时期。早、晚季稻都是在秧苗一叶一心期（播后 5～8 d）施用。

(2)施用浓度和药液量。在 100～500 mg/L 范围内，适宜浓度为 300 mg/L。药液量一般在 750～1 500 kg/hm^2。

(3)处理方式。叶面喷施。

2. 技术效果

多效唑应用于水稻秧田，可显著控制秧苗生长，促进分蘖发生，减轻移栽后败苗，促进分蘖早发，增加大分蘖成穗率，增加穗粒数，增产幅度为8%～15%。

3. 注意事项

(1)水稻生育期。多效唑对晚粳稻具有促进抽穗、齐穗、加速灌浆的作用。但对杂交稻有延迟抽穗、齐穗的作用。因此，使用多效唑的杂交稻秧田应适当早插。

(2)施肥期和施肥量。早施、重施分蘖肥，尤其是多施磷、钾肥对多效唑促蘖成穗有很大作用。

(3)气温。日均温20 ℃以下，多效唑的控长率低于20 ℃以上；气温高至30 ℃控长率也有所下降。

(4)残留和残效。由于多效唑残留，杂交稻拔秧留苗田的秧苗生长受抑制，产量下降。因此，处理的连作晚稻秧田不宜"拔秧留田"。有些地区多效唑的残留影响后季稻或后茬秋大豆等作物的生长发育。

(二)水稻控旺防倒伏化控技术

倒伏问题也是水稻高产的限制因子之一。近年来一些优质水稻株高较高，且种植密度偏大、氮肥施用偏多，田间倒伏风险增加。在拔节初期即抽穗前30 d施用多效唑、调环酸钙、调环酸钙·烯效唑混剂等可以实现控制节间伸长，提高茎秆素质，防止倒伏，其中，多效唑应用较为广泛。

1. 技术要点

(1)施用时间。拔节期，即抽穗前30 d。

(2)施用浓度。300 mg/L的多效唑，药液用量以900 kg/hm^2 为宜，有效成分量300 g/hm^2。

(3)施用方法。叶面喷施。

2. 技术效果

多效唑处理水稻可缩短节间，增加基部节间纤维素和木质素含量，增厚茎壁机械组织，减少田间郁闭，增加通风透光度，有效防止稻田倒伏。应用多效唑防止水稻徒长效果显著，但能否增产取决于对照是否倒伏。因此，在生长过旺的田块应用多效唑可实现既防倒伏，又增加产量的效果。

(三)赤霉素(GA_3)在三系法杂交稻制种上的应用技术

杂交稻的成功是水稻种植业的一项革命，传统的杂交稻三系育种法，主要存在的问题有不育系包颈现象严重、父母本花期不遇、花时不遇、穗层分布不合理(母本高于父本)及柱头外露率低等都程度不同地影响着异交结实率，影响制种产量和效益。在几十年的杂交稻制种实践中，使用GA_3可解决不育系的包颈，调节父母本的穗层，促进花期相遇和花时相遇，提高母本(不育系)柱头外露率，使用GA_3等调节剂可显著提高母本柱头外露率。使用GA_3已成为杂交稻制种技术中一项必不可少的高产措施。

1. GA_3打破不育系的包颈现象

由于母本包颈，只有部分穗粒外露。包颈的原因是内源GA_3水平偏低，穗颈下节间(倒一节间)居间分生组织细胞不能正常伸长,其长度小于剑叶叶鞘长度。应用 GA_3 处理可以打破不育系的包颈现象,具体技术要点如下。

(1)喷施时期。母本群体见穗(包括破口穗)5%。

(2)喷施次数与各次用量。一般以 3 d 内连续喷施 3 次效果最佳。第一次用总用量的 20%,第二次占 30%,第三次为 50%,可充分发挥 GA_3 的累加效应。

(3)施用总用量。GA_3 的用量要根据亲本的自然卡颈程度、对 GA_3 的敏感性以及喷施时的天气情况而定。花期相遇正常田块用量掌握在 225～270 g/hm^2。

(4)注意事项。

①不同亲本对 GA_3 的敏感性有差异。

②掌握适当的应用时期和使用剂量与次数。

③气象因素、管理水平等影响 GA_3 使用效果。

2. GA_3 促进父母本花期相遇

在杂交稻制种中,父母本虽按预定的播种差期播种,但在生长发育过程中,因受气候、土肥、秧苗素质、栽培管理及病虫害等因素影响,常使父母本预定的花期有所变动,导致花期不遇,造成减产或失收。应用 GA_3 和多效唑可以有效调节水稻开花,使母本、父本花期花时协调。基本方法为用赤霉酸(GA_3)等促进剂加快抽穗延迟一方的发育,用多效唑延缓抽穗较早一方的发育。

(1)解决父母本花期相遇技术要点。稻穗破口期,用 GA_3(浓度 7.5～12 g/hm^2),加水 375～600 kg,喷施处理生育进程偏晚的母本或父本,该法可提早抽穗 3 d 左右。但应注意,对母本不能过多施用,防止母本过高,不利于授粉。

(2)解决花时不遇技术要点。在父母本花期相遇时,仍然存在着花时不遇的问题,即父母本在同一天内的开花盛期不能很好相遇,使用 GA_3 等调节剂能有效解决这一问题,最终提高异交结实率。

GA_3 施用时期应掌握在全田不育系植株抽穗 10%～20%时喷施为宜,如喷施过早或过晚都会影响制种产量。喷施时间以上午露水干后进行效果较好。

五、棉花化学控制技术

徒长、蕾铃脱落、晚熟是棉花生产中的三大难题。由于棉花具有无限生长习性和蕾铃脱落的特点,生产上常因水肥管理不当或不良气候(如多雨),造成棉花徒长而结铃不多,或弱苗迟发、贪青晚熟,难获稳产、高产和优质。同时,棉花开花结铃持续时间长,棉铃不能同时成熟,即使气候适宜的年份也有少量棉铃在霜前不能正常成熟。所以,协调好棉花的营养生长和生殖生长是获得高产优质的关键。传统栽培技术中,人们多采用深中耕断根、整枝打杈等措施防止棉花徒长和大量蕾铃脱落,采取细整枝、打老叶、推株并垄、提兜断根等方法促进早熟,但费工费时。应用化学药剂可有效调控棉花的生长发育,简化管理过程,提高植棉效益。生产上逐渐形成在棉花生育期间以应用植物生长延缓剂缩节安(DPC)以及在成熟期应用乙烯利和噻苯隆等脱叶催熟剂为主的系统化控技术。

(一)棉花DPC系统化控技术

1.技术要点

(1)种子处理。DPC浸种可以促进棉籽发芽,出苗整齐;促进侧根发生,增强根系活力,实现壮苗稳长;增强棉花幼苗对干旱、低温等不良环境的抵抗能力,促进壮苗,减少死苗,增加育苗移栽成活率。

(2)苗期喷施。未进行种子处理的棉株,可在苗期喷施低浓度DPC,实现壮苗和抵抗逆境的效果。苗期用药多见于移栽育苗的苗床上,可显著防止"高脚苗"和"线苗",缩短移栽后的缓苗期。DPC的浓度一般掌握在40 mg/kg以下,在2片真叶展开时喷施。

(3)苗蕾期喷施。在苗蕾期使用DPC能促进根系发育,实现壮苗稳长,定向塑造合理株型,促进早开花,增强棉花对干旱、涝害等抵抗能力,协调水肥管理,避免早施肥、浇水引起徒长等,还可去掉前期整枝环节。DPC的浓度一般情况为50～80 mg/kg即可。

(4)初花期喷施。初花期用药是DPC系统化控技术的重要一环,可以塑造理想株型,优化冠层结构,推迟封垄,改善棉铃时空分布,增强根系活力。初花期的用药量较蕾期要多,每亩使用DPC 2～3 g。兑水量一般为20 kg,DPC的浓度为100～150 mg/kg。

(5)花铃期喷施。花铃期是棉花产量形成的关键时期,DPC处理能增加同化产物向产量器官中的输送,提高铃重,终止后期无效花蕾的发育,防止贪青晚熟和早衰,简化后期整枝等。如果花铃期只应用一次DPC,一般在打顶前后喷施;如果多雨,密度大,可增加应用次数。DPC用量一般每亩3～5 g,兑水量25～30 kg。

2.技术效果

应用DPC对棉花的根、茎、叶、蕾、花和棉铃等器官的发育和功能都有良好的调节作用,可以协调营养生长和生殖生长,协调根系和茎枝生长,塑造株型和改善棉田生态条件,减少蕾铃脱落,增加纤维产量和改善品质,可增产棉花10%以上。同时,还可简化整枝、节约用工,提高棉花种植效益。

3.注意事项

①DPC的应用需要掌握"分次应用、前轻后重"的原则。

②要做到均匀喷施,株株着药。

③喷药后6 h内下雨,应该根据下雨离喷药的时间和雨量等情况补喷,一般可按正常量的1/3～1/2补喷。

④用药过量,如不太严重的地块,浇一次水会很快缓解。如生长受抑制严重的地块,可以喷施GA_3解除DPC的药效。

(二)棉花化学打(封)顶技术

1.技术要点

(1)增效DPC打(封)顶技术。在棉花上一般只需要于初花期至盛花期时喷施1次(其他时间正常使用普通DPC)。西北内陆棉区使用时间一般在7月1日左右,保证株高70～80 cm,果枝数8～11台/株;施药时喷杆距棉株顶部高度30～40 cm,用药量225 mL/hm^2,喷液量450 L/hm^2。黄河流域棉区使用时间在盛花期前后,株高90～110 cm,果枝数12～13台/株;用量750～1 500 mL/hm^2,机械喷施兑水量450～600 L/hm^2,农用植保无人机喷施兑水量 15～18 L/hm²。喷施时，喷杆离棉株顶心高度 30 cm。喷施 6 h 内遇雨，减半补喷。

(2)氟节胺打(封)顶技术。氟节胺又名抑芽敏，为 25%的乳油，具有接触兼局部内吸的高效抑制侧芽生长的作用。用氟节胺作为打顶剂时，须 2 次施药，严格按照商品标识使用，标识Ⅰ型为第一次施用，标识Ⅱ型为第二次施用，因配方不同切勿混淆。

①第一次喷施时间和剂量：机采棉株高度 55 cm 左右，手摘棉株高度 45～50 cm，或果枝 5 台/株左右时(正常棉田喷施时间 6 月 15—20 日)，第一次采用机械顶喷，氟节胺用量 1 200～1 500 mL/hm²，兑水 500～600 kg/hm²。旺长棉田根据苗情长势须增加 DPC 45～75 g/hm²(Ⅰ型控顶剂)。

②第二次喷施时间和剂量：机采棉株高度 65～70 cm(高密度棉田)，手摘棉株高度 60～65 cm，或果枝 7～8 台/株(正常棉田喷施时间 7 月 5—15 日)。用顶喷加吊管喷施，氟节胺用量 2 250 g/hm²，兑水 600 kg/hm²，旺长棉田根据苗情长势需要增加 DPC 120～150 g/hm²(Ⅱ型控顶剂)。第二次喷施氟节胺后，须 5～7 d 停止供给水肥，以防止二次生长和贪青晚熟。严禁与含有激素类的农药和叶面肥混用，可与微量元素(硼、锰、锌)混合使用。施药后 4 h 内下雨，要减量重新补喷。

2. 技术效果

DPC 和氟节胺均能抑制顶端分生组织的分裂及伸长，延缓或抑制棉花顶尖和果枝尖的分化速率，限制棉花无限生长习性，调节营养生长与生殖生长，塑造棉花理想株型，从而达到类似人工打顶相似的作用。化学封顶可减少对棉株的物理伤害，缩短打顶时间跨度，有效避免漏打和重复打顶的问题。

3. 注意事项

①水、肥、密等栽培措施影响化学封顶技术效果，需要合理运筹。

②使用时间和用药剂量。不同棉区棉株长势和发育进程不同，使用化学封顶剂应根据长势和发育进程而定。也须遵循"时到不等枝，枝到不等时"的原则。不同产品施药剂量不同，用药量按产品说明施用，2 次施药均采用顶喷。

(三)棉花乙烯利催熟技术

1. 技术要点

(1)用药时间。当大多数需要催熟的棉铃达到铃期的 70%～80%(铃龄 45 d 以上)进行处理，过早容易影响棉花品质。喷药后要有 3～5 d 最高温度在 20 ℃以上，以便乙烯利在棉花体内迅速释放乙烯并发挥作用。一般可掌握在枯霜期前 15～20 d，有利于乙烯利在处理后 7 d 表现出催熟效果，并在 10～15 d 出现集中吐絮高峰。

(2)适宜剂量。乙烯利催熟棉花，药液浓度一般为 500～800 mg/kg。用药时间较早、秋季气温高时，浓度可以低些；棉花发育早，浓度可低些；棉花发育晚，浓度应大些。

(3)喷施技术。喷药时强调喷头由下向上，全株均匀喷施，棉铃着药充分。拔棉柴后的青铃，也可用乙烯利催熟，减少晒摘时间，提高棉花品级。

2. 技术效果

乙烯利是一种乙烯释放剂，被植物吸收后，可以在体内分解并释放出乙烯。由于棉花的无限生长习性和气候条件的限制，晚期形成的棉铃发育迟缓或停滞，自己不能释放足够的乙烯达到生理成熟。人工使用乙烯利,可以补充棉铃内乙烯的不足,促进成熟和吐絮。可使霜前花产量增加25%～50%,纤维品质改善,并可及早为复种小春作物腾地。

3. 注意事项

①乙烯利是一种酸性物质,常见的商品是强酸溶液,pH 3.8以上就释放乙烯。水的pH一般为6～8,所以乙烯利加水稀释后,很快失效,要现配现用,不要存放。

②不要与碱性农药混用,保存和使用过程中,可以使用塑料、陶瓷或玻璃容器,不能使用金属容器。

③乙烯利促进棉铃的开裂,使棉铃在籽粒还没有充分发育成熟的情况下吐絮,因此,用乙烯利催熟的棉花籽,最好不做种子用。

④喷施乙烯利要在晴天无风天气进行,喷药后6 h内下雨时要根据情况,减量补喷。

(四)棉花化学脱叶催熟技术

目前使用的脱叶剂成分主要是噻苯隆,其既可有效脱除成熟叶片,也可有效脱除幼嫩叶片,是较好的抑制二次生长和脱除幼叶的脱叶剂。为实现脱叶催熟效果,常将脱叶剂噻苯隆与催熟剂乙烯利进行现复配使用。中国农业大学研发的50%噻苯·乙烯利悬浮剂(欣噻利)是由噻苯隆和乙烯利按照一定比例复配而成,使用相对简单,兼具脱叶和催熟的作用,对环境温度敏感性低。

1. 技术要点

(1)应用时间。一般以棉田吐絮率达到40%～60%,或上部棉铃龄期达到45日龄以上。日平均气温连续7～10 d在18 ℃以上为宜。北疆棉区以8月底至9月上旬为宜;南疆棉区以9月中旬(秋季气温下降慢的年份,可延迟到9月下旬)为宜;黄河流域棉区9月下旬为宜;长江流域10月中旬为宜。

(2)药剂用量。50%噻苯·乙烯利悬浮剂的适宜用量为1 800～2 250 g/hm^2,贪青晚熟棉田需要增加药量至2 700 g/hm^2。

(3)使用次数。脱叶催熟剂的施用次数可根据棉田群体大小来确定,群体小的棉田,施药1次即可;群体大的高产田、生长旺盛的棉田和杂草发生多的棉田,由于药液不易喷到中下部叶片,宜采用2次施药。第一次施药应比正常施药期提前7 d左右,采用较低剂量的脱叶剂,待上部叶片大部分脱落后,再第二次施药,脱掉下部的叶片。

(4)施用方式。人工或机械或无人机叶面喷施。

2. 技术效果

棉花机械化收获前脱去叶片,可大幅度提高收获效率,提高棉花的商品品质,应用调节剂进行化学脱叶催熟是较好的方法。脱叶催熟技术对提高机采棉的采摘质量影响很大,是实现一次性采摘和减少采棉含杂率,提高作业效率的重要措施。脱叶催熟效果越好,采净率越高;反之,脱叶催熟效果越差,采净率越低,并且还会造成棉花叶片对棉花的污染而影响棉花品级。

3. 注意事项

(1)环境因素。

①温度和光照:具体施药时间应根据天气情况确定。一般情况下,只要施药后最低气温≥20 ℃且维持3～5 d,就能较好地发挥药效。较强的光照是脱叶催熟剂发挥作用的另一重要保

障，长期寡照会降低脱叶剂的效果。

②湿度：棉田水分状况及空气湿度对脱叶效率会产生比较大的影响。新疆棉区的研究表明，土壤湿度保持在20%左右、空气相对湿度在65%左右脱叶剂效果最佳。

(2)栽培措施。倒伏、贪青晚熟、密植等均影响脱叶催熟剂的效果。

(3)棉株自身长势。对正常棉田适当减少脱叶剂用量，过旺棉田适量增加；早熟品种适量减少，晚熟品种适量增加；喷期早的适量减少，喷期晚的适量增加；密度小的适量减少，密度大的适量增加。

六、花生控旺防倒丰产化学控制技术

花生生产中普遍存在旺长、徒长、冠层郁闭、花位高、果针入土率低，以及由此而引起的花多不齐、针多不实、果多不饱等问题。应用植物生长调节剂，如多效唑、胺鲜酯·甲哌鎓混剂、甲哌鎓等，能够调节花生植株茎节纵向生长，促进茎秆横向生长，抑制花生茎枝徒长，增强花生抗倒伏、抗旱和抗病能力，增加产量。目前，应用植物生长调节剂已成为花生增产的一项重要栽培技术。

（一）DPC在花生防倒丰产上的应用

1. 技术要点

在一般生产田种，用于浸种和初花期叶面喷施以0.008%浓度的水溶液为宜，结荚期喷施浓度以0.01%为宜。在高产栽培中，DPC用于控制花生徒长，可于结荚期用0.01%浓度叶面喷施2次，相隔10～15 d。这种方法在土壤肥力较高、土质较黏重的土壤使用效果较好；旱薄地、花生生长较弱的田块不宜喷施。同时，施用后要注意水肥管理。

2. 技术效果

DPC用于浸种和苗期叶面喷施，可以调节根系生理活性，促进根系生长，增加根重，增加分枝数，促进叶片增厚、增绿，增强叶片同化能力和营养物质的积累与利用。同时，DPC用于花针期和结荚初期叶面喷施，可促进根系对有机磷的吸收和调节糖类物质的转化利用，延迟根系衰老，抑制主茎生长，增加结果数，提高饱果率，一般可增产10%左右。

（二）多效唑在花生控旺防倒丰产上的应用

1. 技术要点

一般在花生始花后40～50 d，植株高度超过45 cm，第一对侧枝8～10节，平均节长大于或等于5 cm时，喷施25～100 mg/kg的多效唑水溶液，一般叶面喷施750 kg/hm^{2}药液。

2. 技术效果

喷施多效唑可有效地控制茎枝生长，增强抗倒能力和光合能力，协调营养生长和生殖生长的关系，促进同化产物向荚果运输，增加结果数，提高饱果率，一般花生荚果可增产15%以上。

3. 注意事项

①多效唑在中等以上地力、植株生长旺盛的地块上施用，才有明显的增产效果；在植株生长弱的地块，不能喷施多效唑。

②要严格用药浓度和施用时期。浓度过大，植株生长抑制过头，造成减产；施用过早或过晚，达不到预期目的。

③值得注意的是，多效唑在花生盛花期、盛花末期处理会加重花生后期叶斑病病害和落叶，与70%代森锰锌400倍液配合，可显著增产。

(三)LN壮饱安在花生上的应用

1. 技术要点

原莱阳农学院(现青岛农业大学)研制的多效唑和缩节安混剂"LN壮饱安"，在花生下针后期至结荚初期叶面喷施，药剂使用量300 g/hm^2，药液量为600 kg/hm^2。

2. 技术效果

"LN壮饱安"显著矮化株高，促进荚果发育，显著增加百果重，稳定增产荚果10%以上，投入产出比为1∶40以上。

七、油菜化学控制技术

油菜生产上存在单产水平偏低，稳产性差，生长期间容易受到低温、渍水、干旱等的危害。在生产上，除了选用良种、加强肥水管理等常规栽培措施外，植物生长调节剂也被广泛应用到油菜生产中以提高抗逆性。

(一)多效唑在油菜培育壮苗中的应用

1. 技术要点

以二叶一心期到三叶一心期为适期；使用浓度为100～150 mg/kg，药液量为750 kg/hm^2。

2. 技术效果

应用多效唑在油菜秧苗上，能显著矮化苗高，表现为根颈短而粗，叶柄变短，根系发达，叶色深绿，叶片增厚，总叶数增多，秧苗素质提高，秧苗抗寒和抗旱能力提高，移栽后活棵多，死苗少。同时，叶片光合速率增强，干物质积累多，有效分枝和单株角果数增加，一般增产14%左右。特别是对于播量偏大，苗数较多，间、定苗偏迟的油菜使用多效唑效果更好。

3. 注意事项

①在应用多效唑时应严格把握用药浓度、时间，并注意喷施均匀。如使用过早，秧苗太小，会造成抑制过度而影响植株生长量；使用过晚，会影响培育壮秧的效果。

②在同一地块勿连年使用，以防控制过度对下茬作物造成伤害。

(二)油菜防倒增产化控技术

1. 多效唑在油菜防倒增产上应用

目前推广的甘蓝型优质油菜品种(尤其是杂交油菜)植株偏高，后期易倒伏，造成阴角多，降低产量。在现蕾期用150 mg/kg的多效唑叶面喷施，可降低成熟期的株高和一次分枝的高度，增加单株有效分枝数和角果数，有效防止倒伏，提高产量14%以上。

2. 烯效唑在油菜防倒增产上应用

在油菜三叶期，叶面喷施100 mg/kg烯效唑，可明显降低苗高、增加幼茎粗度和叶绿素含量，同时增加单株绿叶数和叶片厚度，令叶柄变短。还可降低有效分枝节位，增加单株一次和二次分枝数以及角果数，增产8%左右。

3. DPC在油菜防倒增产上应用

在油菜抽薹期叶面喷40～80 mg/kg的DPC，油菜结果枝紧凑，封行期推迟，可延长油菜中下部叶片的光合时间，提高群体光合速率，产量提高17%以上。

八、大豆控旺防倒化学控制技术

大豆营养生长和生殖生长并进时间长，茎蔓易徒长与倒伏以及花荚脱落严重等问题，造成其产量低。应用烯效唑、多效唑、三碘苯甲酸（TIBA）、胺鲜酯·甲哌鎓混剂、多效唑·甲哌鎓混剂等植物生长调节剂，对大豆有抑制营养生长和顶端优势，矮化茎秆，增加分枝，增花，增粒，增产的作用。

（一）多效唑或烯效唑在大豆控旺防倒上的应用

在大豆生产中，多效唑或烯效唑控旺防倒技术应用较为广泛，具体应用措施如下：

1. 技术要点

（1）施用时期。分枝期至初花期。

（2）施用浓度。按商品推荐浓度配制，一般药液量为375～450 kg/hm^2。

（3）施用方法。叶面喷施。

2. 技术效果

对无限和亚有限结荚习性大豆品种和长势过旺的有限结荚型大豆品种的田块，施用多效唑或烯效唑，可使株高降低，株型紧凑，封行推迟，群体通风透光变好。同时，还可促进同化产物向荚运输，令大豆的营养生长与生殖生长、个体与群体协调发展，增加有效分枝数、荚数、粒数和粒重，一般可增产10%～20%。

3. 注意事项

①适宜在中熟和中晚熟品种上应用。用于肥水充足条件下枝叶繁茂的品种，增产效果更好，早熟品种反应不明显，对极早熟品种则减产。

②掌握好药量和喷洒时期。

（二）三碘苯甲酸（TIBA）在大豆防倒丰产上的应用

1. 技术要点

（1）施用时期。初花期至盛花期。

（2）施用浓度。适宜用药量为45～75 g/hm^2。药液配制必须溶解后加水稀释，药液量为225～450 kg/hm^2。药液配法如下。

①酒精做溶剂：1 g TIBA溶于40～50 mL酒精中，当溶液呈黄白色时，表明已全部溶解，再按规定加水稀释。

②小苏打做溶剂：将称好的药剂加少量温水搅拌呈糊状后，按比例将小苏打放入调匀，待泡沫反应消失后，成TIBA-钠盐，加水搅动即可溶解，药剂与小苏打的比例为（1∶1.5）～（1∶2）。

（3）施用方法。叶面喷施。

2. 技术效果

TIBA处理显著抑制大豆植株营养生长，减少顶端优势，增加分枝，矮化枝秆，防止倒伏。

同时，增花增粒，增产促熟效果显著。

3. 注意事项

①适宜水肥条件好的中熟和中晚熟品种上应用。

②掌握好药量和喷洒时期。药液必须先溶解，再按比例加水稀释。

③喷洒时间最好在晴天的上午，喷洒后 4 h 内下大雨时须重新补喷。

九、甘薯化学控制技术

甘薯栽培过程中可能会遇到成活率低、徒长、产量低、品质差等问题，应用植物生长调节剂可以有效解决这些问题。

(一)萘乙酸促生根技术

1. 技术要点

(1)施用时期。在甘薯扦插之前处理薯秧。

(2)施用浓度。按商品推荐浓度配制，一般商品制剂 80%萘乙酸可溶性粉剂，兑水稀释 5 000～10 000 倍，有效成分 80～160 mg/L。

(3)施用方法。栽插薯秧前，用萘乙酸溶液浸泡甘薯苗基部 2～3 cm 处 12 h。

2. 技术效果

萘乙酸浸泡可使薯秧出根早，缓苗快，成活率高。

3. 注意事项

①按农药使用要求做好个人防护。

②如在傍晚起薯苗，用萘乙酸溶液浸苗，第二天一早移入土中，既可使薯秧充分吸收药液，又不耽误工时。

③甘薯定植前，用含有萘乙酸的粉剂进行蘸根，可以促进薯秧生根，促进缓苗，并提高成活率。

(二)氯化胆碱促进甘薯块根膨大技术

1. 技术要点

(1)施用时期。块根开始形成或膨大初期。

(2)施用浓度。按商品推荐浓度配制，一般商品制剂 60%氯化胆碱水剂每亩使用 15～30 mL，有效成分约 600 mg/L。

(3)施用方法。每亩兑水 15～30 kg，均匀叶面喷雾。间隔 10～15 d 喷施一次，连续施用 2～3 次。

2. 技术效果

氯化胆碱应用在甘薯上可显著提高作物叶片叶绿素、可溶性蛋白和植物碳水化合物的含量，提高超氧歧化酶的活性，增加叶片的光合效率，制造更多的营养物质向块根输送。其增产作用是启动根原基早萌发，促使块根提早膨大，增加大、中块根比率。

3. 注意事项

①按农药使用要求做好个人防护。

②注意掌握好应用时期和剂量，氯化胆碱持效期短，连续施用2～3次效果较佳。

(三)甲哌鎓甘薯控旺增产技术

1. 技术要点

(1)施用时期。甘薯主蔓长度达到50～70 cm时。

(2)施用浓度。按商品推荐浓度配制，一般商品制剂10%甲哌鎓可溶粉剂稀释500倍，有效成分约200 mg/L。

(3)施用方法。每亩兑水15～30 kg，均匀叶面喷雾。间隔10 d喷施一次，连续施用3次。

2. 技术效果

甲哌鎓为赤霉素的生物合成抑制剂，在作物上应用能抑制细胞伸长，起到延缓植物生长作用，表现出营养体生长延缓，植株矮小，株型紧凑。还可增加叶绿素含量，提高叶片同化能力，促进有机物往甘薯块根运输，有一定的增产作用。

3. 注意事项

①按农药使用要求做好个人防护。

②注意掌握好应用时期和剂量，甲哌鎓持效期短，连续施用2～3次效果较佳。

十、马铃薯化学控制技术

马铃薯是以块茎为收获对象的高产作物，在生产上应用植物生长调节剂可以有效调节块茎的休眠与发芽，协调地上部分与地下部分的关系，促进块茎膨大，有利于提高产量，改善品质和保鲜贮藏。

(一)赤霉素调控马铃薯块茎休眠的化控技术

未完成休眠的种薯，播后发芽困难，出苗缓慢，甚至还会烂种，对生产极为不利。生产上，用于打破块茎休眠的植物生长调节剂主要有赤霉素和生长素(包括萘乙酸、吲哚乙酸、硫脲或氯乙醇等)。由于生长素类浓度不易把握，硫脲或氯乙醇浸种时间太长会影响发芽，因此在生产中使用最多的是赤霉素。使用赤霉素处理马铃薯种薯可通过播前浸种、播前喷施和收前喷施等方法。

1. 技术要点

(1)浸种。薯块用0.5～1 mg/kg浓度溶液浸10～15 min，捞出阴干，在湿砂中催芽。或用0.5 mg/kg浓度药液浸泡种薯1～2 h。

(2)喷施。用10～20 mg/kg浓度药液喷施马铃薯块茎，至表面湿润为止，8 h后再喷一次，共喷3次。或在马铃薯采收前10～30 d用100 mg/kg GA_3喷施植株。

2. 技术效果

该技术能促进薯块发芽，令其出芽多且整齐，腐烂率变少。在对萌发不利的寒冷和潮湿气候下，效果更为明显。

3. 注意事项

①应用赤霉素浓度不可过高，否则会产生抑制作用，或使幼苗过于细长。

②浸种时间不宜过长，也不能在高温下催芽，否则会引起植株徒长。

(二)矮壮素或多效唑在马铃薯控旺丰产上的应用

马铃薯茎叶徒长极易造成不结薯、结小薯、烂秧,还会造成枝叶郁闭,加重晚疫病的发生,严重影响产量。生产上控制马铃薯植株徒长通常使用的植物生长调节剂为甲哌鎓、矮壮素、多效唑等。

1.技术要点

(1)施用时期。现蕾期至初花期。

(2)施用浓度。按商品推荐浓度配制,一般多效唑浓度为250～300 mg/kg,矮壮素浓度为2 000～2 500 mg/kg,药液量均为450～750 kg/hm^2。

(3)施用方法。叶面喷施。

2.技术效果

马铃薯植株节间短缩,株型紧凑,叶色浓绿,叶片变厚。改善光合产物在植株器官的分配比例,促进块茎形成,提高生长速度,单株产量提高30%～50%,且50 g以上的大薯数量增加7%～10%。

3.注意事项

①适用于旺长田块。

②掌握好药量和喷洒时期。

第四节 病虫草害的防治

一、病害的防治

(一)冬小麦病害防治

小麦锈病、白粉病、赤霉病、丛矮病等为麦田的主要病害,其发生频率和为害程度均较高。

1.锈病

小麦受锈菌侵染后,叶片表面有铁锈色的真菌孢子形成,因而称其为锈病。麦株感染锈病后,光合面积减少,蒸腾增强,叶片早衰,灌浆不足,产量降低。锈病有条锈、叶锈、秆锈之分。

(1)症状要点。条锈病主要为害叶片,间或为害叶鞘、茎、穗等器官。发病部位上的鲜黄色夏孢子堆很小,呈窄椭圆形或狭长形,比其他2种锈病的夏孢子堆均小。夏孢子堆成条状排列,并与叶脉平行。小麦近成熟时,在叶鞘和叶片(尤以叶背面)上产生黑色短条冬孢子堆。叶锈病多发生在叶片上,叶鞘、茎秆上也时有发生。橘红色的夏孢子堆呈圆形或长椭圆形,在叶片上不规则散生,后期冬孢子堆为暗褐色,椭圆形,散生。秆锈病多在叶鞘和茎秆上发生,深红褐色的夏孢子堆形状与叶锈夏孢子堆相似,但秆锈夏孢子堆明显大于叶锈的夏孢子堆,且常聚合成大锈斑。两者不同之处还表现为秆锈菌穿透力强,叶的正、背面均可出现夏孢子堆,而后者多在叶正面发生。秆锈冬孢子堆为黑色。

(2)主要防治方法。

①选用抗锈丰产品种。

②及时消灭早期菌源,早期发现病株或病叶,应及早拔掉或摘掉,可推迟锈病流行期,减轻

为害。

③化学防治的主要药剂有三唑酮、戊唑醇、吡唑醚菌酯等，兑水叶面喷雾。

2. 白粉病

(1)症状要点。小麦的叶片、叶鞘、茎秆和穗部均可发病。病斑为圆形或椭圆形，其表面有白色粉状霉层，以后渐变为灰白色或灰黑色，上面散生黑色小点(白粉菌的闭囊壳)。霉斑扩展后常相互联合成片，覆盖大部或全部叶片。一般叶片正面的霉斑多于背面，下部叶片多于上部叶片。麦株感病后，常造成叶片早枯，分蘖数和成穗数降低，粒重下降，严重影响产量。

(2)主要防治法。

①选育和采用抗白粉病品种。

②消灭初浸菌源，如播前清除田间病株残体，消灭自生麦苗及冬前病苗。

③合理施肥及合理密植：科学施肥，避免片面过剩施用氮肥，应注重氮、磷、钾肥的配合施用。密度和肥水管理应有机地结合起来，培养壮株，增强抗病能力。

④化学防治使用的主要药剂有丙环唑、戊唑醇、腈菌唑等，兑水叶面喷雾。

3. 赤霉病

(1)症状要点。赤霉病主要发生于长江中下游麦区及东北麦区，华北麦区近年也有发生。赤毒病从幼苗至穗期均可发生，常导致苗枯、秆腐(茎腐)及穗腐，尤以穗腐最常见，且为害性大。苗枯是由带菌种子或土壤残体导致，常造成未出土即腐烂或幼苗根鞘变腐，病苗瘦黄甚至枯死。枯死苗茎部在湿度较大时，可产生粉红色霉。秆腐多由苗期开始感染，也有在麦株成熟期发生。常导致茎基都腐烂，严重时茎秆枯腐甚至不能抽穗。穗腐一般从小麦开花后发生，先个别小穗颖壳尖端出现淡褐色、水渍状斑点，后渐向全小穗发展。病穗前期呈黄褐色或青枯色，有粉红色黏霉状分生孢子层，后期粉红色霉层出现紫黑色小点(病菌的子囊壳)。病穗严重时，麦粒多干缩，有白色至粉红色霉，甚至部分穗腐烂。

(2)主要防治法。

①深耕灭茬，消灭菌源。

②及时排水降低田间湿度，适当早播，增加磷、钾肥的用量。

③选用抗、耐赤霉病品种。

④播前先用盐水或泥水选种，再用1%石灰水浸种。

⑤施药保穗，在抽穗期至盛花期用多菌灵、甲基硫菌灵、戊唑醇、咪鲜胺等进行喷雾。

4. 丛矮病

(1)症状要点。丛矮病是西北、华北麦区的一种常发性病毒病，为害较重。麦株感病后，上部叶片具黄绿相间的条纹，植株矮缩，分蘖剧增，最终形成丛矮株型。冬前显病的病株严重矮化，难以拔节抽穗；返青至拔节期显病，叶色黑绿，茎变绿；拔节后感病株，上部叶片条纹状，可抽穗但籽粒灌浆差，不饱满。

(2)主要防治法。

①飞虱是丛矮病病毒的主要传播媒介。提早耕整地、适期播种(播种太早易发生飞虱传毒)、清除杂草等可促进小麦生长，破坏飞虱的生存条件或避过飞虱的发生和迁飞盛期，以减轻为害。

②适时灌冬水和及时浇返青水，有利于小麦越冬和生长，而不利于飞虱越冬，一定程度上

可减轻为害。

③在小麦播后至出苗前是药剂防治飞虱的关键时期，麦苗出土后遭受飞虱传毒和为害造成的损失最大。防治飞虱的主要药剂有吡蚜酮、乐果或马拉硫磷等，在麦田埂和边行上进行喷雾，形成保护带，可减少飞虱的越冬数量和越冬的虫源数量。

(二)玉米病害防治

大斑病、小斑病、丝黑穗病是玉米的常发病。

1. 大斑病

(1)症状要点。一般株高在0.5～1 m时就开始发病，病菌主要为害叶片，严重时也为害叶鞘和苞叶。病斑初期为水渍状，椭圆形，青灰色斑点，然后沿叶脉向两端发展，最后成为中央青灰色，边缘暗褐色的梭形或长纺锤形大斑。叶片病斑多时，常相互连成不规则大斑点导致叶片早枯。田间湿度较大时，病斑上密生灰黑色霉层(斑菌的分生孢子梗及分生孢子)。

(2)主要防治法。

①选用抗病品种。

②合理施肥浇水、适时早播、密度适宜等有利于增强玉米的抗病力，可减轻为害。

③清除田间带病残体，减少菌源。

④化学防治使用的主要药剂有代森锰锌、吡唑醚菌酯、戊唑醇等。

2. 小斑病

(1)症状要点。小斑病在玉米整个生长期内均可发病，但抽雄后发病较重，主要为害叶片、叶鞘和苞叶。病斑初期为水渍状，后变黄褐或红褐色，边缘色深，有时病斑上有2～3个同心轮纹。病斑因受叶脉限制，形状大小不一，有椭圆形、近圆形和长圆形，明显小于大斑病的病斑。叶片病斑多时也可相互连片融合，使叶片干枯。

(2)主要防治法。

①选用抗病品种。

②合理施肥、注意排水，建立合理群体。

③清除病株残体。

④化学防治使用的主要药剂有嘧菌酯、戊唑醇、代森铵等。

3. 丝黑穗病

(1)症状要点。此病是一个苗期侵入，系统侵染的病害。一般到穗期才出现典型症状，病株大多矮化，有的株高是正常株的1/3～2/5。植株叶片密集，分蘖增多而簇生，叶鞘破裂畸形，病株绝大多数雄穗和果穗都受害。雄穗受害后以主梗为基础整穗膨大成黑粉色，外面包被白膜，以后白膜破裂，露出黑粉，且黑粉常黏结成块，不分散。雌穗受害后，穗变小，基部大，顶端小，不吐花丝，除苞叶外，整个果穗成为大黑粉包。黑粉也黏结成块，内部有丝状寄主维管束组织。

(2)主要防治法。

①选育抗病自交系，配制抗病杂交种是防治此病的根本措施。

②合理轮作，拔除病株。

③作好选种与晒种，提高种子质量。

④药剂拌种，可选用的化学药剂主要有戊唑醇、苯醚甲环唑、三唑酮等。

(三)水稻病害防治

水稻主要病害有20多种,在苗期立枯病为害最大,本田期稻瘟病、纹枯病、细菌性条斑病流行区域最广,发生面积最大,为害损失最重。此外,还有白叶枯病、恶苗病等。

1.稻瘟病

(1)症状要点。稻瘟病流行时间最长,从播种发芽到成熟收获都可能遭受稻瘟病菌的侵害,可分为苗稻瘟、叶瘟、节瘟、穗节瘟、穗瘟和谷粒瘟。稻瘟病在高温高湿气候、菌源较多和氮肥偏多的地块较易发生。

(2)主要防治法。

①选用抗病、无病、包衣的种子。

②科学施肥,加强田间管理,培育壮苗,增强植株抗病力。

③发现病株,及时拔除。

④化学防治使用的主要药剂有富士一号、稻瘟灵和三环唑等。

2.纹枯病

(1)症状要点。纹枯病的菌核或菌丝在病草中越冬,高温、高湿条件下易发病,连续雨天易爆发流行。纹枯病发病症状有:叶片染病时病斑呈云纹状,叶片很快腐烂;茎秆受害时呈黄褐色,易折;穗颈部受害时变灰褐,常不能抽穗,或者抽穗的秕谷较多,千粒重下降。

(2)主要防治法。

①打捞菌核,减少菌源。

②加强栽培管理,科学施肥和灌溉。

③选用分蘖能力适中、株型紧凑、叶型较窄的水稻品种,结合适当稀植,以降低田间荫蔽,提高稻株抗病能力。

④化学防治使用的主要药剂有井冈霉素、甲基硫菌灵等。

3.细菌性条斑病

(1)症状要点。细菌性条斑病又称为细条病、条斑病,主要为害叶片。病斑初期为暗绿色水浸状小斑,沿叶脉扩展为暗绿至黄褐色的细条斑,病斑上溢出大量串珠状黄色菌脓,条斑进一步融合成不规则黄褐至枯白大斑,对光看可见许多半透明条斑。病情严重时叶片卷曲,田间呈现一片黄白色。细菌性条斑病的病菌靠风雨和流水传播。

(2)主要防治法。

①加强检疫,防止调运带菌种子远距离传播。

②选用抗(耐)病杂交稻。

③稻种采用温汤浸种进行种子消毒。

④配方施肥,忌灌串水和深水。

⑤化学防治使用的主要药剂有叶青双浸种,噻菌铜、氢氧化铜等喷雾。

(四)棉花病害防治

1.苗期病害

苗期病害有10余种,其中引起烂种、烂芽,茎基腐和根腐的有立枯病、炭疽病、红腐病、猝倒病等。引起幼苗叶片和茎部病害的有茎枯病、黑斑病、疫病等。

(1)症状要点。

①立枯病:出苗前受侵染后常出现烂子、烂芽;出苗后受侵染,在近地面茎基部产生黄褐色病斑,病斑扩大缢缩,子叶垂落,幼苗枯死,发病棉苗子叶上一般无病斑。

②炭疽病:主要为害幼茎和子叶,后期也导致烂铃。棉苗感病后幼茎基部出现红色纵裂条痕,扩大后成为皱缩状红褐色梭形条斑,严重时皮层腐烂,幼苗枯萎,感病子叶的边缘常形成半圆形的褐色病斑,病斑边缘为红褐色或粉红色。

③猝倒病:主要为害幼苗,也能侵害棉籽和嫩芽,多在潮湿条件下发生。棉苗受侵染后在幼茎基部出现黄色水渍状病斑,严重时成水肿状,直至变软腐烂,颜色变成黄褐色,棉苗迅速萎倒。此病与立枯病的不同之处是茎基部无褐色凹病斑,在高湿条件下,棉苗常有白色絮状物。

④红腐病:棉苗根部受侵后,主根或侧根根尖形成黄色至褐色的伤痕,其范围扩展直至根腐烂,棉苗子叶的边缘常出现不规则灰红色斑,在湿润条件下,病斑表面会产生一层粉红色孢子。

⑤茎枯病:棉苗的子叶、真叶叶柄和茎均能受害,子叶和真叶发病初期产生黄褐色或褐色小圆斑,边缘呈紫红。扩大后病斑呈近圈形或不规则形,褐色且具有同心轮纹,表面有许多小黑点。叶柄和茎部病斑为褐色,梭形或长椭圆形,凹陷易折断。

⑥黑斑病:子叶和真叶发病时,初生红褐色小圆斑,逐渐扩大成近圆形或不规则的褐色病斑,外缘红褐色,高湿下表面有黑色霉层,发病叶片严重时可有数10个病斑,常导致叶片枯焦脱落。

⑦疫病:主要为害子叶和幼嫩真叶,病初期呈灰绿色水渍状,后期呈青褐色或黑褐色,严重时叶片全部脱落。

(2)主要防治法。

①农业防治的主要措施有精选种子,深耕冬灌,合理轮作,延期播种(早播遇寒流易导致苗病发生),播深适宜,多中耕松土提温等。

②进行种子处理,使用含有咯菌腈、精甲霜灵、吡唑醚菌酯等杀菌剂的复配种衣剂进行种子包衣。

2. 铃期病害

棉花铃病是棉铃在不良的气候条件下,受多种病原菌侵染所造成,得病后表现烂铃或僵瓣,对产量和品质影响很大。

(1)症状要点。我国棉区主要铃期病害及症状如下。

①疫病:棉铃发病后开始为深青色水渍状,迅速扩展为青褐色或黄褐色,铃表生白色至黄白色霉层。

②炭疽病:开始在铃表出现暗红色或褐色小点,后扩大为褐色或黑色,病斑下陷时边缘呈紫红色,表面生灰褐色霉层。

③红腐病:病斑初期多从铃缝或基部发生,呈暗绿色,水渍状,扩展至全株导致黑色腐烂,表面有粉红色霉层。

④茎枯病:多发生在苞片上,病斑黑褐色,上有黑色小点(分生孢子器),由苞片再发展到铃表面,导致黑褐色腐烂。

⑤黑果病:感病棉铃一般不开裂,成为黑色僵果,铃表密生黑色小点(分生孢子器),棉絮变黑而发硬。

(2)主要防治法。

①适时排灌,合理施肥,及时整枝,推株并垄,及时摘除病铃。

②选育抗病品种或耐病品种。

③化学防治使用的主要药剂有精甲霜灵、百菌清等。

3. 枯萎病和黄萎病

棉花枯萎病和黄萎病是棉区为害最大的 2 种病害。黄萎病较枯萎病发生晚,北方棉区枯萎病盛发期在 6 月下旬,黄萎病在 7 月中旬以后。两者可在棉株上同时发生。

(1)症状要点。2 种病害的病菌都是从根系侵入,分生孢子通过导管上升导致全株系统发病。

枯萎病在子叶期即可发病,但发病高峰期在现蕾前后。苗期症状为子叶或真叶叶脉变黄,呈黄色网纹状或黄色枯焦斑,最后干枯脱落,幼苗枯死。在低温、雨后急转晴时出现青枯至死。成株期发病表现为节间缩短,植株矮化,出现植株半边叶片和维管束枯死或上部叶片枯死现象。叶色淡绿,叶片皱缩,节上出现小枝,丛生,真叶呈黄色网纹或枯焦。雨水多时病部出现粉红霉层。

黄萎病在 2～3 片真叶期可发病,发病高峰期多出现在花铃期。病株由下部叶片开始发病,逐渐向上发展,病叶边缘向上卷曲。叶脉间产生淡黄色不规则病斑,呈掌状斑纹,类似花西瓜皮状,斑块扩大后变成褐色枯斑,严重时整个叶片枯焦,全株脱落成光秆。植株一般不矮化,还可结少量棉桃。

(2)主要防治法。

①保护无病区,通过植物检疫,严禁带病种子调运到无病区,进行种子消毒,如硫酸脱绒、种表包衣等。

②消灭零星病点,控制轻病区,发现零星病株及时拔除烧掉,并将病株四周 1～2 m^2 内的枯枝落叶带出田野烧掉,然后将其周围的土壤进行消毒。

③改良重病区,种植抗(耐)病品种,实行轮作换茬,适时播种,清洁棉田等。

(五)花生病害防治

花生常见的病害有茎腐病、根腐病、叶斑病、锈病等。

1. 茎腐病

(1)症状要点。茎腐病俗称烂脖子病,在全国各花生产区均有分布,一般发生在中后期。病菌从子叶、茎基部或幼根侵入植株,在侵染部位产生黄褐色水渍状病斑,后变黑褐色,引起组织腐烂。该病主要借灌溉水或雨水传播。花生感病后很快枯萎死亡,造成严重损失。一般为零星发生,连作花生发病较重,可点片发生。

(2)主要防治法。

①防止种子发霉,保证种子质量。

②选用抗病品种。

③合理轮作,最好和小麦、玉米等禾本科作物轮作。

④施用腐熟肥料,加强田间管理,田间发现病株,应立即拔除。

⑤可以通过施用含有咯菌腈、苯醚甲环唑成分的种衣剂进行包衣,也可以在花生齐苗后和开花前后喷施多菌灵、甲基硫菌灵等药剂。

2. 根腐病

(1)症状要点。根腐病可发生于花生的整个生育期,苗期受害引致根腐、苗枯,成株期受害引致根腐、茎基腐和荚腐,病株地上部表现矮小、生长不良、叶片变黄,终致全株枯萎。本病发病部位主要在根部维管束,表现为病株维管束变褐,主根皱缩干腐,根部腐烂,患部表面有黄白色至淡红色霉层。该病主要靠田间和雨水传播。

(2)主要防治法。

①做好种子的收、选、晒、藏等工作,避免种子带菌,提高种子质量。

②因地制宜地确定轮作方式、作物搭配和轮作年限。

③加强以肥水为中心的栽培管理。

④可以用含有多菌灵、咯菌腈、精甲霜灵、吡唑醚菌酯等杀菌剂进行种子包衣处理,也可在发病初期全田喷施。

3. 叶斑病

(1)症状要点。叶斑病包括褐斑病和黑斑病 2 种,前者又称为“早斑病”,后者又称为“晚斑病”。这两种病遍及我国主要花生产区,多混合发生于同一植株的同一叶片上。轮作地发病轻,连作地发病重,往往不到收获季节,叶片就提前早衰脱落,造成花生成熟假象。叶斑病使花生一般减产 10%～20%,甚至 30%以上。

(2)主要防治法。

①叶斑病的寄主单一,与甘薯、小麦作物隔年轮作或与水稻进行水旱轮作,都有很好的预防效果。

②选用较强抗叶斑病的花生品种。

③加强田间管理,及时清理田间病叶,保证植株茁壮生长,提高植株的抗病能力。

④化学防治可选用含有甲基硫菌灵、百菌清、代森锌等成分的药剂。

4. 锈病

(1)症状要点。锈病染病初期在叶片正面或背面出现针尖大小的淡黄色病斑,扩大为淡红色突起斑,表皮破裂后露出红褐色粉末状的病菌夏孢子。下部叶片先发病,逐渐向上扩展。叶上密生夏孢子堆后,很快变黄干枯,似烧焦状。叶柄、托叶、茎、果柄均可染病,但果壳上数量较少。染病病株较矮小,形成发病中心,提早落叶枯死,收获时果柄易断、落荚。

(2)主要防治法。

①选用抗病品种,选用无病、包衣的种子。

②及时清除田间及四周杂草和农作物病残体、与非豆科作物轮作、加强排灌等。

③可在锈病发生时,选用百菌清、嘧菌酯等药剂喷雾处理。

(六)油菜病害防治

近十年来,对我国油菜生产影响最大的病害有油菜菌核病、油菜霜霉病、油菜病毒病和油菜白锈病等。

1. 油菜菌核病

(1)症状要点。菌核病在油菜整个生育期都可能发病,尤以结实期最为严重。茎、叶、花、角果均可受害,茎部受害最重。茎部受感染时,起初可见浅褐色水渍状病斑,然后再逐渐地扩大并形成具轮纹状的长条斑，边缘褐色，湿度大时表生棉絮状白色菌丝，偶见黑色菌核，病茎内髓部烂成空腔，内生很多黑色鼠粪状菌核。病茎表皮开裂后，露出麻丝状纤维，茎易折断，发病部位以上的茎枝萎蔫枯死。

(2)防治方法。

①轮作换茬，与麦类作物轮作就能够有效地降低菌源数量。

②选用菌核病抗性好的油菜品种。

③种子处理，用15%盐水清选油菜种子可去病种及菌核。

④科学施肥，注意配合施用适量的磷、钾肥，并及时清沟排水。

⑤化学防治可选用多菌灵、菌核净、异菌脲等药剂。

2. 油菜霜霉病

(1)症状要点。叶片发病初期为浅绿色小斑点，后逐渐扩大为黄色斑块，叶背面病斑处可见白色霉点，发病后期叶片变成褐色、枯死。花梗染病后，顶部肿大弯曲，呈“龙头拐”状，花瓣肥厚变绿，不结实，上着生白色霉状物。角果染病后，会严重变褐、萎缩，表面覆着白色霜霉层，最后枯死。

(2)主要防治法。

①甘蓝型油菜比芥菜型油菜更抗油菜霜霉病。

②与水稻进行水旱轮作，可有效地降低田间菌源基数。

③适时安排播种期，合理密植，科学施肥，雨后及时清沟排水。

④选用甲霜灵等进行拌种，生长期喷施百菌清、霜霉威等药剂进行化学防治。

3. 油菜白锈病

(1)症状要点。白锈病可为害油菜叶、茎、角果等。叶片染病后，在叶面上可见浅绿色小点，后渐变黄、呈圆形病斑，叶背面病斑处长出白色漆状疱状物。茎和花梗的幼嫩部分感病后，顶部肿大弯曲，呈“龙头”状(又名龙头病)，花瓣肥厚变绿，不能结实。花器官受害后花瓣畸形、膨大，变绿，呈叶状，久不凋落，亦不结实。

(2)主要防治方法。

①选用抗病的油菜品种。

②增施磷、钾肥，以提高油菜的抗病能力。

③在发病初期选用苯菌灵、多菌灵、甲基硫菌灵等药剂进行化学防治。

4. 油菜病毒病

(1)症状要点。病毒病症状因油菜类型不同略有不同。甘蓝型油菜植株发病后，主要症状为系统性黄斑和枯斑。老叶片发病早，症状明显，后波及新生叶上。温、湿度适宜时，出现中间绿色，外围黄色的环斑。病叶枯黄时，斑点仍清晰可见。茎薹上现紫黑色梭形至长条形病斑，且从中下部向分枝和果梗上扩展，后期茎上病斑多纵裂或横裂，花、荚果易萎蔫或枯死。角果产生黑色枯死斑点，多畸形。白菜型油菜和芥菜型油菜发病主要表现为侵染花和叶。发病先从心叶开始，叶脉变黄白色呈透明状。严重时叶片皱缩，颜色深浅不一，花序短缩，花器丛集，植株矮小，角果瘦小弯曲，呈鸡爪状，造成荚枯籽秕，甚至植株早期死亡。

(2)主要防治法。

①选用抗病毒病的油菜品种。

②合理调整播种期，尽可能远离十字花科菜地。

③防治蚜虫。

④发病初期喷施氨基寡糖素、盐酸吗啉胍、芸苔素、赤霉素等加强保护。

（七）大豆病害防治

发生普遍、危害严重的大豆病害有胞囊线虫病、花叶病、霜霉病、疫霉根腐病和一些叶斑类病害，每年因病害造成损失10%左右，严重时可高达30%。

1.胞囊线虫病

胞囊线虫病又叫大豆根线虫病，俗称黄萎病，是一种烈性土传性病害，也是世界上大豆的一种毁灭性病害。大豆胞囊线虫病在我国主要发生在北方地区，东北较为干旱的沙碱地发病尤其严重。发病田轻者减产20%～30%，严重的减产达到90%以上，甚至绝收。

(1)症状要点。在大豆整个生育期均可为害。主要为害根部，被害植株生育不良，矮小，茎、叶变淡黄色，豆荚和种子萎缩瘪小，甚至不结荚。田间常见成片植株变黄萎缩，拔出病株见根系不发达，侧根减少，细根增多，根上附有乳白色的，大小在0.1～0.5 mm之间白色的球状物（雌虫胞囊）。

(2)主要防治法。

①坚持严格的轮作制度，避免和豆科作物连作，有条件的地方，选用水旱轮作2～3年效果最好。

②选用抗线虫或耐线虫的大豆品种。

③多选用含有阿维菌素、克百威等成分的种子包衣剂进行处理。

2.花叶病

花叶病又称为花叶病毒病，其在我国普遍发生，南方发病普遍重于北方。发病年份一般可造成减产5%～7%，重病年份减产10%～20%甚至50%以上。

(1)症状要点。花叶病毒是大豆花叶病的病原物，一种只侵染豆科植物中大豆、绿豆等的专性寄生病毒。大豆花叶病发病严重时，黄花、皱缩同时发生，叶片出现严重的扭曲、畸形，如果苗期发病较早，变形的植株僵缩，不再生长。带有病毒的种子是最初病毒来源，病毒在田间的传播主要靠的是蚜虫等刺吸取食的昆虫。高温、干旱的气象条件，有利于蚜虫的生长和繁殖，会加重大豆花叶病毒病发生。

(2)主要防治法。

①选用抗病品种。

②使用无毒种子。

③防蚜治蚜，及时喷施吡虫啉、高效氯氰菊酯等药剂。

④可在发病初期选用盐酸吗啉胍、氨基寡糖素等药剂抑制病毒的活力，控制病情蔓延。

3.霜霉病

(1)症状要点。霜霉病为害幼苗、叶片和籽粒。当第一片真叶展开后，沿叶脉两侧出现褪绿斑块。成株叶片表面呈圆形或不规则形，边缘不清晰的黄绿色星点，后变褐色，叶背生灰白色霉层。病粒表面黏附灰白色的菌丝层，内含大量的病菌卵孢子。每年6月中下旬开始发病，7—8月是发病盛期，多雨年份常发病严重。

(2)主要防治法。

①农业防治应选用抗病品种，精选种子，汰除病粒，实行 2～3 年轮作。

②化学防治可选用霜霉威、甲霜灵、百菌清等药剂。

4. 灰霉病

(1)症状要点。灰霉病是常发性病害，是由大豆尾孢菌真菌侵染而发病的。灰斑病主要为害大豆叶片，病斑开始呈褐色小点，以后逐渐扩展为圆形，边缘褐色，中部灰色或灰褐色，直径 1～5 mm，有时呈椭圆形或不规则形。天气潮湿时，病斑表面密生灰色霉层。发病严重时叶片上布满斑点，斑点之间相互合并直至叶片干枯。

(2)主要防治法。灰霉病的田间防治方法主要是化学防治，最佳防治时期是大豆开花结荚期，效果较好的药剂有多菌灵、甲基硫菌灵等。

5. 菌核病

(1)症状要点。菌核病多从植株主茎中下部分枝处开始发病，病斑水渍状，不规则形，浅褐色或近白色，可环绕茎部并向上下蔓延，病部以上往往枯死，也可造成茎秆折断。潮湿时病部生絮状白色菌丝，其上产生黑色鼠粪状菌核，病茎髓部变空，菌核占其空间；后期干燥时茎部皮层纵向撕裂。叶片被害时呈暗青色水渍状，腐烂，有时有絮状菌丝。

(2)主要防治法。

①必须避免大豆连作或与向日葵、油菜轮作或邻作。

②病田收获后深翻，封垄前及时中耕培土，注意排淤治涝。

③清除种子中混杂的菌核。

④在菌核萌发出土后至子囊盘形成盛期，土表喷洒多菌灵、菌核净、异菌脲等药剂，但在发病后喷洒植株表面效果较差。

(八)甘薯病害防治

甘薯的常见病害有黑斑病、软腐病、薯瘟病、茎线虫病、根腐病、疮痂病、蔓割病、根结线虫病、病毒病和紫纹羽病等。

1. 黑斑病

黑斑病又称为黑疤病，是导致苗期烂床的主要病害之一。

(1)症状要点。在甘薯苗床期染病造成凋萎，秧苗变成黄褐至黑褐色，严重的青枯死亡。大田生长期秧苗染病后，叶片暗淡无光，茎基和入土部分呈黄褐或黑褐色水渍状，而后全部腐烂，有臭味。薯块染病后，薯块表面出现黑褐色圆形凹陷小斑，以后扩大为不规则大病斑，受害薯块组织内呈青绿色，味苦，有毒，后期整个薯块软腐，有脓液状白色或淡黄色菌液，带有刺鼻臭味。

(2)主要防治法。

①加强检疫，严格控制病区种苗、种薯外调。

②实行水旱轮作或旱地轮作 2 年以上；因地制宜选用抗病品种；建立无病留种田，繁育无病种苗；合理灌溉，切勿漫灌和串灌，以防水流传病；防治甘薯小象甲等害虫，减少虫媒传病；及时拔除初发中心病株，收获后彻底收集病残体，集中烧毁，并及时翻耕晒土。

2. 软腐病

软腐病俗称水烂，是甘薯采收及贮藏期的主要病害之一。

(1)症状要点。薯块染病之初，在其表面长出灰白色霉，后变暗色或黑色，染病组织为淡褐色水浸状；后在病部表面长出大量灰黑色菌丝及孢子囊，黑色霉毛污染周围病薯，形成大片霉毛；病情扩展迅速，2～3 d 整个块根即呈软腐状，发出恶臭味。

(2)主要防治法。

①适时收获，宜选晴天进行收薯，避免冷害。

②采收时要尽量避免伤到薯块，减少病菌侵害的渠道。

③入窖前精选健薯，汰除病薯，合理晾晒。

④对贮藏空间清理并彻底消毒，可用硫黄进行熏蒸。

⑤加强贮藏期间的日常管理，保持窖内 10～14 ℃的适宜温度，及时打开窖门通风换气，降低湿度。

3. 瘟病

瘟病又称为甘薯细菌性枯萎病、甘薯青枯病，简称薯瘟，俗称烂头，是甘薯的毁灭性病害。

(1)症状要点。苗期染病后造成叶片萎蔫，植株枯萎、褐变，基部黑烂；健苗栽秧后染病，植株萎蔫呈青枯状，节上须根黑烂。薯块染病薯皮出现黄褐色斑至黑褐色水渍状斑块，薯肉变为黄褐色，维管束四周组织腐烂。

(2)主要防治法。

①加强检疫，严格控制病区种苗、种薯外调。

②因地制宜选用抗病品种；实行水旱轮作或旱地轮作 2 年以上，避免与马铃薯、番茄、辣椒、茄子等茄科作物轮作；建立无病留种田，繁育无病种苗；配方施肥，合理灌溉，切勿漫灌和串灌，以防水流传病；及时拔除初发中心病株，带出田外烧毁，病穴撒施石灰；发病重时，开隔离沟封锁病中心；注意防除甘薯小象甲等害虫，减少虫媒传病；收获后彻底收集病残体，集中烧毁，并及时翻耕晒土。

③化学防治常选用多菌灵、苯菌灵、甲基硫菌灵、氢氧化铜等药剂。

4. 疮痂病

疮痂病又称为缩芽病。

(1)症状要点。主要为害嫩梢、叶片、茎蔓，也可为害薯块。叶片多嫩叶发病，受害叶脉弯曲，叶片皱缩、卷曲。茎蔓和叶柄发病，形成疮痂状病斑，造成茎蔓皮层粗糙，木栓化，失去柔性。嫩梢和芽染病，产生密集淡紫色病斑，嫩梢和芽皱缩不能生长，称为缩芽。薯块染病，病薯小而多变形，芽卷缩，薯块表面产生暗褐色至灰褐色斑点，干燥时疮痂易脱落，残留疹状斑或疤痕。

(2)主要防治法。

①选用抗病品种，用无病薯蔓育苗；与玉米等粮食作物实行 4～6 年轮作；科学施肥，合理灌水，雨后及时排水，降低田间湿度；早期发现病株，及时拔除，收获后彻底清除田间病残体，并深翻土壤。

②在发病初期喷施甲基硫菌灵、多菌灵、代森锌等药剂。

5. 病毒病

病毒病又称为花叶病。

(1)症状要点。侵染甘薯的病毒和类病毒有 20 余种，我国甘薯病毒病症状与毒原种类、甘薯品种、生长阶段及环境条件有关，可分叶片褪绿斑点型、花叶型、卷叶型、叶片皱缩型、叶片黄化型和薯块龟裂型等6种类型。

(2)主要防治法。

①选用抗病毒病品种及其脱毒苗。

②大田发现病株及时拔除。

③加强薯田管理，提高抗病力。

④可在发病初期开始喷洒盐酸吗啉胍、氨基寡糖素，结合植物生长调节剂芸苔素、赤霉素等。

(九)马铃薯病害防治

马铃薯的病虫害较多，目前比较普遍的病害有早疫病、环腐病、黑胫病、病毒病等，其中以马铃薯的病毒病最为严重，是影响马铃薯产量的主要因素之一。

1. 早疫病

(1)症状要点。早疫病可发生在叶片上，也可发生在块茎上。叶片染病病斑黑褐色，圆形或近圆形，具同心轮纹，大小3～4 mm。湿度大时，病斑上出现黑色霉层病征，为病原菌的分生孢子梗和分生孢子。发病严重的叶片干枯脱落，田间植株枯黄。块茎染病时，产生暗褐色稍凹陷圆形或近圆形病斑，边缘分明，皮下呈浅褐色海绵状干腐。病原物分生孢子借风、雨传播，病害通过多次再侵染而蔓延。

(2)主要防治法。

①选用早熟耐病品种，适当提早收获。

②实行高垄栽培，增施有机肥，推行配方施肥，提高寄主抗病力。结果期定期摘除下部病叶，深埋或烧毁，以减少传病的机会。

③化学防治可选用嘧菌酯、百菌清、代森锌等药剂。

2. 环腐病

(1)症状要点。枯斑型环腐病多在植株基部复叶先发病，叶肉为黄绿或灰绿色，具明显斑驳，叶尖干枯或向内纵卷，病情向上扩展致全株枯死；萎蔫型环腐病初期从顶端复叶开始萎蔫，叶缘稍内卷，似缺水状，病情向下扩展，全株叶片开始褪绿，终致植株倒伏枯死。块茎发病切开可见维管束变为乳黄色至黑褐色，皮层内现环形或弧形坏死部，故称环腐。病株的根、茎部维管束常变褐，病蔓有时溢出白色菌脓。

(2)主要防治法。

①建立无病留种田，尽可能采用整薯播种，可利用杂交实生苗，繁育无病种薯。

②种植抗病品种。

③播前汰除病薯，把种薯放在室内晾种，剔除烂薯，可有效减少环腐病发生。

④结合中耕培土，及时拔除病株。

⑤化学防治可使用甲基硫菌灵等药剂。

3. 黑胫病

(1)症状要点。黑胫病主要侵染茎或薯块，从苗期到生育后期均可发病。种薯染病后腐烂成黏团状，不发芽或不能出苗。幼苗染病造成植株矮小，节间短缩，或叶片上卷，褪绿黄化，或胫部变黑，萎蔫而死。薯块染病始于脐部，呈放射状向髓部扩展，病部黑褐色，横切可见维管束亦呈黑褐色，湿度大时薯块变为黑褐色，腐烂发臭。田间病菌可通过灌溉水、雨水或昆虫传播，经伤口侵入致病。

(2)主要防治法。

①选用抗病品种，选用无病种薯，建立无病留种田。

②适时早播，促使早出苗；发现病株及时挖除，减少菌源。

③化学防治可选用春雷霉素、噻菌铜或噻唑锌等药剂。

4.病毒病

(1)症状要点。病毒病田间表现症状复杂多样，常见的症状类型如下。

①花叶型：叶片为淡绿、黄绿和浓绿相间的斑驳花叶，有轻花叶、重花叶、皱缩花叶和黄斑花叶等，叶片皱缩，植株矮化。

②卷叶型：叶缘向上卷曲，甚至呈圆筒状，色淡，变硬，革质化，有时叶背出现紫红色。

③坏死型(或称条斑型)：叶脉、叶柄、茎枝出现褐色坏死斑或连合成条斑，甚至叶片萎垂、枯死或脱落。

④丛枝及束顶型：分枝纤细而多，缩节丛生或束顶，叶小花少，明显矮缩。

(2)主要防治法。

①建立无病留种基地。

②建立无毒种薯繁育基地，汰除病薯，推广茎尖组织脱毒。

③一季作地区实行夏播，使块茎在冷凉季节形成，增强对病毒的抵抗力；二季作地区春季用早熟品种，地膜覆盖栽培，早播、早收，秋季适当晚播、早收，可减轻发病。

④改进栽培措施，留种田远离茄科菜地；及早拔除病株；实行精耕细作，高垄栽培，及时培土；科学施肥，中耕除草。

⑤结合防治蚜虫进行化学防治，药剂可选用盐酸吗啉胍、几丁聚糖等。

二、虫害的防治

(一)冬小麦虫害防治

1.麦蚜

我国分布最广、为害最重的麦蚜有麦二叉蚜和麦长管蚜，可为害麦类作物和其他禾谷类作物。

(1)发生和为害特点。二叉蚜喜干旱，怕光照，不耐氮肥，多发生在中低产田和植株下部及叶片背面，且多在小麦苗期发生为害，小麦抽穗后数量即下降。麦长管蚜喜光照，较耐高湿和氮肥，多分布在高产麦田、植株上部及叶片正面，小麦抽穗后常集中穗部为害。两种麦蚜的成虫和若虫均可以吸吮麦叶、茎秆、嫩穗中的汁液，影响麦株的正常生长发育，甚至导致麦株枯黄死亡，后期为害严重影响麦穗灌浆。两种麦蚜在为害麦株过程中，常把多种病毒传播于小麦上，其中传播黄矮病的为害最大。

(2)主要防治法。

①选用耐蚜品种。

②适时冬灌，可杀死根际和土缝中越冬的成、若虫。

③早春碾压保墒，既可控制徒长，又可碾死部分麦蚜，降低蚜虫发生量。

④化学防治可选用吡虫啉、噻虫嗪、噻虫胺等药剂进行喷雾处理。

2. 黏虫

我国为害麦类作物及其他禾谷类作物最重的黏虫是普通黏虫。

(1)发生和为害特点。黏虫的繁殖能力较强，3 龄前幼虫常躲在心叶、叶鞘及小穗的缝隙内，晚间活动取食叶肉。3 龄后常入土潜伏，5～6 龄虫是暴食阶段，常大量取食叶片，有成群结队转移为害的特性。低龄黏虫咬食叶片，常留下表皮呈半透明小条斑。高龄幼虫蚕食叶片，啃食穗轴，有时咬食成光秆。平均每个幼虫可破坏 5 株左右的小麦叶片。幼虫忌怕阳光，多在夜间活动为害，但阴凉天气的白天也会取食为害麦类作物。

(2)主要防治法。

①利用黑光灯诱杀成虫。

②化学防治可选用溴氰菊酯、高效氯氰菊酯、氟啶虫酰胺、毒死蜱等药剂。

3. 红蜘蛛

我国为害小麦的红蜘蛛主要有长腿蜘蛛和圆蜘蛛 2 种。

(1)发生和为害特点。长腿蜘蛛主要发生在黄河以北的旱作麦地，而圆蜘蛛常在北纬 37°以南的水浇麦地发生。麦长腿蜘蛛喜温暖干燥，春旱少雨年份易大发生。一日内的活动也随温度变化而变化，以 9 时—16 时较多，其中 15—16 时发生量最大。麦圆蜘蛛喜阴湿多雨天气，水浇地、低洼潮湿地易发生，其一日内的活动与麦长腿蜘蛛相反，早晨和傍晚为活动高峰时间。两种麦蜘蛛为害时吸取麦株汁液，受害叶出现白斑，后变黄，影响麦株生长，穗少粒轻，甚至整株干枯而死。

(2)主要防治法。

①清除杂草，消减虫源；夏季翻耕灭茬，消灭越夏卵；及时浇水，淹死表土和落叶上的害螨。

②化学防治可选用马拉硫磷、氰戊菊酯、阿维菌素、联苯菊酯等药剂。

(二)玉米虫害防治

为害玉米的常见害虫除地下害虫和黏虫外，还有玉米螟，俗称钻心虫，是玉米的主要害虫。

1. 玉米地下害虫

(1)发生和为害特点。我国各玉米产区常见的地下害虫有：蛴螬、金针虫、蝼蛄、地老虎等。地下害虫主要为害玉米的地下及近地面部分，包括刚播种的玉米种子、幼根、嫩茎等，尤其是在播种期及苗期为害最为严重。

(2)主要防治法。

①秋末进行深耕细耙，结合冬灌和春灌，可有效杀死部分害虫。

②将麦麸、豆饼等饵料炒香，拌上辛硫磷等杀虫剂，在傍晚时，撒在幼苗根际附近诱杀蝼蛄；用糖醋酒液加敌百虫诱杀地老虎。

③播种时用辛硫磷、毒死蜱等颗粒剂或拌毒土沟施，也可用毒死蜱配制毒土在玉米行间撒施。

④用含有丁硫克百威、辛硫磷或吡虫啉的种衣剂进行种子包衣。

⑤用辛硫磷或毒死蜱兑水灌根对金针虫有防效。

2. 玉米黏虫

(1)发生和为害特点。玉米黏虫一年发生 2～8 代。成虫昼伏夜出，在黄昏至午夜活动最盛。成虫飞翔力强,每年均有几次远距离的定向迁飞。幼虫多在夜间活动取食。3龄后的幼虫有假死习性。幼虫老熟后做土室化蛹。黏虫是一种间歇性猖獗发生的大害虫,黏虫对温、湿度要求比较严格,雨水多的年份黏虫往往大发生。玉米黏虫以幼虫暴食玉米叶片,1～2龄幼虫取食叶片造成孔洞,3龄以上幼虫为害叶片后呈现不规则的缺刻,暴食时,可吃光叶片,造成减产甚至绝收。

(2)主要防治法。

①使用黏虫成虫产卵习性、趋光、趋化性,采用谷草把、糖醋液、性诱捕器、杀虫灯等诱杀成虫,以削减成虫产卵量,降低田间虫口密度。

②在幼虫发作初期及时喷药防治,把幼虫消除在3龄之前。防治药剂可选用球孢白僵菌、氯虫苯甲酰胺、高效氯氟氰菊酯等。

③选用辛硫磷颗粒剂或拌沙土撒于玉米心叶内,可兼防玉米螟。

3. 玉米螟

(1)发生和为害特点。我国玉米产区玉米螟发生代数一般为1～6代,由北向南发生代数逐渐增加,因而各地为害玉米高峰期也不一致:一代区玉米螟幼虫7月下旬至8月中旬为发生盛期或为害高峰期;二代区在6月中下旬和8月中下旬为2个为害高峰期;三代区在6月上旬、7月中旬和9月上旬为3个为害高峰期;多代区的二代幼虫5月为害春玉米较重,秋季第三至第五代在田间重叠发生,是为害夏玉米的高峰期。

玉米螟适合在较高的温湿条件下发育,适温为16～30 ℃,相对湿度为60%以上,但连续大雨或暴雨反而不利于发生。玉米喇叭口前,幼虫主要集中在心叶内为害嫩叶,受害叶片抽出后可见许多横排小孔;孕穗时,幼虫又为害未抽出的雄穗,被蛀雄穗极易折断,不能授粉;抽雄后大部分幼虫蛀食茎部和雌穗,常造成上部茎秆折断、缺粒和秕粒。

(2)主要防治法。

①选育抗螟品种。

②黑光灯诱杀成虫。

③抽雄前防治,用含有辛硫磷、苏云金杆菌的颗粒剂撒于心叶内,或向田间释放松毛虫的杀虫卵袋。

④穗期防治可选用含有苏云金杆菌、球孢白僵菌等生物农药或氯虫苯甲酰胺、甲氨基阿维菌素苯甲酸盐、高效氯氰菊酯等化学药剂。

(三)水稻虫害防治

北方稻区主要虫害有10多种,在本田期常见的虫害有稻飞虱、稻纵卷叶螟、二化螟等。

1. 稻飞虱

(1)发生和为害特点。稻飞虱包括褐飞虱和白背飞虱,具有远距离迁飞习性,是亚洲稻区最主要的害虫。稻飞虱的成虫和若虫一般聚集在稻株下部,用刺吸式口器吸食汁液,使稻谷千粒重降低,秕谷率增加。虫量大时引起稻株瘫痪倒伏,导致严重减产。此外,稻飞虱还能传播水稻病毒病。

(2)主要防治法。

①选育抗虫丰产水稻品种。

②采用科学的栽培管理措施,创造有利于水稻生长发育而不利于稻飞虱发生的环境条件。

③化学防治的主要药剂有吡虫啉、异丙威、速灭威等。

2. 稻纵卷叶螟

(1)发生和为害特点。稻纵卷叶螟是一种迁飞性害虫。成虫有很强的趋绿性,喜欢在生长茂盛、嫩绿、荫蔽的稻田里群集。雌虫在嫩叶背面的叶脉两侧产卵,幼虫取食叶肉为害,在叶尖处吐丝卷叶继续取食。苗期受害影响水稻正常生长,甚至枯死;分蘖期至拔节期受害,水稻分蘖减少,植株缩短,生育期推迟;抽穗到齐穗期剑叶受害,影响开花结实,空秕率提高,千粒重下降。

(2)主要防治法。

①冬季和早春清除杂草,减轻越冬基数。

②选用抗虫高产良种,结合合理的施肥技术。

③幼虫化蛹时灌深水,消灭大量虫蛹。

④化学防治的主要药剂有乙酰甲胺磷、杀虫双、氯氰菊酯、毒死蜱等。

3. 二化螟

(1)发生和为害特点。二化螟是重要的为害水稻钻蛀性害虫,广泛分布于亚欧大陆多个国家,具有越冬场所多、转株为害等特点,在我国分布比较广泛。二化螟以幼虫为害水稻,初孵幼虫群集叶鞘内为害,造成枯鞘;3 龄以后幼虫蛀入稻株内为害,在分蘖期造成枯心苗,孕穗期造成枯穗,抽穗期造成白穗,成熟期造成虫伤株,瘪粒增多,遇大风易倒折。

(2)主要防治法。

①采取消灭越冬虫源、灌水灭虫、避害等农业防治措施。

②采用黑光灯诱集二化螟雌蛾。

③化学防治的主要药剂有三唑磷、杀虫单、阿维菌素、氟虫腈等。

(四)棉花虫害防治

1. 棉蚜

(1)发生和为害特点。棉蚜每年发生代数很多,在黄河流域、长江流域、华南等棉区一般发生 20~30 代,其他棉区 10~20 代。棉蚜繁殖力强,天气温暖时 4~5 d 可繁殖一代。棉花苗期是棉蚜为害的高峰期,个别年份花铃期伏蚜也大量发生。棉蚜以成蚜和若蚜刺吸棉苗嫩头、嫩叶造成卷缩,受害棉株生长减慢或畸形,尤其三片真叶前受害难以恢复正常生长。伏蚜为害的棉叶常有烟煤色,并常造成蕾铃脱落和减产。此外,棉蚜在为害过程中,常排出大量的水分和蜜露,为病原菌的繁殖提供条件。

(2)主要防治法。

①种植抗虫品种。

②间作套种,可以增加天敌的种类和数量,控制蚜虫为害。

③水旱轮作可以减轻棉蚜的发生。

④处理越冬寄主,减少早春蚜源。一般在棉苗出土前,清除棉田内外杂草。

⑤可以使用含有噻虫嗪、吡虫啉和丁硫克百威的药剂进行种子包衣,也可以在生长期使用吡虫啉、噻虫嗪、烯啶虫胺、阿维菌素、高效氯氰菊酯等药剂进行喷雾。

2. 棉红蜘蛛(棉叶螨)

(1)发生和为害特点。红蜘蛛在我国几乎各大棉区均有分布,但各棉区发生高峰不一样。

西北内陆棉区一般仅7月下旬至9月下旬发生1次高峰；黄河流域棉区在6月中、下旬至8月下旬发生2次高峰；长江流域和华南棉区一般4月下旬至8月上旬发生3～5次高峰。棉红蜘蛛的成螨虫、幼螨和若螨均在叶背吸食营养液为害，被害叶出现黄白或红色斑点，轻则造成红叶，重则叶片干硬，风吹后如火烧状。棉红蜘蛛多在棉花苗期为害，蕾花期也有为害的。因红蜘蛛食性广，寄主多，防治较难。

(2)主要防治法。

①控制螨源，及早清除田间、地边的杂草；秋冬深翻并结合冬灌消灭越冬棉红蜘蛛。

②棉红蜘蛛的发生与气候、雨量有一定的关系，特别是与雨量的关系极为密切。实践证明，少雨、干旱的年份，必然是棉红蜘蛛发生严重的年份。

③深点食螨瓢虫、小花蝽、六点蓟马、草蛉等的生物防治应进行以虫治螨，植绥螨的生物防治则以螨治螨，以及白僵菌的生物防治应以菌治螨。

④化学防治可选用阿维菌素、螺螨酯、哒螨灵、炔螨特等药剂。

3. 棉铃虫

(1)发生和为害特点。棉铃虫是寄主很多的害虫，各地棉区均有分布。棉铃虫是棉花蕾铃期的重要害虫，为害时间长，对棉花产量和品质影响较大。棉铃虫幼虫一般分为6龄。1龄幼虫仅在未伸展的小叶内取食，2龄以后钻蛀取食花、蕾、铃及嫩叶、顶芽，使棉株发育延缓，霜后花增多，常引起蕾铃脱落或形成烂铃和僵瓣。幼虫多于清晨或傍晚在叶面爬行，是药剂防治的最佳时间。

(2)主要防治法。

①包括种植抗虫品种；合理布局作物，丰富棉田天敌资源；冬季深翻冬灌，破坏蛹室，结合冬灌，使越冬蛹窒息死亡。麦收后及时中耕灭茬，降低成虫的羽化率。

②诱杀成虫，通过黑光灯、高压汞灯等进行灯光诱杀，性诱剂诱蛾等。

③喷施苏云金杆菌、核多角体病毒等，释放赤眼蜂。

④选用阿维菌素、乙酰甲胺磷、甲氨基阿维菌素苯甲酸盐、氟铃脲、氯虫苯甲酰胺等药剂。

(五)花生虫害防治

常见的花生虫害种类主要有蛴螬、棉铃虫和蚜虫等。

1. 蛴螬

(1)发生和为害特点。蛴螬为害花生主要在苗期和荚果期。苗期为害常常导致缺苗断垄，结荚期幼虫咬食花生荚果，在收获前形成大量空荚和破荚，造成严重减产。

(2)主要防治法。结合春播，用辛硫磷加适量水稀释进行拌种，或用辛硫磷颗粒剂撒在垄沟内。

2. 棉铃虫

(1)发生和为害特点。棉铃虫以幼虫取食幼嫩叶片和花蕾，取食叶片造成残缺不全，特别喜食花蕾，影响受精，造成严重减产。以第二代幼虫为害重，1～2龄幼虫主要为害心叶，3龄后则大量取食叶片和花蕊。其发生轻重与温湿度有密切关系，当温度为25 ℃左右，相对湿度为70%～80%时发生为害重。

(2)主要防治法。在卵盛期开始调查，当有虫株量达到5%～10%时进行防治。施用20%氯虫苯甲酰胺悬浮剂3 000倍，或15%茚虫威乳油2 500倍液防治。

3. 蚜虫

(1)发生和为害特点。花生蚜多群集在心叶及幼嫩的叶背面、嫩茎和幼芽为害，开花后为害花萼管、果针，吸取汁液。受害后造成植株矮小，叶片卷缩，影响开花、下针和结果；严重时茎叶变黑，蚜虫排出大量"蜜露"而引起霉菌寄生，重者可造成植株枯死。

(2)主要防治法。选用吡虫啉或吡蚜酮兑水喷雾。

(六)油菜虫害防治

近十年来，对我国油菜生产影响最大的害虫依次为油菜蚜虫、小菜蛾、油菜甲虫、地下害虫和菜粉蝶。

1. 油菜蚜虫

(1)发生和为害特点。受蚜虫的影响油菜叶片会有大量黑褐色斑块，最终导致叶片发黄、发黑，乃至植株枯死。如果蚜虫为害油菜的茎、花梗等部位，会造成角果枯死。蚜虫为害还能够传播油菜病毒病。

(2)主要防治法。

①及时清除田边杂草，收获后及时清除残茬和杂草。

②利用黄板诱杀，或者用银色反光塑料薄膜让蚜虫忌避。

③保护天敌或人工饲养草蛉、食蚜蝇及多种瓢虫等。

④选用吡虫啉悬浮种衣剂拌种；在蚜虫发生阶段、有翅蚜迁飞前，可选用乐果、噻虫嗪或溴氰菊酯等药剂兑水喷雾。

2. 油菜小菜蛾

(1)发生和为害特点。以幼虫啃食叶片、茎枝、花器及角果的表层。油菜苗期，初孵幼虫半潜叶危害，直接啃食叶肉；2 龄以后幼虫常常集中在心叶或叶片背面啃食，仅残留上表皮，形成透明斑块；3～4 龄幼虫取食叶片造成孔洞和缺刻，严重时将叶片吃光，仅剩主脉，形成网状。油菜开花期及角果期，幼虫危害叶片、花梗及角果和籽粒，常在角果内将籽粒吃空。

(2)主要防治法。

①调整作物布局，避免油菜和十字花科蔬菜连作和邻作，减少寄主作物种类。在早春小菜蛾活动前，清除地块、水渠等周围杂草，破坏栖息环境，以有效抑制油菜小菜蛾的发生量。

②利用小菜蛾成虫的趋光性，于成虫初发期夜晚，在油菜田间悬挂太阳能频振式杀虫灯诱杀。

③采用细菌杀虫剂，如苏云金杆菌杀灭幼虫。

④在卵孵化盛期和 2 龄幼虫发生期选用高效氯氟氰菊酯、阿维菌素等药剂进行喷雾。

3. 油菜叶甲科甲虫

油菜叶甲科甲虫包括丽色油菜叶甲、黑缝油菜叶甲、油菜蓝色叶甲等。

(1)发生和为害特点。成虫主要啃食幼苗和成株期叶片，也危害嫩角，将叶片啃食成圆形或椭圆形孔洞，为害嫩角会形成不规则孔洞或斑痕，甚至咬断花梗，啃食嫩籽粒，造成落花、空角和分枝枯死；幼虫则潜入叶柄内蛀食，也可潜入主脉和侧脉啃食叶肉，使被害叶提早枯黄，甚至萎蔫脱落，少数幼虫还蛀入嫩角中危害。

(2)防治方法。

①收获后深翻土地，清除田间病残体，减少来年虫源基数；因地制宜种植抗虫品种；增肥灌水，科学施肥，做到壮苗抑虫，减轻为害；在幼虫向上转移危害或入土化蛹前，摘除基部受害叶片（黄叶）集中处理，可以消灭部分幼虫，并可以改善通风透光条件。

②在成虫迁入盛期或成虫大量羽化出土时用药防治，可选用辛硫磷、噻虫嗪或鱼藤酮等喷施，也可进行种子包衣处理。

4. 油菜菜粉蝶

（1）发生和为害特点。油菜菜粉蝶又称为菜青虫，以幼虫食叶为害。2 龄前啃食叶肉，留下透明的表皮；3 龄后取食叶片，影响植株生长发育，甚至将全叶吃光，致使植株枯死。

（2）防治方法。

①油菜收获后，及时清除田间残株枯叶，减少繁殖场所和消灭部分虫蛹。

②在田间产卵盛期和幼虫孵化初期至 3 龄幼虫前用药，连续防治 1～2 次。药剂可选用氟虫腈、高效氯氟氰菊酯、氯氰菊酯、毒死蜱等药剂，注意交替用药，以降低害虫抗药性。

（七）大豆虫害防治

1. 食心虫

（1）发生和为害特点。食心虫以幼虫蛀入大豆荚内食害豆粒，也可寄生在野大豆和苦参上。在华北、东北、西北、华东等地区均有发生。

（2）主要防治法。

①选用抗虫品种、光荚大豆品种、木质化程度高的品种等；合理轮作，尽量避免连作；加强秋季翻耕，增加越冬死亡率，减少越冬虫源基数。

②在产卵高峰期释放赤眼蜂可降低虫食率；撒施白僵菌制剂，减少幼虫化蛹率。

③成虫产卵盛期，喷施高效氯氟氰菊酯、氰戊菊酯、毒死蜱或阿维菌素等。

2. 卷叶螟

（1）发生和为害特点。卷叶螟为华北和东北地区大豆的重要害虫。幼虫将叶片卷成筒状，尤以大豆开花结荚盛期为害严重。

（2）主要防治法。

①种植早熟或叶毛较多的抗虫品种。

②在卵孵化盛期，选用灭幼脲、杀螟松、高效氯氟氰菊酯等药剂进行喷雾防治。

3. 豆荚螟

（1）发生和为害特点。豆荚螟俗称红虫，是大豆重要害虫之一。幼虫蛀入大豆及其他豆科植物荚内，食害豆粒，影响产量和品质。我国各大豆产区均有发生，南方较重。

（2）主要防治法。

①选种早熟丰产、结荚期短、少毛或无毛的品种；调整播期，使结荚期避开成虫产卵盛期。

②在老熟幼虫入土前，在田间湿度高时施用白僵菌粉加细土撒施。

③成虫盛发期或卵孵化盛期，选用氯虫苯甲酰胺、氰戊菊酯或灭幼脲等药剂进行防治。

4. 豆天蛾

（1）发生和为害特点。豆天蛾在吉林、山西以南，陕西、四川以东等地都有发生。幼虫食叶成缺刻，严重时将豆株吃成光秆。

(2)主要防治法。

①用黑光灯诱杀成虫,可减少豆天蛾的发生量。

②在幼虫1～3龄期,选用马拉硫磷、阿维菌素或高效氯氟氰菊酯防治。

③在产卵盛期释放赤眼蜂;幼虫1～3龄期,可用苏芸金杆菌生物制剂喷雾防治。

5.豆秆黑潜蝇

(1)发生和为害特点。豆秆黑潜蝇广泛分布于我国黄淮流域以及南方等大豆产区。以幼虫在大豆的主茎、侧枝和叶柄内蛀食,在茎内形成弯弯曲曲的隧道。

(2)主要防治法。

①采取豆田深翻、提早播种、轮作换茬等措施,对豆秆黑潜蝇为害有一定的抑制作用。

②北方夏大豆开花期,平均每株有1头时,选用辛硫磷、阿维菌素、高效氯氟氰菊酯等药剂喷雾防治。

(八)甘薯虫害防治

在我国为害甘薯的昆虫,除少数专门为害甘薯外,大部分是为害多种作物的杂食害虫。专门或主要为害甘薯的有20余种。

1.甘薯蚁象

甘薯蚁象又称为甘薯小象甲。

(1)发生和为害特点。在甘薯生长和贮藏期间均可为害。主要以幼虫蛀食薯块,使其成蜂窝状,助长病菌侵染,引起薯块腐烂,也能在茎内蛀食成孔道,影响薯蔓生长。成虫则能直接咬食薯块、幼苗、嫩茎和叶柄,常使薯苗变黄,重则死亡,造成严重缺株。

(2)主要防治法。

①禁止从虫害区调运种薯、种苗和薯蔓。

②实行轮作,尽量实行水旱轮作;甘薯收获后及时清除残茬,集中深埋或烧毁;改良土壤,适时中耕培土,防止薯块外露;选用受害轻的品种和地块。

③毒饵诱杀。

④苗地和越冬薯地选用乐果、杀螟硫磷等药剂进行喷雾。带虫薯苗用杀螟硫磷或辛硫磷兑水浸湿薯苗1 min,稍晾后栽秧。

2.甘薯叶甲

甘薯叶甲又称为甘薯叶虫、甘薯猿叶虫。

(1)发生和为害特点。成虫取食幼嫩的茎叶,薯苗受害严重时变黄枯死,造成缺苗。幼虫啃食薯块使表面呈深浅不一的伤疤,利于病菌侵入,引起腐烂。

(2)主要防治法。

①合理轮作,可有效地控制虫源。

②秋季翻耕,消灭越冬幼虫。

③在薯田撒布白僵菌、绿僵葡萄糖菌液,可使甘薯叶甲染病致死。

④在成虫羽化盛期,喷洒辛硫磷、氯氰菊酯或苦参碱等药剂防治。

3.甘薯天蛾

甘薯天蛾又称为旋花天蛾。

(1)发生和为害特点。以幼虫蚕食薯叶为害,幼虫白天不大活动,栖息叶背,以晚间取食为主。3 龄后食量大,猖獗发生时可吃尽全叶,并咬食叶柄、嫩茎,造成甘薯减产。

(2)主要防治法。

①适时翻耕、大水漫灌,可破坏蛹的生活环境,增加蛹的死亡率。

②利用成虫趋光性,采用灯光诱杀成虫。也可用糖液毒饵诱杀成虫。

③在幼虫 3 龄期前,喷施苏云金杆菌或溴氰菊酯等药剂。

4. 甘薯麦蛾

甘薯麦蛾又称为甘薯卷叶虫。

(1)发生和为害特点。幼虫吐丝卷叶藏身在卷叶内,取食叶肉和表皮,影响植株光合作用。猖獗发生时全田叶可被卷食殆尽,造成甘薯严重减产。

(2)主要防治法。

①作物收获后及时清除田间残株枯叶和杂草,以消灭越冬虫源。

②利用成虫的趋光性,用杀虫灯诱杀成虫。

③在幼虫发生初期施药防治,药剂可选用辛硫磷、高效氯氟氰菊酯等。

5. 地下害虫

地下害虫主要有蟋蟀、蝼蛄、蛴螬、地老虎、金针虫和沙潜六大类。

(1)发生和为害特点。地下害虫全是杂食性的,为害期长,造成损失大。地老虎类为害的虫态只限于幼虫;蟋蟀类、蝼蛄类的成虫和若虫均可为害;蛴螬类、金针虫类和沙潜类的成虫为害甘薯较轻且时间短,而幼虫为害较重且时间长。为害甘薯地上部的有蟋蟀类、地老虎类、蝼蛄类,为害甘薯地下部的有金针虫类、蛴螬类、蝼蛄类、沙潜类。为害地上部的害虫不仅食害茎叶,并咬断幼苗,造成缺株断垄;为害地下部的害虫,不仅咬食根部造成幼苗枯萎,且咬食薯块造成伤口,影响产量和品质,而且这类伤口常引起病菌的侵入,加重田间和贮藏期病害的发生,造成薯块腐烂损失。

(2)防治方法。

①加强轮作;有机肥要充分腐熟,利用高温处理杀死虫卵等;收获后应及时清理田间杂草;入冬后将土壤深耕、深翻,以破坏害虫的藏身条件。

②结合土壤深翻,撒入辛硫磷颗粒与土壤混合均匀,配合冬前灌溉;或者在追施有机肥时掺入辛硫磷等药剂进行消毒处理。

(九)马铃薯虫害防治

1. 地老虎

(1)发生和为害特点。马铃薯块茎生长在地下,因其营养丰富,容易被地下害虫取食。地老虎为害时能咬断薯芽或取食薯肉而感染土壤中病菌,致使出苗不齐,产量和品质严重下降。马铃薯地下害虫的为害还为病菌的侵入创造有利条件,加重病害发生程度,增加马铃薯贮藏期的损失率,严重影响其食用品质、商品率及种用价值。

(2)主要防治法。

①早春消除杂草,减少和防止小地老虎成虫产卵。

②利用黑光灯或糖醋液诱杀成虫。

③利用辛硫磷颗粒剂等结合土壤深翻进行土壤消毒。

2. 蛴螬

(1)发生和为害特点。蛴螬在国内广泛分布，以北方发生普遍，可为害多种蔬菜。蛴螬咬食幼苗嫩茎，马铃薯块茎被钻成孔眼，当植株枯黄而死时，它又转移到别的植株继续为害。此外，因蛴螬造成的伤口还可诱发病害发生。块茎被钻成孔眼后，伤口愈合留下的凹穴，极大地影响了商品质量。

(2)主要防治法。

①合理安排茬口；合理施肥，施用的农家肥应充分腐熟；适时秋耕，可将部分成、幼虫翻至地表，减少越冬基数。

②在成虫盛发期田间放置黑光灯诱集并捕杀。

③使用吡虫啉或噻虫胺的种衣剂进行种薯包衣；也可以使用噻虫胺或噻虫嗪的颗粒剂制成毒土，进行沟施处理。

3. 斑潜蝇

(1)发生和为害特点。斑潜蝇危害后，害虫取食和产卵形成的空洞能引起叶片大量蒸发失水，加速马铃薯植株叶片的死亡。若大量成虫迁入马铃薯田块中危害时，若不及时防治，只需7～10 d时间，就能将整块马铃薯田为害致死。

(2)主要防治法。

①结合斑潜蝇老熟幼虫爬出叶面或落入土中化蛹的特点，在播种前或生长期间，用水灌淹土壤或勤翻动土壤，可消灭部分虫蛹。

②当虫害严重时，可选用阿维菌素・灭蝇胺、高效氯氰菊酯等药剂进行处理，注意药剂轮换交替使用，避免产生抗药性。

4. 蓟马

(1)发生和为害特点。蓟马一般存活于叶片背面，吸食叶片皮层细胞，使叶面上产生许多银白色的凹陷斑点，为害严重时可破坏叶片的光合作用，降低植株生长势，甚至引起植株枯萎，影响马铃薯产量。

(2)主要防治法。

①马铃薯生产田及时灌溉，可有效减少蓟马的为害。

②可选用苦参碱、多杀霉素、高效氯氰菊酯、噻虫嗪等药剂进行叶片正反两面喷施。

5. 块茎蛾

(1)发生和为害特点。块茎蛾是世界性重要害虫，也是重要的检疫性害虫之一，以茄科作物马铃薯、烟草、茄子等受害最重，其次为辣椒、番茄。幼虫潜叶蛀食叶肉，严重时嫩茎和叶芽常被害枯死，幼株甚至死亡。在田间和贮藏期间幼虫蛀食马铃薯块茎，蛀成弯曲的隧道，严重时吃空整个薯块，外表皱缩并引起腐烂。

(2)主要防治法。

①认真执行检疫制度，不从有虫区调进马铃薯。

②避免马铃薯和烟草相邻种植，压低或减免为害。

③利用斯氏线虫可有效防治马铃薯块茎蛾。

④用溴甲烷或二硫化碳熏蒸种薯。

⑤及时培土，勿让薯块露出表土，以免被成虫产卵。

⑥在成虫盛发期喷施高效氯氟氰菊酯或虱螨脲等药剂。

三、草害的防治

(一)冬小麦田草害防治

1. 主要杂草种类

我国麦田常见的杂草种类有80余种,其中为害最大的主要优势种有:越年生或一年生的野燕麦、看麦娘、猪殃殃、繁缕、蓼草、苍耳、巢菜、婆婆纳、播娘蒿、棒头草、野豌豆、野油菜、荠菜、泽漆、麦家公等,以及多年生的蓟等。以上这些杂草在不同地区、不同麦田常以一定组合发生和为害。

2. 发生特点

麦田杂草在田间萌芽出土,一般有2个高峰期。第一次高峰期出现在冬前的10—11月,野燕麦、猪殃殃、看麦娘、棒头草、野豌豆、野油菜、播娘蒿等和一些多年生杂草发生;第二次高峰出现在次年返青后的3—4月,主要是猪殃殃、野油菜、播娘蒿等和一些多年生杂草发生。

3. 化学防除

(1)野燕麦的防除。选用精噁唑禾草灵、野麦畏、野燕枯、禾草灵等药剂,于野燕麦返青至拔节期用药。

(2)看麦娘、棒头草的防除。选用精噁唑禾草灵、炔草酯等药剂,于杂草出苗后至二叶一心期喷药处理。

(3)猪殃殃、野豌豆的防除。选用啶磺草胺、吡草醚、氯氟吡氧乙酸、2,4-D丁酯等药剂,在小麦四叶至拔节前用药。

(二)玉米田草害防治

1. 主要杂草种类

玉米田杂草种类繁多,但为害较重的主要有稗草、马唐、狗尾草、牛筋草、狗牙根、双穗雀稗、芦苇、蓼、苍耳、马齿苋、藜、大蓟、刺儿菜、苦苣菜、龙葵、车前草、野大豆、扁秆藤草等。

2. 发生特点

春玉米播种时气温较低,一般在平均温度10 ℃左右,玉米生长缓慢,田间空隙大,有利于某些杂草的发生与为害,这些杂草发生期长,几乎与玉米同时生长。随着气温逐渐上升,各种杂草相继发生,进入发生高峰期,不及时防除易形成草荒。夏玉米一般进入6月才播种,气温高,湿度大,杂草发生集中,发生量大,苗期防除不及时,也会造成严重草害。

3. 化学防除

(1)土壤处理。于玉米播后出苗前,选用乙草胺(或异丙甲草胺)、2,4-D异辛酯(或2,4-D丁酯)、噻吩磺隆、嗪草酮等药剂组合,进行土壤喷雾处理。

(2)叶面喷雾。玉米长到4～6叶、株高10 cm以上时,可选用对玉米安全的除草剂,如硝磺草酮、烟嘧磺隆、莠去津、氯氟吡氧乙酸异辛酯、麦草畏等成分组合,防除禾本科杂草及阔叶杂草。复配的选择性苗后除草剂,对稗草、马唐、狗尾草、马齿苋、苋菜、蓼等一年生杂草有较好的防效。

(三)水稻田草害防治

1. 主要杂草种类

长江流域四季分明，气候适宜，杂草种类繁多，稻田杂草主要有稗草、看麦娘、马唐、千金子、牛繁缕、凹头苋、扁秆藨草、牛筋草、眼子菜、鸭舌草、异型莎草、马齿苋等；东北三省属温带—寒温带地区，水稻一年一熟春播种植，没有冬季杂草，该区主要杂草有马唐、稗草、眼子菜、卷茎蓼、野燕麦、马齿苋、本氏蓼、四头苋、反枝苋、扁秆藨草等。总体来说，稻田顽固性杂草主要有稗草、异型莎草、牛毛毡等。

2. 发生特点

稗草是世界性的稻田杂草，在我国各地均有分布。稗草是一种一年生草本植物，外形和水稻极为相似，但是叶片毛涩，颜色较浅。稗草与水稻共同吸收稻田里养分，因此是稻田里的恶性杂草。异型莎草为莎草目，莎草科，一年生簇生草本。异型莎草秆直立，扁三棱状，叶鞘红褐色，小穗密集成球形，以种子繁殖。异型莎草为低洼潮湿旱地的恶性杂草，生于稻田或水边潮湿处，在我国大部分地区均有分布。牛毛毡为莎草科荸荠属植物，挺水性水草，是稻田重要杂草。其匍匐根状茎非常细，秆多数，细如毫发，密丛生如牛毛毡而得名。牛毛毡吸肥能力强，防除不易，危害较大。

3. 化学防除

稗草防除的主要药剂有敌稗、二氯喹啉酸等；异型莎草防除的主要药剂有丁草胺、二氯喹啉酸等；牛毛毡防除的主要药剂有苄嘧磺隆、吡嘧磺隆、灭草松等。

(四)棉花田草害防治

1. 主要杂草种类

棉田杂草常见有30余种，其中北方棉区占优势的杂草有荠菜、小旋花、马唐、刺儿菜、苦菜、藜、狗尾草、香附子、龙葵等；南方棉区占优势的杂草有马唐、蟋蟀草、马齿苋、香附子、狗尾草、狗牙根等；西北内陆棉区占优势的杂草有龙葵、田旋花、苍耳、扁蓄、芦苇、扁秆藨草等。

2. 发生特点

北方棉区在进入3—4月时，棉田多种杂草开始陆续发生，入夏后除春实性杂草结实衰老外，大多数杂草开始旺盛生长，7月一般为生长高峰期，8月以后，一年生杂草开花结实直至死亡。南方棉区杂草发生较早，一般3月有些杂草就开始发生。正常降雨年份一般有3个发生高峰期，分别在5月中旬、6月中旬和7月下旬。南方降雨较多，在杂草发生盛期，每降一次中雨或大雨会有一批杂草出土。西北内陆棉区一般在5月上旬为杂草发生的第一高峰期，7月下旬至8月上旬为第二高峰期。

3. 化学防除

(1)地膜棉田杂草防除。于播种后选用氟啶草酮、精异丙甲草胺、敌草隆、除草醚等药剂进行土壤封闭处理。

(2)露地直播棉田杂草防除。播后苗前土壤封闭，选用精异丙甲草胺、乙草胺、除草醚、敌草隆等药剂喷施于地表；苗期处理，可选用噁草酸、扑草净、二甲戊乐灵等药剂进行茎叶喷雾。

(五)花生田草害防治

1. 主要杂草种类

花生田杂草共有26科、70余种,一年生单子叶杂草有马唐、稗草、绿狗尾草、金色狗尾草、牛筋草、虎尾草、大画眉草、小画眉草、千金子等。一年生双子叶杂草有反枝苋、凹头苋、刺苋、藜、小叶藜、灰绿藜、青葙、鲤肠、马齿苋、苍耳、铁苋菜、野西瓜苗、野油菜、胜红蓟、苘麻、龙葵、鸭跖草等。

2. 发生特点

花生田杂草主要发生在生育前期,其危害有2个高峰期,首次高峰期是在播种后10～15 d,出草量占总草量的50%以上;第二个高峰期是在播种后35～50 d,出草量占总草量的30%左右。花生田出草期较长,一般45 d以上。苗期一般天气干旱,杂草发生不整齐,很难通过人工除草一次性控制杂草发生。花生开花下针期正值雨季,杂草生长茂盛,极易造成大面积草荒。

3. 化学防除

(1)播前土壤处理。选用氟乐灵、异丙甲草胺、二甲戊乐灵等药剂兑水均匀喷施地表,随后即可播种。主要部分药剂可能在一定程度上抑制花生生长,施用时应注意种药隔离,以免发生药害。

(2)播后芽前土壤处理。此期是用化学除草剂的最佳时机。覆膜花生田全是采用播后土壤处理,花生播种后接着喷除草剂,然后立即覆膜。在花生播后出苗前,选用精异丙甲草胺、异丙甲草胺等药剂喷洒地面。

(3)苗后茎叶处理。以禾本科杂草为主的花生田,选用芽后除草剂效果好的高效氟吡甲禾灵,在花生2～4叶期兑水喷洒在杂草茎叶上,对狗尾草、牛筋草、马唐等有较好的防除效果。以阔叶杂草为主的花生田,选用氟磺胺草醚、乳氟禾草灵和苯达松等,于杂草3～5叶期喷雾,对多种阔叶杂草和莎草科杂草有效。

(六)油菜田草害防治

1. 主要杂草种类

我国冬油菜主产区,稻茬油菜田因长期淹水,土壤中的大部分旱生杂草种子失去了活力,只有喜湿或耐湿的杂草种子能够存活下来,如禾本科的看麦娘、日本看麦娘、早熟禾和罔草以及阔叶类的繁缕、牛繁缕、猪殃殃、婆婆纳、荠菜等杂草成为优势种。旱旱连作的油菜田土壤湿度小,以繁缕、荠菜、猪殃殃、婆婆纳等阔叶类旱生杂草占主导地位,还有野燕麦、雀舌草、播娘蒿、碎米荠和香附子等杂草。我国春油菜区,油菜地主要有野燕麦、车前、藜、播娘蒿、猪殃殃、繁缕、刺儿菜、扁蓄、田旋花、薄蒴菜、密花香薷、微孔草、苣荬菜、遏蓝菜、鹅绒委陵菜、鼬瓣花、早熟禾、野胡萝卜、旱雀麦和看麦娘等旱地杂草,在低湿地中还有芦苇、泽漆和宝盖草等。

2. 发生特点

冬油菜地杂草的出土时间和数量与当地的气温、降雨量、土壤湿度以及油菜的整地时间和播种期等有密切的关系。一般而言,从整地、播种或移栽到翌年4月均有杂草出土,持续时间长达150 d左右。在油菜整地、播种后一周或移栽后3～5 d,杂草开始萌发出苗,在10月下旬至12月上旬,出现冬前杂草出苗高峰,这批杂草数量大,对油菜的竞争性危害最大。当年12月至翌年2月上旬为杂草越冬期。春季气温回升后,2月中旬至3月下旬由于多雨、高湿,杂草发生相对较重，为春季杂草出苗高峰，这批杂草量小，竞争力远弱于油菜(此时油菜高大，形成致密的冠层)，通常对油菜不构成危害。在春油菜地，耐寒杂草几乎与油菜同时出苗，甚至在秋耕和免耕的情况下，出苗比油菜早，随着气温和土温升高，杂草出苗数量增加，越年生、多年生杂草亦明显增加。

3. 化学防除

选择适当的除草剂和处理方式至关重要，应综合考虑耕作制度、耕作方式、油菜的生育时期、杂草群落组成和生育时期、除草剂杀草谱及药效持续期等因素加以确定。在油菜整地、播种或移栽前，已大量发生杂草的地块，可选用草甘膦、草铵膦和百草枯等灭生性除草剂喷洒地面和杂草，6～7 d 后杂草会全部枯死，然后翻耕整地和播种。在油菜播种或移栽前，杂草未萌发或刚萌发的地块，直播油菜可在播种后出苗前，选择适当的除草剂进行土壤处理。以禾本科杂草为主的油菜田，选用乙草胺、丁草胺兑水喷洒地面；阔叶杂草和禾本科杂草混生的油菜田，选用敌草胺、禾草丹、绿麦隆兑水喷洒地面。移栽油菜田可在移栽前选用异丙甲草胺、精异丙甲草胺或敌草胺兑水喷洒地面。油菜移栽后或直播油菜出苗后，以野燕麦、看麦娘等禾本科杂草为主的油菜田，于杂草 3 叶期用氟吡甲禾灵或精吡氟禾草灵兑水喷洒。阔叶杂草和禾本科杂草混生的油菜田，在直播油菜 4 叶期或移栽油菜在返青活棵后，选用精喹禾灵、草除灵、氟吡甲禾灵兑水喷洒。

(七)大豆田草害防治

1. 主要杂草种类

大豆田杂草主要有稗草、狗尾草、野燕麦等一年生禾本科杂草，苍耳、苋、龙葵、香薷、酸模叶蓼、藜、鸭跖草等一年生阔叶杂草，问荆、苣荬菜、大蓟、刺儿菜等多年生杂草。杂草为害是大豆减产的重要原因之一，特别是 6—8 月的杂草发生期正值雨季，由于人少地多、管理粗放，常常造成草荒。

2. 发生特点

通常在 5 月中旬播种，9—10 月收获，大豆生长季节常高温多雨，大豆田杂草的发生和为害的主要特点有：杂草发生来势猛，杂草发生密度大，生长势强，易形成草荒，产量损失率较高。杂草种类多，单、双子叶杂草混合为害，往往因错过防治适期，造成草害。

3. 化学防除

化学除草有苗前土壤处理和苗后茎叶处理 2 种方式。应根据土壤类型、地势、气象条件及杂草群落等情况选择适当的化学除草方式。

(1)播种期杂草防治。以禾本科杂草为主的大豆田，以稗草、狗尾草等为主，生产中可以用酰胺类除草剂。在播种后 3 d 之内选用乙草胺、异丙甲草胺兑水喷雾土表。以阔叶杂草为主的大豆田，以苍耳、苋、龙葵、香薷、酸模叶蓼、藜等阔叶杂草为主，生产中应选用适当的除草剂配方。在播种后 3 d 之内选用乙草胺或异丙草胺，加噻吩磺隆或异恶草松兑水喷雾土表。

(2)生长期杂草防治。以禾本科杂草为主的大豆田，稗草、狗尾草发生为害严重，在杂草基本出齐，且处于幼苗期时应及时施药。可选用精喹禾灵、高效氟吡甲禾灵烯禾啶在杂草株高 5 cm 左右时施药。以阔叶杂草为主的大豆田，苍耳、苋、龙葵、香薷、柳叶刺蓼、酸模叶蓼、藜等阔叶杂草发生较多，在杂草基本出齐，且杂草处于幼苗期时应及时施药。可选用苯达松、三氟羧草醚、氟磺胺草醚等药剂，在大豆2～3片复叶，阔叶杂草2～5叶期（株高5 cm左右）时施药。对于禾本科和阔叶杂草混生的大豆田，在杂草基本出齐，且杂草处于幼苗期时应及时施药。可选用的药剂有精喹禾灵＋苯达松、高效氟吡甲禾灵＋三氟羧草醚、精喹禾灵＋氟磺胺草醚等组合。

（八）甘薯田草害防治

1.主要杂草种类

甘薯田的杂草种类很多，总计达100种以上，主要有马唐、狗尾草、反枝苋、马齿苋、早熟禾、苍耳、藜、茅草、刺儿菜、香附子、鬼针草和牛筋草等。不同地区的主要杂草不尽相同，如：稗草在南方甘薯田中是比较常见的一种杂草，但总体而言，甘薯田的主要杂草大体与该产区的其他旱地杂草一致。

2.发生特点

甘薯田杂草的竞争性为害集中在甘薯生育前期，特别是南方的夏薯和秋薯，因甘薯生育前期处于高温多雨季节，杂草发生量大，受杂草的为害尤甚。由于甘薯的茎蔓为匍匐生长，如果前期杂草防除不到位，甘薯封垄期后一些高大和攀援性杂草就会持续为害。

3.化学防除

在禾本科杂草为主，而无莎草和阔叶草的甘薯田，可选用氟乐灵，在整地后栽插甘薯前喷雾，然后及时栽薯秧。也可用精喹禾灵或烯禾啶于杂草3叶期田间喷雾，防除多年生杂草应适当加大剂量，用药2～3 h后下雨不影响防效。对以禾本科杂草与莎草混生，而无阔叶草的甘薯田，可以用乙草胺，在栽薯秧前或栽薯秧后立即进行田间喷雾。在以禾本科杂草与阔叶草混生，而无莎草的甘薯田，可用双酰草胺，在栽前或栽后立即喷雾。

（九）马铃薯田草害防治

1.主要杂草种类

马铃薯田间杂草主要有麦苗、马唐、稗草、狗尾草、野燕麦、野高粱、蓼、鸭跖草、荠菜、马齿苋、反枝苋、野油菜、莎草等。

2.发生特点

马铃薯田杂草在早春气温和土壤温度较低的情况下，先于作物萌发。一年生杂草以种子进行繁殖，如酸模叶蓼、卷茎蓼、扁蓄、藜、猪毛菜等早春性杂草，当旬平均温度5～10 ℃时已开始萌发。

一年生晚春性杂草的生育期，比马铃薯生育期短，但生长迅速。如稗、狗尾草、苍茸、马齿苋等，其种子萌发温度较高，一般在6—7月生长迅速，发育较快，在8月中旬即可开花结果。杂草在生长发育上远比马铃薯优胜，具有顽强的竞争力。以种子繁殖的杂草大多结实量大，结实期长，种子成熟落粒期不一致，增加种子的数量和土壤侵染度，如扁蓄、反枝苋、藜的花果期从6月可延迟到9月。杂草种子寿命较长，传播方式多样，增加防治杂草的困难。

3.化学防除

马铃薯田化学除草以苗前土壤处理为主，可使用的除草剂有防除禾本科杂草和部分双子叶杂草的乙草胺、异恶草酮，以及防除部分阔叶杂草的嗪草酮等药剂。在苗后茎叶处理除草时，防除禾本科杂草的药剂可选用烯禾啶、精喹禾灵、精氟吡甲禾灵、烯草酮等。

复习思考题

1. 简述无机肥料的种类及施用方法。
2. 如何估算施肥量？
3. 基肥、种肥和追肥分别有哪些施用方式？
4. 简述作物的缺素症状。
5. 简述小麦不同时期追肥的效应。
6. 简述玉米高产施肥技术。
7. 水稻、花生、马铃薯的需肥特性有何异同？
8. 棉田如何施用蕾肥和花铃肥？
9. 简述油菜和甘薯的施肥原则。
10. 大田作物主要的灌溉方式有哪些？
11. 冬小麦如何进行水分管理？
12. 玉米的哪个生育阶段是水分临界期？
13. 简述高产稻田灌溉技术。
14. 简述大豆水分管理的原则。
15. 简述甘薯和马铃薯需水规律的异同点。
16. 植物生长调节剂根据作用方式分哪三类？
17. 简述棉花 DPC 系统化控技术要点。
18. 简述三大粮食作物主要病虫害类型及防治方法。
19. 棉花苗期病害有哪些？
20. 简述甘薯采收及贮藏期的主要病害及防治措施。
21. 单子叶作物和双子叶作物大田杂草有何异同？
22. 如何防除稻田杂草？

第六章　作物田间研究方法与现代农业技术

作物生产是农业生产系统的核心和基础，其过程是一个系统工程，涉及产前、产中和产后诸多环节及其相关理论与技术。作物生产理论与技术研究设计、研究内容、研究方法、实施方案和数据分析等是作物学研究的关键环节和重要内容。科学地应用作物学研究方法是开展创新性实践实验的重要基础和前提条件。开展现代高新农业技术的理论与实践学习，有利于在实践实验中运用新技术，培养创新意识和实践能力。

第一节　田间试验设计与实施方案

田间试验是作物学研究的主要平台，为保证试验结果的科学性和准确性，减少试验误差，科学的试验设计和可行的实施方案必须充分运用在田间试验中。通过田间试验的合理设计以及实施方案的有效实践，掌握作物学研究的基本原理和方法，为客观科学地评价作物的田间试验结果提供依据。

一、田间试验设计

试验设计按其技术程序经常可分为方案设计和方法设计两大类。

(一)方案设计

方案设计是根据试验目的和试验条件制定试验方案，其内容包括试验因素、因素水平和试验处理等。根据试验因素的多少和统计分析方法又可将方案设计分为以下 4 种。

1. 配对设计

所谓配对设计，就是与同一个定量评价指标对应的 2 组数据成对出现。这些成对数据有 4 种可能的来源：其一，来自同一个个体，故被称为自身配对设计；其二，来自同一母体的 2 个个体(如双胞胎)，故被称为同源配对设计；其三，来自属性因素(如性别和年龄等)取值相同或接近的 2 个个体，故被称为属性相近者配对设计；其四，来自外部环境因素取值相同或接近的 2 个个体，故被称为外部环境因素接近者配对设计。配对设计是将受试对象按配对条件配成对子，每对中的个体接受不同的处理。配对设计一般以主要的非实验因素作为配比条件，而不以实验因素作为配比条件。

例如，要研究某新型固体肥料的效应时，可选择若干个(一般不少于 4～5 个)农户田块，将其一分为二，一半施新型肥料，一半不施新型肥料。由于这种设计只有 2 个处理，一个田块就是 1 次重复。在方案设计上它是 1 个只有 2 个处理的单因素试验设计，在方法设计上它是 1 个每个区组只有 2 个处理的随机区组设计。

2. 单因素设计

单因素设计指整个试验中只变更、比较一个试验因素的不同水平，其他作为试验条件的因素均严格控制一致的试验设计。其所有水平不能用“组别”“分组”“处理”“方案”之类的词语表达，而应使用专业名称言简意赅地描述出来，如“肥料种类”“施肥量”等。

例如，某马铃薯生产基地要建立马铃薯高产优质施肥方案，据国内外生产实践和科学研究报告，磷、钾肥施用量基本变化不大，但施氮量（kg/hm^2）因生产基地而异，一般在 150～250 kg/hm^2 范围内，为寻找适于该基地的优化施氮量，设计了如表 6-1 所示的四水平氮用量方案。

表 6-1　马铃薯氮肥用量试验　　kg/hm^2

处理号	施肥量			施肥方法
	N	P_2O_5	K_2O	
1	0	135	225	60%氮肥及全部磷钾作基肥，其余氮肥在块茎形成期追施
2	150	135	225	
3	210	135	225	
4	270	135	225	

3. 多因素设计（或析因设计）

多因素设计即析因设计，是在一个试验中包含有 2 个或 2 个以上的自变量，且每个自变量的水平在 2 个或 2 个以上的试验设计。多因素试验不仅能研究各因素单独的效应，而且能研究 2 个或 2 个以上因素结合起来的交互作用。在多因素试验中，各因素都可分为若干不同水平，各因素的不同水平相互搭配起来，就构成了多因素试验的各个不同处理组合。

如甲、乙、丙 3 个品种与高、中、低 3 种施肥量的二因素试验中，共有甲高、甲中、甲低、乙高、乙中、乙低、丙高、丙中和丙低等 9 种处理组合，这样的试验，除了可以明确两个试验因素的作用外，还可以找出 3 个品种对各种施肥量是否有不同反应，进而选出最优处理组合。多因素试验能够全面地说明问题，其效率往往高于单因素试验，但是多因素试验中的高级交互作用有时解释起来会很困难。

4. 回归设计

回归设计也称为响应面设计，目的是建立试验因素和试验效应之间的定量关系，其设计方法与试验因素效应变化特点及描述回归关系的数学模型有密切关系。它是在多元线性回归的基础上用主动收集数据的方法获得具有较好性质的回归方程的一种试验设计方法。根据建立的回归方程的次数不同，回归设计通常有一次回归设计和二次回归设计等；根据设计的性质又有正交设计、旋转设计、通用设计和最优设计等。

如在华北平原某冬小麦-夏玉米轮作生产区，设置 6 种施氮量，欲建立优化施肥模型，提出优化施肥方案并对过量施氮产生的土壤残留硝态氮进行研究。其余农业措施，按高产管理措施管理。处理重复 4 次，随机区组排列。

（二）方法设计

方法设计就是根据既定的试验方案和试验材料特点制定试验方案的实施方法。其主要内容包括试验小区及区组的形状和大小、小区及区组的排列组合方式及试验重复次数的确定等。

1. 设计原则

(1)重复原则。同一处理在试验中出现的次数称重复,只重复一次的试验称为无重复试验。对既定试验条件只有设置重复并适当增加重复次数才能估计和减少试验误差。田间小区试验的重复次数一般为 3～4 次。对于回归设计,如果回归模式已经确定,只要试验方案符合回归设计的要求,有足够剩余自由度,也可以不设重复。

(2)随机原则。随机排列是指一个区组中每一处理都有同等的机会设置在任何一个试验小区上,避免任何主观成见。其实质是使各试验处理占有不同试验材料或遭遇不同试验条件的机会相等。即任何处理都有同等机会分配给任何一个试验小区。通过查随机表或抽签等方法可以使处理对小区的分配随机化。

(3)局部控制原则。一般来说,试验条件越一致,试验误差越小,处理之间的可比性就越大。然而,在田间试验中,特别是处理较多时,很难找到大面积肥力水平均匀的地块,因此,要对试验条件进行局部控制。局部控制的实质就是将试验条件划分为若干个相对一致的组分。这些组分是不同处理小区的组合,称为区组。将要比较的全部或部分处理安排在同一区组中能增加区组内处理间的可比性。至于区组间的差异,可以作为试验系统误差用统计分析的方法检验和剔除。

2. 设计内容

方法设计的主要内容是确定试验小区形状、小区面积和小区排列等。

(1)小区形状。指方形小区的长宽比例。适当的小区形状在控制土壤差异提高试验精确度方面也有重要作用。在一般情况下,小区的理想形状应为长方形,长宽比例范围一般为(2～3)∶1。小区过长,边际效应相应增加。所谓边际效应就是指小区周围的边行与小区内部作物生长的差异。在施用氮肥、灌水和机械耕翻条件下更应注意边际效应对试验结果的影响。在微型小区试验中,应适当缩短小区长宽比例,甚至采用正方形小区,以减少边际效应的影响。此外,小区宽度应是播幅的整数倍,以便于机具作业。

(2)小区面积。适当扩大小区面积能减少小区间土壤肥力差异,提高试验的精确度。试验小区的面积一般为 30～150 m^2,微区试验的小区面积一般只有 4～6 m^2。具体的小区面积还应考虑到多种因素,长期定位肥料试验、田间校验试验、灌水试验、涉及机器耕作的施肥技术和耕作方法试验以及有机肥料试验等小区面积较大;而肥料品种、土壤供肥力、肥料利用率等试验的小区面积可适当小些。

(3)小区排列。排列是指在同一区组内对各处理小区的排列位置;组合是指各小区合成区组的方式。排列组合的基本原则是:尽可能减少区组内不同处理小区的土壤肥力差异。因此,小区应采用长方形,小区的排列方向与土壤肥力递变方向垂直;区组形状应尽可能取正方形,区组的排列方向与土壤肥力递变方向相一致。这样的排列组合减少了小区之间的土壤变异。

3. 设计方法

(1)顺序排列的试验设计。包括以下 2 种。

①对比法设计。这种设计常用于少数品种的比较试验及示范试验,其排列特点是每一供试品种均直接排列于对照区的旁边,每一小区可与其邻旁的对照区直接比较。多应用于处理数目较少的试验,特别是生产示范试验。

②间比法设计。试验的品种数多,要求不太高,用随机区组排列有困难时,可用间比法。

间比法设计的特点是，在一条地上，排列的第一个小区和末尾的小区一定是对照区，每 2 个对照之间排列相同数目的处理小区，通常是 4 个或者 9 个。各重复可排成一排或多排式，排成多排时可采用逆向式。间比法设计主要用于育种的前期阶段，材料较多而精确度要求相对较低，如新品系的产量鉴定试验。

(2)随机排列的试验设计。包括以下 3 种。

①随机区组设计。其基本原则是将试验地划分成若干区组，将不同处理小区在区组内随机排列。如果同一区组包括了全部处理，这个区组就是一次重复，这种区组设计称为完全随机区组设计。区组方位确定后，可以用抽签或查随机表的方法实现区组内不同处理小区排列的随机化。完全随机区组设计在田间试验中应用最为广泛。其主要优点是设计简单，重复数与区组数相同。处理数的多少也比较灵活，但一般不超过 10 个，处理太多难以局部控制。

②拉丁方设计。拉丁方是行数与列数相等，且在行、列两个方向上完全随机化的字母方阵。用拉丁方安排试验称拉丁方设计。拉丁方设计的处理数＝重复数＝区组数＝行数＝列数，因此，行、列均作为区组，能在 2 个方向上剔除土壤系统误差，所以具有很高的试验精度。其不足之处是对试验条件要求比较苛刻，要求试验地块方整，处理数为 4～8 个。该设计一般用于 2 个方向上土壤变异较大、土壤变异规律不清楚或精度要求较高的试验。

③裂区试验设计。又称为分割试验设计，把一个或多个完全随机设计、随机区组设计或拉丁方设计结合起来的试验方法。其原理为先将受试对象作一级实验单位，再分为二级实验单位，分别施以不同的处理。在裂区试验中一级处理与一级单位混杂，而二级处理与二级单位不混杂。因此，设计时将最感兴趣或最主要的因素，差异较小、要求精度较高、试验条件较少以及工序较易改变的因素作为二级因素。由于副区之间比主区之间更为接近，占据的试验条件为一级，加之副处理的重复次数是主处理的若干倍(倍数即主水平数)。因此，副水平之间的差异比较比主水平之间的差异比较更为精确，特别适宜于下列几种情况下采用：a. 一个因素的各个水平比另一个因素各个水平需要更大的面积时，将要求面积大者作为主水平，如施肥、灌溉和耕作方式等；b. 一个因素的主效应比另一个因素的主效应更为重要，要求精度高时，或者两因素的交互作用研究比其主效应更为重要时，将精度要求高的因素安排成副水平；c. 根据以往研究，如已知某因素的效应比另一些因素效应更大时，将可能表现更大差异的因素安排成主水平。

案例　为研究小麦品种的高产栽培措施，现设置一试验，其中灌水量设置 3 个水平，分别为 A1、A2、A3；密度设置 3 个水平，分别为 B1、B2、B3，要求重复 3 次，试设计一个合理的田间试验。

案例分析：本试验中灌水对周围影响较大，为减少因此而造成的试验误差需设置较大小区面积，所以应采用裂区试验设计，把灌水的各处理放在主区内，把密度的各处理放在副区内。第一步：划分 3 个区组，区组之间设置走道，并在区组两端及四周设置走道和保护行；第二步：因为主处理有 3 个，所以在每个区组内划分 3 个主区，主处理在每一重复的主区内随机排列；第三步：因为有 3 个副处理，所以在每一主区内划分 3 个副区，副处理在每一主区内的副区随机排列。

二、田间试验实施方案

(一)方案编制要求

1.抓主要矛盾,力求试验因素简单明确

因素过多时先选一、两个关键性因素进行试验,然后再做比较复杂的试验,这样先简后繁,结论明确。或者先做预备试验,再做能完成多元统计分析的模式试验。

2.同一因素各水平间的差别要拉开档次

从量的方面划几个水平时,等比级数比等差级数好(旋转组合设计二者兼顾)。

3.每个因素所设水平数要适当

水平数太少,容易漏掉有用的信息,太多则增加工作量。

4.方案中要明确中心水平(处理)

中心水平即预计结果可能最优的水平,其余水平都是围绕该水平展开设置(如回归设计)。

5.正确处理试验因素与试验条件关系

尽量排除非试验因素的限制,使其处于比较良好的状态,有助于因素效应的充分发挥。

6.唯一差异原则

差异比较法必须建立在唯一差异原则的基础上,以保证试验具有严密的可比性。因此,试验因素以外的其他条件应相对一致,谨防干扰。试验处理中应设置作为比较标准的处理,也就是要有对照。

(二)方案编制

试验方案是根据试验目的和要求所拟进行比较的一组试验处理的总称。进行科学试验时,必须固定大多数因素的条件下才能研究一个或几个因素的作用,从变动这一个或几个因子的不同处理中比较鉴别出最佳的一个或几个处理。试验方案是全部试验工作的中心,它是围绕研究课题,根据试验的目的和要求制订的,其内容包括试验因素、试验指标、试验水平、试验处理和田间分布图。

1.试验因素

在控制影响试验结果的其他条件的情况下,人为变动的1个或几个试验条件。如品比试验、密度试验中的品种、密度即是试验因素。

2.试验指标

评价试验因素效应的指示性状,如比较2个品种优劣的试验,试验指标就可以是产量或者是收获物中某一种经济性状。试验指标对试验(处理)因素效应的定量表达就是试验数据。

3.试验水平

试验因素从质或量的方面分成不同的等级,其中的每一个等级就是一个水平,如品比试验中的每一个品种就是从质的方面来划分水平的,密度试验中的密度就是从量的方面来划分水平的。

4.试验处理

如试验中仅1个因素,则该因素的每1个水平就是1个试验处理;如果试验中包括2个或

2个以上的因素，则试验处理就是这些因素各个水平的组合，简称组合或水平组合。

例如，有一特早熟扁豆栽培试验方案，A因素为追肥，分花前追肥与不追肥(对照)2个水平，B因素为品种，分红花一号和白花二号，C因素为密度，设4种株距(行距为1.5 m)即45 cm、70 cm、95 cm和120 cm，重复2次，则水平组合数为2×2×4=16个。

5.田间布置图

根据试验设计要求和田间种植计划，划分区组、小区、走道和保护行等，绘出田间布置图，以便实际布置落实试验时可完全依循其进行操作。范例见图6-1。

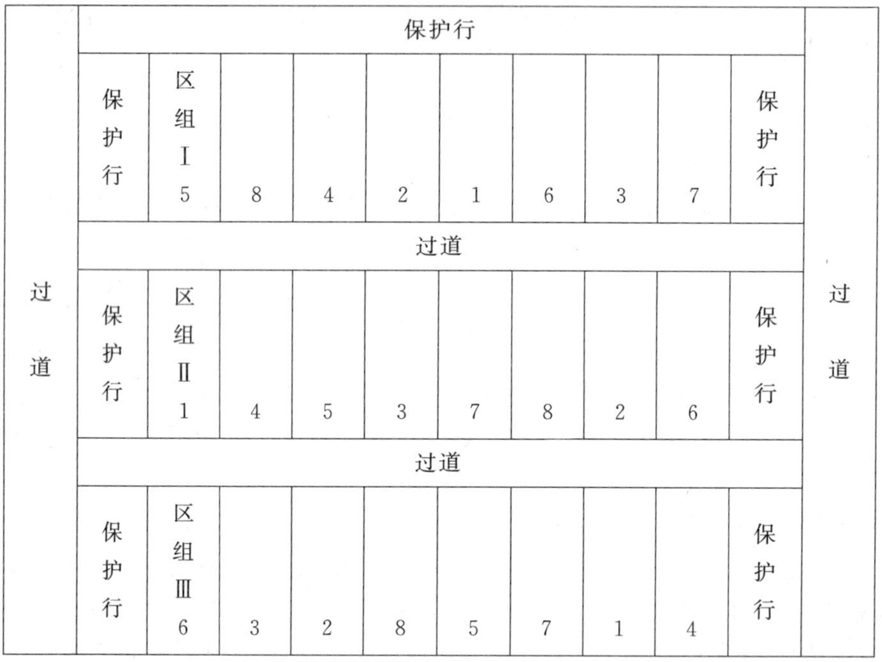

图6-1 田间布置图

(三)田间区划

1.试验小区规划

(1)区划总体轮廓图。按照田间试验设计总体图，确定基线离田垄、地边、田埂或路边3～5 m，定以基点，划1条基线，以基点为端点，根据勾股定律，确定直角，划两直边的延长线，至设计的长和宽。

(2)区划小区和行距。根据设计图，按照要求，留出走道，小区划好以后，按照要求走向在第一个小区的第一边上插一木牌。

(3)对照分布图检查区划工作有无差错，以便纠正。要求测量准确，区道分明，标牌整齐。

2.试验小区田间区划

在试验地整好地后，播种前要按照田间布置图，把试验的各个重复和小区区划出来。首先要划出试验区的4条边界，先用皮尺量出1条宽边的总长度，并在两端打上木桩，以这条宽边作为标准线，于其一端拉一条与它垂直的长边，使长边与宽边垂直。例如，在划好的宽边上用皮尺量出 3 m 长（AB 边），再拐向长边量 4 m 长（BC 边）的一段，用 5 m 长的一段连接 AC 边作为三角形的斜边，这样 ABC 即为直角三角形，长边与宽边相互垂直然后用皮尺量出长边的总长度，并在长边的终点打上木桩。

采用相同的方法在长边的终点划出另一条宽边，两条宽边的顶端连接起来，如果其长度与长边的总长度相差不大，即可移动宽边顶端的木桩，调整到与长边的总长度相吻合。如果相差较大，则需重新测定。试验区的 4 个角确定后，可用测绳拉成直线，沿直线用锄头划出 4 条边界。

划出 4 条边界后，如果重复是多排式排列，可用皮尺在 2 条长边上按照小区的长度和重复间走道的宽度，量出各个重复的 4 个角，打上木桩，然后用测绳和锄头划出各个重复的界线，再在不同重复按小区的宽度划出小区的界线，最后用划行器划出各个小区的行印和试验区周围保护行的行印。

3. 试验地区划注意事项

①设计要符合试验设计的基本原则和田间小区技术的要求；

②图形中的长度要与实际长度符合比例；

③用黑色或蓝色笔绘制，一律采用实线，并力求美观、整洁。

三、田间试验设计书的制订

田间试验设计书是保证试验连续性和顺利进行的前提和基础。首先必须制定试验计划，明确规定试验的目的、要求、方法以及各项技术措施的规格要求，以便试验的各项工作按计划进行和在进程中检查执行情况，保证试验任务的完成。

1. 田间试验设计

设计要符合田间试验设计的基本原则和田间小区技术的要求。图形中的长度与实际长度要符合比例。绘图用铅笔，要求绘制清晰，并力求整洁、美观。

2. 田间试验计划的内容

田间试验计划的内容一般包含以下项目：

①试验名称；

②试验目的及其依据，包括现有的科研成果、发展趋势以及预期的试验结果；

③试验年份和地点；

④试验地的土壤、地势等基本情况和轮作方式及前作状况；

⑤试验处理方案；

⑥试验设计和小区技术；

⑦整地播种施肥及田间管理措施；

⑧田间观察记载和室内考种、分析测定项目及方法；

⑨试验资料的统计分析方法和要求；

⑩收获计产方法；

⑪试验的土地面积、需要经费、人力及主要仪器设备；

⑫项目负责人和执行人；

⑬附田间试验布置图及各种记载表。

注意:试验设置后必须检查确保无误,发现问题应及时解决。

3. 编制种植计划书

种植计划书有把试验处理安排到试验小区作为试验记载薄之用。如肥料、栽培、品种、药剂比较等试验的种植计划书内容包括处理种类(或代号)、种植区号(或行号)、田间记载项目等。种植计划书内容可以根据需要灵活拟定,应遵循便于查清试验材料的出处和历年表现的原则,以利于对试验材料的评定和总结。

试验计划与种植计划书,应该备有复本,一本种植计划书用于田间种植,播种后绘制田间种植图,附于种植计划书前,以后将经常用来观察和记载。

第二节　作物生长发育的基本研究方法

作物生长分析方法是指在作物生长发育过程中或响应环境因素时对作物生长进行分析或定量测定所采用的一些技术方法。通过对作物生长发育过程的分析,了解作物群体和个体的形态特征、物质积累动态及其在不同器官中的分配规律,并掌握对其评价进行定量或定性研究的方法。

一、生物观察法

生物观察法是作物科学研究的起点,是收集科学事实、直接获取自然信息的基本途径。生物观察法本质上是一种认识过程。认识过程首先是从感性认识开始的,感性认识主要靠观察来获得,所以观察方法是首要的学习方法。观察方法主要包括顺序观察、对比观察、图像观察法和实验观察法。

1. 顺序观察

从观察方式上,顺序观察一般先用肉眼、再用放大镜、最后用显微镜。用显微镜观察也是先低倍镜,后高倍镜。例如,对植物根尖的观察,应先用肉眼观察幼根,根据颜色和透明程度区分出根尖的 4 个部分,然后再用放大镜观察根尖的根毛,最后用显微镜观察根尖的纵切片,认识根尖各区的细胞特点。

2. 对比观察

对比观察有利于迅速抓住事物的共性和个性,从而把握住事物的本质。如同一作物不同品种,要先求同,然后同中求异。

3. 图像观察法

图像观察法要求视听并重,可以边看边听,把感性形象与理性的指导结合起来,便于记忆。

4. 实验观察法

田间技术是理论和实践相结合的课程,实验观察法是建立在实验活动的基础上,通过一定的仪器设备和操作技术对作物进行观察研究,加深对已学过理论知识理解的一种方法。因此,观察获取结果的手段、方法和过程同等重要。

另外,还要注意作物观察与环境观察相结合,静态观察与动态观察相结合以及局部观察与整体观察相结合。

二、发育研究法

发育研究法又称为生育调查法，此方法的特点是侧重发育器官的观察研究。发育研究法就是作物生育期间观察记载生育时期、调查分蘖动态、幼穗分化、测量株高变化、叶片数、统计根条数以及收获后进行室内考种等相关工作的方法。此方法对不同种类、同一作物的不同品种以及不同栽培条件下的作物生育差异均可进行分析研究。该法操作简便，用途广泛，在实践中已被普遍采用。

（一）作物生育时期的观察记载

1. 生育时期观测

生育时期观测主要是按照统一规定或者通用的记载标准，调查记载作物从播种到收获各个生育阶段发生的时间，以及当时环境条件的特点。在实际观测时，熟练掌握"物象"标准和"数量"标准。"物象"标准就是植物体在不同生长发育时期的不同形象表露。"数量"标准是以达到该"物象"标准的植株占全区植株的比率为准。如果每个生育时期只记载 1 次，应以达到该"物象"标准的植株占全区植株的 50%左右为标准。若记载始期、盛期和末期 3 次，则始期应占 20%左右，盛期应在占 50%左右，终期应占 80%以上。

2. 作物生育时期观察记载的方法

(1)目测法。选择代表性的样方，对其内的植物进行目测估计。

(2)定株法。选出一定数目的代表性植株并标记，然后观察统计达到某一"物象"标准的株数占代表性植株的百分比来定量确定。

（二）作物抗逆性的观察记载和测定

作物对逆境抵抗和忍耐的能力叫抗逆性。抗逆性是作物对环境的一种适应性反应。作物的抗逆性包括抗旱性、抗热性、抗寒性和抗病性等非生物逆境胁迫和生物逆境胁迫。一般在田间出现某种不适于作物正常生活的环境时进行观测记载。下列以作物抗旱性观察记载和评价为例。

1. 干旱类型

(1)干旱的类型。包括土壤干旱和大气干旱。土壤干旱表现为植株萎蔫、叶片变黄和脱落，这些现象由下向上发展；大气干旱时，叶的萎蔫和青干由顶部开始向下发展。

(2)记载。干旱的类型、植株发育的阶段、干旱具体发生的时间及作物的抗旱能力。

2. 抗旱性的观察测定方法

在大田条件下，利用目力估计植物的抗旱能力，一般可分为 3～5 级。

①1 级：抗旱能力强，植株完全没有萎蔫现象；

②2 级：抗旱能力较强，植株上个别叶子发生不严重的萎蔫；

③3 级：抗旱能力中等，植株上约半数叶子萎蔫者；

④4 级：抗旱能力较弱，大部分叶子萎蔫；

⑤5 级：抗旱能力弱，全部萎蔫。

除判断干旱的等级进行登记外，每天早晚要记录植株各个部分的变化，以及恢复萎蔫的情况，如果能及时恢复正常则仍可以认为有抗旱能力。发生干旱时，应测定空气的温度和相对湿度，记录这些指标的极端值及其持续时间；同时测定土壤水分，以了解各作物（品种）在同一条件下的不同抗旱能力。此外，可以利用盆栽法测定植物的凋萎系数（土壤的凋萎含水量），以判断作物的抗旱能力。植物的凋萎系数或土壤的凋萎含水量是指植物发生永久萎蔫，不能恢复生长时的含水量。

3. 抗旱性鉴定指标

（1）形态指标。包括根系、叶片和株高。根系发达程度，如根数、根干重、最大根长、根/冠比、胚根数、木质部导管宽度和根内维管束数；茎的水分输导能力，如皮层/中柱比、维管束排列方式及束内导管数目和直径；叶的形态，如叶片大小、形状、角度、叶片卷曲程度、气孔和蜡质层等；雄穗大小等均可作为作物抗旱性鉴定指标。

（2）生长发育指标。作物在干旱环境下的生长状况不仅决定着植株的光合面积、生产潜力及最终产量，并对体内代谢产生反馈调节作用。因而，作物在干旱条件下的种子发芽率、存活率、株高、干物质积累速率、叶面积、叶片黄叶枯叶数、叶片扩展速率、散粉抽丝间隔时间等指标均可用于抗旱性鉴定。

（3）生理指标。包括水分生理指标（叶片相对含水量）、渗透调节物质含量（可溶性糖、氨基酸等）、质膜透性变化、光合速率、气孔扩散阻力、离体叶片抗脱水能力、外渗电导率、冠层温度和 ABA 含量等，均可作为作物抗旱性指标。

（4）生化指标。包括脯氨酸含量、脱落酸含量、酶活性（SOD 酶、过氧化氢酶 CAT、谷胱甘肽还原酶、硝酸还原酶等）等。

（5）产量指标。包括生物量、产量构成因素、经济产量、收获指数等。

（6）综合指标。是用几个指标综合评定作物的抗旱性，使单个指标对评定抗旱性的局限性得到其他指标的弥补和缓解，评定的结果与实际结果较为接近。通常用抗旱总级别值法和抗旱性隶属函数法进行评价。

（三）根系形态特征观察记载和测定

根系形态特征包括根系体积、几何形状、长度、分布深度、根密度、分枝状况、根重、根表面积、根毛数量和根尖数等。根系形态与养分、水分的吸收能力有密切关系。在植物营养研究中，常用的根形态参数主要有根重、根长、根表面积、根密度、根毛和根尖数等。

1. 根重

根重对于表征根的总量是一个很好的参数，植物吸收养分的数量和速率通常用单位根重作参量。根重分为根干重和根鲜重 2 种。根干重对于养分和水分吸收不是个理想的参数，因为老而粗的根所占的重量很大，而吸收养分和水分的能力很小。然而，当了解植物地下部的生产力时，干重常作为估计的标准。在估算根/冠比（R/S）时，也要用根干重。

测定根干重一般采用烘干称重法，即在 105 ℃条件下烘干 10～20 h 或在 60～70 ℃下烘干 20 h，称重。根鲜重是个理想参数，在植物营养研究方面很有应用价值。养分吸收大多用根鲜重作参量。根鲜重容易测定，但准确程度与根外黏附水分有关，故受操作影响较大。

2. 根长

根长被定义为单位土壤表面积上根系的总长度。当根长测定后，如已知根的平均直径，则可以推算根系表面积和根体积，也可用于计算养分吸收速率。所以，根长直接影响根系表面积的大小，而根表面积的大小与根系吸收面积直接相关。每单位土壤表面的根表面称为“根面积指数”。

根长的测定方法如下。

(1)直接法。在一平底玻璃盘中，铺上带 mm 刻度的方格纸，其上用一块玻璃压平，然后倒少量水保持浅水层，将湿根置于其中，用镊子把根拉直，逐条测定其长度，最后累加即得。

(2)直接截距法。是 Tennant(1975)发明的，它是以根系与一定规格的方格纸上纵横线条的截点数来计算根长的方法。

3. 根径(半径或直径)

测定根径(根茎)的主要目的是了解土壤空隙大小与根系穿透潜力之间关系的信息，在一年生植物中，测定根径在大多情况下用来计算根表面积和根体积。常用的测定方法如下。

(1)实际测定。测定前，须先将根系浸泡在水中数小时，然后用带有测微计的显微镜直接对鲜根进行测定，对粗根可采用小手镜或千分尺卡测定。如果一条根的直径上下有差别，则可按一定间距分别测定。

(2)估算法。许多文献中均采用公式估算法(Sumio and Barber，1983)。将根系假设为均匀的圆柱体，按经验公式进行计算。

$$r = \frac{W}{\pi} \times L \times D$$

式中：r 为根半径，cm；W 为根鲜重，g；L 为根长，cm；D 为水的密度，g/cm^3；π 为 3.141 592 6。4 ℃时水的密度等于 1 g/cm^3。

4. 根表面积

根表面积被认为是表征根系对水分和养分吸收最好的参数之一，可以用以下 2 种方法进行测定。

(1)直接计算法。用根径和根长或根体积计算求得。

$$S = 2\pi rL$$

式中：S 为根表面积，cm^2；其他符号的含义同上。需要注意的是此法只能得到根表总面积，不能反映根系活力。

(2)吸附法。是通过根系的吸附作用进行间接估计根表面积的方法，其结果与根系养分吸收量或吸收速率可能有关。吸附法有染料法和滴定法，测定的是根系吸收面积。

①染料法。将洗净的鲜根浸入染色溶液中(通常为 0.02～5 mg/L 的亚甲基蓝溶液)，轻轻搅动，保持一定时间后取出，用最初与最终染色溶液浓度之差即根系吸附的亚甲基量，来估计根表面积。

②滴定法。将洗净、风干的植物根系浸入到 3 mol/L HCl 溶液中 3 s，然后取出排去多余的酸，再将其置于一定量蒸馏水中浸提 10 min，再用 0.3 mol/L NaOH 标准溶液滴定，最后用消耗的 NaOH 标准溶液的体积作为总根表面容量。

这两种方法测定的是相对根表面积。

5. 比根长

根系长度和根干重量的比值为比根长，单位为 m/g。比根长是衡量根直径的重要参数之一，比根长值越大，说明根越细小。

6. 根体积

根体积是一种辅助参数，可与根系其他参数结合使用。测定方法如下。

（1）计算法。用平均根径和根长计算求得。

$$V=\pi r^2 L$$

式中：V 为根体积，cm^3，其他符号的含义同上。此法估算的误差较大，故不常用。

（2）排水法。按照鲜根体积等于排出水的体积的原理，精确量取。

在植物营养研究中，根体积测定一般不普遍，因为少量大根系与大量小根系具有相同的体积。

7. 根数

根数指茎基部的根数。在洗净根系去掉地上部分后，数基部的根数即可。根数目也很重要。某些养料如 Ca^{2+}、Mg^{2+}、Fe^{2+} 等主要靠根的幼嫩组织吸收，因为这些组织的内皮层细胞壁尚未木栓化，离子容易透过。

8. 根/冠比

根/冠比（R/S）是地下部与地上部干重的比值，即 R/S＝根系干重/地上部干重。

R/S 是描述根系与地上部生长相互关系的参数，通过测定根/冠比，可以了解植物地下部与地上部的分布及二者之间的关系。

植物根系的生长具有趋肥性，即根系能够迅速伸展到土壤养分相对丰富的地方，以扩大吸收养分的范围。在一定的土壤养分含量范围内，养分含量偏低，促进根系伸展而抑制地上部生长，R/S 比较大；反之，根系较短，促进地上部生长，R/S 比下降。

在植物营养研究实践中，根据研究目的选择测定根系参数。一般为了更好地解释有关数据，最好能测定多个参数进行比较，以求参数之间及与养分吸收效率之间的相关性，来确定取舍。

（四）叶片生长特征观察记载和测定

1. 叶龄指标的测算方法

（1）叶片记数法。当前主要用在禾谷类作物上。在正常条件下，禾谷类作物每一品种的叶片数比较稳定，即环境对叶片数的影响较小。

（2）叶脉记数法。对玉米，用叶脉来计算叶龄比用定点定株记载叶龄简便易行，不受时间地点限制，随时可以进行。玉米除第一叶外，其他叶片若其主脉一侧的叶脉数为 R，则该叶片的叶龄为 R－2。

（3）叶龄指数法。利用叶龄指数（%）可以预测某些作物的生育时期，作为田间管理的依据。

$$\text{叶龄指数}=\frac{\text{展开叶片数}}{\text{主茎总叶片数}}\times 100\%$$

（4）叶龄余数法。鉴定水稻穗分化的形态指标。叶龄余数即用该品种常年全生育期主茎的总叶数减去实测当时主茎上已出现的叶片数（叶龄）的差数，亦即尚未露出的叶片数。

2. 叶形态指标的测算

(1)见展叶差。在田间选择无病虫伤害和机械损伤的代表性植株 10 株以上，观察出叶情况。把刚展开的叶片(叶鞘伸出)记作 1，向上数出可见叶片(叶尖伸出 1 cm 以上)数，两者的差即为见展叶差。见展叶差可用众数差值(10 次测定中出现次数最多的值)2，3，4，5 之类的整数来表示，也可用平均数四舍五入化为整数表示。玉米和高粱等的见展叶差与生育进程有一定对应关系，可作为田间随时诊断和采取促控措施的形态指标。

(2)叶耳间距。用叶龄指数或叶龄余数鉴定作物的生育进程时，只能用到叶龄指数恰为 100、叶龄余数恰为 0 时或见展开差恰为 0 差值时，而此时穗发育并未结束。研究判断后期穗发育状态可以用叶耳间距指标。所谓叶耳间距是指上下两叶间叶耳的距离(cm)。

(3)叶片着生状态。即着生角度、直立性、披垂程度、长短和宽窄、平展和卷曲等，直接影响植株的空间态势，进而影响作物对光能的利用率。

3. 出叶速度的测定

出叶速度即叶片出生相隔的天数。正常条件下，出叶速度是一个相对稳定的性状，但也受温度、施肥等因素的影响，尤其是温度，温度越高，出叶速度越快。

(五)分蘖动态的调查

分蘖动态的调查要定点(定株)、定时。根据需要可分为群体调查和个体调查 2 种。

1. 群体调查

调查全田分蘖发生的时期、速度和数量，必须定点、定时观察。

2. 个体调查

调查研究每一个植株分蘖的消长状况。

(六)株高的测定

株高的测定指的是在田间定点、定株且定时连续地测定植株高度的增长动态。其结果可列表或绘制株高增长曲线图进行比较。定点、定株应根据生物统计取样方法的要求进行，可结合叶片数、出叶速度的观察同时进行。即 1 个品种或 1 个处理，调查 1 点，每点 10 株左右。定时是指 2 次测定的间隔时间，一般来说，间隔时间越短，所得结果越接近实际，但费工费时。所以，一般可以每隔 5 d、7 d、10 d 甚至 15 d 进行一次。为统计分析方便，间隔时间最好呈现倍数关系。株高的单位为 cm。

株高有生理株高和自然株高 2 种。

1. 生理株高

生理株高是指作物被拉直后，从地面或子叶节到作物体最高点的垂直高度。此处的作物体最高点，可能是叶片的尖端，也可能是植株的顶端。生理株高表示作物植株的纵向生长量。

2. 自然株高

自然株高表示作物的群体高度，即生长状态的植株群体，从地面到冠层顶部表面的高度。

生理株高和自然株高的值差异越大，植株的叶片(尤其是上部叶片)配置越呈现水平型，群体内部的受光条件越差。

为取得较好的结果，测定时应注意：每点测定株数，要比规定株数略多几株。避免杂株、病虫害和机械损伤等造成中途缺损。测定时按株编号，顺序测定，以利于最后统计时取舍。测定前要固定好基准点。

三、生长分析法

生长分析法指在一定时间内影响产量和因经光合产物的积累导致植物发育两者自然地结合起来进行分析的方法。以作物生育过程中干物质增长过程为中心进行研究，在测定干物质增长的同时，也测定叶面积。生长分析法的基本观点是作物产量以干物质重量来衡量，作物生育进程也以植株干物质增长过程为中心进行研究。具体做法是每隔一定天数（如 7 d、10 d 和 15 d 等），选取一定数量具有代表性的、长相一致的植株（相似株），测定叶面积（已展开的叶片）和植株总干重（最好分器官），然后根据测定数据进行各项生长指标的分析。

（一）叶面积和干物质测定时测点的选择和相似株的确定

1. 测点的选择

根据地形和大小、作物密度和长势等选 3～5 处有代表性的测点。每测点的大小因作物种类而不同。麦和稻等密植作物可取 2～5 m^2，玉米和高粱等宽行作物可取 20～30 m^2。每测点的形状为正方形或长方形，也可顺垄取样。

2. 相似株的确定

在第一次测定前，按生育时期和植株长势及长相等，确定有代表性的相似株。一般可根据叶片（或叶龄）数和株高等性状，选取长相一致的植株作为相似株。相似株要挂牌标记，作为以后各次测定的取样株。其数量，根据测定次数及每次测定取样株数而定。

（二）叶面积测定

生长分析法是与光合作用这一生理功能密切结合的，对叶面积的消长非常重视。测定叶面积时，可在相似株中选一定数量的植株，高秆作物可取 10 株，矮秆作物可取 20 株，并调查测点的实有株数，由单株叶面积计算出测点内的总叶面积，即可求出叶面积指数。

1. 叶面积仪

叶面积仪利用光学反射和透射原理，采用特定的发光器件和光敏器件测量叶面积的大小。从选用的光学器件来分，叶面积仪可分为光电叶面积仪、扫描叶面积仪和激光叶面积仪 3 种；从测量过程中是否移动叶片来分，可分为移动式和固定式测量 2 种。叶面积仪测量叶面积精确度高、误差小、操作简单、速度快。

2. 求积仪

求积仪分为点子求积仪和机械求积仪 2 种。使用时将叶片摘下，平铺于白纸上描出叶片轮廓后，使用求积仪测量该图形面积。

3. 方格纸法

将叶片的轮廓描在标准计算纸（最小方格的规格为 1 mm×1 mm）上，统计叶轮廓占的小方格数（达到或超过半格的算 1 格，不足半格的舍去），即得到用方格法测定的叶面积。

4. 称重法

称重法有打孔称重法和剪纸重法 2 种，都要求精度很高的称重设备。

(1)打孔称重法。使用直径一定的打孔器在叶片上均匀取一定的孔，这几个孔的重量与其面积之比为单位叶面积重量，再称出叶片重量，将叶片重量除以单位叶面积重量即可得出叶面积。因叶片的状况分为称干重法和称鲜重法 2 种。打孔法破坏叶片，耗时耗力，测量结果受叶片的厚薄、叶龄、打孔位置以及叶片含水量影响很大。

(2)剪纸称重法。将叶片的形状描到纸上，将叶子形状剪下来称重得图形重量，用图形重量除以单位面积纸重量即可得出叶面积。纸重法排除了叶片含水量、厚薄和叶龄的影响，结果准确，可作为标准叶面积。该方法又称为纸重法、纸样称重法或剪纸称重法。

5. 系数测定法

系数测定法利用叶片的长度和最大宽度乘积与叶片实际面积之间的线性关系，确定校正系数，再根据以下公式计算叶面积。

$$\text{叶面积}=(\text{叶长}\times\text{叶最大宽})\times\text{校正系数}$$

6. 图像处理法

图像处理法是建立在计算机图像处理基础之上的，具有严密的科学性。其原理如下：计算机中的平面图像是由若干个网状排列的像素组成的，通过分辨率计算出每个像素的面积，然后统计叶片图像所占的像素个数，再乘以单个像素的面积就可以得到叶面积。图像通常用扫描仪和数码相机获取，然后通过计算机对图像进行处理，获得叶面积。获取图像过程中，不仅要垂直取图或有一定面积的对照物，还要有合理的算法，这样才能减小误差。

(三)干物质的测定

干物质的测定常常是根据试验要求，把样品单株或分别各器官烘干。样品数量高秆作物可取 5 株，矮秆作物可取 10 株。样品本应包括根系，但由于根系采样不完整，反而影响整个测定的准确性，所以，一般植株不包括根系。如果必须取根，为了便于比较，可根据不同作物及不同生育时期的根系分布范围，挖取相同体积的土样，洗出全部根系。

(四)农作物生长分析指标

1. 叶面积指数(LAI)

叶面积指数指作物群体总绿色叶面积与该群体所占土地面积的比值。因为通常作物大田生产是依靠单位土地面积上的作物群体来进行的，所以计算叶面积指数时要以单位土地面积上的群体叶面积为准而不能以单株叶面积为准。

2. 光合势(LAD)

光合势是指在某一生育时期或整个生育时期内群体绿叶面积的逐日累积，单位为万 $m^2\cdot d/hm^2$。在群体生长正常的条件下，群体干物质积累数量与光合势呈正相关。

计算某一时期内的光合势的方法，一般是以这一时期内单位土地面积上的日平均叶面积乘以这一时期持续的天数。假设在 $t_1 \sim t_2$ 时间内，平均有 $1/2(L_1+L_2)$ 的叶面积进行光合生产，这一期间的光合势为

$$\text{LAD}=\frac{1}{2}(L_1+L_2)(t_2-t_1)$$

式中：L_1，L_2 分别是 t_1，t_2 时的叶面积。

3. 净同化率

净同化率(net assimilation rate, NAR)是在群体条件下衡量作物叶片净光合生产效率的指标,它是指单位叶面积在单位时间内所积累的干物质数量。

假设在 t_2-t_1 时间内,平均有 $1/2(L_1+L_2)$ 的叶面积进行光合生产,净积累 W_2-W_1 重量的干物质,这一期间的净同化率为

$$\text{NAR}=\frac{W_2-W_1}{1/2(L_1+L_2)(t_2-t_1)}$$

式中:L_2,L_1 分别为 t_2,t_1 时的叶面积。净同化率单位是 $\text{g/(m}^2\cdot\text{d)}$。

净同化率因作物、品种及栽培条件而变,通常在 3~4 $\text{g/(m}^2\cdot\text{d)}$ 至 10~12 $\text{g/(m}^2\cdot\text{d)}$ 范围内。

4. 作物生长率

作物生长率(crop growth rate, CGR)又叫群体生产率,它表示单位土地面积上作物群体干物质的增长速度,也就是单位土地面积上作物群体在单位时间内所增加的干物重。

$$\text{CGR}=\frac{W_2-W_1}{A(t_2-t_1)}$$

式中:W_2,W_1 分别是 t_2,t_1 时测定的干物质重;A 为土地面积。CGR 的单位是 $\text{g/(m}^2\cdot\text{d)}$。

5. 相对生长率

按照作物生长与时间呈指数函数关系的规律,植物在生长过程中,植株越大(越重),生产效能越高,则所形成的干物质越多。生产的干物质用于形成植株体,从而为下一步的生长奠定了更大的生长基础,这种生长过程称之为植物生长的复利法则。相对生长率(relative growth rate, RGR)用下式计算。

$$\text{RGR}=\frac{1}{W}\cdot\frac{\mathrm{d}w}{\mathrm{d}t}=\frac{\mathrm{d}\ln w}{\mathrm{d}t}=\frac{\Delta\ln w}{\Delta t}=\frac{\ln W_2-\ln W_1}{t_2-t_1}$$

式中:W_2,W_1 分别是 t_2,t_1 时测定的干物质重。RGR 一般以 g/(g · d)或者 g/(g · 周)为单位。

6. 叶面积比率

叶面积对植株干重之比,即作物单位干重的叶面积,称为叶面积比率(leaf area ratio, LAR)。可用下式计算。

$$\text{LAR}=\frac{L}{W}=\frac{\ln W_2-\ln W_1}{W_2-W_1}\cdot\frac{L_2-L_1}{\ln L_2-\ln L_1}$$

式中:L 为叶面积;W 为植株干重。

叶面积比率(LAR)、净同化率(NAR)和相对生长率(RGR)具有相互关系。

$$\text{RGR}=\frac{1}{W}\cdot\frac{\mathrm{d}w}{\mathrm{d}t}=\frac{L}{W}\left(\frac{1}{L}\cdot\frac{\mathrm{d}w}{\mathrm{d}t}\right)=\text{LAR}\cdot\text{NAR}$$

7. 比叶重和比叶面积

比叶重(specific leaf weight, SLW)是指单位叶面积的叶片重量(干重或鲜重),通常用干重来表示,是衡量叶片光合作用性能的一个参数。它与叶片的光合作用、叶面积指数和叶片发育相联系。

$$\mathrm{SLW}=\frac{W_{\mathrm{L}}}{L}$$

式中:L 为叶面积;W_{L} 为相应的叶干重。

比叶面积(specific leaf area, SLA)即为叶面积与相应的叶重之比,用来表示叶的厚度,比叶面积越小,叶片越厚。即

$$\mathrm{SLA}=\frac{L}{W_{\mathrm{L}}}$$

式中:L 为叶面积;W_{L} 为相应的叶干重。

可将叶面积比率(LAR)分解为

$$\mathrm{LAR}=\frac{L}{W}=\frac{L}{W_{\mathrm{L}}}\cdot\frac{W_{L}}{W}=\mathrm{SLA}\cdot\frac{W_{\mathrm{L}}}{W}$$

式中:W_{L}/W 为叶干重占植株干重的比率。

进而可推导出下式:

$$\mathrm{RGR}=\mathrm{NAR}\cdot\mathrm{SLA}\cdot\frac{W_{\mathrm{L}}}{W}$$

由上式可知,相对生长率受到净同化率、比叶面积及叶重与株重的比率的影响。

8. 干物质分配率

干物质分配率(dry matter partitioning ratio, R)是指在同一时期内,增加的叶、茎、根、花等各器官的干重占植株总增重的百分比,常用来确定干物质分配规律。

$$R=\frac{C_1-C_2}{W_2-W_1}\times 100\%$$

式中:C_1,C_2 为某器官在某段时间内的初始和最终干物质重量,W_1,W_2 为全株该段时间内的初始和最终干物质重量。

四、模拟模型研究法

作物模拟研究法的思想来源于作物生长分析法,随着生物数学兴起后,采用数学方法解释和推论作物生育和产量形成过程,由此产生了模拟模型等方法,还可以利用计算机预测作物的生长量和产量。

作物生长模拟模型是指能定量地和动态地描述作物生长、发育和产量形成的过程及其对环境反应的计算机模拟程序。它是对气候、土壤、作物和管理复杂系统的简化表达形式,是采用系统分析的方法,综合作物生理、生态、农业气象、土壤和农学等学科的知识和研究成果,对作物生育和产量形成加以理论概括与数据量化,应用计算机数值计算与模拟技术,实现描述和

表达作物生产系统的运行状态和结果。

作物生产系统的复杂性决定了模型的研究是个多学科协作的结果。模拟模型研究法大体分为以下 7 个步骤。

1. 调查研究和问题的提出

调查研究是建模的基础。通过调查研究，明确影响作物生长和产量的主要因素是什么，以便确定目标，提出相应的方案。建模的资料和数据来自已有的研究结果和开展的作物模拟的支持研究，即利用当前先进设备或装置向计算机输入作物数据。

2. 建立模型

建立模型首先需要确定所需作物的参数和气象要素，如与作物生长发育有关的日照长度、日最高气温、日最低气温、降水、湿度和风速等。然后编写程序，国内外建模中普遍采用的编程语言有：CSMP（连续系统模拟程序），FORTRAN，BASIC，DYNAMO，SIMCOMP 和 SIMSCRIPT 等。随着微型高速计算机的普及，模型版本都向微机化发展，绝大多数模型可在微机上运行。

3. 模拟运行

将程序、作物参数和气象数据汇总在一起，即为一个完整的模型，然后运行模型。

4. 验证

验证通过了解模拟结果与真实系统的逼近程度，从而确认该模型的准确性。常用的验证方法有：回顾检验，即将模型同相应的历史情况进行比较，看其是否与发生的事实相吻合；全面改变真实系统中的参数，观察模型是否随之变化；通过田间试验，考察实验结果与模拟结果是否一致。

5. 调试改进模型

找出导致模型与真实系统不一致的原因，进一步用试验数据来调整和修改作物参数，并分析作物生长发育的内在生理生态机理，对模型的结构语句进行改进。

6. 模型试用

将模拟运行的结果应用于生产，进行小面积示范试验，以检验其适用性。

7. 问题的解答与选择、决策

如经验证该模型与真实系统相吻合，就可按模拟的结果来解答生产中出现的问题，并据此进行最优方案的选择与决策。

第三节　作物田间调查抽样方法和试验数据分析

进行田间试验的目的是运用试验结果来指导和发展农业生产。为了获得正确的研究结果，田间调查取样必须具有充分的代表性。科学的作物田间调查抽样方法是确保试验结果正确的重要基础。试验数据整理与分析是科学研究的重要基础，它不仅能使测定的数据有序化，而且可进行统计分析并获得科学的结果和结论。

一、田间调查抽样的方法

抽样调查是一种非全面调查，它是从全部调查研究对象中，抽选一部分样本进行调查，并据以对全部调查研究对象做出估计和推断的一种调查方法。抽样调查虽然是非全面调查，但它的目的却在于取得反映总体情况的信息资料，故可起到全面调查的作用。

（一）抽样调查的特点

抽样调查数据之所以能用来代表和推算总体，主要是因为抽样调查本身具有其他非全面调查所不具备的特点：

①调查样本是按随机的原则抽取的，在总体中每一个单位被抽取的机会是均等的，因此，能够保证被抽中的单位在总体中的均匀分布，不致出现倾向性误差，代表性强；

②抽样调查是以抽取的全部样本单位作为一个“代表团”，用整个“代表团”来代表总体，而不是用随意挑选的个别单位代表总体；

③抽样调查所抽选的调查样本数量，是根据调查误差的要求，经过科学的计算确定的，在调查样本的数量上有可靠的保证；

④抽样调查的误差，是在调查前就可以根据调查样本数量和总体中各单位之同的差异程度进行计算，并控制在允许范围以内，调查结果的准确程度较高。

基于以上特点，抽样调查被公认为是非全面调查方法中用来推算和代表总体的最完善且最有科学根据的调查方法。

（二）随机抽样种类

1. 简单随机抽样法

简单随机抽样法是一种最简单的一步抽样法，它是从总体中选择出抽样单位，从总体中抽取的每个可能样本均有同等被抽中的概率。这种抽样方法简单，误差分析较容易，样本容量较多，适用于各个体之间差异较小的情况。

2. 系统抽样法

系统抽样法又称为顺序抽样法，是从随机点开始在总体中按照一定的间隔（即“每隔第几”的方式）抽取样本。此法的优点是样本分布比较好，有好的理论，总体估计值容易计算。

3. 分层抽样法

分层抽样法是根据某些特定的特征，将总体分为同质、不相互重叠的若干层，再从各层中独立抽取样本的一种不等概率抽样方法。分层抽样利用辅助信息分层，各层内应该同质，各层间差异尽可能大。这样的分层抽样能够提高样本的代表性、总体估计值的精度和抽样方案的效率，抽样的操作、管理比较方便。

4. 随机抽样

随机抽样也称为多阶段抽样法，这种方法是采取两个或多个连续阶段抽取样本的一种不等概率抽样方法。多阶段抽样的单元是分级的，每个阶段的抽样单元在结构上也不同，多阶段抽样的样本分布集中，能够节省时间和经费。调查的组织复杂，总体估计值的计算复杂。

5. 等距抽样

等距抽样也称为系统抽样或机械抽样，首先将总体中各单位按一定顺序排列，根据样本容量要求确定抽选间隔,然后随机确定起点,每隔一定的间隔抽取一个单位的一种抽样方式。等距抽样的最主要优点是简便易行,且当对总体结构有一定了解时,充分利用已有信息对总体单位进行排队后再抽样,这样可提高抽样效率。

6. 双重抽样

双重抽样又称为二重抽样或复式抽样,是指在抽样时分两次抽取样本的一种抽样方式,其具体为:首先抽取一个初步样本,并搜取一些简单项目以获得有关总体的信息,然后在此基础上再进行深入抽样。在实际运用中,双重抽样可以推广为多重抽样。

7. 按规模大小成比例的概率抽样

按规模大小成比例的概率抽样简称为 PPS 抽样,它是一种使用辅助信息,使每个单位均有按其规模大小成比例被抽中概率的一种抽样方式。其抽选样本的方法有汉森-赫维茨方法和拉希里方法等。PPS 抽样的主要优点是使用辅助信息,减少抽样误差;主要缺点是对辅助信息要求较高,方差的估计较复杂等。

(三)调查取样方法

1. 抽样程序

①界定总体;
②制定抽样框;
③实施抽样调查并推测总体;
④分割总体;
⑤决定样本规模;
⑥决定抽样方式;
⑦确定调查的信度和效度。

2. 选取样点方法

(1)五点取样法。从田块四角的 2 条对角线的交驻点,即田块正中央,以及交驻点到 4 个角的中间点等点取样,或者在离田块四边 1 m 以上的各处随机选择 5 个点取样,是应用最普通的取样方法。

(2)对角线取样法。调查取样点全部落在田块的对角线上,可分为单对角线取样法和双对角线取样法。单对角线取样方法是在田块的某条对角线上,按一定的距离选定所需的全部样点。双对角线取样法是在田块四角的两条对角线上均匀分配调查样点取样。两种方法可在一定程度上代替棋盘式取样法,但误差较大。

(3)棋盘式取样法。将所调查的田块均匀地划成许多小区,形如棋盘方格,然后将调查取样点均匀分配在田块的一定区块上。这种取样方法,多用于分布均匀的病虫害调查,能获得较为可靠的调查。

(4)平行线取样法。是在田块中每隔数行取一行进行调查的。本法适用于分布不均匀的病虫害调查,调查结果的准确性较高。

(5)"Z"字形取样法(蛇形取样)。取样的样点分布于田边多,中间少,对于田边发生多的迁移性害虫,在田边呈点片不均匀分布时用此法为宜,如螨等害虫的调查。若试验区过小也可选取 3 个点,大的可以取 9 个点。如果调查产量结果,在取样调查的基础上,应当将整个试验小区产量打出来按实际产量折合亩产。

3. 样点调查面积和样株选定

(1)确定面积。调查种植密度和产量(株数、分蘖数和穗数)时,应按面积调查。一般水稻、小麦、谷子和大豆等矮秆密植作物每点应取 1～2 m^2。玉米和高粱等高秆作物,以及甜菜、马铃薯等稀植作物每点应取 10 m^2,按面积取样,要注意边行的行距。

(2)确定样株。在调查生长状况(如株高、穗长和粒数等)要按每个作物和每个项目的调查标准来取样,规定取样株数和穗数,不能随意减少或增加。如调查玉米株高,取样应选有代表性的 10 株玉米。

(3)确定调查时间。根据调查项目要求,在植株外部特征表现明显时进行调查或测定。

(四)调查取样步骤

1. 取样调查

按试验方案设计的调查项目和取样方法及时到田间进行调查与取样。

2. 测量、记载

按调查项目及时填写调查日记或调查表,记载要清楚、准确且简明易懂。

3. 田间调查结果的备份

将田间调查记载的结果带回室内,把记载数据或资料再重新抄写到另一个记录本上作为副本以备用。

案例　小麦产量调查

1. 调查内容

(1)生育时期记载。记录播种、出苗、三叶、分蘖、拔节、孕穗、开花、灌浆和成熟期的各时期。

(2)苗情调查。在小麦二叶一心时框定 1 m×0.15 m,定点调查基本苗和最高苗。

(3)小麦生长期病虫害发生调查。田间主要发生病害有条锈病、白粉病和赤霉病。

(4)小麦成熟期有效穗调查。调查 1 m^2 小麦有效穗数(5 粒以上可算有效),测量调查区域面积,计算亩有效穗。

(5)粒数、千粒重及其他农艺性状调查。①连续取样 30 株,取 3 次,3 次重复:分别调查株高、穗长、节间长、叶片间距(计算叶姿)、结实小穗数和不实小穗数;②将穗子剪下,脱粒,计算穗粒数,晒干后称量,计算千粒重(2 个 500 粒);将剩余茎秆、颖壳和穗轴合在一起,晒(烘)干后称重,计算生物产量;用籽粒产量除以生物产量,计算出经济系数。

2. 调查区域

面积:$4\times1\ m^2=4\ m^2$

从田间中取小麦样的 30 株×3 次重复,在实验室测得其穗粒数、千粒重和农艺性状等,记录表格中,算得其平均值。

二、田间实验原始资料的整理与文字总结

(一)田间实验原始资料的整理

资料整理是根据调查研究的目的,运用科学的方法,对调查所获得的资料进行审查、检验、分类和汇总等初步加工,使之系统化和条理化,并以集中、简明的方式反映调查对象总体情况的过程。资料整理是资料研究的重要基础,是提高调查资料质量和使用价值的必要步骤,是保存资料的客观要求。

资料整理的原则是真实性、合格性、准确性、完整性、系统性、统一性、简明性和新颖性。通过资料分析,分析作物生长发育特性及其与环境条件的关系,明确其内在联系,从而做出正确的判断,因地制宜地进行合理的田间管理。

1. 试验资料整理

资料整理过程中,首先要对有关数据资料(特别是产量计算资料),仔细检查核对,去伪存真,做到准确无误。整理试验资料主要是计算平均数、百分数、产量结果的方差分析和差异显著性测验。

计算产量　一般要做下列几个运算。

①将试验小区计产面积所收获的籽粒晒干称重后,折算成单位面积的产量;

②试验有 2 次以上的重复者,要计算各处理的平均产量;

③利用平均产量与对照相比,计算各处理单位面积增产(减产)千克数和增(减)百分数;

④进行产量结果的方差分析和处理间产量显著性比较。

经过整理后的资料可用统计表(图)表示。例如,在品种比较试验中,一般包括 3 个方面内容:一是性状汇总表;二是产量构成因素和产量结果表;三是产量结果统计分析表。

试验资料经过整理、计算之后,要进一步进行文字分析,做出试验结论。

2. 数据资料整理

数据资料是调查研究中定量分析的依据,因此,数据资料的整理也叫定量资料的整理。在资料的整理阶段,为了便于得出正确的调查结论,需要对数据资料做进一步的处理,其一般程序包括数字资料检验、分组、汇总和制作统计表或统计图几个阶段。

(1)检验。主要是对数字资料的完整性和正确性进行检验,以确保更加准确的研究结果。

(2)分组。就是把调查的数据按照定的标志划分为不同的组成部分。

(3) 汇总。就是根据调查研究目的把分组后的数据汇集到有关表格中,并进行计算和加总,集中、系统地反映调查对象总体的数量特征。数据的汇总可分为手工汇总和计算机汇总。

①手工汇总。可采用划记法和卡片登录法。

a. 划记法:按已确定的标志绘制汇总表,将同类型的标志值用点线符号记入表中再进行统计。

b. 卡片登录法:用特制的登录卡片进行分组汇总,这种方法的准确程度较高,但工作量

较大。

手工汇总一般要自己编制统计图表。统计图有圆形图、直方图、曲线图等多种形式。统计表可分为简单表、分组表和复合表。统计图表能以直观、清晰、简化的形式将汇总的数据资料表现出来。

②计算机汇总。其步骤是:编码、登录、输入和程序编制。编码的主要任务是用不同的数字符号标记调查内容的不同类别,编码可在调查前或调查后进行。登录是将编好码的调查资料抄录到资料卡片或登录表上,以便输入到计算机中储存起来。输入的主要方式是键盘输入。被输入的所有数据资料称为数据库。以后只要编制(或调用)一定的统计程序给计算机发出指令,计算机就可以用统计表的格式输出所需要的汇总资料。

(4)制作统计表或统计图。经过汇总的数字资料,一般要通过表格或图形表现出来,最常见的方式就是统计表和统计图。为保证调查研究的质量,在将整理过的资料实际用于分析研究之前,仍有必要对它们进行最后的检验。

(二)田间试验的文字总结

总结报告的撰写内容由以下两大部分组成。

1.工作总结

当所有的试验内容完成后,每位学生都应根据自己的工作,写一篇工作总结,主要内容包括:

①目的意义;

②试验材料与田间试验设计;

③主要研究内容与方法;

④所取得的试验结果;

⑤存在的问题和建议;

⑥土地、肥料、仪器及其他材料的使用情况;

⑦需要说明的其他问题。

2.试验报告

试验报告的撰写,必须采用学术论文的形式进行,主要内容包括:

①题目;

②作者姓名;

③作者所在的班级;

④摘要;

⑤关键词;

⑥前言;

⑦材料与方法;

⑧试验结果与分析;

⑨结论与讨论;

⑩参考文献。

不论是工作总结,还是试验报告,文中所用单位必须一律采用国际标准单位。

第四节　现代农业技术

现代农业是在现代工业和现代科学技术基础上发展起来的农业，作为发展经济学概念的现代农业是指智慧农业，是农业现代化的标志。现代农业包括设施农业、精准农业、观光农业、无土栽培和太空农业等农业生产经营模式，该模式运用现代科技手段进行农业生产种植和经营，实现农业规模化、产业化、精准化发展，促进农业附加值增长增收。随着生物技术、信息技术和新材料技术等不断创新发展，正带动以绿色、智能、泛在为特征的群体性重大技术的变革，并将深刻影响农业科技和产业发展。这些革命性技术向农业领域渗透，必将掀起新一轮农业生物技术浪潮，促进"互联网＋"产业兴起，引领和支撑农业实现节能、减排、绿色、低碳和可持续发展。

一、农业生物技术

现代生物技术的发展是以 20 世纪 70 年代 DNA 重组技术的建立为标志。1953 年提出 DNA 的双螺旋结构模型，阐明了 DNA 的半保留复制模式，开辟了分子生物学研究的新纪元。1961 年破译了遗传密码，揭开了 DNA 编码的遗传信息是如何传递蛋白质的。1972 年实现了 DNA 体外重组技术，标志着生物技术的核心技术——基因工程技术的开始，它向人们提供了一种全新的技术手段，人们可以按照意愿在试管内切割 DNA，分离基因并进行重组后导入其他生物或细胞，以改造农作物或畜牧品种；也可以导入细菌，由细菌产生大量有用的蛋白质或作为药物；也可以直接导入人体进行基因治疗。显然，这是一项技术上的革命，它以基因工程为核心，带动了现代发酵工程、现代酶工程、现代细胞工程以及现代蛋白质工程的发展，形成了具有划时代意义和战略价值的现代生物技术。

农业生物技术是指运用基因工程、发酵工程、细胞工程、酶工程以及分子育种等生物技术，改良动植物及微生物品种生产性状，培育动植物及微生物新品种，生产生物农药、兽药与疫苗的新技术。应用生物技术可以培育出优质、高产、抗病虫、抗逆的农作物以及畜禽、鱼类等新品种；可以进行再生能源的利用，解决能源短缺问题；可以扩大食饲料、药品等来源，满足人类日益增长的需要；可以进行无废物的良性循环，减少环境污染，充分利用各种资源等。如美国通过基因重组这种生物技术育种方法，已成功地培育了抗虫棉、抗虫玉米、抗除草剂玉米、抗虫马铃薯、抗除草剂大豆、油菜和棉花等许多转基因作物。另外，美国的农业生物技术还在生物农药、转基因动物、畜禽疫病防治研究、植物分子生物学、动植物基因图谱、外源基因导入技术和染色体识别等领域的研究具有引领性。

农业生物技术逐渐成为世界农业方向和高科技的核心。现代生物技术如组织培养、单倍体育种、细胞融合以及基因工程等将在培育作物新品种中发挥越来越重要的作用。在另一方面，微生物和生物技术的发展，也为生物农药的生产以及作物的病虫害防治提供了更有效的途径，这对提高作物产量和品质作出了巨大的贡献。

(一)生物技术在诱导植物雄性不育中的应用

许多植物中都存在雄性不育的现象，这是一种基因自然突变的结果。利用现代生物技术方法可以诱导植物雄性不育，从而产生新的不育材料为育种服务。基因工程技术、组织培养、原生质体融合、体细胞诱变和体细胞杂交等都已经成为产生可遗传的不育性状技术重要方法与手段。

(二)生物技术培育抗逆性作物品种

抗逆包括抗病、抗虫、抗盐碱、抗旱、抗涝和抗寒等。例如,利用苏云金杆菌毒蛋白防治鳞翅目昆虫,还有利用转基因的山梨醇-6-磷酸脱氢酶或甘露醇-3-磷酸脱氢酶抗盐碱等。下面为已成功用于农业生产的具体例子来说明生物技术在培育抗逆性作物品种中的应用。

1.培育抗病虫作物

20世纪80年代以来,植物生物技术的迅速发展和以苏云金杆菌分泌毒素基因为主的各种杀虫蛋白基因的发现和克隆激发了人们开始用基因工程手段进行抗虫育种的研究。利用植物基因工程技术可以打破种属间难以杂交的界限,将任何来源的有用基因很快转入到植物染色体上,从而有目的地快速地改变植物的性状。将杀虫蛋白基因转入植物使植物获得对某些昆虫的抗性已成为植物抗虫育种的一条新途径,即分子抗虫育种。通过这一途径获得的抗虫转基因植物可以一定的方式(组成型、诱导型、发育调控型或组织特异型等)表达抗虫基因。这种抗虫植物的应用可避免反复喷洒农药、有的部位不易喷药及有的生物杀虫剂在自然界不稳定等缺点,可以节约人力和物力,减少农药造成的环境污染,在促进农林业生产和改善人类生存环境方面发挥巨大的经济和社会效益。

2.培育抗除草剂作物

草甘膦(glyphosate)是一种广谱除草剂,它具有无毒、易分解、无残留和不污染环境等特点,因而得到广泛的应用。它的靶位是植物叶绿体中重要的丙酮莽草酸磷酸合成酶。草甘膦通过抑制5-烯醇式丙酮酰莽草酸-3-磷酸合酶(EPSP)活性阻断芳香族氨基酸的合成,最终导致受试植株的死亡。目前已从细菌中分离出一个突变株,它含有抗草甘膦的 *EPSP* 突变基因。把抗草甘膦基因引入植物,可使这种基因工程作物获得抗草甘膦的能力。此时若用草甘膦除草,则可选择性地除掉杂草,这种作物因不受损害而生长。美国科学家已成功地将这种突变了的抗草甘膦的 *EPSP* 基因引入烟草中,转化植株获得了抗草甘膦的能力,进而培育了抗除草剂大豆、油菜和棉花等转基因作物。

(三)转基因作物品质改良

改良品质涵盖的范围十分广泛,包括改良作物的蛋白质、淀粉、油脂、铁、维生素和甜味的含量或品质,改良花卉的花色、形态、香味、花期和光周期,改良棉花的保暖性、色泽、强度和长度等纤维品质,改良马铃薯加工性能,降低作物中的有毒、过敏原等有害成分的含量,改良饲料作物和牧草的营养成分及其可消化性等。如瑞士科学家培育出的富含 β-胡萝卜素的黄金大米有望结束发展中国家人民维生素 A 摄入量不足的状况。

(四)基因编辑技术

由最初的锌指核酸内切酶(zinc finger nuclease,ZFN)发展为类转录激活因子效应物核酸酶(transcription activator-like effector nuclease,TALEN)技术,再到目前的 CRISPR/Cas9 (clustered regulatory interspaced short palindromic repeats/CRISPR-associated protein 9)系统,基因编辑技术靶向性更强、更高效,也更廉价。应用基因编辑技术已成功改良了猪、牛、羊和鱼等抗病性和肉质等,把性状测量、变异发现和变异筛选等传统育种路径更改为目标性状的直接编辑和表型确认,使育种群体大大缩小,育种周期大大缩短。我国在作物上 CRISPR/

Cas9 技术研究方面走在前列。如利用 CRISPR/Cas9 系统实现了对水稻和小麦进行基因组编辑，改良了水稻的香味品质，并创制了抗白粉病小麦品种。另外，利用 CRISPR/Cas9 系统对水稻的 *OsNF-YB1* 基因进行敲除和表达干扰，进而调控水稻的灌浆和淀粉累积。上述研究的成功为育种科学家提高禾本科作物产量提供了新的工具。

二、作物表型影像技术

植物表型是受基因和环境因素决定或影响的，反映植物结构及组成、植物生长发育过程及结果的全部物理、生理、生化特征和性状。在生物学和遗传育种领域，表型是指基因型和环境决定的形状、结构、大小、颜色等生物体的外在性状。随着多数代表植物全基因组测序的结束，科研人员越来越认识到植物表型研究的重要性，并将其提到了“组学”的高度。植物表型组学是研究植物的生长、表现和组成的科学，它的研究可以从小至核苷酸序列细胞，大至组织、器官种属群体的表型来研究分析，并且可以进一步整合到基因组学研究中。从系统生物学角度来看，从基因组到转录组、蛋白质组、代谢组以及表型组，表型组是各种组外在的表现形式。因此，植物表型组学的研究将涉及植物各个方面的研究领域。然而，作为植物研究的重要环节——表型性状采集，却成为制约作物机理研究和分子育种发展的一大瓶颈。

随着自动化技术、机器视觉技术和机器人技术在表型领域的应用，高通量、精准高效的植物表型测定技术已得到日新月异的发展。高通量植物表型平台是一种未来化“精准农业”技术，它是遗传学、传感器以及机器人的结合体。它可被利用于研发新的作物品种，或提高作物营养含量、耐抗旱以及抗病虫害的能力。高通量植物表型平台技术可以采用多个传感器测量植物的重要物理数据，比如结构、株高、颜色、体积、枯萎程度、鲜重、花和果实的数目等。这些都属于表型特征，也是植物遗传代码的物理表达。科学家可以将这些数据与特定植物的已知遗传数据对比，将基因型和表型进行关联分析，从而达到高级遗传育种之目的。

（一）数字图像技术

数字图像技术是分析基因—环境相互作用和表型反应的最佳工具，数字图像分析算法是作物表型量化的主要方法。数字图像分析算法是集遥感、地理信息系统和统计技术于一身的数字提取方法，也是获取描述作物表型特征值（叶面积、叶片方向值、归一化叶面积指数和热红外指数等）的主要方法，目前有多种图像处理软件专门用于分析作物根、茎、叶、种子和花卉相关表型特征。按照数字图像处理技术的差异，可将数字图像类型分为光谱图像、热红外图像、荧光图像、激光雷达图像、核磁共振图像和 CT 图像。

1. 光谱图像

光谱图像是由几个或者几百个波段对同一目标进行反复拍摄而得到的多光谱图像或者高光谱图像，明显的特点是谱像合一，能获取每个点的光谱特征曲线。从植物的典型波谱曲线来看，控制植物反射率的主要因素有植物叶片的颜色、叶片的细胞构造和植物的水分等。植物的生长发育、不同种类、灌溉、施肥、气候、土壤和地形等因素都对有机物的光谱特征产生影响，使光谱曲线的形态发生变化。植物叶片中含有多种色素，如叶青素、叶红素、叶黄素和叶绿素等，在可见光范围内，其反射峰值落在相应的波长范围内。在单株尺度上，主要运用于地上部生物量、产量性状、穗部性状、作物吸水率和发芽率分析、叶片形态分析、幼苗活力分析和根系结构分析等方面；在农田尺度上，可运用光谱图像结合遥感学和数学相关算法（向量机法、神经网络法、模糊数学法)反演作物类型、生长期、品种类型、生长形态和根系等一系列表面特征,同时可运用叶面积系数动态反演预报产量。

2. 热红外图像

热红外遥感即通过热红外探测器收集(主要记录 3～5 μm,7～14 μm 波长)并记录地物辐射出来的人眼看不到的热红外辐射量,同时利用这种热红外信息来识别地物和反演地表参数(如温度、反射率、湿度和热惯量等)。随着该技术的发展,热红外仪温度分辨率和空间分辨率已达到很高的水平,在叶片和单株尺度上,可通过叶温的高低研究植株的水分、气孔导率和蒸散变化。在农田尺度上,通过冠层温度可反演干旱和渍涝指数,评价不同品种田间尺度下的抗逆能力。

3. 荧光图像

荧光是指一种光致发光的冷发光现象。当某种常温物质经某种波长的入射光(通常是紫外线或 X 射线)照射,吸收光能后进入激发态,并且立即退激发并发出比入射光的波长长的出射光(通常波长在可见光波段)。很多荧光物质一旦停止入射光,发光现象也随之立即消失。具有这种性质的出射光就被称之为荧光。叶绿素荧光作为重要的参数,可反映植物在生物胁迫或非生物胁迫等情况下的功能表现,包括污染胁迫状态与抗性、光合生理生态状况等。叶绿素荧光成像分析与 RGB 彩色成像分析相结合,可以全面反映植物的功能表现与表观形态,已成为植物表型的全面分析平台。

荧光成像技术在作物表型中主要应用在病虫害检测。病虫害入侵后,作物的光合作用、呼吸作用和荧光过程中的代谢都会受到影响。荧光成像可以估计光合作用,检测植物病原菌的影响,并诊断早期的应激反应。

4. 激光雷达图像

激光雷达是"光探测和测距(light detection and ranging)"的简称,其使作物三维成像成为可能。激光雷达图像采用激光测量,并有一定的穿透率,即使叶片相互重叠,也能很准确捕获,是目前所有三维成像中最准确、最快速的一种成像方式。运用三维成像图很容易获取植株表型指标,如株高、叶片方位角、叶片形态和倒伏状况等,激光雷达是研究基因与外部形态关系、不同环境对作物种群的影响以及表型组学必不可少的手段。

5. 核磁共振图像

核磁共振成像,又称为自旋成像或磁共振成像,是利用核磁共振原理,依据所释放的能量在物质内部不同结构环境中不同的衰减,通过外加梯度磁场检测所发射出的电磁波,即可得知构成这一物体原子核的位置和种类,据此可以绘制成物体内部的结构图像,经常为人们所利用的原子核有 ^{1}H,^{11}B,^{13}C,^{17}O,^{19}F,^{31}P。质子核磁共振成像在作物表型研究中,主要利用静磁场和射频场来获取作物体内可动水的分布图,具有快速无损、对比度高和分辨率高等特点。由于根系中水分含量丰富,核磁共振成像提供一种独具潜力的方法来获取根系结构、生长情况及其水分动力学信息。传统的核磁共振及其成像技术被用于种子、自然生长的作物根系以及整棵植株三维结构的检测,此外,还用于植株体内细胞水分的输送检测和进行分子标记等方面的研究。

6. CT 图像

CT 图像是利用精确准直的 X 线束、γ 射线或超声波等,与灵敏度极高的探测器一同围绕探测对象一个接一个地断面扫描，具有扫描时间快，图像清晰等特点，在作物表型研究中主要运用于根系的研究，可把三维的根系用沿某一方向的若干二维图像来表示。

（二）植物表型平台

高通量植物表型平台是植物表型组学、植物功能基因组学、现代遗传育种研究的强大工具。利用高通量植物表型平台可以快速获取大量植株的各种信息。根据系统构造、成像功能和使用环境的不同，可以分为 3 种类型：实验室型、温室型和野外型。

1. 实验室型高通量植物表型平台

实验室型高通量植物表型平台可以全自动、高通量对大量小植株进行成像的系统，可以选择配置可见光（VIS）成像、近红外（NIR）成像、红外（IR）成像、荧光成像或激光扫描 3D 成像（只适合高度 15 cm 以下的小植株）中的一种或多种。成像系统带程控移动装置，可以在 X 轴和 Y 轴上进行移动，并配有射频或条形码读取器。软件可以控制系统每天自动对样品进行成像，获得样品成像的时间动力学变化。只要点击样品的编码，就可以获得样品的图像及分析数据的时间动力学变化，并可进行复杂的统计学分析和图表分析。

Scanalyzer HTS 系统可通过软件控制摄像头移动到样品上方（多孔板或小盆）进行拍照，照片数据与该样品的电子标记（射频或条形码）一起存储。软件也可控制摄像头对多孔板上的每个孔进行单独成像，每个孔的数据分别存储（在软件中输入多孔板类型，然后自动编码）。软件可以控制系统每天自动对样品进行成像，获得样品成像的时间动力学变化，并可进行复杂的统计学分析和图像处理。

2. 温室型高通量植物表型平台

温室型高通量植物表型平台是可以实现全自动、高通量对大量植株（从幼苗到成熟植株即可）进行成像的系统，可以选择配置可见光（VIS）成像、近红外（NIR）成像、红外（IR）成像、荧光成像、根系近红外成像和高光谱成像中的一种或多种，每个成像模块包括顶部和侧面 2 个摄像头，结合样品旋转装置，就可以对植株进行 3D 形态学分析。如果是小植株（15 cm 以下），也可选配激光扫描 3D 成像。每一种成像模块都有单独的成像区域（“暗房”），依次进行成像分析。

该系统通过可见光成像可以测量植物的结构、宽度、密度、对称性、叶长、叶宽、叶面积、叶角度、叶颜色、叶病斑、种子颜色和种子面积等参数；通过近红外成像可以分析植物的水分分布状态、水力学研究和胁迫生理学研究等；通过根系近红外成像分析植物根系和土柱中的水分分布情况；通过红外成像可以进行植物干旱胁迫研究和蒸腾研究等；通过荧光成像可以分析植物的生理状态。由于所有植物都通过条形码或射频标记，其整个生活史的不同阶段所有的表型数据都可定期进行测量，如 Greenhouse Scanalyzer 表型平台，包括 3D 成像装置、自动传送、自动浇水及称重装置、自动加营养液装置、自动喷淋装置、自动分选、服务器存储、软件分析、远程管理和系统大小选择等。

3. 野外型高通量植物表型平台

野外型高通量植物表型平台是可以高通量对大田中的农作物进行自动表型成像的系统，分为固定区域采集表型的系统和移动式 2 种。田间固定式高通量表型平台以 FieldScan 系统较为出名，FieldScan 系统是由荷兰 PhenoSpex 公司专为田间高通量植物表型测量设计的表型平台，可在任何环境条件下全天候测量。根据系统设计的大小，一套系统每天可测量上万株植物，每小时通量可达 5 000 株植物，可实现对植物生长和蒸腾（结合称重系统）的精确测量，特别适合应用于抗旱或其他表型性状的大规模筛选。该系统不仅可直接扫描种植在田间土壤的植物，同时还可扫描盆栽植物。在采用盆栽植物培养时，可根据压力传感器跟踪每株植物的重量，计算其蒸腾速率。

FieldScan 的设计，采用移动式激光 3D 植物表型平台 PlantEye 作为核心，并集成了其他多种传感器。PlantEye 用于获取植物生长情况。通过 3D 的顶部成像，不仅能获得叶面积、叶倾角和冠层等参数，同时还能得到相对于其他技术更高的精度和通量。当然在需要时，也可以集成其他传感器。在任何光照情况下，FieldScan 都能在不影响植物本身生长的情况下，每天能对上万株植物（取决于系统大小）进行 10 次重复测量，为用户提供有价值的数据，方便了解植物在田间的生长情况。

移动式表型平台可以满足田间大范围和流动性作业的要求。移动式激光 3D 植物表型平台 PlantEye 是一款移动式表型采集系统，可自动计算植株高度、三维（总）叶面积、叶片投影面积、盖度和叶片角度分布等参数。该平台设计用于在非常严酷的环境条件下工作，可以长期耐受全日照辐射而不影响测量。PlantEye 的设计基于"Sensor-to-Plant"理念。它可以安装于任何可移动的支撑结构上，例如移动式灌溉系统、天车和拖拉机等。高度智能化的设计允许其快速集成到现有的设施上并快速开始扫描工作。

三、智慧农业技术

智慧农业技术是利用现代计算机技术和互联网手段与平台，定量数字化模拟、加工与决策，使农作物生长与产供销全过程智能化、数字化和信息化。智能农业是我国农业未来发展的主要方向，也是实现农业现代化的重要举措。

智慧农业是农业生产的高级阶段，也是集新兴的互联网、大数据、云计算和物联网等技术为一体，依托部署在农业生产现场的各种传感节点（环境温湿度、土壤水分、二氧化碳和图像等）和无线通信网络实现农业生产环境的智能感知、智能预警、智能决策、智能分析和专家在线指导，为农业生产提供精准化种植、可视化管理和智能化决策。智慧农业与现代生物技术、种植技术等高新技术融合于一体，是实现现代农业的必由之路。

（一）智慧农业系统技术特点

智慧农业是物联网技术在现代农业领域的应用，主要有监控功能系统、监测功能系统及实时图像与视频监控功能。

1. 监控功能系统

监控功能系统能通过无线网络获取植物生长环境信息，如监测土壤水分、土壤温度、空气温度、空气湿度、光照强度和植物养分含量等参数。其他参数也可以在系统中选配，如土壤中的 pH 和电导率等。监控功能系统可以收集信息，负责接收无线传感汇聚节点发来的数据、存储、显示和数据管理，实现所有基地测试点信息的获取、管理、动态显示和分析处理，以直观的图表和曲线的方式显示给用户，并根据以上各类信息的反馈对农业园区进行自动灌溉、自动降温、自动卷膜、自动进行液体肥料施肥和自动喷药等自动控制。

2. 监测功能系统

监测功能系统能在农业园区内实现自动信息检测与控制，通过配备无线传感节点、太阳能供电系统、信息采集和信息路由设备组建无线传感传输系统。每个基点配置无线传感节点，每个无线传感节点可监测土壤水分、土壤温度、空气温度、空气湿度、光照强度、植物养分含量等参数。根据种植作物的需求提供各种声光报警信息和短信报警信息。

3. 实时图像与视频监控功能

农业物联网的基本概念是实现农业上作物与环境、土壤及肥力间物物相联的关系网络，通过多维信息与多层次处理实现农作物的最佳生长环境调理及施肥管理。然而，作为管理农业生产的人员而言，仅仅数值化的物物相联并不能完全营造作物最佳生长环境。视频与图像监控为物与物之间的关联提供了更直观的表达方式。视频监控的引用，可以直观地反映了农作物生产的实时状态，图像监控则既可直观反映一些作物的生长长势，又可从侧面反映作物生长的整体状态及营养水平。因此，视频与图像监控可以从整体上给农户提供更加科学的种植决策理论依据。

(二)智慧农业发展的四大关键技术

1. 基于物联网的农业感知技术

通过各种无线传感器实时采集农业生产现场的温湿度、光照和二氧化碳浓度等参数，利用视频监控设备获取农作物的生长状况等信息，远程监控农业生产环境，同时将采集的参数和获取的信息进行数字化转换和汇总后，经传输网络实时上传到智能管理系统中。基于物联网的农业感知技术是实现农业精细化生产和自动化生产的重要前提，所感知的准确数据是指导农业过程中合理生产管理的重要依据。

2. 基于大数据的农业分析技术

基于大数据的农业分析技术突破了传统分析对于结构化数据管理的限制，继承了统计学的优点，对数量巨大的数据进行统计性地搜索、比较、聚类和分类归纳分析，更多地关注数据与业务间的关联，多媒体中复杂数据的挖掘和历史相关数据的比较分析。这样基于大数据的农业分析技术为开展智慧农业生产提供强有力的技术驱动。

3. 基于云计算的数据处理技术

云计算在农业发展中体现出来的集约化建设和按需动态分配资源等优势，更适合应用于集约化建设农业共性技术支撑平台。

4. 信息技术与农业深度融合，催生多种智慧农业技术

信息化是农业现代化的制高点，智能化是驱动农业现代化的先导力量。智能技术驱动的农业科技变革对农业发展呈现系统性颠覆趋势，以物联网、大数据、人工智能和机器人为典型代表，通过物联网传感系统实现物物相连，为大数据提供渠道和数据基础。通过对大数据进行处理与分析，为人工智能提供精准数据处理手段和决策依据。通过人工智能实现农业智能决策，为机器人无人化作业提供核心处理手段，四大技术高度融合构成了无人化、精准化、智能化和生态化农业的核心支撑。农业动植物生理传感器、动植物生长优化模型、装备管理与优化和智能机器人将是智能农业技术未来的研究热点。人工智能将向物联网和大数据融合的人机智能信息识别、分类和决策方向发展，农业机器人向基于语言理解的全过程智能化方向发展。

四、虚拟农业技术

虚拟农业是以农业领域研究对象(农作物、畜、禽、鱼、农产品市场和资源高效利用等)为核心,采用先进信息技术手段,实现以计算机为平台的研究对象与环境因子交互作用,以品种改良、环境改造、环境适应和增产等为目的技术系统,其本身不能实现作物生产,虚拟农业的科研成果必须接受实践的检验。伴随数字化技术、虚拟现实技术(Virtual Reality,VR)的不断完善,虚拟农业得到快速发展,过去基于WEB的平面2D软件,朝着3D、4D(3D+Time)可视化应用的革新方向不断迈进。

虚拟农业主要包括虚拟植物、虚拟动物和虚拟农场等。虚拟植物是利用计算机模拟技术对植物的生长过程进行三维仿真模拟,通过设定技术参数可以让植物在短时间内完成整个生命周期的生长发育,为精细化农业的实现提供条件,具有很大的经济效益和生态效益,已在植物育种中得到应用。虚拟动物技术能够准确描述动物的结构、功能、形态和内在联系,实现对动物从器官、组织、系统到整体的精确模拟,通过操作者的调控,虚拟动物将能模仿真实动物做出各种反应,该技术已在动物养殖中得到应用。虚拟农场是采用计算机技术建立一个模拟现实的虚拟数字空间,直观、生动、具体地展现农场信息。在虚拟农场中,可以改变栽培措施和生长环境来观察作物的不同反应,从而更好地调控作物的生长发育,还可以虚拟不同的田间管理等一系列农事活动,检测农业技术的效果。此外,虚拟温室和虚拟农业仪器设备等技术也逐步应用到现代农业中。

20世纪80年代以来,计算机和信息技术在农业中的应用已大大促进了农业的发展。虚拟农业是对传统农业的革新,是以农业领域为对象、先进技术为手段、计算机为平台的一种全新农业研究方法,它可以充分发挥农业科技人员的智慧和想象力,使农业科学家可以在虚拟环境下开展农业研究,从而大大降低实验成本,缩短实验周期,提高农业领域研究的效率。用它可以模拟作物和环境因子,还可以进行科学实验和教学,且在植物生长状况遥感监测、园林设计和生产经营管理等众多领域也有重要应用,对提高农产品产量、改善农产品品质及增加农业生产效率,并最终极大地促进农业现代化等方面有广阔的应用前景。具体表现如下。

(1)虚拟农业过程是一个很有实践意义的过程。传统的农学和畜牧兽医学做一个实验,往往要观察测试动植物的一个生育期,实验周期长。而虚拟农业用计算机可视化地模拟动植物在各种水肥、营养胁迫条件下的发展过程,用户只须操作计算机,不但可以了解动植物生长全过程中各种鲜、干物质积累的性状,还可以从不同视角了解动植物的逼真形态。在计算机支持下,几秒内就能模拟动植物的整个生长周期,不必用很长时间实地种或养动植物,一次模拟实验只需要几分钟,即可得到实验结果,大大加快了实验的速度,减少了实验的投入,而且还可以完成在自然条件下难以实现的实验研究。在进行观察分析时,可以获得动植物生长过程中各参数的动态数据,一改传统农业中难于定量化研究的局面,为精确农业提供依据。

(2)虚拟农业研究是一项很有价值的技术手段。可以缩短农业领域重大项目研究的时间,节约经费。可以促进农业领域的基本理论研究,更强调实践检验,反过来推动虚拟农业技术的发展,进而推动农业科研发展。结合现代生物技术,为模型设计和基因型改良等提供指导。例如,依据育种新理论,获得除杂交优势外的超级品种。在需要改进作物株型时,可以建立超高产作物品种株型设计的虚拟育种系统,通过计算机设计出不同株型,虚拟其生长,精确地定量化模拟其光截获能力与光合产量形成能力,优选出理想株型,这样就能为育种指明方向,从而减少盲目性。另外，利用虚拟植物模拟农药从喷雾器中喷出后的空间运行轨迹，直观地观察农药在植物群体中的空间分布与害虫的位置关系，从而可确定农药的最佳喷施方法。

(3)虚拟农业是建立在可视化技术和虚拟现实技术基础上的一种仿真农业。在以虚拟作物为研究基础的农作物生产系统中，虚拟作物主要是采用高效的数据采集系统来监测农业环境因素变化与相应的作物生长发育动态，研究作物形态与环境关系的量化作用规律。利用虚拟作物生长技术，在虚拟农田环境系统中进行虚拟实验，可部分替代在现实世界中难以进行或虽能进行但费时、费力且昂贵的试验。因此，虚拟农业技术是一项很有效的技术，具有很好的推广应用前景。

虚拟农业给现代农业发展带来了新的发展方向和一种全新的农业发展理念，更是一个国家农业信息化和农业现代化的重要标志。加快计算机技术的农业应用，开展虚拟农业研究，构建农业知识创新体系，推进农业现代化进程，已是国际上正在兴起的农业技术前沿。

五、现代农业纳米生物学技术

(一)现代农业纳米生物技术的起源与定义

纳米是一个度量单位概念，指 10^{-9} m。纳米材料的定义是材料自身有任意一个维度小于 100 nm。纳米材料在自然界中广泛存在，主要分为：自然界自生的纳米材料、特定合成的纳米材料以及人类生产活动中产生的纳米材料。人类对纳米材料的利用可以追溯到公元前，如古埃及的壁画涂料中含有纳米材料。1959 年，诺贝尔奖获得者、美国著名物理学家理查德·费曼（Richard P. Feynman）在美国物理学年会上做了 *There's Plenty of Room at the Bottom: An Invitation to Enter a New Field of Physics* 的著名报告，正式提出从原子层面对微小事物进行操纵，并预测在该小尺度层次下，新材料将得到与之前截然不同的特性。后世公认这是纳米技术理论概念的起源。早期的植物纳米生物学的研究工作主要集中在评估纳米材料对环境、农业和生态的影响。进入 21 世纪以来，纳米材料在提高植物生长和抗逆中的作用被越来越多的发现和报道，这些研究结果逐步改变了人们对纳米材料植物生物学效应的看法。此外，科研人员通过积极主动地设计改造纳米材料（如植物纳米感应元件），使其能在植物生长发育及胁迫应答中起到积极正面的作用，进一步形成纳米材料可用于农业生产的共识。

如何在减少投入的前提下，有效维持甚至提高生产效率一直是农业生产追求的目标之一。农业纳米生物学技术是近些年来针对该目标提出的一个新的解决方案。狭义上看，农业纳米生物学技术是指利用纳米技术解决农业生产中生物学问题的技术方案。广义上看，农业纳米生物学技术是指纳米技术与农业研究交叉融合而发展起来的新兴、前沿的交叉学科。目前农业纳米生物学研究范畴包含纳米农药、纳米肥料、纳米拟酶、种子的纳米引发、作物纳米转基因、纳米感应元件等。每一个研究范畴之间都是属于 2 个甚至多个学科的进一步交叉融合。各研究范畴之间既是相互独立的，也是相互联系、相互支撑的。农业纳米生物学既涉及基础研究，也兼顾应用研究，是一个有着很大发展潜力和应用前景的交叉学科。目前，在农业生产上得到较广泛关注和应用的农业纳米生物学技术是纳米农药和纳米肥料。

(二)已应用的现代农业纳米生物技术

1. 纳米农药

农药在提高作物抗病抗虫方面有着不可替代的作用，是保障作物稳产，甚至高产的一个基石。但传统农药存在分散性差、沉积性差，生物活性低，降解缓慢等一些不足。同时，传统农药的靶标作物利用率不高(有的不足 30%)，有害生物受药量较低(有的不足 0.1%)。因此，提高农药效率、降低农药用量是避免或减少传统农药使用过程所伴随的食品安全、农药残留、环境污染、生态退化等问题的有效途径之一。纳米农药是指含纳米材料或结构作为有效成分，具有生物杀灭特性的农药制剂或产品。相较于传统农药，纳米农药具有更高的水溶性、分散性、稳定性，可以靶向运输以提高效率，可缓、控释以延长时效，催化降解以降低残留量等一系列优点。例如，可以通过温度有效调节温度敏感的纳米材料的纳米孔道数量，从而控制农药的释放，如除草剂。纳米农药技术的作用：①优化药物的叶面附着、滞留与覆盖等性能以减少流失并提高其生物利用度；②优化药物对靶标的作用方式、病虫害入侵途径与效率，以提高其生物杀灭效果；③优化高效载药体系以实现缓、控释，延长时效；④加速残留药物的降解，优化其生物安全性，从而减少残留与污染，提高环境和食品安全性。

常见的纳米农药有如下类型：①纳米包埋型农药，指将农药与纳米材料通过溶解、包裹作用于粒子内部，或者通过吸附、附着作用于粒子表面。常用于包埋农药的纳米材料有聚合物基纳米材料、固体脂质纳米材料、无机多孔纳米材料、纳米黏土材料等。经过加工组装后，这些纳米材料又形成诸如纳米胶囊、纳米球、胶束、纳米凝胶、脂质体、无机多孔纳米粒等不同形状的纳米包埋型农药。②纳米材料用作农药，主要指自身具备抑制病虫害功效的一些纳米材料，如氧化铜纳米颗粒、硝酸银纳米颗粒、氧化铈纳米颗粒等。③农药原药的纳米化，指采用纳米加工技术将一些水溶性差或难以直接粉碎使用的农药原药纳米化，以增加农药的比表面积，改善其在水中的分散性和稳定性，降低农药的表面张力，促进靶标的吸收以提高农药的利用效率，并降低农药助剂对人畜的毒性和对环境生态造成的负担。

2. 纳米肥料

与农药类似，肥料也是保障作物稳产，甚至高产的重要基石之一。统计数据估算表明，化肥对我国粮食增产丰收起到了 40%以上的作用。但传统肥料存在着利用率低，易造成土壤退化、环境污染并导致生态环境恶化等问题。据统计测算，作物对氮、磷、钾等营养元素的利用效率分别为 30%～35%，18%～20%和 35%～40%。另外，有 40%～90%的肥料养分并没有被植物吸收利用，而是流失到环境中，造成环境负担。农业生产上亟需能够有效提高肥料利用效率、减少肥料用量、减少养分流失的新型肥料。

通过靶向性运输和可控的养分释放时机与速度，纳米肥料可以达到减少养分流失、减少化肥用量，提高肥料利用效率的目的。目前，国际上对纳米肥料的主流定义有 2 种，一是直接提供一种或者多种植物必需营养元素的工程纳米材料；二是提高传统肥料的表现、可获得或者利用的工程纳米材料。我国学者认为纳米肥料是结合纳米技术、医药微胶囊技术和化工微乳化技术而研发出的肥料产品，其包括纳米结构肥料、纳米材料胶结包膜缓/控释肥料和纳米碳增效肥料、纳米磁性肥料和纳米生物复合肥料。另外，从植物营养角度看，纳米肥料可大体分为以下 4 类：大量元素纳米肥料、微量元素纳米肥料、纳米材料增强剂肥料以及植物促生长纳米材料。纳米肥料的优势主要有：①充分利用废弃资源如垃圾塑料泡沫、城市污泥、有机肥、风化煤、黏土矿物等，可以有效减少环境污染；②提高肥料有效性，减少流失和淋失，更易于被作物吸收；③优化肥料的缓、控释，延长时效；④可以改善土壤理化性质。

综上所述，现代农业纳米技术所涉及的纳米农药和纳米肥料具有效率高、利用率高、环境友好、使用方便、剂型多样、用量小、时效长等优势，其致力于显著降低农药化肥用量、施用次数，提高农药化肥效率，在农业生产中具有广阔的应用前景。

复习思考题

1. 根据试验因素的多少和统计分析方法可将方案设计分为几种？请简述各自适用范围。
2. 简述田间试验设计原则及设计内容。
3. 简述田间试验实施方案编制要求及其内容。
4. 根据课程内容要求和“责任田”具体情况，以某种作物为例，编制一份田间试验设计书。
5. 简述作物生育时期的观察记载内容与方法。
6. 简述作物叶片生长特征观察记载内容和测定方法。
7. 什么是作物生长分析法？简述其分析方法包涵内容。
8. 简述田间调查抽样原则与抽样类型。
9. 简述田间调查取样方法与步骤。
10. 简述田间实验原始数据资料的整理程序与步骤。
11. 根据你的“责任田”某一试验结果，写一份工作总结和试验报告。
12. 以某一农业生物技术在农业上应用为案例，分析农业生物技术在农业生产上的作用和意义。
13. 简述作物表型影像技术基本原理及其在农业生产中应用潜力。
14. 简述智慧农业技术特点及其关键技术。
15. 试述农业虚拟技术特点及其在农业生产上应用的必要性。
16. 简述纳米农药与纳米肥料在农业生产中的应用潜力。

参考文献

[1] 曹宏，马生发. 作物栽培学实验实训. 北京：中国农业科学技术出版社，2018.

[2] 曹卫星. 作物栽培学总论.3 版. 北京：科学出版社，2017.

[3] 陈德华. 作物栽培学研究实验法. 北京：科学出版社，2018.

[4] 陈新红. 作物栽培学实验. 南京：南京大学出版社，2014.

[5] 邓璐娟，张侃谕，龚幼民. 智能控制技术在农业工程中的应用. 现代化农业，2003(12)，1-3.

[6] 董树亭. 作物栽培学概论. 北京：中国农业出版社，2007.

[7] 董钻，沈秀瑛，王伯伦. 作物栽培学总论.2 版. 北京：中国农业出版社，2015.

[8] 段留生，田晓莉. 作物化学控制原理与技术.2 版. 北京：中国农业大学出版社，2011.

[9] 盖钧镒. 试验统计方法.4 版. 北京：中国农业出版社，2013.

[10] 顾德兴，蔡庆生. 植物学与植物生理学. 南京：南京大学出版社，2000.

[11] 郭巧生. 药用植物栽培学. 北京：高等教育出版社，2009.

[12] 国家市场监督管理总局，中国国家标准化管理委员会. GB/T 19557.4—2018. 植物品种特异性、一致性和稳定性测试指南(大豆). 北京：中国标准出版社，2018.

[13] 胡立勇，丁艳锋. 作物栽培学.2 版. 北京：高等教育出版社，2019.

[14] 黄新动，赵云柱，韦加贵. 农业绿色防控技术与有害生物综合防控综述. 银川：宁夏人民出版社，2017.

[15] 李建民，王宏富. 农学概论. 北京：中国农业大学出版社，2010.

[16] 李伟越，艾建安，杜完锁. 智慧农业. 北京：中国农业科学技术出版社，2019.

[17] 李乡状. 农产品贮藏与销售. 天津：天津科学技术出版社，2011.

[18] 刘兴华. 食品安全保藏学. 北京：中国轻工业出版社，2005.

[19] 吕薇，崔琳，王学东. 大豆花芽分化和发育的扫描电子显微镜观察. 电子显微学报，2009，28(6)，585-590.

[20] 门福义，刘梦芸. 马铃薯栽培生理. 北京：中国农业出版社，1995.

[21] 明道绪. 田间试验与统计分析. 北京：科学出版社，2005.

[22] 山东省农业厅. 玉米植株性状考察技术规程：DB37/T 2933—2017.

[23] 宋碧. 作物栽培学与耕作学实验指导. 贵阳：贵州大学出版社，2020.

[24] 谭金芳. 作物施肥原理与技术.2 版. 北京：中国农业大学出版社，2011.

[25] 杨丹. 智慧农业实践. 北京：人民邮电出版社，2020.

[26] 杨国才. 虚拟农业体系结构的研究. 计算机科学，2005，32(3)，125-126，151.

[27] 杨清坡，刘万才，黄冲. 近 10 年油菜主要病虫害发生危害情况的统计和分析. 植物保护，2018，44(3)：24-30.

[28] 于振文. 作物栽培学各论(北方本).2 版. 北京：中国农业出版社，2015.

[29] 张福锁. 中国主要作物施肥指南. 中国农业大学出版社，2009.

[30] 张国平. 作物栽培学. 2 版. 杭州：浙江大学出版社，2016.
[31] 张磊，孙宁. 农业生物技术. 北京：中国农业出版社，2015.
[32] 张文英，李承道. 作物表型研究方法. 北京：科学出版社，2017.
[33] 张永礼. 玉米病虫害绿色防治. 长春：吉林人民出版社，2016.
[34] 赵春江. 农林植物生长系统虚拟设计与仿真. 北京：科学出版社，2010.
[35] 赵永凯. 智慧农机大数据驱动服务系统研究. 保定:河北农业大学，2019.
[36] 郑广华. 植物栽培生理. 济南:山东科技出版社,1980.
[37] 中国电信智慧农业研究组. 智慧农业:信息通信技术引领绿色发展. 北京：电子工业出版社，2013.
[38] 中国农业大学农学系经济作物栽培组. 作物田间技术与生物学观察(自编教材). 中国农业大学教务处自印，2010.
[39] 中国农业科学院棉花研究所. 中国棉花栽培学. 上海：上海科学技术出版社，2019.
[40] 全国粮油标准化技术委员会. 粮食收获质量调查和品质测报技术规范:GB/T 26629—2011. 北京:中国标准出版社,2011.
[41] 中华人民共和国农业部. 农作物品种试验技术规程　马铃薯:NY/T 1489—2007. 北京：中国农业出版社,2008.
[42] 中华人民共和国农业部. 农作物品种区域试验与审定技术规程　花生：NY/T 2391—2013. 北京:中国农业出版社,2014.
[43] 中华人民共和国农业部. 花生栽培观察记载技术规范:NY/T 2408—2013. 北京:中国农业出版社,2014.
[44] 中华人民共和国农业部. 大豆原种生产技术操作规程:GB/T 17318—2011. 北京:中国标准出版社,2012.
[45] 中华人民共和国农业部. 农作物品种区域试验技术规程　小麦:NY/T 1301—2007.
[46] 中华人民共和国农业部. 农作物品种试验技术规程　棉花:NY/T 1302—2007.
[47] 中华人民共和国农业部. 全国粮食高产创建测产验收办法(试行). 中华人民共和国农业部公报,2008.
[48] 全国粮油标准化技术委员会. 小麦:GB 1351—2008. 北京:中国标准出版社，2008.
[49] 全国植物新品种测试标准化技术委员会. 植物品种特异性、一致性和稳定性测试指南　普通小麦:GB/T 19557.2—2017. 北京:中国标准出版社，2017.
[50] 周振华. 3D 虚拟现实技术在农业中的应用. 农业工程，2018，8(11)，56-48.
[51] 朱德峰，张玉屏. 图说水稻生长异常及诊治. 北京:中国农业大学出版社，2019.
[52] J. D. 比利著. 种子发育、萌发和休眠的生理. 莫蓓莘，译. 北京：科学出版社，2017.
[53] Prusinkiewicz P W，Remphrey W R，Davidson CG，Hammel MS. Modeling the architecture of expanding fraxinus pennsylvanica shoots using L-systems. Canadian Journal of Botany，1994，72(5)，701-714.
[54] Valipour F，Khosrowchahli M，Karapetian J，Dadpour M R. A developmental study of the inflorescence and the flower of rapeseed (*Brassica napus* cv. Hyola) using epi-illumination light microscopy. Journal of Biological Sciences，2007，7(7)，1139-1146.